EUL VERLAG

der Bundeswehr
Universität München

Fakultät für Informatik

Adaptives, baukastenbasiertes Recommendersystem

Dissertation
zur Erlangung des akademischen Grades eines
Doktors der Naturwissenschaften (Dr. rer. nat.)

Verfasst von
Dipl.-Inform. Volker Renneberg

Promotionsausschuss:
Vorsitzender: Prof. Dr.-Ing. M. Siegle
1. Berichterstatter: Prof. Dr. U. M. Borghoff
2. Berichterstatter: Prof. Dr. J. Schlichter
3. Berichterstatter: Prof. Dr.-Ing. A. Karcher
4. Berichterstatter: Prof. Dr. G. Teege

Tag der Prüfung: 13.7.2010

Schriften zu Kooperations- und Mediensystemen · Band 28

Herausgegeben von Prof. Dr. Volker Wulf, Siegen, Prof. Dr. Jörg Haake, Hagen, Prof. Dr. Thomas Herrmann, Bochum, Prof. Dr. Helmut Krcmar, München, Prof. Dr. Johann Schlichter, München, Prof. Dr. Gerhard Schwabe, Zürich, und Prof. Dr.-Ing. Jürgen Ziegler, Duisburg

Dr. Volker Renneberg

Adaptives, baukastenbasiertes Recommendersystem

EUL VERLAG

Bibliografische Information der Deutschen Nationalbibliothek

Die Deutsche Nationalbibliothek verzeichnet diese Publikation in der Deutschen Nationalbibliografie; detaillierte bibliografische Daten sind im Internet über <http://dnb.d-nb.de> abrufbar.

Dissertation, Universität der Bundeswehr München, 2010

ISBN 978-3-89936-961-8
1. Auflage September 2010

Umschlaggestaltung: Luzia Sassen

JOSEF EUL VERLAG GmbH
Brandsberg 6
53797 Lohmar
Tel.: 0 22 05 / 90 10 6-6
Fax: 0 22 05 / 90 10 6-88
E-Mail: info@eul-verlag.de
http://www.eul-verlag.de

Bei der Herstellung unserer Bücher möchten wir die Umwelt schonen. Dieses Buch ist daher auf säurefreiem, 100% chlorfrei gebleichtem, alterungsbeständigem Papier nach DIN 6738 gedruckt.

Danksagung

Diese Arbeit entstand während meiner Zeit als wissenschaftlicher Mitarbeiter an der Universität der Bundeswehr München, Fakultät für Informatik. Das Thema der Arbeit ist dem Sonderforschungsbereich 582 („Marktnahe Produktion individualisierter Güter") an der Technischen Universität München entsprungen. Die freie Mitarbeit an diesem Projekt war die Basis für die Entwicklung der in dieser Arbeit präsentierten Ideen und Lösungskonzepte.

Mein erster Dank gilt meinem Doktorvater Herrn Professor Uwe M. Borghoff, ohne dessen Unterstützung diese Doktorarbeit nicht möglich gewesen wäre. Sein stetiges und großzügiges Engagement hat maßgeblich dazu beigetragen, dass ich als wissenschaftlicher Mitarbeiter an der Universität der Bundeswehr arbeiten konnte und somit den nötigen Freiraum hatte, diese Dissertation anzufertigen. In zahlreichen Diskussionen hat er mir wertvolle Anregungen gegeben. Besonderer Dank gebührt weiter meinem Zweitgutachter Herrn Professor Johann Schlichter, der mir durch die Mitarbeit am Sonderforschungsbereich 582 ermöglicht hat, in dem interessanten Themenbereich dieser Dissertation zu arbeiten. Die unter seiner Leitung durchgeführten Doktorandenseminare waren fachlich immer sehr anregend und spannend und haben in der Freizeitgestaltung stets für einen abwechslungsreichen Ausgleich gesorgt. Nicht zuletzt gilt mein Dank Herrn Professor Michael Koch, der mich auf das Thema aufmerksam gemacht hat. Die Entwicklung meiner Lösung wurde darüber hinaus durch interessante und anregende Diskussionen mit Frau Dr. Rosmary Stegmann und Herrn Dr. Thomas Leckner begleitet – beide waren Mitarbeiter des Sonderforschungsbereichs 582. Darüber hinaus möchte ich der dänischen Firma *ConfigIT* und dort insbesondere Lars Høgsted für die Bereitstellung einer kostenfreien Nutzungslizenz ihres generischen Produktkonfigurationssystems danken.

Mein Dank gilt natürlich auch meinem privaten Umfeld, das mir ein wichtiger Rückhalt während des gesamten Dissertationsvorhabens war. Ohne die kontinuierliche Unterstützung meiner Freunde und meiner Familie wäre die Durchführung eines solchen Vorhabens nicht möglich gewesen. Sie waren für mich immer wieder eine wichtige Motivations- und Energiequelle. Dabei war insbesondere Frau Helga Müller-Breuell als Kollegin am Institut der Fakultät eine besondere Vertrauensperson. Frau Bettina Kuhn hat mir als sehr enge Vertraute gerade während der Phase des Zusammenschreibens durch ihre warmherzige Art und kontinuierliche Aufmunterung viel Kraft für die Vollendung des Promotionsvorhabens gegeben. Ebenso waren ihre Kommentare zur Überarbeitung des Textes sehr hilfreich. Auch möchte ich Frau Nina Maag danken, die den schwierigen Anfang der Phase des Zusammenschreibens begleitet und mir all ihre Unterstützung gegeben hat.

Bei der Lektüre der vorliegenden Arbeit wünsche ich der Leserin und dem Leser nun viel Vergnügen.

Volker Renneberg
Neubiberg, im August 2010

Inhalt

Abbildungsverzeichnis

Tabellenverzeichnis

Kapitel 1. Einleitung

Der Konsumgütermarkt ist überflutet von einer Unzahl an Produktvarianten, mittels derer Unternehmen versuchen, die individuellen Kundenbedürfnisse abzudecken. Die meisten dieser Produkte werden dabei in anbietereigenen Produktentwicklungszyklen ohne direkte Beteiligung des Kunden konzipiert. Diese weit verbreitete Form der Massen- und variantenreichen Serienproduktion bietet dem Kunden zwar die Auswahl aus einer sehr breiten Produktpalette, allerdings können solche Wertschöpfungsprinzipien die Bedürfnisse des Kunden hinsichtlich der Produkteigenschaften nie zu 100% abdecken, da der Kunde am Produktdesign kaum beteiligt ist. Da sich jedoch die mit dem Wohlstand einhergehenden Selbstentwicklungs- und Individualisierungsbestrebungen jedes Einzelnen auf den Konsumgütermarkt übertragen, werden Kunden mit den derzeitigen Produktangeboten also immer weniger zufrieden sein. Der Konsumgütermarkt bedarf demnach neuer Absatzstrategien, um auf den individualisierten Bedürfnishorizont der Kunden bestmöglich eingehen zu können.

Mass Customization als wettbewerbsstrategisches Prinzip strebt mittels konfigurierbarer Produkte die Befriedigung jedes individuellen Bedürfnisses an, ohne die Produktionskosten dabei erheblich zu steigern. Hierfür muss das Unternehmen seine Prozesse vollständig umstellen. Im Vertrieb bedeutet dies eine stärkere Integration des Kunden, der nun selbst in die Verantwortung genommen wird, seine Bedürfnisse zu artikulieren, damit diese in das individualisierte Endprodukt übersetzt werden können.

Produktkonfiguratoren als IT-gestützte Tools zur Akquise der Bedürfnisinformationen stellen dabei die wichtigste Kommunikationsschnittstelle zwischen Anbieter und Kunden im Verkaufsprozess dar. Sie begleiten den Konfigurationsvorgang, in dem der Kunde die Eigenschaften des zu produzierenden Gutes spezifiziert.

Leider steht die hohe Komplexität der konfigurierbaren Produkte in starkem Kontrast zu dem Ziel, den Konfigurationsvorgang für den Kunden so angenehm und einfach wie möglich zu gestalten. Mit der vorliegenden Arbeit möchte ich diesen Widerspruch auflösen. Dafür ziele ich auf eine Unterstützung des Kunden durch bestehende Personalisierungstechniken im Produktkonfigurationsprozess ab. Personalisierungsansätze in der Literatur fokussieren häufig nur auf den algorithmischen Aspekt und vernachlässigen die ganzheitliche Betrachtung der Mensch-Maschine-Interaktion (vgl. McNee et al. 2006). Deswegen werde ich in dieser Arbeit ein Personalisierungskonzept für Produktkonfiguratoren entwickeln, das sich sowohl durch ein wissenschaftlich neues Algorithmenkonzept als auch durch eine intelligente Integration in den Konfigurationsvorgang auszeichnet.

Die weitere Einleitung wird den Leser zuerst mit dem theoretischen Fundament vertraut machen und daraus die Problemdefinition ableiten. Anschließend folgen die Ziele der Arbeit sowie eine Abgrenzung zu anderen Forschungsbereichen. Danach werde ich dem Leser die wichtigsten Eigenschaften sowie wissenschaftlichen Neuerungen meines Lösungskonzeptes vorstellen. Die

Einleitung schließt mit der angewandten Methodik und einer Beschreibung des Aufbaus der vorliegenden Arbeit.

1.1. Anwendungskontext

Die Inhalte dieser Arbeit werden im Wesentlichen durch die drei Kontexte *Mass Customization*, *Produktkonfiguratoren* und *Personalisierung* eingegrenzt (vgl. Abbildung 1.1). *Mass Customization* ist das allem zugrunde liegende ökonomische Konzept, in dessen Umsetzung *Produktkonfiguratoren* als IT-gestützte Applikationen zur Erfassung und Umsetzung der Kundenbedürfnisse in Produkteigenschaften eine sehr wichtige Rolle spielen. *Personalisierung* ist der eigentliche Forschungskontext der Arbeit. Die in diesem Rahmen entwickelte Lösung des *adaptiven, baukastenbasierten Recommendersystems* stellt ein Kundenunterstützungssystem für Produktkonfiguratoren dar.

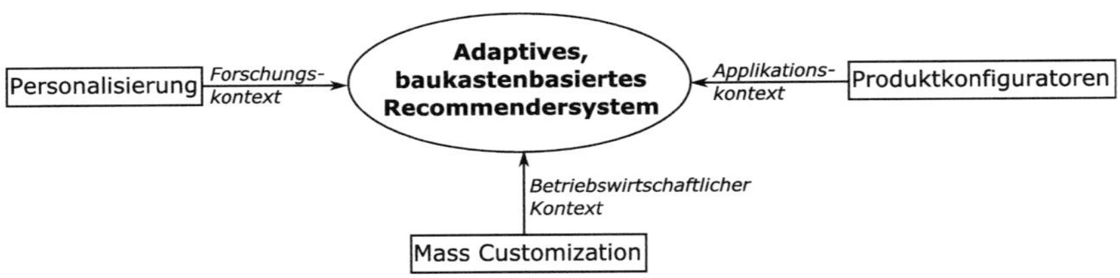

Abbildung 1.1. Die drei Fachkontexte der Arbeit

Die folgenden Abschnitte führen nun die Eckpunkte von *Mass Customization* und *Produktkonfiguratoren* ein und bilden die Grundlage für die anschließende Problemdefinition, in der ich die Notwendigkeit eines Empfehlungsansatzes für Produktkonfiguratoren schildere. Dort werde ich dann auch den Forschungskontext dieser Arbeit – *Personalisierung* – vorstellen.

1.1.1. Mass Customization

Die *Handwerkskunst* war der erste Schritt von der reinen Selbstversorgung des Eigenbedarfs jedes Individuums der Steinzeit hin zu einer Neuverteilung der Arbeit, bei der sich jeder nur noch auf die Aufgaben konzentrierte, für die er ausgebildet wurde (z. B. Tischler oder Schmied). Aufgaben, die man selbst nicht mehr erledigen konnte, wurden an ausgebildete Experten weitergegeben. Leider war der Preis für die Arbeitskraft solcher Experten für die meisten Mitglieder der Gesellschaft zu hoch (vgl. Kaplan 2006).

Mit der industriellen Revolution entwickelte sich die *Massenproduktion* von Gütern. Durch eine feingliedrige Aufteilung des Produktionsprozesses und eine intensive Arbeitsteilung konnten gleichartige Produkte in großer Menge zu Preisen hergestellt werden, die für den Großteil der Bevölkerung erschwinglich waren. Die notwendige wirtschaftliche Effizienz wurde durch Produktstabilität und Kontrolle der Produktionsprozesse erreicht, allerdings zu Ungunsten kundenspezifischer Bedürfnisse (vgl. Pine 1993, S. 9ff). Diese One-Size-Fits-All-Strategie wurde in den

1950er Jahren durch den zunehmenden Wunsch nach der Berücksichtigung kundenindividueller Bedürfnisse überholt. Die Entwicklung führte zu einer stärkeren Heterogenisierung der Märkte, der Entstehung immer kleinerer Produktnischen und einer wachsenden Produktvielfalt.

Die *variantenreiche Serienproduktion* begegnete dieser Entwicklung mit einer stärkeren Produktmodularisierung und der Vorentwicklung sowie Vorfertigung der einzelnen Module, um bei gleichbleibend niedrigen Produktionskosten mehrere Varianten eines Produkttyps offerieren zu können (vgl. Reichwald et al. 2006a). So bietet eine einzelne Firma nun nicht mehr nur einen DVD-Recorder an, sondern gleich eine ganze Menge unterschiedlicher Varianten, die alle individuelle Eigenschaften (Festplattengröße, TV-Empfangsmodule, ...) aufweisen. Trotz dieser Produktvielfalt hat sich am Produktentwicklungskonzept nichts geändert: Der Anbieter „schiebt" die vorproduzierten Produkte weiterhin auf den Markt (vgl. Agrawal et al. 2001). Diese Strategie führt unweigerlich zu einer Kostenexplosion, denn die große Produktpalette erfordert ein immer ausgeklügelteres System der Lagerhaltung und des Marketings. Marktprognosen können gar nicht so genau gestellt werden, wie sie für die aufwendige Produktentwicklung der vielen Varianten notwendig sind.

Mass Customization versucht den geschilderten Problemen der variantenreichen Serienproduktion und der heutigen Nachfrage nach genuin individuellen Produkten durch eine *Individualfertigung zu Massenproduktionspreisen* zu begegnen (vgl. Piller und Stotko 2003). Der Kunde ist dabei nicht nur mehr einfacher Leistungsempfänger, sondern beeinflusst den Produktionsprozess massiv durch die bedürfnisspezifische Konfiguration des Produktes.

Die Grundlage dafür bildet ein *zweistufiger Produktionsprozess*, der den Kunden stärker in die Leistungserstellung einbindet. In der ersten Stufe, dem *Produktdesign*, legt der Anbieter den stabilen Lösungsraum, auch *Produktmodell* genannt, fest. Das Produktmodell beschreibt die wesentlichen funktionalen Bausteine des konfigurierbaren Produktes und gibt an, welche Bereiche, auch *Freiheitsgrade* genannt, durch den Kunden konfiguriert werden können. Anhang C beschreibt ein konfigurierbares Fahrrad als ein Beispiel eines solchen Produktmodells. Im zweiten Schritt des Produktionsprozesses, der *Produktkonfiguration*, konfiguriert der Kunde basierend auf dem Produktmodell ein individuelles Produkt. In diesem Konfigurationsprozess werden alle Freiheitsgrade des Modells mit Werteselektionen festgelegt. Die so entstehende *Produktkonfiguration* ist die Basis für die Produktion des individuellen Gutes.

1.1.2. Produktkonfiguratoren

In einer Mass Customization-Strategie stellen Produktkonfiguratoren die wichtigste Interaktionsschnittstelle zwischen dem Kunden und dem Anbieter dar. Sie begleiten den Kunden durch den gesamten Konfigurationsprozess eines individualisierten Produktes und unterstützen ihn bei der Umsetzung seiner individuellen Bedürfnisse in Werteselektionen der Produktfreiheitsgrade.

Die primäre Aufgabe eines Konfigurators ist die *Führung durch den Konfigurationsvorgang*, denn die hohe Komplexität der Produktmodelle führt nicht selten zu Kaufabbrüchen, die aus einer technischen Überforderung des Kunden resultieren. Hier muss der Konfigurator entgegenwirken, indem er den Konfigurationsablauf kundenindividuell gestaltet. *Kundenunterstützungsmethoden* wie beispielsweise Hilfesysteme, kollaborative Konfigurationsansätze oder Empfehlungen zielen auf eine weitere Vereinfachung des Konfigurationsprozesses ab. Dadurch wird insbesondere der vom Kunden erbrachte zeitliche Aufwand reduziert.

Wesentlich für den langfristigen Erfolg einer Mass Customization-Strategie ist eine *Learning Relationship* zwischen Kunden und Anbieter. Der Konfigurator fungiert hierbei als Kommunikationsmedium, über den Informationen in beiden Richtungen fließen. Zum einen kommuniziert der Konfigurator dem Kunden, welche Eigenschaften und Fähigkeiten das konfigurierbare Produkt besitzt. Der Kunde kann durch Ausprobieren prüfen, ob das Produkt seinen Bedürfnissen entspricht. In die andere Richtung werden Kundenwünsche und -präferenzen kommuniziert. Der Anbieter speichert diese Informationen in seinen CRM-Systemen[1] oder Nutzerprofilen für zukünftige Konfigurationsprozesse. Die Existenz einer funktionierenden Learning Relationship ist die Basis für eine erfolgreiche Kundenunterstützung, insbesondere für die in dieser Arbeit relevanten Empfehlungsmethoden.

Produktkonfiguratoren existieren in einer Vielzahl von Ausprägungen. Sie unterscheiden sich beispielsweise in der Form der Darstellung, der Bedürfniseingabe durch den Kunden und anderen technischen Realisierungsaspekten. Für diese Arbeit habe ich den Anwendungskontext auf *modellbasierte, generische Produktkonfiguratoren, die für den Selbstkonfigurationsprozess im Kontext E-Commerce eingesetzt werden*, eingegrenzt. Die einzelnen Bestandteile dieser Eingrenzung möchte ich im Folgenden erläutern.

Modellbasierte, generische Produktkonfiguratoren werden unabhängig von einem bestimmten Produkttyp entwickelt. Das Verständnis des zu konfigurierenden Produktes wird ihnen alleine über ein *Produktmodell* vermittelt. Generische Produktkonfiguratoren realisieren dafür einen Konfigurationsprozess, der lediglich durch die Inhalte des Produktmodells gesteuert wird. Sie werden meist von Drittanbietern entwickelt und an Unternehmen, die eine Mass Customization-Strategie verfolgen, zur Produktmodellierung und -konfiguration verkauft. Ein Beispiel eines Herstellers von generischen Produktkonfiguratoren ist die dänische Firma *ConfigIT*.

Das zweite wesentliche Einsatzmerkmal der für diese Arbeit relevanten Produktkonfiguratoren ist die *Selbstkonfiguration* von *Konsumgütern*. In der Selbstkonfiguration ist alleine der Kunde für die Initiierung, die Durchführung und den Abschluss der Konfiguration verantwortlich. Dabei steht ihm insbesondere kein Verkaufspersonal für Fragen zur Verfügung. Der Konfigurator ist die alleinige Schnittstelle, über die der Kunde das Produkt kennenlernt, konfiguriert und in Auftrag gibt. Lediglich die im Konfigurator integrierten Unterstützungsmethoden können den Konfigurationsprozess vereinfachen.

Schließlich gehe ich von einem *E-Commerce*-Umfeld als Einsatzkontext des Konfigurators aus. In einem solchen Umfeld können beliebige Kunden den Konfigurator online über das Internet ansprechen und sich Produkte zusammenstellen und kaufen. Der Zugang erfolgt meist webbasiert. Dies erlaubt dem Anbieter, die für die Empfehlungsfunktionalität notwendigen Profildaten der Kunden zu akquirieren und zentral bei sich zu speichern und zu verwenden.

Trotz der noch geringen Verbreitung von Produktkonfiguratoren gibt es einige interessante Beispiele, die in Anhang B aufgeführt sind. So erlaubt *MyMüsli* die Zusammenstellung eines

[1]CRM=Customer Relationship Management

individualisierten Müsli-Mixes, der über den Postweg zugestellt wird. Genauso oder ähnlich können *Fahrräder*, *Autos*, *Hemden*, *Computer* oder sogar *Gartenhäuser* konfiguriert und bestellt werden.

1.2. Motivation und Problemdefinition

Unternehmer unterliegen auch heute noch der Fehlannahme, dass die Steigerung der Auswahlmöglichkeiten eine höhere Kundenzufriedenheit mit sich bringt (vgl. Iyengar und Lepper 2000). Die Realität sieht jedoch anders aus. So läd eine großen Produktauswahl zwar zum Stöbern ein, allerdings behindert sie den eigentlichen Kaufvorgang, da der Kunde gezwungen ist, eine Entscheidung zwischen sehr vielen guten Alternativen zu treffen. Im Kontext individualisierbarer Produkte kommt hinzu, dass sich der gesamte Konfigurationsprozess aus einer Vielzahl von einzelnen Konfigurationsentscheidungen zusammensetzt, die alle durch den Kunden zu treffen sind. *Kundenunterstützungsmethoden* sollen diesen Problemen entgegenwirken und den Konfigurationsvorgang für den Kunden vereinfachen. Aus den drei Kontextaspekten (generischer Konfigurator, Selbstkonfiguration und E-Commerce-Umgebung) leiten sich einige Motivatoren für solche Maßnahmen ab.

Modellbasierte, generische Produktkonfiguratoren zeichnen sich im Wesentlichen durch ein produkttypunabhängiges Design aus. Die bereitgestellte Konfigurationsfunktionalität ist für alle Produktmodelle und alle Kundentypen gleich. So ist es etwa egal, ob ein Kunde ein komplexes oder ein einfaches Produkt konfigurieren möchte: Jeder Kunde, unabhängig davon, ob erfahrener Kunde oder Neukunde, muss stets alle individualisierbaren Eigenschaften des zugrunde liegenden Produktmodells detailliert festlegen. Auf Kundenseite entwickelt sich dadurch schnell Frustration, da die technischen Details zu Überforderung führen und der Gesamtkonfigurationsprozess im Vergleich zum herkömmlichen Einkauf viel Zeit beansprucht. Diese Frustration führt zu Kaufabbrüchen oder zu einem schlechten Image des Produktanbieters in der Kundengemeinschaft.

Die Selbstkonfiguration stellt den Kunden ins Zentrum des Konfigurationsprozesses. Er erfährt dabei keine Unterstützung durch Verkaufspersonal und trägt die volle Verantwortung für die korrekte Individualisierung seines Wunschproduktes. In den geschilderten Überforderungsszenarien fühlt sich der Kunde deswegen häufig verloren und alleine gelassen. So entwickeln sich Unsicherheiten wie beispielsweise die Frage, welches Reifenprofil die beste Wahl ist. Insbesondere bei hochwertigen Produkten sind solche Fragen für den Kunden mit einem beachtlichen finanziellen Risiko verbunden, denn der Kauf eines möglicherweise falsch konfigurierten Produktes bedeutet den Verlust von sehr viel Geld. Die richtige Umsetzung der Kundenbedürfnisse stellt also ein weiteres Problem für den Konfigurationsprozess dar. Früher hat hierbei das Verkaufspersonal geholfen. In der Selbstkonfiguration ist der Kunde für diese Umsetzung, also die Kenntnis und Übertragung seiner Bedürfnisse in Produktkonfigurationseinstellungen, selbst verantwortlich. Verschiedene Studien haben allerdings nachgewiesen, dass Kunden dazu häufig nicht in der Lage sind. Das Resultat sind falsch konfigurierte Produkte und unzufriedene Kunden.

Im Kontext einer E-Commerce-Plattform werden Produktkonfiguratoren von beliebigen Kundentypen besucht und genutzt, da das Internet den direkten, virtuellen Zugang unabhängig vom kulturellen Hintergrund, von der geographischen Position oder vom sozialen Status erlaubt. Viele der Kunden besitzen wenig bis gar kein technisches Know-How, sei es nun in computer- oder produktbezogenen Fragen, und sind durch den neuen, ungewohnten „Einkaufsprozess" schlichtweg überfordert. Sie können sich aufgrund der mit dem E-Commerce verbundenen Virtualität des Einkaufsvorgangs das zusammengestellte Produkt nirgendwo in der Realität anschauen und physisch ausprobieren. Die Frage, ob die konfigurierten Eigenschaften im endgültigen Produkt nun wirklich den Kundenwünschen entsprechen, kann leider erst nach der Produktion, also nach Auftragserteilung und Bezahlung, beantwortet werden. Aufgrund des damit verbundenen Risikos stehen Kunden dieser Form des Produktkaufs natürlich mit einer gewissen Skepsis gegenüber.

Kundenunterstützungsmethoden zielen grundsätzlich auf eine Vereinfachung des Produktindividualisierungsprozesses für Kunden ab. Ihre Aufgabe ist die automatische Akquise und Umsetzung der Kundenbedürfnisse in Produkteinstellungen. Dadurch geben sie dem Kunden das Gefühl von Sicherheit und minimieren die auf Kundenseite empfundenen Risiken.

1.2.1. Empfehlungen als Personalisierungsansatz zur Kundenunterstützung in Produktkonfiguratoren

Als Kundenunterstützungsmethode in Produktkonfiguratoren haben sich *automatisch generierte Empfehlungen* als sehr hilfreich erwiesen, da sie relativ schnell zu einer sinnvollen Produktindividualisierung führen (vgl. Felfernig und Gula 2006, Burke 2007). Der Kunde gibt dabei für einzelne oder mehrere Konfigurationsentscheidungen die Kontrolle an das Empfehlungssystem ab und lässt seine Bedürfnisse automatisch in Individualisierungseinstellungen übersetzen. In dieser Form des Konfigurationsablaufs teilen sich Kunde und Konfigurator die zu treffenden Entscheidungen auf und unterstützen sich gegenseitig (vgl. Ardissono et al. 2003a). Auf diese Weise wird den geschilderten Problemen, die für den Kunden während der Konfiguration des Produktes auftreten können, erfolgreich entgegengewirkt.

Im Folgenden möchte ich den schematischen Ablauf eines durch Empfehlungen unterstützten Selbstkonfigurationsprozesses am Beispiel eines Fahrrads erläutern. Nachdem sich der Kunde die verschiedenen individualisierbaren Angebote mehrerer Hersteller angeschaut hat, entscheidet er sich für die Konfiguration des Fahrrads bei einem Händler seiner Wahl. Dafür betritt er das Kundenportal des Produktanbieters und selektiert in dem Konfigurator das gewünschte Fahrradproduktmodell. In dem nun folgenden Dialog mit dem Konfigurator, dem *Konfigurationsvorgang* (auch *Konfigurationsprozess* genannt), legt der Kunde alle individualisierbaren Eigenschaften des Fahrrads fest. Dabei wird er durch das Empfehlungssystem unterstützt. So fängt der Kunde beispielsweise damit an, den Fahrradtyp *Rennrad* zu selektieren und seine Körpergröße einzugeben. Die Gangschaltung dahingegen möchte er automatisch konfigurieren lassen. Hierzu setzt er die Empfehlungsfunktionalität ein und lässt sich basierend auf den im Nutzerprofil gespeicherten Bedürfnisinformationen einen Vorschlag generieren. Der Vorschlag, beispielsweise eine Kettenschaltung mit 21 Gängen, wird durch den Kunden bestätigt und in das zu konfigurierende Produkt übernommen. Der weitere Konfigurationsablauf geschieht nach ähnlichem Muster: Einige Aspekte des Produktes konfiguriert der Kunde manuell, für andere nutzt er die Empfehlungsfunktionalität. Ist ihm die manuelle Konfiguration des Produktes zu aufwendig, kann er natürlich auch eine Empfehlung für das Gesamtprodukt erstellen lassen. Der Konfigurationsvorgang ist beendet, wenn der Kunde ihn abbricht oder das fertig individualisierte Produkt kauft.

An dem geschilderten Beispielkonfigurationsvorgang wird der *interaktive Charakter der Nutzung der Empfehlungsfunktionalität* deutlich. Der Kunde kann bestimmen, zu *welchem Zeitpunkt* er im Konfigurationsprozess für *welche Produktbereiche* automatisiert generierte Vorschläge erhalten möchte. Übernommene Empfehlungen können durch ihn natürlich auch korrigiert werden.

1.2.2. Personalisierung als konzeptionelle Grundlage von Empfehlungen

Das Konzept der *Personalisierung digitaler Informationsdienste* liefert die theoretischen und technischen Grundlagen für die Umsetzung der beschriebenen Empfehlungstechniken und ist der eigentliche *Forschungskontext* dieser Arbeit. Personalisierung zielt darauf ab, Individuen als Individuen zu respektieren und sie in der Mensch-Maschine-Interaktion dementsprechend zu behandeln (vgl. Kasanoff 2001). Empfehlungstechniken im Produktkonfigurationskontext ersetzen das Verkaufspersonal in herkömmlichen Geschäften. Ein Verkäufer kennt seine Kunden oder kann durch einen zwischenmenschlichen Dialog die Wünsche und Bedürfnisse des Kunden eruieren und auf das vorhandene Produktspektrum übertragen. Da ein solcher Verkäufer im E-Commerce-Kontext fehlt, muss diese Aufgabe vom Internetportal übernommen werden. Im Wesentlichen geht es dabei um eine Reduktion der riesigen Informationsflut, die dem Kunden durch digitale Informationsdienste bereitgestellt wird. Hinsichtlich dieses Problems schreiben Markellou et al. (2008) im Hinblick auf das WWW treffend:

> „*The Web has become a huge repository of information and keeps growing exponentially under no editorial control, while the human capatiblity to find, read and understand content remains constant.*“

Dies lässt sich ohne Weiteres auf die Produktkonfiguration übertragen, denn auch dort ist der Kunde durch die Flut an Auswahlmöglichkeiten schlichtweg überfordert. Dieses Problem ist die grundlegende Motivation für die vorliegende Arbeit.

Das Konzept der Personalisierung ist aus dem *Information Retrieval* entstanden. Information Retrieval befasst sich grundsätzlich mit der Verarbeitung großer Datenmengen und der Informationssuche innerhalb dieser Daten. In den Anfängen entwickelte sich der Begriff *Information Filtering* als Synonym für „individualisiertes Information Retrieval“. Mit dem immer größer werdenden Anwendungsspektrum von Individualisierungsansätzen in digitalen Informationsdiensten wurde der Begriff des Information Filtering durch *Personalisierung* ersetzt. Heutzutage gibt es eine Vielzahl von Personalisierungsansätzen. Dies beginnt bei der einfachen *Filterung von E-Mails* oder *Zeitungsnachrichten*, geht über *adaptives E-Learning* und *Browsen im WWW* bis hin zu mächtigen *individualisierten E-Commerce-Portalen* wie beispielsweise Amazon.com. Letztgenanntes setzt Personalisierungstechniken zur Erstellung von Produktempfehlungen ein. Solche Empfehlungen werden dem Kunden entweder beim Besuch der Webseite angezeigt oder per E-Mail übermittelt. Ein Beispiel solcher Empfehlungsansätze ist die Rubrik „Kunden, die diesen Artikel gekauft haben, kauften auch …“, in der produktspezifische Empfehlungen, die sich aus dem Kaufverhalten anderer Kunden ergeben, dargestellt werden.

Empfehlungssysteme (auch *Recommendersysteme* genannt) sind also ein umfangreicher Anwendungsbereich von Personalisierungsansätzen. Ihre Aufgabe ist die Errechnung individualisierter Vorschläge, die auf den im Nutzerprofil vorhandenen persönlichen Informationen des Anwenders basieren. Vorschläge können beispielsweise Produkte unter Amazon.com oder individualisierte Lehrpläne in E-Learning-Umgebungen sein.

Der Gesamtprozess der Personalisierung vollzieht sich dabei in zwei Schritten. *Wissensmanagementprozesse* befassen sich mit der Akquise und der langfristigen Speicherung der Profilinformationen. Diese Informationen geben Aufschluss über die Eigenschaften, Wünsche und Bedürfnisse des Nutzers und umfassen Daten wie beispielsweise Name, Wohnort, Bankverbindungen, Produktkäufe, Produktbewertungen oder webseitenbezogene Clickstreams. *Personalisierungsprozesse* realisieren die Umsetzung dieser Informationen in ein individualisiertes Informationsdiensterlebnis für den Nutzer, beispielsweise Produktempfehlungen. In der wissenschaftlichen Literatur gibt es eine Vielzahl an algorithmischen Varianten für die Umsetzung dieser Prozesse. Sie lassen sich in fünf Hauptklassen untergliedern: kollaborative, inhaltsbasierte, nutzenbasierte, wissensbasierte und kontextbasierte Techniken, wobei Hybridisierungsmechanismen die Kombination dieser Techniken ermöglichen.

1.2.3. Problemdefinition

Trotz der geschilderten Notwendigkeit von Unterstützungsmethoden in Produktkonfiguratoren finden sich dafür relativ wenige Empfehlungsansätze in der wissenschaftlichen Literatur. Empfehlungstechniken werden im Kontext komplexer Produkte oder Dienstleistungen bisher kaum eingesetzt (vgl. Tiihonen und Felfernig 2008) und existierende Ansätze liefern keine qualitativ ausreichenden Ergebnisse (vgl. Zanker et al. 2006a). Meiner Meinung nach scheitern sowohl Produktkonfigurations- als auch Recommenderansätze grundsätzlich an einer zu technisch beziehungsweise algorithmisch orientierten Sichtweise. So konzentrieren sich Konfiguratoren meist zu stark auf die Darstellung der Produktfunktionalität und des Produktmodells anstelle auf die optimale Umsetzung von Kundenbedürfnissen in Produkteinstellungen (vgl. Tarasewich und Nair 2001). Recommendersysteme werden wiederum nur an der Qualität ihrer Empfehlungen gemessen, obwohl hier insbesondere auch die prozessbezogenen Bedürfnisse des Kunden im Kaufprozess eine große Rolle spielen (vgl. Zanker et al. 2006b, Hansen et al. 2006). In beiden Fällen würde eine ausgewogenere Betrachtung zu einer besseren Akzeptanz der entwickelten Systeme durch den Kunden führen (vgl. McNee et al. 2006). Hinsichtlich der Integration von Empfehlungsmethoden in Produktkonfiguratoren werde ich in der folgenden Problemdefinition deswegen sowohl technische als auch konzeptionelle Herausforderungen herausstellen.

Personalisierung wird häufig nur als „Technik" und nicht als ein sich in den Anwendungskontext integrierendes „Gesamtkonzept" betrachtet. So existieren in der Literatur viele wissenschaftliche Beiträge zur Optimierung algorithmischer Empfehlungsprobleme, dagegen werden konzeptionelle Aspekte kaum betrachtet. Ausnahmen bilden hier die Veröffentlichung von McNee et al. (2006) oder das Buch von Kasanoff (2001). Die reine Technikorientierung wirkt sich im Gesamtdesign der Empfehlungssysteme immer wieder negativ aus. So werden solche Systeme fast ausschließlich statisch implementiert und lassen eine dynamische Veränderung der Empfehlunglogik nicht zu. Doch gerade im Kontext der generischen Produktkonfiguratoren kann nur durch eine produkt- und kundenspezifische Empfehlungsalgorithmik optimale Unterstützung geleistet werden, da die Bedürfnisse der Kunden je nach Kontext einfach zu unterschiedlich sind (vgl. Hansen et al. 2006).

Weiterhin beschränkt sich das statische Design vorhandener Recommendersysteme meist auf die Nutzung von ein bis zwei Personalisierungstechniken. Auf diese Weise findet lediglich ein Teil der vorhandenen Nutzerprofilinformationen Eingang in die errechneten Produktkonfigurationsvorschläge. Doch gerade im Hinblick auf die hohe Produktkomplexität und die große Anzahl zu konfigurierender Freiheitsgrade wäre die Verwendung *aller* Profildaten notwendig, um die Bedürfnisse des Kunden im Produkt optimal widerspiegeln zu können.

Gerade im Kontext der generischen Produktkonfiguratoren verstärken sich die genannten Probleme, da solche Systeme in beliebigen Unternehmensumfeldern eingesetzt werden. In der Entwicklungsphase der Empfehlungsfunktionalität für generische Produktkonfiguratoren können also keine Annahmen über Produkt-, Kunden- und Unternehmenskontext gemacht werden. Vielmehr muss diese Funktionalität auf alle Unternehmensspezifika adaptierbar sein und dennoch hochqualitative Empfehlungen generieren können. Dabei muss insbesondere die Integrierbarkeit der unternehmenseigenen Wissensmanagementprozesse (beispielsweise CRM) gewährleistet sein, da diese die Datenbasis zur Empfehlungsberechnung schaffen.

1.3. Ziele der Arbeit

Das Hauptziel dieser Arbeit ist die *Entwicklung eines Empfehlungskonzeptes zur Kundenunterstützung für modellbasierte, generische Produktkonfiguratoren, deren Anwendungskontext die Selbstkonfiguration im E-Commerce-Umfeld ist.* Das Empfehlungskonzept wird sich insbesondere durch eine Übertragbarkeit auf beliebige modellbasierte Konfigurationssysteme auszeichnen und die Probleme existierender Empfehlungsansätze überwinden.

Mir geht es speziell um eine Reduktion der durch den Kunden empfundenen Komplexität des Konfigurationsvorgangs, indem seine Bedürfnisse mittels Empfehlungen automatisiert in Produkteinstellungen übersetzt werden. Die Einsetzbarkeit des Empfehlungskonzeptes soll dabei unabhängig vom Kunden-, Produkt- und Unternehmenskontext gewährleistet sein und dennoch eine hohe Empfehlungsqualität ermöglichen.

Um die Übertragbarkeit des zu entwickelnden Konzeptes auf beliebige generische, modellbasierte Konfigurationssysteme zu gewährleisten, wird der Lösungsentwicklung eine ausführliche Problemanalyse vorangestellt. Darin werde ich zuerst allgemeine Aufgaben von Kundenunterstützungssystemen herausarbeiten und darauf aufbauend eine *Liste von Anforderungen an ein Empfehlungskonzept* entwickeln. Methodisch geben diese Anforderungen den Rahmen und die Evaluationsmöglichkeiten für die entwickelte Lösung vor.

Die Lösung baut auf dem Konzept des *Konfigurationsmodells* auf, das als Datenmodell die Schnittstelle zwischen Konfigurationslogik und Empfehlungsfunktionalität darstellt. Dieses Konfigurationsmodellverständnis ist im Kontext der vorliegenden Arbeit sehr wichtig, da damit eine Übertragbarkeit der Lösung auf beliebige modellbasierte Konfigurationssysteme gewährleistet wird.

Das Lösungskonzept hat einen konzeptuellen und einen technischen Anteil. Der konzeptuelle Teil beschreibt, welche Rollen der Kunde, der Anbieter sowie die Gemeinschaft aller Kunden jeweils hinsichtlich der neuen Empfehlungsfunktionalität spielen. In diesen prozessorientierten

Rahmen gliedern sich dann die technischen Details der Lösung ein. Ihre Beschreibung umfasst die Semantik der Empfehlungsfunktionalität und die detaillierten Nutzerinteraktionsprozesse. Bei der Entwicklung des Konzeptes habe ich die folgenden drei Ziele verfolgt:

Kunde stärker im Fokus: Ich ziele auf eine neue Form der Integration des Kunden in den Empfehlungsvorgang ab, die über die reine Angabe der Bedürfnisinformationen hinausgeht. Der Kunde wird größeren Einfluss auf die Steuerung des Empfehlungsvorgangs erhalten, insbesondere bei der Wahl der eigentlichen Empfehlungslogik. Dadurch wird sich die Qualität der generierten Vorschläge erhöhen. Damit es in diesem Zusammenhang zu keiner Überforderung des Kunden kommt, zielt die Arbeit weiterhin auf die Aktivierung der Gesamtkäufercommunity ab. Das Know-How von Expertenkunden zur Wahl und Steuerung der Empfehlungslogik wird technisch weniger versierten Kunden automatisiert zugänglich gemacht werden.

Adaptivität der Empfehlungslogik im laufenden Konfiguratorbetrieb: Die schnelle, automatische Adaptierbarkeit – i.e. Adaptivität – der Empfehlungslogik auf den im aktuellen Konfigurationsvorgang vorliegenden Produkt- und Kundenkontext ist wesentlich für das zu entwickelnde Lösungskonzept. Dies geschieht unter der Annahme, dass für jede Konfigurationssituation eine spezifische Empfehlungslogik zu verwenden ist, damit qualitativ hochwertige Vorschläge generiert werden können. Bisherige statisch konzipierte Empfehlungsmethoden bedürfen eines aufwendigen Entwicklungsprozesses zur Veränderung der Empfehlungslogik. Aufgrund des E-Commerce-Umfelds variieren die persönlichen Bedürfnisse unter den Kunden jedoch derart stark, dass im Endeffekt jeder Kunde seine eigene, individuelle Empfehlungslogik benötigt. Die technische Umsetzung des Lösungskonzeptes wird also eine dynamische Adaptierbarkeit der Empfehlungslogik während des laufenden Konfiguratorbetriebs gewährleisten, um auf jeden Kunden optimal eingehen zu können. Hinsichtlich der Generizität des Konfigurationssystems ist weiterhin eine Erweiterbarkeit um beliebige neue Empfehlungslogiken erforderlich, damit neue Empfehlungstechniken und erweiterte Nutzerprofildatensätze im Empfehlungsvorgang schnell Anwendung finden können.

Generische Hybridisierung beliebiger Empfehlungslogiken: Die wichtigste technische Anforderung ist die generische Hybridisierbarkeit beliebiger Empfehlungslogiken. In der wissenschaftlichen Literatur haben sich im Laufe der Jahre fünf wesentliche Personalisierungsalgorithmenklassen etabliert, wovon jede für sich genommen Vor- und Nachteile besitzt. Ebenso wurde gezeigt, dass die Kombination (i.e. Hybridisierung) verschiedener Algorithmenklassen qualitativ höherwertige Empfehlungsergebnisse liefert. Deswegen ziele ich darauf ab, existierende Empfehlungslogiken auf den Kontext der Produktkonfiguration zu übertragen und dort in generischer Art und Weise zu hybridisieren, um dadurch eine möglichst gute Adaptierbarkeit gewährleisten zu können. Für mich ist die Wiederverwendung bekannter Empfehlungslogiken zentral, da jene trotz individueller Nachteile über die Jahre hinweg weiterentwickelt wurden und sehr ausgereift sind.

1.3.1. Fokus und Abgrenzung zu anderen Themengebieten

Die Abgrenzung des Arbeitsthemas gestaltet sich schwierig, da es aufgrund der Verbindung der Personalisierung mit dem Konzept der Produktkonfiguration eine Vielzahl von Nachbarthemen gibt. Ich werde deswegen zuerst den Fokus dieser Arbeit erläutern und diesen dann zu ausgewählten, unternehmensbezogenen Prozessen, die (scheinbar) ebenso auf eine individuelle Kundenansprache abzielen, abgrenzen.

Im Fokus dieser Arbeit steht die Umsetzung der Kundenbedürfnisse in Produktkonfigurationseinstellungen. Die schrittweise Eingrenzung des Fokus aus dem Anwendungskontext der Arbeit habe ich in Abbildung 1.2 dargestellt. Zunächst wird die *Existenz einer Mass Customization-Strategie* im Unternehmen vorausgesetzt. Dies umfasst alle produktionsbezogenen Prozesse bis hin zu einem erfolgreich installierten und funktionierenden Konfigurationssystem. Aus der *Kundenperspektive* untergliedert sich der *Einkaufsprozess* für individualisierbare Produkte in mehrere Teilvorgänge (vgl. Abbildung 3.3, Seite 68). Hier liegt der Fokus alleine auf der *Unterstützung des Kunden während der Konfigurationsphase. Personalisierung* als eine Methode der Kundenunterstützung untergliedert sich wiederum in unterschiedliche Ansätze (vgl. Abschnitte 4.1.2 und 4.4). Das Hauptaugenmerk liegt dabei auf *automatisch generierten Empfehlungen.* Die dafür notwendigen Prozesse zur Akquise und Speicherung der Nutzerprofilinformationen werden vorausgesetzt.

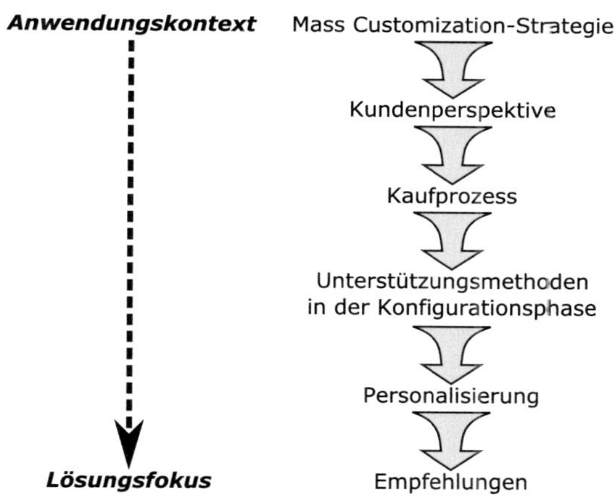

Abbildung 1.2. Fokus der Arbeit

1.3.1.1. 1:1-Marketing

Marketing ist die „*zielorientierte Gestaltung aller marktgerichteten Unternehmensaktivitäten*" (vgl. Meffert et al. 2000, S. 11, Peppers und Rogers 1996). Als marktbezogene Aufgabe resultiert daraus im Wesentlichen die *Steuerung der Nachfrage*, um Bedarf zu decken, zu schaffen, zu entwickeln, zu beleben oder zu reduzieren. Dabei geht es entweder um die Durchdringung und Ausschöpfung vorhandener Märkte oder um die Entwicklung und Schaffung neuer Märkte mit neuen Produkten (vgl. Esch et al. 2008).

Das Konzept des *1:1-Marketing* (engl. One-to-One-Marketing) ist im Zuge der digitalen Revolution und der Entwicklung des E-Commerce entstanden. Es zielt auf eine kundenindividuelle Marketingstrategie ab, die durch die Vermarktung von hochindividualisierten Dienstleistungen und Produkten den Kunden an das Unternehmen binden will. Im 1:1-Marketing wird der Kunde im Gegensatz zu herkömmlichen Ansätzen sehr individualisiert angesprochen (vgl. Reichardt 2000).

Im Hinblick auf diese Arbeit wirkt 1:1-Marketing unterstützend, ordnet sich allerdings nicht in die Konfigurationsphase ein. Es befasst sich mit der Außenkommunikation des Unternehmens, nicht aber mit der eigentlichen Unterstützung während des Konfigurationsvorgangs.

1.3.1.2. Customization

Customization und Personalisierung ähneln sich insofern, als dass beide Konzepte darauf abzielen, das Verhalten eines digitalen Informationssystems auf den einzelnen Nutzer individuell abzustimmen. Bei Customization ist jedoch das aktive Eingreifen des Nutzers erforderlich. Er bestimmt die Auswahl des gewünschten Inhalts, beispielsweise durch manuelles Abonnement eines RSS-Feeds oder der Auswahl einer News-Kategorie. Die manuelle Anpassung des Webseitenlayouts wie beispielsweise unter *MyYahoo* oder *iGoogle* fällt ebenso unter Customization (vgl. Mobasher 2007a, Keenoy und Levene 2005). Bry und Henze (2005) bezeichnen solche Systeme auch als *adaptierbar*. Grundsätzlich geschieht dabei aber keine selbständige und automatische Anpassung des Systems auf die Bedürfnisse des einzelnen Anwenders, wie es personalisierte Systeme anstreben.

1.3.1.3. Customer Relationship Management

Alisch et al. (2004) schreiben zu Customer Relationship Management: „*CRM ist zu verstehen als ein strategischer Ansatz, der zur vollständigen Planung, Steuerung und Durchführung aller interaktiven Prozesse mit dem Kunden genutzt wird. [...] Im CRM steht der Kunde im Mittelpunkt. [...] Das Ziel besteht jetzt darin, einem bestimmten Kunden möglichst viele Angebote zu verkaufen. Der Kunde mit seinem bisherigen Kaufverhalten und seinen Präferenzen ist durch die Kundendatenbank bekannt, so dass man ihm ein optimales Angebot machen kann.*"

CRM hat also zur Aufgabe, die Beziehungen zwischen Kunde und Unternehmen zu begleiten und zwar zum Nutzen des Kunden und des Unternehmens. In Richtung des Kunden sollen die Dienste und Produkte bedürfnisgerecht zugeschnitten und angeboten werden. In Richtung des Unternehmens fließen Informationen, die helfen, die Angebote besser auf die Marktverhältnisse abstimmen zu können (vgl. Zipkin 2001). CRM ist Wissensmanagement und wichtiger Bestandteil einer Mass Customization-Strategie, jedoch nicht äquivalent mit Personalisierung. CRM ist auf die reine Kundenbetreuung ausgerichtet und schafft so die informationelle Grundlage für die Anwendung von Empfehlungstechniken.

1.3.1.4. Product Lifecycle Management

Jedes Produkt besitzt einen Lebenszyklus, der sich von der Idee über die Entwicklung, Konstruktion, Produktion und den Vertrieb bis hin zum Service und der endgültigen Außerbetriebnahme erstreckt. Product Lifecycle Management (PLM) ist ein ganzheitliches Konzept, dass die Verwaltung eines Produktlebenszyklus und alle Auswirkungen auf die Wertschöpfungskette zusammenfasst (vgl. Arnold et al. 2005, S. 13ff). Nach Pine (1993, S. 65) ist die Massenproduktion durch lange und vorhersagbare Produktlebenszyklen gekennzeichnet. Mass Customization mit ihrer

Notwendigkeit zu vermehrten Produktinnovationen und Individualisierungsoptionen beeinflusst das umgesetzte Konzept des Product Lifecycle Managements in starkem Maße, da die Produktlebenszyklen kürzer und unvorhersagbarer werden. Arnold et al. argumentieren, dass *„heutiges PLM [..] die Abbildung von strukturierten konfigurierbaren Produkten in Bezug auf die gesamte Ablauforganisation eines Unternehmens einschließlich Änderungs- und Freigabeprozesse und einer Dokumentation, die langfristig archviert werden kann[, ermöglicht und unterstützt]*".

PLM ist also als unternehmensinternes, organisierendes Element für die Umsetzung der Produktionsprozesse einer Mass Customization-Strategie notwendig und nicht auf die Kundenunterstützung ausgerichtet.

1.4. Ergebnisse der Arbeit

Als Lösungsergebnis der Arbeit steht ein vollständig ausspezifiziertes Empfehlungskonzept, das als Kundenunterstützungsmethode in Produktkonfiguratoren umgesetzt werden kann. Die Übertragbarkeit auf beliebige modellbasierte Konfigurationssysteme wurde durch ein generisches Produktmodellierungsverständnis gewährleistet. Das Gesamtkonzept beruht auf den drei folgenden Eckpfeilern:

Modularisierung der Empfehlungslogik: Das Konzept beruht auf der Wiederverwendung existierender Empfehlungsalgorithmen der letzten 20 Jahre. Dafür ist die Modularisierung dieser Algorithmen mittels einer einheitlichen Steuerungsschnittstelle notwendig. Die Schnittstelle wird mit ihren Parametern und Rückgabedaten einschließlich der Rahmenbedingungen für die spezifischen Realisierungen ausführlich spezifiziert. In dieser Arbeit tragen die modular implementierten Empfehlungsalgorithmen den Namen *Filtermodul*. Das Konzept der Filtermodule erlaubt weiterhin die beliebige Erweiterbarkeit des Systems um neue oder verfeinerte Algorithmenansätze, ohne dass eine Neukonzeption der Empfehlungsfunktionalität notwendig ist.

Adaptierbare Hybridisierung: Die Empfehlungsfunktionalität wird im Wesentlichen durch eine adaptierbare Hybridisierung mit einem programmiersprachlichen Steuerungsansatz realisiert. Sie ist als Softwarekomponente in den Produktkonfigurator integriert und führt den Empfehlungsvorgang aus, wobei der Ablauf letztendlich durch ein *Hybridisierungsschema* gesteuert wird. Das Hybridisierungsschema besteht im Endeffekt aus einer baukastenähnlichen Zusammenstellung von Filtermodulen, die mittels verschiedener Ablaufsteuerungselemente (Sequenzialisierung, Schleifen, bedingte Ausführung und Parallelausführung) verknüpft werden. Die modulare Gestaltung der Filtermodulschnittstelle erlaubt die beliebige Kombination aller implementierten Personalisierungsalgorithmen. Die Softwarekomponente, die die Empfehlungsfunktionalität baukastenbasiert umsetzt, heißt *ReCoKit*[2], ein einzelnes Hybridisierungsschema *ReCoKit-Template*.

Die Adaptierbarkeit der Hybridisierung wird durch die Trennung von ReCoKit und ReCoKit-Templates gewährleistet. Es kann beliebig viele ReCoKit-Templates geben. Für den einzelnen Empfehlungsvorgang wird genau ein ReCoKit-Template ausgewählt und im ReCoKit zur

[2]ReCoKit=Recommender Construction Kit

Ausführung gebracht. Auf diese Weise kann das ReCoKit beliebige Filtermodulkombinationen ausführen, ohne softwaretechnisch angepasst werden zu müssen. Verantwortlich für die Erstellung der ReCoKit-Templates sind sowohl der Produktanbieter als auch die Kunden.

Adaptivität durch Meta-Personalisierung: Das Konzept der Meta-Personalisierung gewährleistet die Einsatzfähigkeit dieses komplexen Empfehlungssystems im Konsumgütermarkt. Grundsätzlich realisiert es eine automatische Selektion des für den aktuellen Konfigurationskontext (Kunde, Produktmodell, Konfigurationszustand) optimalen ReCoKit-Templates, also die im Arbeitstitel formulierte Adaptivität des Recommendersystems. Dies geschieht auf der Basis von Leistungskennzahlen, die über die Systemlaufzeit hinweg zu den einzelnen Empfehlungslogikbausteinen gesammelt werden. Diese Leistungskennzahlen geben Auskunft über die Güte der von ihnen erzeugten Empfehlungen und lassen so Prognosen für zukünftige Empfehlungsvorgänge zu.

Diese Form der Systemkonzeption ist in *allen drei Punkten neu* und in der wissenschaftlichen Literatur so oder in vergleichbarer Art und Weise nicht zu finden. Das Konzept eines dynamisch adaptiven Hybridisierungssystems für modularisierte Personalisierungsalgorithmen gibt es weder im Applikationskontext der Produktkonfiguratoren noch im Forschungskontext Personalisierung selbst. Die Vorteile dieses Ansatzes lassen sich in den folgenden Punkten zusammenfassen:

1. Die Reaktionszeit zur Optimierung der Empfehlungsfunktionalität hinsichtlich Produkt- und Kundenkontext wird deutlich verkürzt.

2. Die Empfehlungsfunktionalität kann produkt- und kundenspezifisch optimal ausgerichtet werden und erlaubt so eine bessere Übersetzung der individuellen Bedürfnisse in Konfigurationsempfehlungen.

3. Die Adaption der Empfehlungslogik kann sowohl automatisiert adaptiv (Meta-Personalisierung) für Standardkunden als auch manuell für Expertenkunden durchgeführt werden.

4. Jeder Konfiguratornutzer kann Empfehlungslogiken zusammenstellen. So wird auf eine breitere Expertise zurückgegriffen und die Arbeitslast verteilt.

Zum Abschluss möchte ich die wesentlichen Neuerungen dieser Arbeit vorstellen. Dabei unterscheide ich zwischen *wissenschaftlichen Beiträgen* und *Beiträgen zur Informatik*. *Wissenschaftliche Beiträge* stellen Aspekte dar, die das theoretische Konzept der Personalisierung weiterentwickeln und in der wissenschaftlichen Community beispielsweise als Klassifikations- oder Vergleichsgrundlage anderer Personalisierungsansätze genutzt werden können. Die *Beiträge zur Informatik* beziehen sich dagegen explizit auf die Lösungskonzeption sowie ihre Umsetzung.

Wissenschaftliche Beiträge

Theoretische Grundlagen: Als Grundlage für die Einordnung personalisierter Systeme habe ich ein *Klassifikationsmodell* mit vier Merkmalgruppen und insgesamt 25 Merkmalen entwickelt, mittels dessen beliebige personalisierte Systeme strukturiert verglichen werden können. Weiterhin geben die festgelegten Merkmale Aufschluss über die einzelnen Faktoren, die die Konzeption eines solchen Systems beeinflussen.

In einem *allgemeinen Prozessmodell* dokumentiere ich die grundsätzliche Funktionsweise personalisierter Systeme. Es besteht aus den zwei Hauptprozessen *Wissensmanagement* und *Personalisierungsvorgang*, die zueinander in Beziehung gesetzt sowie mit ihren Einzelaktivitäten genau erläutert werden. Dieses Prozessmodell bildet die internen Abläufe eines personalisierten Systems ab.

Ergebnis der Literaturanalyse ist weiterhin ein umfassender *Überblick* über die derzeit durch die Personalisierungsalgorithmen genutzten *Profildaten*.

Potenzialanalyse: In der Potenzialanalyse habe ich die *fünf wichtigsten Aufgaben für Kundenunterstützungsansätze in Produktkonfiguratoren* herausgearbeitet, um einen qualitativen Vergleich unterschiedlicher Methoden zu ermöglichen.

Weiterhin sind im Verlauf der Arbeit *13 Anforderungen an einen Empfehlungsansatz in Produktkonfiguratoren* entwickelt worden, die den Lösungs- sowie Evaluationsrahmen des zu entwerfenden Empfehlungskonzeptes vorgeben.

Lösungsdesign: Das Lösungsdesign enthält eine *neue Form der Hybridisierung von Personalisierungsalgorithmen*, mittels derer modularisierte Personalisierungsalgorithmen in generischer Art und Weise auf den aktuellen Konfigurationskontext adaptiert werden können. Auf diese Weise wurde der herkömmliche Designprozess personalisierter Systeme, der den Entwurf und die Umsetzung der Personalisierungslogik vom laufenden Betrieb getrennt hat, erfolgreich aufgeweicht.

Unterstützt wird dieses Konzept durch die neue Hybridisierungsklasse *Meta-Logik*, die sich durch eine automatisierte Auswahl der optimalen Empfehlungslogik auszeichnet und die Grundlage für die Adaptivität des Recommendersystems ist.

Weiterhin wurden in meinem Konzept *Ideen der Open Innovation* umgesetzt, denn nun kann jeder Kunde seine eigene Empfehlungslogik zusammenstellen und diese der Kundencommunity zur Verfügung stellen kann. Dies führt zu einer Verschiebung der Verantwortlichkeiten im Personalisierungsprozess vom Anbieter zum Kunden, so dass die Arbeitslast auf mehrere Schultern verteilt wird und auf mehr Expertise zurückgegriffen werden kann.

Beiträge zur Informatik

ReCoKit: Das ReCoKit ist die Ausführungsumgebung für Empfehlungsvorgänge. Es wird durch ReCoKit-Templates, die das Hybridisierungsschema beschreiben, programmatisch gesteuert. Das ReCoKit übernimmt die zentralen Aufgaben zur Auswertung des Schemas sowie die Ansteuerung der Filtermodule. Für den Konfigurator stellt es eine Steuerungsschnittstelle bereit, über die die Empfehlungsvorgänge gestartet werden.

Weiterhin realisiert das ReCoKit die für die Umsetzung der Meta-Personalisierung notwendige Messung und Aufzeichnung der Leistungskennzahlen und sucht mittels kontextbasiert-kollaborativer Personalisierungsalgorithmen automatisiert das für den aktuellen Konfigurationskontext optimale Hybridisierungsschema heraus.

ReCoKit-Template: ReCoKit-Templates beschreiben die Hybridisierungsschemata, die im ReCoKit ausgeführt werden können. Sie stellen die eigentlichen *Programme* zu den Empfehlungsvorgängen dar. Als Konstrukte stehen Sequenzialisierung, bedingte Ausführung, Schleifen, Parallelausführung sowie der Aufruf von Filtermodulen und anderen ReCoKit-Templates bereit.

Filtermodule: Filtermodule sind verantwortlich für die eigentliche Empfehlungsarbeit, indem sie das Konfigurationsmodell verändern. Sie werden durch das ReCoKit gemäß der Anweisungen im ausgewerteten ReCoKit-Template aufgerufen. Aufgrund der einheitlichen Schnittstelle können beliebige Personalisierungsalgorithmen realisiert werden. Auch die Erweiterbarkeit des Gesamtsystems um neue Implementierungen ist so gewährleistet.

Durch die Schaffung einer einheitlichen Schnittstelle zu den Filtermodulen ist die Einsatzfähigkeit des Gesamtkonzeptes in beliebigen Unternehmenskontexten sichergestellt, da die Algorithmik auf die spezifischen Nutzermodellierungsansätze angepasst werden kann, ohne dass das Hybridisierungskonzept zu modifizieren ist.

Weiterhin schützen die Filtermodule die Privatsphäre der einzelnen Kunden, da Kunden zwar Einblick in die ReCoKit-Templates haben, nicht jedoch in die eigentliche Implementierung der Filtermodule und den Zugriff auf Nutzerprofildaten.

In der Summe bedeutet mein Lösungsansatz die Integration des Kunden und der gesamten Kundencommunity in den Definitionsprozess der Empfehlungslogik (vgl. Abbildung 1.3). Das adaptive Recommendersystem stellt einen weiteren Kommunikationskanal zwischen Kunden, Anbieter und Community dar, über den empfehlungsspezifisches Expertenwissen ausgetauscht wird. Dies erlaubt die Definition guter Empfehlungslogiken, die den einzelnen Kunden im Konfigurationsprozess individueller unterstützen.

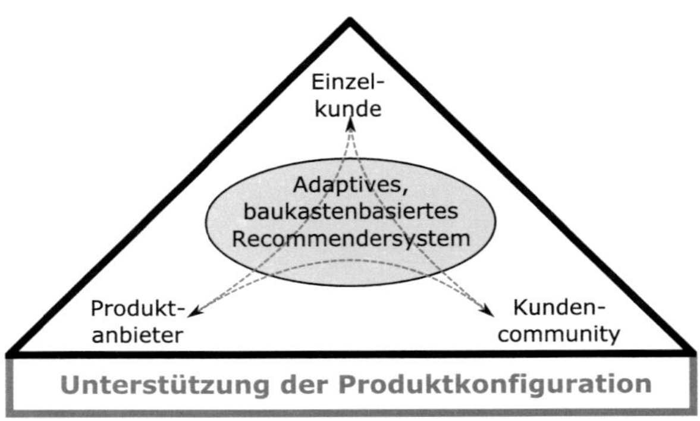

Abbildung 1.3. Arbeitsteilung: Mehrwert auf jeder Seite

1.5. Methodik und Struktur

Methodisch geht die Arbeit nach folgendem Muster vor. Zuerst werden die Grundlagen zu Personalisierung und Produktkonfiguratoren eingeführt. Basierend auf diesen Grundlagen findet eine fundierte *Potenzialanalyse* statt, deren Ergebnis eine Liste von Anforderungen an das Lösungskonzept ist. Diese Anforderungen dienen gleichzeitig der qualitativen Evaluierung der Fremdliteratur als auch der eigenen Lösung. Der Lösungsansatz wird ausführlich dargestellt, begleitet durch das Beispielproduktmodell eines Fahrrads. Die Konzeption gibt dabei die wesentlichen Ideen der Lösung wieder. Sie untergliedert sich in die Aspekte Technik, Nutzerprozesse sowie Integration in das Konfiguratorumfeld und beschreibt ausführlich, wie die Umsetzung zu erfolgen hat. Die anschließende Verteidigung des Ansatzes rundet die Arbeit ab. Hier habe ich mich für eine zweigleisige Vorgehensweise entschieden. Ein argumentativer Teil befasst sich mit der Anwendbarkeit im kommerziellen Umfeld und diskutiert aus den Perspektiven Kunde, Anbieter und Konfiguratorhersteller, inwiefern die Umsetzung des vorgestellten Konzeptes sinnvoll erscheint. Der zweite Teil beschreibt die Implementierung des ReCoKits in einem eigenen Java-basierten Prototyp, der die Umsetzbarkeit des Konzeptes anhand eines Ablaufprotokolls nachweist. Die Struktur der Arbeit orientiert sich anhand der methodisch notwendigen Reihenfolge:

Kapitel 2 und 3: Diese beiden Kapitel führen das relevante Grundlagenwissen ein. Personalisierung als das Forschungsthema dieser Arbeit dominiert gegenüber den Produktkonfiguratoren und wird deswegen zuerst behandelt. Aus einer Reihe von Beispielen personalisierter Anwendungen werden die Definitionen der Begriffe *Personalisierung* und *Recommendersystem* abgeleitet. Darauf aufbauend werden die wichtigsten Motivatoren und Ziele, ein allgemeines Prozessmodell und ein Klassifikationsmodell für personalisierte Systeme entwickelt. Danach geht das Kapitel auf die für diese Arbeit relevanten Nutzerprofilverwaltungs- sowie Personalisierungsprozesse ein.

Das Kapitel über Produktkonfiguratoren beginnt mit der Definition des *Konfiguratorenbegriffs* und schildert dann die wichtigsten Aufgaben eines Konfigurators. Im Anschluss stellt es ein bekanntes Klassifikationsmodell für Konfiguratoren vor und grenzt damit den Arbeitskontext ein. Den Abschluss bildet die Vorstellung eines allgemeinen Produktmodellverständnisses.

Kapitel 4: Die Potenzialanalyse beginnt mit der Entwicklung von Aufgaben für Kundenunterstützungssysteme in Produktkonfiguratoren. Anhand dieser Aufgaben werden die wichtigsten existierenden Unterstützungskonzepte verglichen. Der zweite Teil der Potenzialanalyse geht speziell auf die Methode der Empfehlungen ein und entwickelt dafür aus den Grundlagenkapiteln 13 wichtige Anforderungen. Das Kapitel schließt mit einer Evaluation existierender Empfehlungsansätze in Produktkonfiguratoren gegenüber diesen Anforderungen.

Kapitel 5: Dieses Kapitel stellt das Lösungskonzept des adaptiven, baukastenbasierten Recommendersystems für Produktkonfiguratoren vor. Es geht ausführlich auf alle notwendigen Aspekte ein und schildert insbesondere das Zusammenspiel des ReCoKits, der ReCoKit-Templates und der Filtermodule. Zusätzlich erläutert es extensiv die Umsetzung der Meta-Personalisierung sowie die neu in den Konfigurator zu integrierenden Interaktionsprozesse.

Kapitel 6: In der Diskussion werden die einzelnen Aspekte der Lösung gegenüber den Anforderungen evaluiert. Zusätzlich wird diskutiert, inwiefern die Lösungsidee in einer realen Konfiguratorumgebung umgesetzt werden kann. Die Vorstellung eines Prototyps weist die technische Umsetzbarkeit nach.

Kapitel 7: Dieses Kapitel schließt den Hauptteil der Dissertation ab und gibt einen Überblick über die weiterführenden Forschungsthemen.

Anhänge: Die Inhalte der einzelnen Kapitel werden durch eine Reihe von Anhängen ergänzt. Die Anhänge A und B geben einen Überblick über die Beispielsysteme, auf die in dieser Arbeit Bezug genommen wird. Das Fahrradproduktmodell, das die Lösungskonzeption als Beispiel begleitet, wird in Anhang C eingeführt. Die ausführliche Berechnung der Leistungskennzahlen, die für die Umsetzung der Meta-Personalisierung notwendig sind, wird in Anhang D dokumentiert. Anhang E enthält Informationen zum Testlauf des Prototyps.

Hinsichtlich der gewählten Sprache möchte ich anmerken, dass die wissenschaftliche Literatur über Personalisierung fast ausschließlich in Englisch verfasst ist. Ich habe mich für die Verwendung der englischsprachigen Originalbegriffe wichtiger Personalisierungskonzepte entschieden. Wo es mir notwendig erschien, habe ich eine deutsche Übersetzung beigefügt.

Weiterhin beziehen sich die in dieser Arbeit beschriebenen Beispiele der Einfachheit halber immer auf Akteure männlichen Geschlechts wie etwa „der Nutzer“ oder „der Kunde“. Natürlich sind sie in entsprechender Weise ohne Weiteres auch auf die feminine Form übertragbar.

Kapitel 2. Personalisierung

Dieses Kapitel bildet die erste Säule der theoretischen Grundlagen dieser Arbeit. Die vorgestellten Inhalte gehen in die Potenzialanalyse in Kapitel 4 ein, denn aus ihnen werden die Anforderungen an den Lösungsansatz erarbeitet.

Das Ziel ist die Einführung der für meinen Lösungsansatz wichtigen Grundlagen des Konzeptes der Personalisierung. Ich gehe dabei in vier Schritten vor. *Die Grundzüge der Personalisierung* führen die wesentlichen Möglichkeiten und Charakteristiken personalisierter Systeme ein. Im Hinblick auf die *Konzeption* werde ich ein Prozessmodell für personalisierte Anwendungen entwickeln, das die Vorgänge im Personalisierungsprozess beschreibt. Die Vorstellung der technischen Aspekte untergliedert sich danach in einen *Informationsmodell-* und einen *Personalisierungsmethodikteil.* Der Umfang und die Inhalte jedes einzelnen Unterabschnitts sind bezüglich ihrer Wichtigkeit in Bezug auf die weitere Verwendung in der Potenzialanalyse und der Entwicklung meines Lösungsansatzes abgestimmt. Das Kapitel endet mit einer Zusammenfassung.

Im Zuge der Erörterung einzelner Merkmale verweise ich immer wieder auf Beispielsysteme. Eine Übersicht über interessante und für diese Arbeit relevante personalisierte Applikationen einschließlich weiterführender Literatur findet sich in Anhang A.

2.1. Grundzüge der Personalisierung

In diesem Abschnitt möchte ich die Grundzüge personalisierter Anwendungen darstellen. Damit wird der Rahmen aufgespannt, in den sich die daraufhin folgenden Konzeptaspekte sowie mein Lösunganansatz eingliedern werden. Zuerst werden anhand von vier Beispielen personalisierter Systeme einige Anwendungsfelder und Personalisierungsmöglichkeiten aufgezeigt. In Anlehnung daran werden die Begriffe *Personalisierung* und *Recommendersystem* eingeführt und zueinander in Beziehung gesetzt. Den Abschluss bildet ein von mir entwickeltes Klassifikationsmodell für personalisierte Systeme. Diese Klassifikation ist mit ihren Einzelmerkmalen eine wesentliche Grundlage für die weitere Arbeit, sowohl bei der weiteren Erörterung der Personalisierungsgrundlagen als auch für die Eingliederung meines Lösungsansatzes. Insgesamt legt dieser Abschnitt den Grundstein für das Verständnis personalisierter Anwendungen.

2.1.1. Beispiele personalisierter Dienste

In den folgenden vier Unterabschnitten wird exemplarisch gezeigt, in welchen Anwendungskontexten Personalisierung auf welche Art und Weise eingesetzt werden kann. Die Aufzählung ist bei weitem nicht vollständig, sondern motiviert vielmehr das breite Einsatzspektrum. Im Verlauf der Arbeit werde ich immer wieder auf die geschilderten Beispiele verweisen, um einzelne Aspekte exemplarisch zu belegen.

2.1.1.1. MovieLens

MovieLens ist ein Portal, das angemeldeten Nutzern Kinofilme basierend auf ihren bisherigen Filmbewertungen vorschlägt und dabei versucht, den individuellen Geschmack des Nutzers zu treffen. In einer realen Videothek bleibt es alleine dem Kunden überlassen, die Angebote nach interessanten Filmen zu durchsuchen. MovieLens ist keine Videothek, sondern vielmehr eine große Datenbank aller vorhandenen Filmtitel einschließlich beschreibender Metadaten.

MovieLens bietet zwei Benutzungsmodi, einen *anonymen* und einen für *eingeloggte* Nutzer. In der *anonymen* Variante muss der Anwender eine Liste beliebter Filme angeben, auf denen basierend das System asynchron Vorschläge ähnlicher Filme berechnet. Als sogenanntes kollaboratives Empfehlungssystem kombiniert MovieLens die Filmbewertungen anderer Mitglieder mit denen des aktiven Nutzers, um neue Empfehlungen zu errechnen. Für den *eingeloggten* Modus ist eine Registrierung erforderlich, bei der dem Nutzer eine eindeutige Identifikation zugewiesen wird. Neben anderen demographischen Informationen fragt das System dabei nach 15 Bewertungen beliebiger Filme auf einer diskreten Skala von „0" bis „5". Die 15 Bewertungen dienen als Initialisierung der „Geschmacksinformationen" für MovieLens.

Für die loginbasierte Systemnutzung identifiziert sich der Nutzer mittels seiner Identifikation, woraufhin ihm verschiedene personalisierungsbezogene Funktionen zur Verfügung stehen. Da gibt es zuerst die *Filmbewertung*, die jedem Nutzer erlaubt, eine Bewertung zu beliebigen Filmen abzugeben. Diese Bewertungen sind dann die Grundlage für die durch MovieLens berechneten *Filmvorschläge.* Dafür ermittelt das System für jeden Kunden und für jeden einzelnen Film eine *individuelle Prediction.* Eine Prediction ist eine Vorhersage, wie relevant der spezifische Film für den Nutzer ist. Abbildung 2.1 zeigt eine einzelne Beispielempfehlung aus einer von MovieLens generierten Filmempfehlungsliste. Mit vier von fünf Sternen stuft MovieLens diesen Film als sehr relevant für den eingeloggten Nutzer ein. Weiterhin erlaubt MovieLens mittels *Movie Buddies* die Erzeugung von Filmempfehlungen für Gruppen, beispielsweise für einen gemeinsamen Filmabend.

Abbildung 2.1. Screenshot: Empfohlener Kinofilm mit Prediction in MovieLens

MovieLens ist ein in den 90er Jahren gestartetes Projekt, das sich ausschließlich auf die Empfehlung und Suche von Kinofilmen spezialisiert. Es ist aus der Forschung entstanden und bietet selbst keine E-Commerce-Funktionalität wie beispielsweise den DVD-Verkauf an. Die webbasierte Nutzerschnittstelle ist hauptsächlich textorientiert und nicht mit Graphik überladen.

2.1.1.2. Amazon.com

Amazon.com ist eines der bekanntesten E-Commerce-Unternehmen, das im Dotcom-Boom entstanden und gewachsen ist, aber auch das Platzen dieser Blase überstanden hat. Nach der Gründung durch Jeff Bezos 1994, der auch heute noch das Unternehmen leitet, ging Amazon.com 1995 online und 1997 an die Börse. Begonnen hat diese E-Commerce-Verkaufsplattform mit dem Verkauf von Büchern. Über die Zeit hinweg wuchs das Angebot um Multimediaartikel wie CDs oder DVDs, Elektronik, Software oder auch Haushaltsgeräte und weitere Kategorien an. Im Gegensatz zu den bisher bekannten Bücherläden und anderen Geschäften läuft unter Amazon.com der gesamte Einkauf und die Kundenbetreuung online ab. Die Kundenbetreuung findet per E-Mail, telefonisch oder auf der Webseite statt (vgl. Spector 2000).

Abbildung 2.2. Screenshot: Erklärungen für eine Artikelempfehlung auf Amazon.com

Die Basis für Amazon.com's automatisierte Empfehlungstechniken bilden die *gesammelten Aktivitätsdaten* der Nutzer. Eine Anmeldung des Kunden für die Nutzung ist erforderlich. Während der Kunde nun auf Amazon.com durch Artikel stöbert, werden seine Aktivitäten serverseitig protokolliert. Amazon.com sammelt unter anderem frühere Such- und Einkaufsaktivitäten aber auch die aktuell angeschauten Artikel. Die daraus resultierenden *Empfehlungen*, also die Produktvorschläge seitens Amazon.com, werden auf dem Webportal sowie als E-Mail übermittelt. Dabei bietet Amazon.com dem Kunden zu jeder Empfehlung eine *Erklärung*, warum eben genau dieser Artikel empfohlen wurde (vgl. Abbildung 2.2). Dadurch wächst das Vertrauen des Kunden in das E-Commerce-Portal (vgl. Leino und Räihä 2007). Andere Personalisierungsfunktionen werden direkt bei der Artikelanzeige dargestellt. So finden sich beispielsweise unter der Rubrik „Wird oft zusammen gekauft" weitere Artikel, die andere Nutzer häufig mit dem dargestellten zusammen gekauft haben.

2.1.1.3. Personalisierte Navigation im WWW

Hypertextstrukturen wie beispielsweise das WWW[1] haben sich in den letzten Jahren als Medium zur Informations- und Wissensvermittlung entwickelt. Durch ihre Größe und dezentrale Organisation sind sie jedoch schwer zu kontrollieren, was zu unübersichtlichen Strukturen führt und das Auffinden von Informationen deutlich erschwert (vgl. Gauch et al. 2003, Michail und Christos 2007).

Der direkte Zugriff auf Hypertextstrukturen erfolgt durch *Navigation* in einem Browser wie beispielsweise *Firefox*. Grundlage für die nutzerseitige Navigation ist die Linksstruktur des Hypertextnetzes. Gauch et al. (2003) bemängeln bei statisch festgelegten Links die erstellerspezifischen Kriterien der Linkorganisation, die häufig nicht mit den Bedürfnissen des Lesers zusammenpassen. Der Leser muss demnach auf jeder Seite navigieren lernen.

Personalisierung kann die Navigation in Hypertextstrukturen deutlich vereinfachen. Brusilovsky (2007) erörtert die fünf wesentlichen Personalisierungsmethoden. Die *direkte Nutzerführung* arbeitet proaktiv und schlägt dem Nutzer den nächsten „besten" Link vor. Mittels *Neusortierung der Links* wird die ursprüngliche, statisch festgelegte Linkreihenfolge im dargestellten Hypertextdokument an die Nutzerbedürfnisse angepasst. Durch das *Ausblenden von Links* wird die Information, die der Leser zu verarbeiten hat, auf das Wesentliche beschränkt. *Annotierte Links* erlauben dem Benutzer, sich über den vom Link referenzierten Hypertextknoten schon vor dem eigentlichen Navigationsschritt zu informieren. Die Annotation eines Links kann beispielsweise Aussagen über die Validität des Links oder dessen Aktualität treffen. *Neue Links* als Abkürzungen zu versteckteren Seiten erlauben die Verkürzung der Navigationszeit.

Diese Techniken verfolgen zwei Ziele. Einerseits soll der Leser *schneller an die gewünschte Information gelangen* und weniger Zeit für die Navigation benötigen. Andererseits soll ihm gezielt ein *breiteres, zu seinen Bedürfnissen passenderes Informationsangebot* präsentiert werden (vgl. Smyth 2008). Auch hier bilden Bedürfnisinformationen des navigierenden Nutzers die Grundlage für den Personalisierungsvorgang. Solche Bedürfnisinformationen können beispielsweise über das frühere Navigationsverhalten des Nutzers gesammelt werden.

2.1.1.4. Personalisierte Suche im WWW

Die *Suche* ist die zweite, gängige Variante des Zugriffs auf große Hypertextstrukturen. Sie erfolgt über sogenannte Suchdienste, die im Web meist kostenfrei zur Verfügung stehen. Beispiele sind *AltaVista*, *Yahoo* oder *Google*. Letzteres ist die derzeit wohl bekannteste Suchmaschine. Solche Suchmaschinen indizieren die im WWW vorhandenen Webseiten und legen dazu Datenbankeinträge mit suchrelevanten Metainformationen wie beispielsweise Seitenautor, Schlagworte oder Seitentitel an. Ein Suchdienst führt eine nutzerseitig abgesetzte Suche aus, indem er in den indizierten Daten nach relevanten Seiten recherchiert (vgl. Gasparetti und Micarelli 2008). Das Ergebnis ist eine nach Relevanz sortierte Liste von Webseitenlinks. Die Qualität dieser Ergebnisliste wird mittels den gängigen Metriken *Recall*, also der Anteil echt relevanter Seiten in der Ergebnisliste, und *Precision*, also die Wahrscheinlichkeit, ob ein einzelnes Suchergebnis auch wirklich relevant ist, bestimmt. Problematisch an herkömmlichen Suchmaschinen ist jedoch, dass

[1]WWW=World Wide Web

jeder Nutzer unterschiedliche Dinge als relevant erachtet und dies zusätzlich kontextbezogen variiert (vgl. Pitkow et al. 2002). Precision und Recall sind also nicht nur nutzer-, sondern auch kontextspezifisch zu interpretieren.

Die personalisierte Suche zielt darauf ab, die Interpretation und Auswertung der Suchanfragen durch gesammelte Bedürfnisinformationen und Informationsmuster des Nutzer zu optimieren (vgl. Pitkow et al. 2002). Keenoy und Levene (2005) unterscheiden dabei grundsätzliche drei Ansätze. *Re-ranking* setzt an der Sortierreihenfolge der Ergebnisliste an. Ziel ist, die Relevanz der Ergebnisse nutzerspezifisch besser einschätzen zu können. Personalisierte Suchdienste reichern den *Filterungsprozess* mit Profildaten an, um bereits bei der Auswahl der Ergebnismenge scheinbar irrelevante Webseiten auszuschließen. Der dritte Ansatz greift zeitlich gesehen sogar noch früher an, nämlich bei der *Vorverarbeitung der Suchanfrage*. Diese wird häufig aus dem menschlich-sprachlichen Umfeld heraus gestellt und passt nicht unbedingt zu der Struktur der indizierten Dokumente. Nutzerspezifische Informationen geben Aufschluss über die aktuellen Beweggründe, die zur Formulierung der Anfrage geführt haben. Durch intelligentes Hinzufügen von Schlüsselwörtern oder Umstrukturieren der gestellten Anfrage kann die anschließende Auswertung optimiert werden. Diese drei Personalisierungsmethoden erhöhen Precision und Recal also individuell für Nutzer und Kontext.

2.1.2. Begrifflichkeiten

In diesem Abschnitt führe ich wesentliche Begriffe ein, deren Bedeutung für den weiteren Verlauf der Arbeit essenziell ist. Dabei unterscheide ich zwischen dem Konzept der *Personalisierung* und einer möglichen Realisierung dieses Konzeptes durch *Recommendersysteme*.

2.1.2.1. Personalisierung

Die vier Beispiele aus dem vorangegangenen Abschnitt demonstrieren drei grundsätzliche Wesenszüge personalisierter Anwendungen. Allen voran findet sich in jedem Beispiel der Aspekt einer Verbesserung der *Mensch-Maschine-Interaktion* wieder. Weiterhin geht es immer um eine Ausrichtung der Interaktionsmethoden auf die *Bedürfnisse des Nutzers oder einer Zielgruppe*. Letztlich wohnt den Beispielen auch immer ein *Applikations- oder Systemfokus* inne, d. h. Personalisierung funktioniert nur, wenn sie innerhalb eines Systems realisiert wird. Personalisierung ist also kein Selbstzweck, sondern wirkt immer unterstützend.

Die Literatur weist eine Vielzahl unterschiedlicher Definitionen für Personalisierung auf, die häufig jedoch nur auf ein spezielles Einsatz- oder Themengebiet – beispielsweise E-Commerce oder Informationswissenschaften – ausgerichtet sind. Technische Details innerhalb der Definitionen verwaschen die allgemeine Bedeutung des Konzeptes Personalisierung weiter. So sehen beispielsweise Schubert et al. (2006a) Personalisierung folgendermaßen:

> „*Personalization is about the interaction between a company and a customer on a one-to-one basis in order to match user needs.*“

Nach Meinung der Autoren geht es also um eine Maximierung des Kundenwertes für den Anbieter. Diese Definition weist leider zwei Mängel auf. So ist sie an die Disziplin des E-Commerce gebunden und gibt eigentlich nur monetäre, disziplinbezogene Ziele wieder. Fan und Poole (2006) identifizieren dagegen sogar sechs unterschiedliche disziplinbezogene Sichtweisen auf Personalisierung. Eine allgemein gehaltene Definition der Personalisierungsaktivität darf sich also weder an disziplinspezifischen noch anderen realisierungsbezogenen Zielen ausrichten.

Ich definiere Personalisierung in dieser Arbeit deswegen als Konzept. Die Konzeptsicht hat den Vorteil, sich den wesentlichen Eigenschaften personalisierter Anwendungen losgelöst von der Implementierung und dem Anwendungskontext nähern zu können. Der Fokus liegt auf den Aspekten, die das Konzept der Personalisierung *an sich* beschreiben. So ergibt sich folgende Definition:

> **Definition 2.1 (Personalisierung):** Personalisierung ist ein Konzept, das darauf abzielt, Funktionalitäten, Schnittstellen, Informationszugriffsmethoden sowie Inhalte oder Eigenschaften von (Computer-)Systemen auf die individuellen Bedürfnisse des aktiven Nutzers oder einer ganzen Nutzergruppe abzustimmen.

Hieraus leitet sich dann der Begriff des *Personalisierens* ab. Er bezeichnet den eigentlichen Vorgang, in dem Funktionalitäten, Schnittstellen, Informationszugriffsmethoden sowie Inhalte auf das Individuum abgestimmt werden. *Personalisierte Systeme* sind Informationssysteme, die das Konzept der Personalisierung realisieren. Aus der Menge aller Nutzer eines Informationssystems sind die *aktiven Nutzer* diejenigen Individuen, die sich gerade in einer personalisierten Interaktion mit dem System befinden, wobei jede Interaktionssitzung hinsichtlich der durchgeführten Personalisierung unabhängig von den anderen betrachtet wird.

2.1.2.2. Recommendersystem

Recommendersysteme stellen eine Gruppe personalisierter Systeme dar. Für die Begriffsdefinition ist es notwendig, zuerst den Ausdruck des *Informationsobjekts* näher zu erläutern. Artikel unter Amazon.com, Filmeinträge unter MovieLens oder eine Webseite im Internet stellen für sich genommen jeweils einzelne *digitale Informationsobjekte* dar. Zur Vereinfachung wird im Weiteren auf den Zusatz *digital* verzichtet, da sich Personalisierung ohnehin nur auf Computersysteme bezieht und Informationsobjekte darin nicht physisch vorliegen. Informationsobjekte liegen grundsätzlich als unstrukturierte, semi- oder strukturierte Datenkontainer vor und repräsentieren die Dinge, die dem Nutzer durch Recommendersysteme empfohlen werden (vgl. Hanani et al. 2001). Die englischsprachige Literatur bezeichnet sie als *Items*. Es gibt grundsätzlich drei verschiedene Arten von Informationsobjekten:

- Platzhalter für Dinge der realen Welt (wie beispielsweise Bücher oder Filme)
- Eigenständige digitale Daten wie beispielsweise News, E-Mails oder eine einzelne Webseite
- Platzhalter für ein anderes digitales Datum oder eine digitale Datenmenge, also beispielsweise die inhaltliche Zusammenfassung eines mächtigen PDF-Dokuments oder der Index einer Dokumentensammlung

Semistrukturierte Informationsobjekte nutzen *Attribute* (in der Literatur auch *Features* genannt), um beschreibende Metadaten wie beispielsweise Buchautoren oder Titel herauszustellen.

Weitere Charakteristiken von Informationsobjekten für personalisierte Applikationen finden sich bei Pazzani und Billsus (2007) sowie Pednault (2000).

Mit dem Konzept des Informationsobjekts ist nun die Grundlage für die Definition des Begriffs *Recommendersystem* gelegt. Auch hier finden sich in der Literatur eine Vielzahl solcher Definitionen, beispielsweise die von Felfernig et al. (2007):

> „*Recommender systems support users by identifying interesting products and services in situations where the number and complexity of offers outstrips the user's capability to survey them and reach a decision.*"

Recommendersysteme bereiten also Informationen auf, um dem Nutzer die Verarbeitung zu erleichtern. Allerdings geht die Definition insofern zu weit, als dass sie Recommendersysteme grundsätzlich nur dort sieht, wo der Nutzer überfordert ist. Überforderung als einzige Motivation für Recommendersysteme zu sehen, grenzt den Anwendungskontext zu stark ein. In Abschnitt 2.2.1 werde ich zeigen, dass es verschiedene Motivatoren für personalisierte Systeme gibt.

Um konstruktiv zu einer Definition für Recommendersysteme zu kommen, ist es sinnvoll, sich mit den wesentlichen einflussnehmenden Aspekten zu befassen. Zuerst einmal treten Recommendersysteme nur dort auf, wo *Informationsobjekte dem Nutzer empfohlen* werden sollen. Sie verfolgen das *Konzept der Personalisierung* und stellen selbst eine softwaremäßige *Umsetzung* dar. Es ist also der Prozess des *Empfehlens von Informationsobjekten*, der ein Recommendersystem ausmacht. Dieser Prozess bedient sich drei verschiedener Methoden. Mittels *Selektion* werden Informationsobjekte ausgewählt. Durch *Aufbereitung* können diese verändert und beispielsweise in der Struktur und Informationsmenge und -abstraktion auf den Nutzer zugeschnitten werden. *Präsentationsmethoden* beziehen sich auf die nutzerspezifische Aufbereitung der Nutzerschnittstelle. Anhand dieser Vorüberlegungen ergibt sich nun folgende Definition:

> **Definition 2.2 (Recommendersystem):** Ein Recommendersystem (auch Empfehlungssystem genannt) ist ein personalisiertes System, das die Selektion, Aufbereitung und Präsentation von Informationsobjekten auf die Bedürfnisse des Nutzers oder der Nutzergruppe abstimmt. Der Begriff wird bisweilen auch mit Recommender abgekürzt.

In der Interaktion zwischen dem Menschen und dem Recommendersystem bezeichnen *Empfehlungen* (engl. *Recommendations*) die Informationsobjekte, die das Recommendersystem für den Nutzer ausgewählt und aufbereitet hat (vgl. Burke 2007). Meist wird nicht nur eine Einzelempfehlung, sondern eine ganze Menge von Empfehlungen gegeben.

2.1.3. Aufgaben eines Recommendersystems

Da das Ziel dieser Arbeit die Entwicklung einer Empfehlungsfunktionalität für Produktkonfiguratoren ist, möchte ich nun speziell auf die Aufgaben eines Recommendersystems eingehen. Der Nutzer verknüpft mit der Verwendung eines Recommendersystems bestimmte Erwartungen an dessen Funktionalität, da er in seiner Arbeit grundsätzlich unterstützt und entlastet werden möchte. Je nach Anwendungskontext und Problemstruktur kann das auf unterschiedliche Art und Weise erfolgen. Herlocker et al. (2004) und Schafer et al. (2007) identifizieren aus der Nutzerperspektive die folgenden wesentlichen anwendungskontextunabhängigen Aufgaben:

Empfehlung(en) generieren: Die wohl häufigste Aufgabe eines Recommendersystems ist die Erzeugung von Empfehlungen, also einer nutzerspezifischen Auswahl von Informationsobjekten aus einer sehr großen, unüberschaubaren Menge. Letztere möchte der Nutzer nicht eigenständig durchsuchen, sondern erwartet vom Recommendersystem eine automatische Auswahl, die seinen eigenen Bedürfnissen, Wünschen und Vorlieben gerecht wird. Das können Webseiten, relevante E-Mails oder Newseinträge aber auch Produkte oder Filme sein. Der Name *Recommendersystem* entstammt dieser Art von Aufgabe. Systeme wie *Fab*, *Ringo* oder *PHOAKS* sind Beispiele dafür.

Die Art der generierten Empfehlung variiert (vgl. Ramezani et al. 2008). Je nach Problemstruktur werden Informationsobjekte vollkommen neu kreiert oder lediglich aus einer vorgegebenen Auswahl entnommen. Auch bezüglich der empfohlenen Anzahl an Informationsobjekten existieren Unterschiede. Häufig enthält die Empfehlung eine sortierte Liste relevanter Informationsobjekte, deren interne Struktur spezifischen Abhängigkeiten unterliegen kann. So muss der in *iTunes* integrierte Recommender *Genius* die Abfolge der empfohlenen Songs in Bezug auf das Genre aufeinander abstimmen.

Annotation und Filtern: Die erste Generation personalisierter Systeme konzentrierte sich auf das Filtern von Nachrichten in Diskussionsgruppen. Diese wurden nach nutzerspezifischer Relevanz gesiebt oder markiert. *Tapestry*, *GroupLens* oder *MovieLens* sind Beispiele solcher Systeme. Intern errechnen sie für jedes Informationsobjekt einen Prediction-Wert, der dessen nutzerspezifische Relevanz widerspiegelt. Je höher die Prediction, desto passender ist das Objekt für den gerade bedienten Anwender. Mittels Schwellwerten werden weniger relevante Informationsobjekte herausgefiltert.

Recommendersystem ausprobieren und verbessern: Von Zeit zu Zeit wenden sich Nutzer an Recommendersysteme, um lediglich deren Funktionalität und Fähigkeiten zu testen, bzw. sich unterhalten zu lassen. So wie sie im Internet ab und zu einfach nur ziellos herumsurfen, ist auch das Ausprobieren der Funktionalität eines Recommenders eine ihrer Freizeitbeschäftigungen. Kunden haben dann kein eindeutiges Bedürfnis, sondern verfolgen diese Aktivität aus Unterhaltungsgründen oder um etwas über den Recommender oder die empfohlenen Artikel zu lernen.

Die Evaluation der Güte eines Recommendersystems stellt eine weitere Nutzungsvariante dar und ist vergleichbar mit der Evaluation des Marktes im Falle eines geplanten Produktkaufs. Bevor ein Nutzer einem Recommender Vertrauen entgegenbringt, spielt er zuerst mit den angebotenen Funktionalitäten herum, um das Systemverhalten zu prüfen. Insbesondere im kommerziellen Kontext spielt beispielsweise die wahrgenommene Neutralität einer Empfehlungen eine wichtige Rolle.

Die dritte eigennützige, unmittelbar jedoch nicht produktive Verwendung eines Recommendersystems stellt die Verbesserung der im System hinterlegten persönlichen Daten dar, um bei späterer Systemnutzung genauere Empfehlungen erhalten zu können.

Dem Anwender erlauben, sich selbst in die Community einzubringen: Ein Teil der Anwender möchte sich in die Nutzercommunity einbringen, indem sie durch Artikelbewertungen und Kommentare in Foren die Empfehlungsqualität für alle Communitymitglieder verbessern. Viele Recommendersystemen erzeugen Empfehlungen basierend auf Artikelbewertungen aller Nutzer. In solchen Systemen hat also das eigene Interaktionsverhalten Auswirkungen auf die Qualität der Empfehlungen für andere Nutzer. Die Community soll auf diese Art von den eigenen Beiträgen profitieren und bessere Empfehlungen erhalten.

Ein Recommendersystem muss verschiedene Eigenschaften aufweisen, damit es die genannten Aufgaben erfüllen kann. Für den Kontext dieser Arbeit habe ich basierend auf McNee et al. (2006) die folgenden Merkmale von Recommendersystemen herausgearbeitet. Diese Merkmale beeinflussen insbesondere die Akzeptanz eines Recommendersystems durch den Nutzer und werden deswegen in die Potenzialanalyse einfließen:

Transparenz: Transparenz ist ein notwendiges Merkmal von Recommendersystemen und bedeutet, dass der Nutzer das „Warum?" einer gegebenen Empfehlung versteht (vgl. Sinha und Swearingen 2002). Transparenz steigert die Akzeptanz der generierten Empfehlungen, da das Recommendersystem nicht mehr als reine Black Box wahrgenommen wird. Der Nutzer hat die Möglichkeit, die Gründe für Empfehlungen nachzuvollziehen. Dies führt insbesondere bei falschen Empfehlungen zu einer größeren Nachsicht seitens des Nutzers, da er die Hintergründe für die Fehlschlüsse erkennen und korrigieren kann. Die in Abbildung 2.2 (Seite 21) gezeigten Erklärungen für eine Produktempfehlung von Amazon.com ist ein Beispiel für die Umsetzung von Transparenz.

Diversität versus Ähnlichkeit in einer Empfehlungsliste: Die Elemente einer Empfehlungsliste unterscheiden sich hinsichtlich ihrer spezifischen Attribute mehr oder weniger, sind also diverser oder ähnlicher (vgl. Smyth 2007, Bridge und Kelly 2006). So ist eine Liste sehr ähnlicher Empfehlungen für den Nutzer meist wenig hilfreich, da er nicht das gesamte Spektrum des Möglichen sieht. Die Diversifizierung der Elemente einer Empfehlungsliste durch den Recommender erlaubt dem Nutzer, sich einen Überblick der Auswahlmöglichkeiten zu verschaffen (vgl. Bridge und Kelly 2006, Pu und Chen 2006). In anderen Anwendungskontexten wie beispielsweise der personalisierten Musikliste sind wiederum eher ähnliche Empfehlungen erwünscht.

Geläufigkeit versus Unbekanntheit von Empfehlungen: Die Elemente einer Empfehlungsliste unterscheiden sich in den Augen des aktiven Nutzers weiterhin hinsichtlich ihres Bekanntheitsgrads. Dem Nutzer bereits bekannte Informationsobjekte vorzuschlagen, erhöht einerseits das Vertrauen in den Recommender, schränkt andererseits aber die Qualität einer Empfehlung ein, da das Spektrum des Möglichen nicht abgedeckt und der Nutzer nicht auf Ungewöhnliches, aber womöglich dennoch Hilfreiches aufmerksam gemacht wird. Unbekannte Informationsobjekte können dagegen hinsichtlich ihrer Nützlichkeit vom aktiven Nutzer auf den ersten Blick zwar schwerer eingeschätzt werden, sie geben ihm jedoch die Möglichkeit, Neues kennenzulernen.

Langfristige und aktuelle Bedürfnisse umsetzen: Ein Recommendersystem hat die Aufgabe, die aktuellen Bedürfnisse eines Nutzers zu bedienen (vgl. Kasanoff 2001). Diese können sich über die Zeit hinweg ändern. Ebenso sind aber auch die langfristig gültigen Bedürfnisse bei der Generierung der Empfehlung mit einzubeziehen. Erst die Mischung aus langfristigen und aktuellen Bedürfnissen bringt gute Empfehlungen hervor.

2.1.4. Klassifikationsmodell für personalisierte Systeme

In diesem Abschnitt werde ich das für diese Arbeit sehr wichtige Klassifikationsmodell für personalisierte Anwendungen entwickeln. Wie bereits in der Einführung unter 2.1.1 erwähnt, existieren in Wissenschaft und Praxis eine Unzahl an Realisierungen personalisierter Systeme. Hier geht es nun darum, die Konzeptions- und Realisierungsaspekte dieser Systeme genauer zu betrachten. Mit der Entwicklung des Klassifikationsmodells ziele ich darauf ab, Merkmale zu erarbeiten, anhand derer personalisierte Anwendungen kategorisiert und strukturiert beschrieben werden können.

Im Hinblick auf diese Arbeit ist das von mir entwickelte Klassifikationsmodell strukturbestimmend. Die weiteren Grundlagen der Personalisierung werden anhand der Merkmalgruppen untergliedert. In Bezug auf meinen Lösungsansatz legt das Klassifikationsmodell genau die Aspekte fest, die in der Lösungsdokumentation zu beleuchten sind. Aber auch für die wissenschaftliche Community ist das Klassifikationsmodell sehr hilfreich, da es ermöglicht, personalisierte Applikationen merkmalbezogen miteinander zu vergleichen.

Die Tabelle 2.1 stellt das Klassifikationsmodell für personalisierte Anwendungen dar. Zwar existieren solche Ansätze auch in der wissenschaftlichen Literatur, jedoch decken diese immer nur einen Teil der genannten Dimensionen ab oder beziehen sich lediglich auf einen bestimmten Anwendungskontext. In mein Modell sind Anregungen aus Keenoy und Levene (2005), Ramezani et al. (2008), Anand und Mobasher (2005), Fan und Poole (2006), Resnick und Varian (1997), Terveen und Hill (2001), Kasanoff (2001, S. 122) sowie Hanani et al. (2001) eingeflossen. Alle aufgeführten Merkmale werden im Folgenden kurz erläutert. Der sich danach anschließende Teil dieses Kapitels geht auf die für diese Arbeit relevanten Merkmale noch einmal im Detail ein.

2.1.4.1. Externe Faktoren

Die Merkmale der *externen Faktoren* beschreiben die aus der Umgebung einflussnehmenden Faktoren auf das personalisierte System. Es sind also die Eigenschaften, die auf die Konzeptionierung und Realisierung von außen einwirken. Zuallerst stellt sich dabei immer die Frage, ob es ein *Forschungs- oder Produktivsystem* ist. Forschungssysteme wie MovieLens haben mehr Freiraum, neue Aspekte auszuprobieren, und sind nicht wie Produktivsysteme wie etwa Amazon.com gezwungen, mit den Personalisierungsmethoden zum Mehrwert des Unternehmens real beizutragen. Ähnlich unterscheiden sich die beiden genannten Beispiele auch in der *Eigenständigkeit*. MovieLens ist ein Recommendersystem für die nutzerzentrierte Empfehlung von Filmen. Die Personalisierungsfunktionalität selbst hat diese Anwendung erst motiviert: alles dreht sich um Filmempfehlungen. Amazon.com dagegen stellt grundsätzlich eine E-Commerce-Plattform für den Onlineverkauf von Produkten dar. Personalisierungsfunktionen wirken hier lediglich unterstützend. Die Personalisierungsfunktionalität von MovieLens ist im Vergleich zu der von Amazon.com also eigenständiger. Bei Amazon.com muss sie sich in das E-Commerce-Portal integrieren.

Der *Anwendungskontext* leitet sich aus dem Aufgabengebiet oder dem Einsatzkontext ab: MovieLens empfiehlt Filme, Amazon.com agiert im Bereich E-Commerce, andere Recommendersysteme filtern und empfehlen beispielsweise WWW-Seiten, E-Mails oder Usenet News. Aus dem Anwendungskontext ergeben sich natürlich auch die *Motivatoren und Ziele* für

Merkmalgruppe	*Merkmale*
Externe Faktoren	• Forschungs- oder Produktivsystem • Eigenständigkeit personalisierter Funktionen • Anwendungskontext • Motivatoren und Ziele des angewandten Personalisierungskonzeptes • Eigenschaften und Größe der Nutzerbasis • Problemstruktur
Systemkonzeption	• Prozessmodell • Bewertungsmodell für die Qualität der Personalisierung • Nutzerrollenmodell
Informationsmodell	• Inhalt der Personalisierung • Nutzerprofildaten • Nutzerprofilmodellierung • Profilakquisemethoden und -quellen • Evolution der Nutzerprofildaten • Zugriffsschutz • Nutzerprofildatenhaltung
Personalisierungsmethodik	• Personalisierungsmethode • Initiative • Synchronität • Explizitheit • Dialogorientierung • Personalisierungsalgorithmik • Ort • Nutzerausrichtung • Nutzeridentifizierungsmethode

Tabelle 2.1. Klassifikationsmodell für personalisierte Systeme

die realisierte Personalisierungsfunktionalität. Diese haben nach Fan und Poole (2006) einen starken Einfluss auf die Systemkonzeption. Eine ebenso große Rolle spielen die sich aus dem Anwendungskontext ableitenden *Eigenschaften und Größe der Nutzerbasis*. Die Anzahl der Nutzer sowie die Häufigkeit und Art und Weise der Nutzung wirken sich auf Anforderungen wie Skalierbarkeit und Qualität der Empfehlungen aus. Zu guter Letzt beschreibt das Merkmal der *Problemstruktur* abstrakt, welche Aufgabenkategorie die Personalisierungsfunktion lösen soll. Ramezani et al. (2008) unterscheiden dabei die folgenden vier Alternativen:

Auswahlprobleme: Die Aufgabe ist die Auswahl der für den Anwender relevanten Informationen. Dies können Produkte, Filme oder aber auch einzelne Attributwerte bei der Produktkonfiguration sein. Recommender sind meist dieser Kategorie zuzuordnen.

Konfigurationsprobleme: Konfigurationsprobleme befassen sich generell mit der Zusammenstellung konfigurierbarer Informationsbündel, beispielsweise die individuelle Komposition eines Lehrplans im Kontext des personalisierten E-Learnings.

Planungsprobleme: Planungsprobleme ähneln den Konfigurationsproblemen, fügen jedoch eine zeitliche Achse hinzu. Probleme dieser Art streben eine Ablauforganisation verschiedener Aktivitäten an, die gemeinsam auf ein bestimmtes Ziel hinarbeiten. Die Erstellung von Evakuierungsplänen oder Reiserouten fällt unter diese Kategorie. Die temporale Logik erschwert die Suche nach einer optimalen Problemlösung.

Explorationsprobleme: In diesem Kontext suchen Kunden Informationen, deren Beschaffenheit sie nicht näher bestimmen können. Der Kauf eines Geburtstagsgeschenks ist ein Explorationsproblem, da vorher nicht einmal feststeht, welche Produktart gekauft werden soll.

2.1.4.2. Systemkonzeption

Die Merkmalgruppe *Systemkonzeption* umfasst die Aspekte der gesamtheitlichen Betrachtung zur Konzeption personalisierter Anwendungen. Im *Prozessmodell* dokumentiert der Systemdesigner die für die Personalisierungsfunktionalität wesentlichen Vorgänge und internen Zusammenhänge. Zur Kontrolle der Qualität der Personalisierung ist ein *Bewertungsmodell* notwendig. Ein solches Bewertungsmodell wird im laufenden Betrieb genutzt, um feststellen zu können, ob die durchgeführte Personalisierung auch wirklich im Sinne des Nutzers war. Ein *Rollenmodell* rundet die Systemkonzeption ab. In ihm werden die Zuständigkeiten und Verantwortlichkeiten der am Gesamtprozess beteiligten Personen festgelegt.

2.1.4.3. Informationsmodell

Informationen spielen im Personalisierungsvorgang eine wichtige Rolle. Das *Informationsmodell* charakterisiert ein personalisiertes System aus der Sicht der Informationsverarbeitung. Das Merkmal *Inhalt der Personalisierung* bestimmt die Informationen, auf oder mit denen Personalisierung durchgeführt wird. Unter Amazon.com sind dies beispielsweise die Produktartikel, unter MovieLens die Kinofilme und in der personalisierten Suche die Suchanfragen.

Der zweite wichtige Informationsbereich, auf den sich die restlichen Merkmale dieser Gruppe beziehen, betrifft die Modellierung der Kundeninformationen. Diese bilden die Entscheidungsgrundlage für die Personalisierung. Das Merkmal *Nutzerprofildaten* bestimmt die über den Kunden gesammelten Informationsinhalte. Darunter fallen beispielsweise angegebene Filmvorlieben in MovieLens, betrachtete Webseiten im Kontext personalisierter Navigation oder gekaufte Produkte bei Amazon.com. Die *Nutzerprofilmodellierung* gibt an, wie die Profildaten für den Personalisierungsprozess strukturiert und organisiert werden sollen, um für die Personalisierungsalgorithmik effizient und effektiv nutzbar zu sein. Die *Profilakquisemethoden und -quellen* geben an, wie und wo die Profildaten im laufenden Systembetrieb gesammelt werden. MovieLens erwartet in diesem Kontext beispielsweise, dass der Nutzer kontinuierlich die von ihm angeschauten Kinofilme bewertet. Amazon.com dagegen beobachtet das Einkaufsverhalten des Kunden. Techniken zur *Evolution der Nutzerprofildaten* helfen, die über die Zeit hinweg auftretenden Veränderungen der persönlichen Bedürfnisse des Anwenders im Nutzerprofil widerzuspiegeln. Hierdurch wird die hohe Datenqualität im Nutzerprofil gewährleistet. Zur Sicherung der Privatsphäre des Nutzers tragen *Zugriffsschutzmethoden* für die Nutzerprofile bei. So darf beispielsweise ein Anwender nur seine eigenen Profildaten einsehen. Keenoy und Levene (2005) unterscheiden bei der *Nutzerprofildatenhaltung* zwischen client- oder serverseitiger Speicherung.

2.1.4.4. Personalisierungsmethodik

Die *Personalisierungsmethodik* bildet das algorithmische und methodische Rückgrat jeder personalisierten Anwendung. Das Merkmal *Personalisierungsmethode* beschreibt die Art und Weise, wie die eigentliche Personalisierung nach außen hin für den Nutzer umgesetzt wird. Bei der Navigationsunterstützung kann dies beispielsweise die Methode „Seitenneustrukturierung" sein, bei Amazon.com sind es Empfehlungen. Hierunter fällt auch der Aspekt, ob die durchgeführte Personalisierung durch Erklärungen transparenter gestaltet wird.

Die Gestaltung des Interaktionsprozesses zwischen dem Kunden und der personalisierten Anwendung wird durch vier Merkmale charakterisiert. Die *Initiative* beim Anstoßen des Personalisierungsvorgangs kann sowohl auf Nutzer- als auch auf Systemseite liegen. Der Aspekt der *Synchronität* beschreibt, ob Personalisierung synchron oder asynchron zu der Mensch-Maschine-Interaktion läuft. Die auf der Webseite Amazon.com direkt angeforderten Empfehlungen werden synchron erstellt, wohingegen die Zustellung per E-Mail asynchron ist. Das Merkmal *Explizitheit* beleuchtet, ob Personalisierung vom Nutzer bemerkt oder unbemerkt erfolgt. So wird beispielsweise auf Google oder Amazon.com Werbung automatisch auf die bekannten Nutzerbedürfnisse angepasst, ohne dass der Nutzer dies bemerkt. Hinsichtlich der *Dialogorientierung* unterscheiden sich personalisierte Systeme in single-Shot- und dialogbasierte Ansätze. Im Wesentlichen beantwortet dieses Merkmal die Frage, wie viele Mensch-Maschine-Interaktionen zu einem einzelnen Personalisierungsvorgang gehören.

Die *Personalisierungsalgorithmik* ist die technische Umsetzung von Personalisierungslogiken. Sie ist das „Arbeitstier" eines personalisierten Systems. Implementierungen unterscheiden sich im *Ort* der Personalisierung, also der Systemseite, auf der die notwendigen Berechnungen im Personalisierungsvorgang durchgeführt werden. Sehr häufig ist dies die Serverseite, bei lokal installierten Applikationen findet die Personalisierung auf Nutzerseite statt.

Die *Nutzerausrichtung* legt die Zielgruppe von Personalisierungsvorgängen fest. In den meisten Fällen ist dies der aktuell eingeloggte Einzelnutzer. Als Ausnahme dazu bietet MovieLens beispielsweise gruppengemeinsame Filmempfehlungen an. Schließlich beschreibt die *Nutzeridentifizierungsmethode*, wie sich der einzelne Nutzer am System identifiziert, um eine Wiederverwendung vormals akquirierter Profildaten zu gewährleisten. Die meisten Systeme vergeben dafür eine eindeutige Nutzeridentifikation. Andere Identifizierungsvarianten sind Cookies, Session-IDs, Softwareagenten oder erweiterte Proxy-Server (vgl. Gauch et al. 2007).

2.2. Konzeption personalisierter Systeme

Die Konzeption personalisierter Systeme befasst sich mit den Einflüssen des Anwendungskontextes auf die Realisierung und bildet einen wesentlichen Eckpfeiler für die Entwicklung und Wartung eines solchen Systems. In diesem Abschnitt möchte ich daraus zwei für die Arbeit wichtige Aspekte vorstellen. Als Ausgangspunkt für die Potenzialanalyse betrachtet der folgende Teil also die *Motivatoren und Ziele* sowie das *allgemeine Prozessmodell*. Ich habe mich entschieden, diese Inhalte losgelöst vom Realisierungskontext zu entwickeln, um ein tieferes, übergreifendes Verständnis beim Leser zu wecken.

Wie ich später in der Konzeption meines Lösungsansatzes zeigen werde, ist die Grenze zwischen Recommendersystem und anderen personalisierten Systemen fließend. Aus diesem Grund beziehen sich die folgenden Betrachtungen auf jegliche Art personalisierter Systeme. Eine Übertragung auf den Kontext der Produktkonfiguration findet in der Potenzialanalyse statt.

2.2.1. Motivatoren und Ziele für Personalisierungsansätze

Personalisierung strebt grundsätzlich die *Individualisierung* und die *Kontextualisierung* der Mensch-Maschine-Interaktion an (vgl. Pitkow et al. 2002). Mit *Individualisierung* ist die Ausrichtung der Interaktion auf die Charakteristiken des Individuums gemeint. Basis dafür bilden die Ziele des Nutzers, das gelernte oder verborgene Wissen sowie frühere Aktivitäten. Individualisierung sieht also die langfristigen Bedürfnisse des Nutzers als Basis für die Personalisierung. *Kontextualisierung* konzentriert sich dagegen auf die aktuell laufende Aktivität, beispielsweise die aktuell betrachteten Artikel unter Amazon.com. Weitere Beispiele des aktuellen Kontextes sind Stimmungslage, familiäre Situation oder aktuelle geographische Position. Kontextualisierung zielt darauf ab, die laufende Aktivität zu erkennen und Personalisierungen herzuleiten, die den Nutzer kontextuell unterstützen.

Die detaillierten Motivatoren für Personalisierung und die damit verbundenen Ziele unterscheiden sich je nach gewählter Perspektive. Im Folgenden möchte ich anhand einer allgemeinen Informationsdienstsicht die wesentlichen Motivatoren und Ziele von Personalisierung unabhängig vom Anwendungskontext vorstellen. Eine andere Herangehensweise findet sich in Fan und Poole (2006), die sich im Detail mit den realisierungskontextspezifischen Aspekten auseinandersetzen.

Die Menge (digitaler) *Informationsdienste*, wie sie beispielsweise im Internet, in organisationseigenen Intranets oder privaten Netzwerken vorkommen, nehmen mit der zunehmenden Durchsetzung des Lebens mit Computern eine immer höhere Priorität im Arbeits- und Privatleben ein. Die Beispiele aus Abschnitt 2.1.1 sind davon nur ein kleiner Ausschnitt. So sind soziale Netzwerke wie *Facebook* gerade bei jüngeren Menschen nicht mehr aus dem Leben wegzudenken. Meist tritt der Nutzer über eine Nutzerschnittstelle mit dem Informationsdienst in Interaktion. Dieses in Abbildung 2.3 dargestellte Modell bildet die Grundlage für die im Folgenden entwickelten Motivatoren und Ziele von Personalisierungsansätzen. Dabei sind vier Aspekte zu betrachten: die Nutzer- und die Systemseite sowie die jeweilige Informationsflussrichtung in der Interaktion.

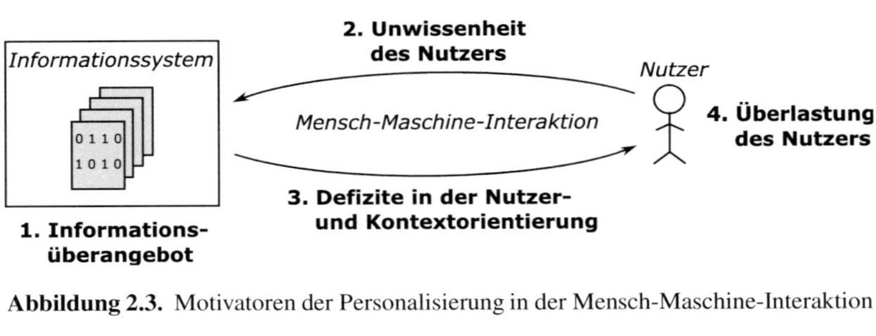

Abbildung 2.3. Motivatoren der Personalisierung in der Mensch-Maschine-Interaktion

2.2.1.1. Informationsüberangebot

Informationsdienste können aufgrund der Fähigkeiten heutiger Hard- und Software ein Informationsangebot bereitstellen, das für Nutzer aufgrund seiner Fülle nicht effektiv nutzbar ist. So umfasste das deutsche Wikipedia-Portal Anfang 2009 beispielsweise über 800.000 Seiten, die Internet Movie Database[2] im November 2006 Beschreibungen von 880.000 Filmen oder TV-Sendungen (vgl. Frankowski et al. 2007). Bereits Resnick et al. (1994) sprechen von einem Überangebot an Usenet-News-Einträgen. Dieses *Informationsüberangebot (engl. Information Overload)* beeinträchtigt die sinnvolle Nutzbarkeit der vorhandenen Daten massiv. Herkömmliche Kategorisierungsansätze und nichtpersonalisierte Suchmaschinen stoßen bei der Aufbereitung der vorhandenen Daten schnell an ihre Grenzen (vgl. Montaner et al. 2003). Zu dem eigentlichen Problem der Informationsmasse kommt auch die immer stärker werdende Informationsheterogenität und wachsende Dynamik, also Änderungsrate hinzu (vgl. Gonzàlez 2008). Für den Nutzer wird es immer schwieriger, die gesuchte Information auch zu finden.

Personalisierung zielt zur Überwindung des Informationsüberangebots im Wesentlichen auf eine *Reduktion der vorhandenen Funktionalität und Information* ab. Die Kenntnis der kurz- und langfristigen Bedürfnisse des aktiven Nutzers erlaubt dem Anbieter, den Funktions- und Informationsumfang des Informationsdienstes zu individualisieren und so die zu realisierende Funktionskomplexität zu reduzieren.

2.2.1.2. Unwissenheit des Nutzers

Über die Mensch-Maschine-Schnittstelle nimmt der Nutzer Kontakt mit dem Informationssystem auf, um die vorhandenen Daten abzufragen, zu verändern, weiter zu verarbeiten oder darstellen zu lassen. Trotz der vielen Einflussmöglichkeiten sind Nutzer häufig unzufrieden mit der zurückgelieferten Information, da ihre Erwartungen nicht erfüllt werden. Ein Grund hierfür ist die natürlicherweise naive Herangehensweise des Nutzers an die Mensch-Maschine-Schnittstelle, da er die realisierungsinternen Abhängigkeiten nicht kennt. Dies soll am Beispiel von Suchanfragen erläutert werden. Häufig gibt der Nutzer nur die inhaltlichen Suchbegriffe ein und vergisst dabei, Informationen zum aktuellen Suchkontext – beispielsweise die Dringlichkeit – anzugeben. Die eingegebene Anfrage spiegelt also im Endeffekt nur einen Teil der realen Nutzerbedürfnisse wider. Die daraufhin technisch korrekte Antwort durch den Suchdienst enttäuscht den Nutzer dennoch (vgl. Gauch et al. 2003, Keenoy und Levene 2005). Grund hierfür sind also Defizite in der Interaktion vom Nutzer hin zum Informationssystem, da er seine realen Bedürfnisse nicht vollständig formulieren kann.

Personalisierung zielt hier auf eine *Reduktion der Bedienkomplexität* ab und strebt eine bessere Ausrichtung der Nutzerschnittstellenfunktionalität auf die Bedürfnisse des Individuums an. Dies gibt dem Nutzer mehr Freiraum für seine eigentlichen Aufgaben, da er sich nicht mehr um systemspezifische Informationsangaben kümmern muss. Bei Suchanfragen findet beispielsweise eine Entlastung durch eine Kontextualisierung statt, wofür aktuelle Nutzeraktivitäten analysiert und vorangegangene Suchanfragen für die Auswertung neuerer Anfragen mit einbezogen werden. Grundsätzlich geht es bei der Entlastung um einen Prozess, der das Ungesagte erahnen,

[2] http://www.imdb.com (Stand: 15.1.2010)

also das implizite Wissen in explizites Wissen transformieren soll. Ein Beispiel dieser Art ist das personalisierte Navigationssystem von Lieberman et al. (2001).

2.2.1.3. Defizite in der Nutzer- und Kontextorientierung

Die Aufbereitung der Informationen durch den Informationsdienst für den Nutzer wird häufig durch fehlende Bedürfnisinformationen behindert. Ziel der Aufbereitung ist natürlich, die für den Nutzer optimale Informationsstrukturierung zu finden und dann umzusetzen. Beispielsweise ist das WWW für Menschen geschaffen, deren Sehsinn nicht eingeschränkt ist. So können beispielsweise Blinde mit der Informationsaufbereitung des WWWs durch die bekannten Browser wenig anfangen (vgl. Michail und Christos 2007). Dies gilt aber auch für andere Nutzergruppen, denn die meist statisch festgelegte Struktur ist für alle Nutzer gleich und geht nicht auf persönliche Denkstrukturen ein (vgl. Brusilovsky 2001, Gauch et al. 2003). Dies führt zu einer schlechten Verwendbarkeit der präsentierten Information durch den Nutzer (vgl. Resnick et al. 1994).

In diesem Kontext zielt Personalisierung auf ein *besseres Verständnis der Nutzerintentionen und eine Stärkung des Vertrauens des Nutzers in das Informationssystem* ab, um eine langfristige Kunde-Anbieter-Beziehung zu entwickeln (vgl. Adomavicius und Tuzhilin 2005). Auf Anbieterseite führt dies zu einem monetären oder reputativen Gewinn. Beispiele solcher Maßnahmen sind persönliche Begrüßungen wie auf Amazon.com. Dem Kunden wird eine persönliche Atmosphäre geboten, die er bei anderen Anbietern so nicht findet (vgl. Spector 2000).

2.2.1.4. Überlastung des Nutzers

Auf Nutzerseite hat das Informationsüberangebot eine kognitive Überlastung und Desorientierung zur Folge (vgl. Uchyigit und Ma 2008, S. v). Menschen lernen von frühester Kindheit an, Informationen zu verarbeiten, wozu insbesondere das Herausfiltern und Auswählen relevanter Daten gehört. Diese Fähigkeit wird im realen Leben tagtäglich eingesetzt und erlaubt, schnell über die Relevanz von Informationen zu urteilen. Für die Bewältigung des digitalen Informationsüberangebots reichen diese Fähigkeiten aber nicht aus (vgl. Good et al. 1999). Es bedarf einer zusätzlichen Unterstützung durch den Informationsdienst. Beim Browsen im WWW tritt beispielsweise das Phänomen der Desorientierung auf. Dabei hat der Nutzer Schwierigkeiten, sich einen Überblick über das vorhandene Material zu verschaffen, oder Probleme zu entscheiden, ob eine benötigte Information vorhanden ist (vgl. McDonald und Stevenson 1998). Durch das Informationsüberangebot sinkt die Arbeitsleistung des Nutzers, da dieser mehr damit beschäftigt ist, die Informationsflut zu bewältigen als die eigentliche Aufgabe effizient zu bearbeiten.

Hier zielen Personalisierungsansätze darauf ab, die Funktionen und Informationen des Informationsdienstes auf *die individuelle Situation des Nutzers abzustimmen.* So stellen beispielsweise datengetriebene Dienste dem Nutzer nur die relevante Information zur Verfügung und blenden Unwichtiges aus (vgl. Adomavicius und Tuzhilin 2005). Amazon.com's Empfehlungsliste ist ein anderes Beispiel hierfür. Der Kunde erhält darin nur noch die Artikel dargestellt, die nach Meinung des Informationssystems zu ihm passen.

2.2.2. Allgemeines Prozessmodell personalisierter Anwendungen

In diesem Abschnitt entwickle ich ein allgemeines Prozessmodell personalisierter Anwendungen. Es führt die am Personalisierungsvorgang primär beteiligten Aktivitäten und Informationen auf. Aufgrund der Vielfalt der Anwendungskontexte personalisierter Systeme ist ein allgemeines Prozessmodell hilfreich, die Gemeinsamkeiten verschiedener Personalisierungsansätze zu dokumentieren und Erkenntnisse und Techniken kontextübergreifend zu nutzen. Das von mir entwickelte Prozessmodell setzt sich aus einem *langfristigen Systementwicklungszyklus* sowie dem *kontinuierlichen Nutzungsprozess* durch den Anwender zusammen.

Die folgenden Betrachtungen zeigen die Vielfalt personalisierter Systeme. Personalisierung entwickelte sich historisch aus dem Information Retrieval, also dem Herausfiltern nutzerrelevanter Inhalte (vgl. Montaner et al. 2003). Relativ bald wurde dann versucht, adaptive Hypermediastrukturen zu entwickeln, die personalisierte Suche, Navigation und Darstellung in und von Hypertextstrukturen umsetzen (vgl. Brusilovsky 2001, Bry und Henze 2005, Brusilovsky 2007). Im E-Commerce verfolgen diese Techniken unter anderem auch das Ziel, das Kauferlebnis für den Kunden angenehmer zu gestalten. Beispiele solcher Portale sind personalisierte Reiseanbieter und Kaufberater (vgl. Montaner et al. 2003), sowie Ebay, Amazon.com oder Drugstore.com (vgl. Schafer et al. 2001, Schubert et al. 2006a). Ein weiteres Beispiel sind adaptive E-Learning-Systeme, die die Information sowie die Struktur der Lerninhalte auf die Fähigkeiten, Kenntnisse und persönlichen Vorzügen der einzelnen Nutzer anpassen (vgl. Brusilovsky und Millán 2007). Mit der Zunahme an mobilen Endgeräten findet Personalisierung auch dort Eingang (vgl. Begole et al. 2008, Wörndl et al. 2007).

Personalisierte Systeme unterscheiden sich trotz des großen Anwendungsspektrums in der internen Funktionsweise sehr wenig. Zur Entwicklung des allgemeinen Prozessmodells charakterisiere und bewerte ich im Folgenden die in der Literatur enthaltenen Ansätze kurz. Alle diese Modelle grenzen ihre allgemeine Anwendbarkeit entweder durch eine frühe Technikfixierung oder die Fokussierung auf einen bestimmten Anwendungskontext ein. Einzelne Elemente sind in das neue Prozessmodell eingeflossen.

1. Belkin und Croft (1992) vergleichen in ihrem Modell konventionelles Information Retrieval mit der personalisierten Variante, dem Information Filtering. Das Modell zeigt die Unterschiede der einzelnen Teilschritte und fokussiert auf den Anwendungsbereich der Informationsfilterung. Informationsmodellaspekte werden nur am Rande betrachtet, und der Prozess ist aufgrund seines engen Fokus auf die Aspekte der Textanalysemechanismen begrenzt.

2. Das generische Modell eines Information Filtering-Systems aus Hanani et al. (2001) stellt die verschiedenen Systemkomponenten und die Datenflüsse untereinander sowie die Positionierung des Nutzers heraus. Zwar sind in diesem Modell die wichtigen Hauptfunktionalitäten wie Nutzerprofilverwaltung und Personalisierungskomponente sowie interne Datenflüsse erörtert, dennoch fokussiert es lediglich auf die Abläufe im Information Filtering.

3. Auch Shapira et al. (1999) stellen in ihrem Modell die notwendigen Systemkomponenten und Datenflüsse vor. Jedoch gehen sie von einer rein stereotypenbasierten Nutzermodellierung aus und betrachten auch nur das Information Filtering.

4. Anand und Mobasher (2005) beschreiben ein mathematisches Modell für Information Filtering-Systeme. Die Beschreibung formalisiert allerdings nur Nutzer- und Empfehlungsdatenaspekte, nicht Feedbackmechanismen oder Nutzerprofilakquise.

5. Micarelli et al. (2007) konzentrieren sich in ihrem Modell auf die allgemeine Beschreibung eines Systems für den Anwendungskontext der personalisierten Suche. Dazu werden drei Modellvarianten angegeben, die lediglich für den Vergleich von Personalisierungsvarianten für Suchmaschinen geeignet sind. Prozesse zur Profilakquise fehlen gänzlich.

6. Goy et al. (2007) sowie Schubert und Koch (2002) stellen einander ähnelnde anwendungskontextunabhängige Modelle vor, lassen allerdings Profilakquisemechanismen vollkommen außer Acht.

7. Terveen und Hill (2001) fokussieren auf die beteiligten Akteure im Personalisierungsprozess und setzen diese zueinander in Beziehung. Indes werden Datenflüsse nur rudimentär angedeutet, Profilakquisemechanismen nicht erwähnt.

8. Markellou et al. (2008) konzentrieren sich in ihrem Modell auf Webpersonalisierung und gehen detailliert auf die notwendigen Nutzerprofildatenakquise- und Verarbeitungsschritte ein. Ihr Modell stellt die Datenverarbeitungsaspekte in den Vordergrund, lässt allerdings den zyklischen Aspekt vollständig außer Acht. Trotz der Fokussierung auf Webpersonalisierung sind die Methoden der Nutzerprofilverwaltung verallgemeinerbar.

9. Das Modell aus Schubert (2006b) bildet den Nutzerprofillebenszyklus ab. Interessant an diesem Modell ist dessen Zweistufigkeit. Neben dem normalen Betrieb sind auch die Systementwicklungsschritte für die Nutzermodellierung enthalten. Die Entwicklungsphase besteht aus der allgemeinen Formalisierung des Nutzermodells und der initialen Registrierung eines Nutzers. Der normale Betrieb wird als Zyklus modelliert, in dem iterativ Nutzerdaten gelernt und abgelegt werden. Das Modell eignet sich gut für die Darstellung eines Nutzerprofillernprozesses, muss allerdings auf den Kontext der Recommendersysteme erweitert werden.

10. Adomavicius und Tuzhilin (2005) beschreiben in ihrem Modell den Ablauf einer personalisierten Interaktion, fokussieren dabei aber lediglich auf Feedbackmechanismen, mittels derer die Abläufe in Folgeinteraktionen beeinflusst werden können. Ein zyklischer Ablauf ist angedeutet. Das Modell ist zwar abstrahiert von einem Anwendungskontext, es mangelt jedoch an den Einzelschritten des Personalisierungsvorgangs.

Abbildungen 2.4 und 2.5 zeigen das von mir entwickelte, umfassende Prozessmodell eines personalisierten Systems, das die Einflüsse aus den drei allgemein anwendbaren Modellen aus der Literatur (vgl. Markellou et al. 2008, Schubert 2006b, Adomavicius und Tuzhilin 2005) enthält. Beide Teilmodelle sind im Wesentlichen durch einen zyklischen Abläuf geprägt.

2.2.2.1. Langfristiger Systemlebenszyklus

Der *Systemlebenszyklus*, dargestellt in Abbildung 2.4, besteht aus drei langfristig zyklisch durchgeführten Vorgängen. Den Anfang bildet die *Systementwicklung*, unter der sich die Analyse, das Systemdesign sowie die Implementierung und Installation des personalisierten Systems einggliedern. Dabei werden insbesondere die Techniken der Nutzermodellierung sowie die verwendeten Personalisierungsmethoden festgelegt. In allen derzeitig angewandten personalisierten Systemen sind diese Konzepte während der eigentlichen Nutzungsphase durch den Anwender und den Systemadministrator nicht änderbar.

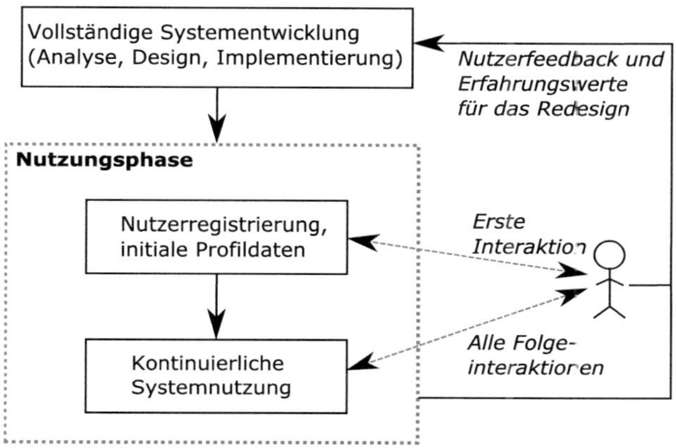

Abbildung 2.4. Langfristiger Lebenszyklus personalisierter Systeme

Anschließend beginnt die eigentliche *Nutzungsphase*, die sich bei fast allen Systemen noch einmal in zwei Teilvorgänge unterteilt. Der erste Vorgang ist die Interaktionsphase zwischen Anwender und System, während der sich der *neue Nutzer registriert*. Während dieser Phase wird dem Nutzer eine eindeutige Identifikation zugewiesen, mittels derer er sich in allen folgenden Interaktionen am System anmeldet und so über Sitzungsgrenzen hinweg eindeutig identifizierbar bleibt. Im Wesentlichen erlaubt dies dem System die Wiederverwendung von Nutzerprofildaten, die in vorigen Interaktionsphasen gesammelt wurden. Teil des Registrierungsprozesses ist bisweilen ein *initialer Profilakquisevorgang*, worin der Nutzer erste Auskünfte über seine Vorlieben und Bedürfnisse äußert. Dies können persönliche Daten wie Name, Adresse und Geburtsdatum oder anwendungskontextspezifische Informationen wie Filmbewertungen bei MovieLens sein. Diese initial erhobenen persönlichen Daten bilden den Grundstock für erste Empfehlungen.

Auf die Registrierung folgt die *kontinuierliche Systemnutzung*, beispielsweise das Durchstöbern und Einkaufen von Büchern unter Amazon.com. Die Nutzung erfolgt regel- oder unregelmäßig und stellt den zeitlich längsten Prozess in Abbildung 2.4 dar.

Nun entstehen während des Betriebs Erfahrungswerte über die Qualität und Performance der implementierten Personalisierungsmethodik. Ebenso äußern die Anwender Wünsche nach neuer Funktionalität oder Änderung existierender Eigenschaften. Diese Informationen fließen anschließend in einen *Redesign-Prozess* ein, in dem das System angepasst und erweitert wird. Dies findet allerdings meist ohne direkte Beteiligung des Nutzers statt. Außerdem sind Redesigns selten, da sie immer einen neuen, aufwendigen Softwareentwicklungsprozess bedeuten.

2.2.2.2. *Kontinuierliche Systemnutzung*

Der Schwerpunkt des Prozessmodells liegt auf der *kontinuierlichen Systemnutzung*, die die eigentliche personalisierte Interaktion zwischen Informationssystem und Anwender beschreibt. Die folgende Erläuterung des Modells in Abbildung 2.5 konzentriert sich auf die internen Zusammenhänge: weitere Details zu den einzelnen Teilvorgängen werden in den Abschnitten 2.3 und 2.4 erläutert.

Während der Mensch-Maschine-Interaktion ist die Aufgabe der Personalisierungskomponente des Systems, diese Interaktion an die Bedürfnisse des Anwenders anzupassen. Dies geschieht über die *Personalisierungsmethode*, die auf drei Ebenen ansetzen kann: die Adaption der *graphischen Nutzerschnittstelle*, die Anpassung und Auswahl der durch das System zur Verfügung gestellten *Funktionalität* sowie die Individualisierung und Selektion der bereitgestellten *Daten*. Leider wird der Interaktionsaspekt in bisherigen Personalisierungsansätzen häufig vernachlässigt und ein übermäßiger Fokus auf den reinen Technikaspekt der Personalisierung gelegt (vgl. Swearingen und Sinha 2002). Da Nutzer personalisierte Systeme jedoch auch als etwas mit einer eigenen Persönlichkeit sehen, muss dem Interaktionsaspekt im Design in Zukunft viel mehr Bedeutung beigemessen werden (vgl. McNee et al. 2006).

Während der Interaktion mit dem Nutzer lernt das System diesen mit seinen *Bedürfnissen* besser kennen. Dieser Kennenlernprozess wird auch als *Profilakquise* bezeichnet, da das Informationssystem Wissen über den Nutzer und seine Bedürfnisse akquiriert. Von Hippel (1998) spricht im Zusammenhang mit Kundenbedürfnissen von *Sticky Information*, also Information, die dem Kunden anhaftet aber unmittelbar nicht greifbar ist. Die Profilakquise zielt darauf ab, diese Information durch entsprechende *Wissensmanagementprozesse* in explizites Wissen zu transformieren und dem personalisierten System zugänglich zu machen. Personalisierung als Mittel der Individualisierung von Informationsdiensten hat also immer einen inhärenten Wissensverarbeitungsaspekt (vgl. Adomavicius und Tuzhilin 2005, Borghoff und Pareschi 1998, Borghoff und Schlichter 1998).

Bevor die in der Profilakquise gesammelten Daten im Benutzerprofil abgelegt werden können, ist meist eine *Vorverarbeitung* notwendig, da für die Filtertechniken eine spezielle Formalisierung, auch *Modell* genannt, sowie eine Reduktion der Datenmenge erforderlich ist (vgl. Schubert und Koch 2002). Die Vorverarbeitung geschieht meist in einer *offline*-Phase. Diese ist losgelöst von der eigentlichen Personalisierungsphase, die *online* stattfindet, d. h. in direkter Interaktion mit dem Anwender. Das Ergebnis der Vorverarbeitung sind Nutzerprofilinformationen, die die erlernten Zusammenhänge im beobachteten Nutzerverhalten widerspiegeln.

Im Anschluss an die Profildatenvorverarbeitung müssen die Informationen im *Nutzerprofil* abgelegt werden. Hier spielen *Evolutionsprozesse* eine wichtige Rolle, um die Aktualität der hinterlegten Daten gewährleisten zu können. So sind beispielsweise veraltete Interessen aus dem Profil zu entfernen.

Personalisierung findet häufig auf nutzerunabhängigen externen *Nutzdaten* statt, die für den Prozess aufbereitet werden müssen. In Recommendersystemen sind dieses beispielsweise die Informationsobjekte. Grundsätzlich werden dabei Verbindungen innerhalb der Nutzer- oder der Nutzdaten herausgearbeitet, auf deren Basis die Personalisierung stattfindet. Dabei werden zur Profildatenvorverarbeitung ähnliche Techniken verwendet, die unter dem Oberbegriff des Data

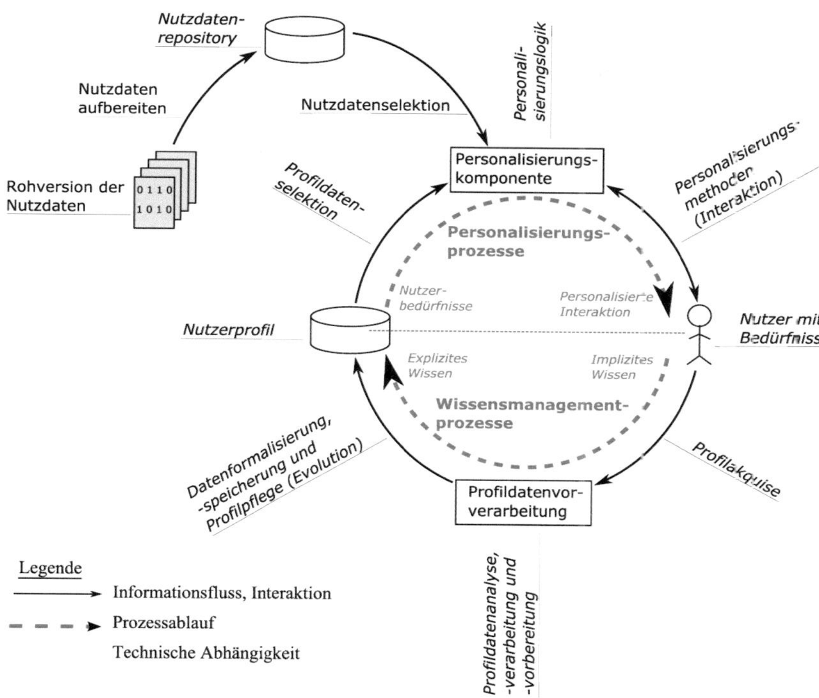

Abbildung 2.5. Modell der kontinuierlichen Nutzung personalisierter Systeme

Minings einzuordnen sind. Technisch hängen die drei Elemente *Nutzdatenrepository*, *Nutzerprofil* und *Personalisierungskomponente* eng zusammen. Für clusterorientierte Personalisierungslogiken wären beispielsweise rein ontologisch aufbereitete Nutzerprofildaten sinnlos. Gleiches gilt für die Aufbereitung der Nutzdaten.

Die Verwendung der Profil- und Nutzdaten findet in der Personalisierungsphase durch die Personalisierungskomponente statt, die die dafür notwendigen Informationen *selektiert* und anwendet. Sie errechnet die notwendigen Personalisierungsschritte für die Nutzer-System-Interaktion, so dass sich der Kreis der Personalisierung schließt.

Ich habe mit dem kontinuierlichen Nutzungsmodell eine allgemeine Beschreibung der Vorgänge innerhalb eines personalisierten Informationsdienstes erarbeitet. Im Vergleich zu Schubert (2006b) stellt mein Modell den Zyklusaspekt stärker in den Vordergrund und setzt alle notwendigen Teilvorgänge in einem personalisierten System zueinander in Beziehung. Die einzelnen Teilabläufe aus Adomavicius und Tuzhilin (2005) sind in meinem Modell aufgegangen und wurden um die fehlenden Abläufe erweitert. Das hier vorgestellte Modell fasst alle notwendigen

Wissensmanagement- und Informationsverarbeitungsaspekte zusammen und ist so in der Literatur nicht zu finden. Es handelt sich also um ein Novum. In den folgenden Abschnitten werden die einzelnen Aspekte technisch eingeführt. Wie mein Modell zeigt, stehen sie alle in einem engen Zusammenhang.

2.3. Informationsmodell: Nutzerprofile und empfohlene Daten

Dieser Abschnitt fokussiert auf den Informationsaspekt personalisierter Systeme. Dabei spielen die zwei im Prozessmodell vorgestellten Kategorien von Daten eine wichtige Rolle. Die *Nutzdaten* stellen den Inhalt der Personalisierung dar und die *Nutzerprofildaten* sind die kodierten Bedürfnis- und Nutzerdaten. In diesem Abschnitt werde ich allerdings nur die wichtigsten Konzepte vorstellen, da der Fokus meines Lösungsansatzes auf der Personalisierungsmethodik liegt. Hierfür ist lediglich ein Überblick über bestehende Informationsmodelle und Verwaltungsprozesse notwendig.

2.3.1. Inhalt der Personalisierung

Personalisierung zielt auf die Anpassung von *Inhalt*, *Struktur* und *Präsentation* von Informationen in der Nutzerinteraktion ab. Die für diese Arbeit relevante inhaltliche Anpassung unterscheidet dabei zwei Typen von Informationen. *Nicht veränderbare* Informationsobjekte wie beispielsweise Bücher, Filme oder E-Mails können nur in der vorliegenden Form empfohlen werden oder gar nicht. Es macht beispielsweise keinen Sinn, den Inhalt einer E-Mail zu verändern, da sie dann so dem Original nicht mehr entspräche.

Demgegenüber stehen die *veränderbaren Daten*, wie etwa Lehrpläne im E-Learning oder Produktkonfigurationen im Kontext dieser Arbeit. Veränderbare Daten setzen sich häufig aus vielen einzelnen Teildaten zusammen, deren Zusammenstellung variabel ist. Ein *Freiheitsgrad* stellt dabei ein im veränderbaren Datum variierbares Element dar. Ein solcher Freiheitsgrad kann beispielsweise eine frei wählbare Zahl (wie etwa die gewünschte Unterrichtsstundenlänge), eine Auswahl von Alternativen (Farbwerte für ein Fahrrad) oder ein frei wählbares Bild sein (beispielsweise ein Bild als Aufdruck auf den Fahrradkorb). Die Personalisierung veränderbarer Daten ist deutlich komplexer, da interne Konsistenzbedingungen beachtet werden müssen. Andererseits bieten sich hier natürlich echte Individualisierungsmöglichkeiten, da durch das Baukastenprinzip wirklich neue Dinge empfohlen werden können.

Im Kontext von Recommendersystemen ist die Veränderbarkeit der empfohlenen Daten ein wichtiges Klassifizierungsmerkmal. Derzeitige Systeme arbeiten meist auf nicht veränderbaren Daten wie etwa Bücher, Filme oder andere Produkte. Personalisierung findet häufig in Form von Empfehlungen statt. Lehrpläne oder Produktkonfigurationen sind dagegen variabel und im Rahmen der vorgegebenen Konsistenzbedingungen durch das Personalisierungssystem selbständig ausfüllbar. Leider existieren für dieses Anwendungsfeld erst wenige Lösungsansätze.

2.3.2. Profildaten

Es gibt ein weites Spektrum an Informationen, die in den Nutzerprofilen personalisierter Systeme hinterlegt werden. Im Wesentlichen umfasst dies alle Daten, die einen irgendwie gearteten Einfluss auf den Personalisierungsvorgang haben können. Dies deckt sich mit der Definition des Begriffs *Information* durch Rechenberg und Pomberger (1999, S. 1019)

> **Definition 2.3 (Information):** *„Information ist handlungsbestimmendes Wissen über vergangene, gegenwärtige und zukünftige Zustände der Wirklichkeit und Ereignisse in der Wirklichkeit […].“*

Neben der allgemeinen Profildatenübersicht werden im Folgenden zwei für diese Arbeit wichtige Informationstypen detailliert vorgestellt: das *Rating* und das *Feedback*.

2.3.2.1. Profildatenüberblick

Richtige Informationen über den Nutzer sowie die gesamte Nutzerschaft bilden die Grundlage für gute Empfehlungen. Je mehr Wissen vorhanden ist, desto besser ist auch die Genauigkeit der Empfehlungen des Recommenders (vgl. Baldoni et al. 2005).

In Tabelle 2.2 habe ich die in der Literatur verstreut aufgeführten, jedoch jeweils unvollständigen Profildatenübersichten zusammengeführt. Anregungen dafür kamen aus Göker und Myrhaug (2002), Goy et al. (2007), Koch (2002), Markellou et al. (2008), Ramezani et al. (2008), Risch und Schubert (2005), Schubert und Koch (2002) und Shapira et al. (1999). In der linken breiten Spalte sind die vom aktuellen Arbeitskontext unabhängigen Daten zu finden, wohingegen die rechte Spalte Informationen aufführt, die die aktuelle Situation des Nutzers beschreiben. In der Vertikalen wird zusätzlich noch eine Unterscheidung zwischen anwendungskontextabhängigen und -unabhängigen Daten eingeführt. So sind beispielsweise soziodemographische Daten unabhängig von der aktuellen Situation und der genutzten Anwendung. Ratings können dagegen nur in einem Recommendersystem auftreten, dessen Anwendungskontext dieses zulässt. Der situative Kontext wird beispielsweise bestimmt durch die Umgebung oder den Freundeskreis des Anwenders; beides sind Sachverhalte, die erst einmal auch unabhängig vom Anwendungskontext existieren. Dahingegen sind aufgabenspezifische Bedürfnisse sowie Ziele sowohl zeitlich als auch applikationsabhängig. So ist die Aufgabe, berufliche E-Mails zu filtern, beispielsweise direkt gebunden an ein E-Mailprogramm und an den Arbeitskontext. Natürlich sind die Grenzen fließend und manche Profildaten können mehreren Quadranten zugeordnet werden. Ebenso sind die in der Tabelle nicht dick gedruckten Aufzählungen nur als Anhaltspunkt oder Erläuterung zu verstehen und erheben keinen Anspruch auf Vollständigkeit.

2.3.2.2. Ratings

Über die Laufzeit hinweg sammelt ein Recommendersystem sogenannte *Ratings*[3] von Nutzern über Informationsobjekte. Ein Rating beschreibt, wie gut der Nutzer das bewertete Informationsobjekt bezüglich seiner individuellen Bedürfnisse findet und stellt eine rein persönliche Einschätzung eines einzelnen Nutzers dar. Der Nutzer kann zu beliebig vielen Informationsobjekten

[3] rating (engl.)=Bewertung

		Zeitlicher Kontext	
		Allgemeines und Vergangenes	*Situativer Kontext*
Applikationskontext	*Anwendungsunabhängig*	**Identifikationsdaten:** Name, Rolle, Telefonnummer, Adresse **Soziodemographische Daten:** Geschlecht, Alter, Familienstruktur, Ausbildung, Einkommen, Beruf, Erfahrung **Zahlungsinformationen:** Bankverbindung, Kreditkarte **Kognitive Daten:** Interessen, Präferenzen, Hobbies, Lebensstil	**Umgebung:** Dinge, Dienste, Temperatur, Licht, Personen, Geräusche, Wetter **Technisch:** Art der Nutzerschnittstelle zum System (PDA, Laptop, PC, Mobiltelefon) sowie dessen Eigenschaften (Größe, Speicher, Verbindungsbandbreite, Peripherie) **Persönlich:** Physiologisch (Puls, Blutdruck, Gewicht), Mental (Gemütslage, Stress) **Sozial:** Freunde, Bekannte, Feinde, Nachbarn, Kollegen, Verwandte **Räumlich-Zeitlich:** Zeit, Ort, Bewegungsrichtung, Geschwindigkeit, Route, Kleidung, Terminkalenderinformationen
	Anwendungsspezifisch	**Informationsobjekte:** Ratings, Relevance Feedback, Communitybeiträge, Reviews, Meinungen (Texte, Bilder, Videos, …) **Transaktionsprofil:** Durchgeführte Transaktionen **Interaktionsprofil, Aktivitätshistorie:** Gelesene Dokumente, Clickstreams, Critiques **Kontextwissen:** Nutzerwissen über Konzepte und Beziehungen zwischen Konzepten in der Anwendungsdomäne, domänenspezifische Erfahrung **Fähigkeiten und Kompetenzen:** Wissen über Abläufe und Prozesse sowie Fähigkeiten zur Durchführung von Aufgaben	**Aufgabe:** Ziele, Aufgaben, Aktionen, Aktivitäten, Ereignisse **Bedürfnisse:** Nutzerspezifische Bedürfnisse im Anwendungskontext

Tabelle 2.2. Profildatenübersicht

Ratings abgeben, eventuell auch mehr als eines pro Informationsobjekt. Ein Rating kann symbolisch oder numerisch erfolgen. Numerische Bewertungen finden sich beispielsweise unter Amazon.com auf einer Sternskala, die durch einen symbolischen Namen der aktuellen Bewertungsauswahl ergänzt wird („Mag ich überhaupt nicht" bis „Gefällt mir sehr"). Der Nutzer entscheidet selbst, welche Informationsobjekte er bewerten möchte.

Die Formalisierung des Ratingswertes ist systemimmanent und abhängig von der verwendeten Personalisierungslogik. Frühere und aktuelle Systeme verwenden häufig die Form eines eindimensionalen Skalenwertes als Zufriedenheitsmaß des Kunden mit dem Informationsobjekt. Schafer et al. (2007) unterscheiden in aktuellen Systemen grundsätzlich drei verschiedene Realisierungsvarianten. *Unäre* Bewertungen erlauben nur die optionale Selektion eines Wertes, beispielsweise „gut" oder „weiß nicht". *Binäre* Bewertungen unterscheiden zwischen zwei Bewertungszuständen, etwa „gut" und „schlecht". Erweiterte skalare oder diskrete Bewertungsskalen erlauben dem Nutzer eine feinere Abstufung, etwa eine Zahl zwischen „1" und „5", wie beispielsweise bei Amazon.com.

Manouselis (2008) weist jedoch zurecht darauf hin, dass Zufriedenheit vielschichtiger ist und sich häufig nicht durch einen einzelnen Wert wiedergeben lässt. Adomavicius und Kwon (2007) verweisen in diesem Kontext auf den *Zagat Guide*, der Restaurants nach unterschiedlichen Kategorien klassifiziert: Essen, Dekor und Servicequalität. Mehrdimensionale Ratings werden in der Literatur als *Multi-Criteria Ratings* bezeichnet. Das Ziel der Personalisierung liegt dann darin, eine für den einzelnen Nutzer optimale Empfehlung auf der Grundlage der verschiedenen Bewertungskriterien zu finden, wobei jeder Nutzer unterschiedliche Prioritäten im persönlichen Qualitätsanspruch der Einzelkriterien hat. Karacapilidis und Hatzieleftheriou (2003) haben beispielsweise einen multikriterienbasierten Recommender für Tourismusaktivitäten in Städten entwickelt.

Ein weiterer Aspekt ist die Kontextualisierung von Ratings, da sich die individuellen Bedürfnisse hinsichtlich des bewerteten Informationsobjekts eines einzelnen Nutzers auch aus dem Kontext heraus ergeben (vgl. Wörndl et al. 2007). Die Kontextinformationen des Ratings werden durch die Algorithmik genutzt, um dessen Übertragbarkeit auf die eigentliche Personalisierungssituation abzuschätzen.

2.3.2.3. Feedback

Insbesondere Recommendersysteme verbessern ihre Empfehlungsqualität, indem sie die Zufriedenheit des Nutzers mit den generierten Empfehlungen erfragen. Die Antworten werden im Allgemeinen als *Feedback* bezeichnet und stellen eine Rückmeldung des Nutzers zu der empfundenen Nützlichkeit eines empfohlenen Informationsobjekts dar. Feedback erlaubt der Personalisierungslogik, zukünftige Empfehlungsprozesse für den aktiven Nutzer zu optimieren.

In der Literatur findet sich hin und wieder das Synonym *Relevance Feedback*, das noch einmal deutlich macht, worauf sich das Feedback des Nutzers bezieht. Anand und Mobasher (2005) bezeichnen Feedback auch als *Utility Data*, also den Nutzwert einer Empfehlung für den Anwender.

2.3.2.4. Exkurs: Datenqualität und zeitliche Gültigkeit

Ein Recommender kann höchstens so gut sein wie die ihm zur Verfügung stehenden Nutzerprofildaten. Kriterien zur Messung der Datenqualität kommen in der Personalisierung allerdings äußerst selten zur Anwendung. Wenn überhaupt, dann wird lediglich der Erfolg des Personalisierungsergebnisses anhand von Feedback gemessen. Dies lässt aber nur einen indirekten Schluss auf die Qualität der zugrunde liegenden Profildaten zu. Ein Kernproblem ist die fehlende einheitliche Definition für Datenqualität (vgl. Smart 2002). Grundsätzlich ist die Datenqualität ein mehrdimensionales Konzept (vgl. Barros et al. 2008). Pipino et al. (2002) nennen beispielsweise die Kriterien *Verfügbarkeit*, *Glaubwürdigkeit*, *Vollständigkeit*, *Fehlerfreiheit* oder *Interpretierbarkeit*. Aciar et al. (2007b) fügen diesen noch *Diversität*, *Dichte*, *Aktualität* und *Relevanz* hinzu. Nur wenige Systeme integrieren Methoden zur Wahrung der Datenqualität in Nutzerprofilen. Eine Ausnahme bilden Gadanho und Lhuillier (2007), die in einer Studie um ihren TV-Programm-Recommender herausgefunden haben, dass Profildaten mit schlechter Qualitätsbewertung grundsätzlich überhaupt keinen Einfluss auf den Personalisierungsvorgang haben sollten.

Die zeitliche Gültigkeit von Profildaten beeinflusst die Datenqualität immens. Da sich Bedürfnisse und Wünsche des Anwenders über die Zeit hinweg ändern, spiegeln bereits gesammelte Daten nicht mehr unbedingt die aktuell korrekten Tatsachen wider. Es wird dabei zwischen *langfristigen*, *kurzlebigen* und *sitzungsspezifischen* Profildaten unterschieden. *Langfristige* Profildaten ändern sich nur sehr langsam oder gar nicht. *Kurzlebige* und *sitzungsspezifische* Prodildaten können sich dagegen unvorhergesehen und von einer Interaktion zur nächsten ändern. Hieraus resultieren zwei Probleme. Einerseits muss die Profilverwaltung entscheiden, welche Daten wann ablaufen und ihre Gültigkeit verlieren, andererseits müssen die ausgelaufenen Daten durch neue, aktuelle Informationen ersetzt werden, um weiterhin qualitativ hochwertige Empfehlungen geben zu können.

Obwohl der Aspekt der Datenqualität nicht im Fokus dieser Arbeit liegt, sei an dieser Stelle erwähnt, dass Studien zeigen, dass die Gesamtqualität der Profildaten unter anderem durch die Erhöhung des Datenvolumens und der gesammelten Profildatenkategorien verbessert werden kann (vgl. Claypool et al. 2001, Gauch et al. 2007, Teevan et al. 2005). So wird die Genauigkeit von Empfehlungen durch die gemeinsame Nutzung von langfristigen und sitzungsspezifischen Profildaten positiv beeinflusst (vgl. Nguyen und Ricci 2008, Ricci und Nguyen 2007). Weiterhin ist das Wissen über kurzlebige Profildaten um so wichtiger, je mehr der Nutzer in der spezifischen Situation von seinem gewohnten Verhalten abweicht.

2.3.3. Nutzermodelle

Nutzermodelle stellen die strukturelle Beschreibung dar, innerhalb der die Nutzerprofilinformationen formalisiert werden. Dieser Abschnitt stellt die verbreiteten Modellierungstechniken vor, die dazugehörigen Verwaltungsprozesse finden sich im Folgeabschnitt. Personalisierungsalgorithmik und Nutzermodell hängen eng zusammen, so dass die Implementierung der Personalisierungstechnik immer auf das Nutzermodell abgestimmt sein muss.

Baldoni et al. (2005) definieren Nutzermodelle als *„maschineninterpretierbare Repräsentation des Wissens über den Nutzer“*. Ein Nutzermodell kann die unterschiedlichsten Arten von Informationen formalisieren, allerdings bedingt die Art der Profilinformationen manchmal die Verwendung bestimmter Nutzermodelltypen (vgl. Pednault 2000). Nutzermodelle beeinflussen aber nicht nur das „Was?“ und das „Wie?“ der Nutzerprofile, sondern bestimmen auch die Strategien zur Profilpflege (vgl. Brusilovsky und Millàn 2007, Baldoni et al. 2005).

Es gibt zwei große Klassen von Nutzermodellierungstechniken, die *speicher-* und die *modellbasierten* Ansätze (vgl. Anand und Mobasher 2005). Eine nennenswerte Unterklasse der modellbasierten Systeme bilden die *wissensbasierten* Methoden.

Speicherbasierte Modellierungstechniken, auch *lazy* genannt, kommen mit einer sehr marginalen Vorverarbeitung der Nutzerdaten aus und führen alle notwendigen Berechnungen *online*, also während der eigentlichen Personalisierungsphase durch. Mit wachsender Nutzer- und Nutzdatenmenge treten allerdings Skalierungsprobleme auf, da alle Daten im Speicher gehalten, bzw. während der Personalisierungsphase verarbeitet werden müssen. Die gesammelten Nutzerprofildaten liegen meist semistrukturiert vor, wobei computerverarbeitbare Informationen meist in Attribut-Wert-Paaren bereitgehalten werden (vgl. Brusilovsky und Millàn 2007).

Modellbasierte Ansätze, auch *eager* genannt, stützen sich auf eine rechenintensive Vorverarbeitung der akquirierten Profildaten. Je nach verwendeter Nutzerprofiltechnik und Art und Menge der Profildaten sind unterschiedliche Modelle zu verwenden, um die Effizienz des personalisierten Systems gewährleisten zu können. Bei modellbasierten Ansätzen werden die Profildaten immer *offline*, also unabhängig von der eigentlichen Personalisierungsphase vorbereitet und in ein mathematisches Berechnungsmodell übersetzt. Dieses mathematische Berechnungsmodell enthält die kodierten Profildaten und ist eine Abbildung der Bedürfniswirklichkeit (vgl. Rechenberg und Pomberger 1999, S. 1025). Im Vergleich zu speicherbasierten Ansätzen skalieren die modellbasierten Systeme zwar besser, haben allerdings mehr Probleme, auf sich ändernde Nutzerinteressen einzugehen, da das entwickelte mathematische Berechnungsmodell dafür insgesamt verändert werden muss. Als Berechnungsmodellansätze verwenden derzeitige Systeme Ähnlichkeitsmatrixen, Clusteringmethoden, Klassifikatoren, Assoziations- oder Sequenzregeln oder wahrscheinlichkeitsbasierte Ansätze wie beispielsweise Bayesianische Netzwerke. Details hierzu stehen außerhalb des Arbeitsfokus und sind in der wissenschaftlichen Literatur wie etwa in Anand und Mobasher (2005) zu finden.

Bei *wissensbasierten* Modellierungsansätzen werden sowohl Nutzdaten als auch Nutzerprofile in logischen Beschreibungssprachen modelliert, beispielsweise mittels Prädikatenlogik oder Ontologien. Brusilovsky und Millàn (2007) bezeichnen diese Methode auch als *Overlay-Modellierung*. Ontologien haben sich in den vergangenen Jahren zu einem bewährten Mittel in Webanwendungen etabliert, um Informationen einschließlich ihrer Semantik speichern zu können (siehe auch Abschnitt 2.4.3.4). Personalisierungstechniken verarbeiten solche Profildaten mittels Deduktionslogiken, indem sie das Ergebnis der Personalisierung durch geeignete Schlussregeln herleiten.

Weitere technische Details zu den existierenden Modellierungsansätzen finden sich in Markellou et al. (2008), Montaner et al. (2003) sowie Pazzani und Billsus (2007).

2.3.4. Verwaltungsprozesse für Nutzerprofile

Ein Nutzerprofil stellt die *nutzerspezifische Instanz* eines Nutzermodells dar. Es ist das Produkt der Wissensmanagementprozesse aus dem unteren Halbkreis des Prozessmodells personalisierter Anwendungen in Abbildung 2.5 (Seite 39). Da die Nutzer die erforderliche Qualität und Art der für die Personalisierungsprozesse notwendigen Daten selbst nicht einschätzen können, tragen die im Folgenden vorgestellten Verwaltungsprozesse eine große Verantwortung für die Qualität der Profildaten (vgl. Wærn 2004).

2.3.4.1. Initiale Profilakquise

Für neu registrierte Nutzer eines personalisierten Informationssystems stehen in den meisten Fällen keine persönlichen Profildaten bereit, anhand derer Empfehlungen generiert werden können. Daher wird bei einigen Systemen eine initiale Profilakquise durchgeführt, die das Nutzerprofil mit für die Personalisierungsalgorithmik wichtigen persönlichen Daten füllt (vgl. Montaner et al. 2003). MovieLens fordert den Benutzer hierfür beispielsweise auf, mindestens 15 verschiedene Filme zu bewerten, bevor er überhaupt Empfehlungen vom System erhalten kann. Ohne diese Vorphase ist eine Nutzung von MovieLens nicht möglich. Im Kontext eines Forschungssystems ist diese Verfahrensweise natürlich praktikabel, unter Amazon.com dagegen würde die Akzeptanz stark leiden, denn ein solcher Initialisierungsprozess erfordert Engagement und Aufwand seitens des Nutzers und kann leicht abschreckend wirken.

2.3.4.2. Kontinuierliche Profilakquise

Über die Profilakquise sammelt ein personalisiertes System kontinuierlich Nutzerprofildaten. Die vielfältigen Akquisemethoden lassen sich in zwei Klassen unterteilen: *explizite* und *implizite*. Montgomery und Smith (2009) verwenden für diese Klassifikation andere Begriffe: *aktiv* entspricht dabei explizit und *passiv* implizit.

Explizite Profilakquisemethoden sind für den Nutzer sicht- und spürbar und verlangen seine aktive Beteiligung, beispielsweise durch das Abgeben von Ratings oder das Eintragen persönlicher Daten im Nutzerprofil (vgl. Gauch et al. 2007). Explizite Methoden verwenden häufig Ratings, mittels derer der Nutzer Bewertungen zu den empfohlenen Inhalten abgibt. Ein Problem von Ratings stellen die sich über die Zeit hinweg ändernden Bewertungsmaßstäbe des einzelnen Nutzers dar (vgl. Demner-Fushman et al. 2004). Carterette et al. (2008) schlagen als alternative Methode deswegen den relativen Vergleich von Informationsobjekten als explizite Feedbackmethode vor. Weiterhin sind *Critiques* (siehe Abschnitt 2.4.1.2) und die explizite Eingabe von Daten über Formulare gängige explizite Profilakquisemethoden.

Implizite Profilakquisemethoden arbeiten für den Nutzer dagegen erst einmal unbemerkbar, da sie Profildaten über Wege erfassen, die keine expliziten Aktivitäten seitens des Anwenders verlangen. Implizite Methoden sammeln Daten durch die unauffällige Beobachtung des Nutzers und seiner Interaktionen mit dem Informationsdienst (vgl. Claypool et al. 2001, Anand und Mobasher 2005). Allerdings muss bei implizitem Feedback immer die Frage nach der Verlässlichkeit der gesammelten Information gestellt werden, da Fehlinterpretationen des Nutzerverhaltens leicht möglich sind. Die Methodenvielfalt impliziter Ansätze ist fast unbegrenzt.

Der von mir zusammengestellte Methodenvergleich in Tabelle 2.3 zeigt die vielen gravierenden Nachteile expliziter Feedbackmethoden. In der Literatur ist dieses Phänomen unter dem Begriff des „aktiven Nutzers" bekannt: Langfristig gesehen würden Nutzer Zeit sparen, wenn sie die Personalisierungslogik durch intensives explizites Feedback trainieren würden. Diese Investitionsphase würde sich später nämlich durch bessere Empfehlungen auszahlen. Doch leider entspricht dies nicht einem normalen menschlichen Verhaltensmuster, denn Menschen erwarten für ihren eingebrachten Aufwand meist eine *sofort* erkennbare Belohnung (vgl. Carroll und Rosson 1987, Sarwar et al. 1998).

	Akquisemethodenklasse	
	Explizit	***Implizit***
Vorteile	⊕ Nutzer beteiligen sich gerne und teilen ihre Ratings mit anderen (vgl. Gauch et al. 2007)	⊕ Jede Nutzerinteraktion kann als Feedback gewertet werden (vgl. Claypool et al. 2001) ⊕ Erfassung ohne zusätzlichen Nutzeraufwand (vgl. Claypool et al. 2001)
Nachteile	⊖ Zusätzlicher Aufwand lenkt von eigentlicher Aufgabe ab (vgl. Gauch et al. 2007, Anand und Mobasher 2005) ⊖ Bootstrapping des Profils bei Neuregistrierung unerwünscht (vgl. Anand und Mobasher 2005) ⊖ Numerische Skalen beschreiben Feedback nicht ausreichend (vgl. Montaner et al. 2003) ⊖ Nutzer geben zu wenig Feedback ab (vgl. Montaner et al. 2003) ⊖ Subjektive Ratingwertwahrnehmung ist inkonsistent (vgl. Demner-Fushman et al. 2004) ⊖ Empfehlungen beeinflussen Nutzerfeedback (vgl. Cosley et al. 2003)	⊖ Beobachtungen sind meist nur „positiver", bzw. bestärkender Natur (vgl. Anand und Mobasher 2005) ⊖ Schwankende Verlässlichkeit der gesammelten Daten (vgl. Gadanho und Lhuillier 2007) ⊖ Als aufdringlich empfunden (vgl. Nichols 1998)

Tabelle 2.3. Vergleich der Profilakquisemethodenklassen

Hybride Profilakquiseansätze nutzen sowohl explizite als auch implizite Methoden. Durch diese Kombination erhöht sich die Genauigkeit der gesammelten Daten (vgl. Claypool et al. 2001, Gauch et al. 2007).

2.3.4.3. Profilevolution

Evolutionstechniken von Nutzerprofilen befassen sich mit dem zeitlichen Aspekt der Profildatengültigkeit. Sie versuchen veränderte Bedürfnisse im Nutzerprofil korrekt widerzuspiegeln, damit im Personalisierungsvorgang möglichst aktuelle Bedürfnisinformationen bereitstehen. Im Wesentlichen gibt es vier verschiedene Klassen von Profilevolutionsansätzen. Bei der *manuellen* Variante ist der Nutzer selbst für die Wartung seiner Profildaten zuständig und muss alte, nicht mehr relevante Information eigenständig identifizieren und löschen. Beim *Überschreiben alter Daten* wird von einem Datenpool fester Größe ausgegangen, so dass beim Hinzufügen neuer Profilinformationen besonders alte Daten überschrieben werden müssen. Das Lernen wird somit erzwungen. Dies birgt allerdings die Gefahr, dass auch langfristig gültige Daten überschrieben werden. Koychev und Schwab (2000) bezeichnen diesen Ansatz auch als *Zeitfenstermethode*. Die dritte Variante nutzt eine *graduelle Vergessensfunktion*, die den Einfluss einer einmal abgelegten

Profilinformation mit fortschreitender Zeit reduziert. Dafür errechnet die Vergessensfunktion zu jedem Profildatum ein zeitpunktabhängiges Gewicht, das den Einfluss der Profilinformation im Personalisierungsvorgang bestimmt (vgl. Koychev und Schwab 2000). Das *natürliche Lernen* als vierte Variante nutzt ein Ecosystem genetischer Algorithmen. Die Evolution der Profildaten findet dabei über eine automatisierte, genetische Selektion der Algorithmen statt, die auf dem Nutzerfeedback zu der errechneten Personalisierung basiert. Beispiele dieser Art finden sich bei da Costa Pereira und Tettamanzi (2006) sowie Pendharkar (2006).

2.4. Personalisierungsmethodik

Im Fokus stehen nun die verschiedenen Facetten der Umsetzung der eigentlichen Personalisierungsfunktionalität. Die Anzahl existierender personalisierter Anwendungen ist schier unüberschaubar. Genauso verhält es sich mit der Menge realisierter Varianten von Personalisierungsmethoden. Bereits Riedl (2001) schätzte, dass alleine bei Amazon.com 23 verschiedene Arten der Personalisierung genutzt werden. Nichtsdestotrotz lassen sich diese Arten hinsichtliche ihrer *Interaktionsprozessgestaltung*, *Personalisierungsmethode* sowie *Algorithmik* klassifizieren. Diese drei Aspekte erlauben in der späteren Potenzialanalyse eine ganzheitliche Betrachtung und Entwicklung der kundenseitigen Anforderungen, wie es McNee et al. (2006) fordern. Ein Großteil der wissenschaftlichen Literatur stellt nämlich leider stets nur den algorithmischen Aspekt der Personalisierung in den Vordergrund und unterschlägt dabei alle anderen wesentlichen Designaspekte, die ich im Klassifikationsmodell vorgestellt habe.

Dieser Abschnitt wird deswegen auch die Interaktionsaspekte und die Methoden der Personalisierung ausführlich erläutern. Daran schließt sich die Vorstellung existierender Personalisierungsalgorithmen an. Die hier skizzierten Inhalte bilden die wesentliche methodische und technische Grundlage für die spätere Potenzialanalyse sowie das Design des Lösungsansatzes.

2.4.1. Interaktionsprozessgestaltung

Der Interaktionsprozess bestimmt die prozessbezogene Einbindung des personalisierten Systems in die Mensch-Maschine-Interaktion. Im Kontext dieser Arbeit sind insbesondere die Aspekte der *Initiative* sowie der *Dialogorientierung* von Interesse.

2.4.1.1. Initiative

Die Initiative zum Anstoßen von Personalisierungsvorgängen wird durch eine der beiden beteiligten Parteien im Interaktionsprozess wahrgenommen, also entweder durch den Informationsdienst oder durch den Nutzer. Schafer et al. (2007) sowie Hanani et al. (2001) verwenden für diese Unterscheidung die Bezeichnungen *push (aktiv)*- und *pull (passiv)*-Techniken. *Push*-Techniken werden vom Informationsdienst ohne Aufforderung durch den Anwender angestoßen. Amazon.com nutzt beispielsweise E-Mails, um den Kunden regelmäßig über Neuigkeiten aufmerksam zu machen. *Pull*-Techniken erfordern dagegen die Initiative des Nutzers. So bietet MovieLens beispielsweise Filmempfehlungen nur an, wenn der Nutzer die Webseite besucht. Push-Techniken haben den Vorteil, dass sie den Kunden aktivieren und für weitere Interaktionen einladen. Allerdings werden E-Mails oder Telefonanrufe häufig als unerwünscht und als aufdringlich empfunden. Pull-Techniken erfordern zwar die Aktivität des Nutzers, gehen aber grundsätzlich mit einer hohen Empfänglichkeit des Nutzers für Personalisierung einher, da er selbst die Initiative ergreift (vgl. Goy et al. 2007).

Schafer et al. (2001) führen mit den *organischen Empfehlungen* eine Zwischenkategorie ein, bei der Kunde und Informationssystem die Initiative gemeinsam ergreifen. So begrüsst Amazon.com den Nutzer auf seinen Webseiten immer mit dem Namen und weist auf die Existenz neuer Empfehlungen hin. Die Webseite gibt so den Hinweis auf Personalisierungsmöglichkeiten und läd den Kunden dazu ein, sie zu nutzen, indem er sie beispielsweise durch einen Klick auf den Link „Empfehlungen" abruft.

2.4.1.2. Single-Shot- oder dialogorientierte Personalisierung

Hinsichtlich der Interaktionslänge eines Personalisierungsvorgangs unterscheiden sich Systeme in *single-Shot-* und *dialogorientierte* Ansätze. *Single-Shot*-Varianten betrachten jede einzelne Anfrage, auf die das System personalisiert reagiert, als für sich einzeln stehend. Hat der Nutzer beispielsweise bereits Empfehlungen von einem Informationsdienst angefordert und möchte nun weitere Empfehlungen erhalten, so sind diese beiden Interaktionen unabhängig voneinander und haben hinsichtlich der duchgeführten Personalisierung keinen Einfluss aufeinander (vgl. Bridge und Kelly 2006, Ramezani et al. 2008). Der Nachteil dieser Interaktionsvariante ist das fehlende Gedächtnis auf Informationsdienstseite. Jede Personalisierung muss den Geschmack des Nutzers genau treffen, da keine weitere Verfeinerung möglich ist (vgl. Smyth 2007).

Dahingegen passen *dialogorientierte Systeme* ihr Personalisierungsverhalten während eines fortlaufenden Interaktionsdialogs an den Nutzer an. Während dieses Dialogs wird ein Kurzzeitprofil über die aktuellen Bedürfnisse des Nutzers erlernt, das neben dem normalen Langzeitprofil in den Personalisierungsvorgang einfließt. So erlauben dialogorientierte Ansätze dem Nutzer, generierte Personalisierungen mittels *Critiques* zu bewerten und weiter zu verfeinern. Diese Bewertungen fließen dann im nächsten Dialogschritt in den Personalisierungsprozess ein (vgl. Bridge und Kelly 2006). Anwendung finden dialogorientierte Systeme beispielsweise bei der Auswahl von Restaurants (vgl. Thompson et al. 2001) oder der Reiseplanung (vgl. Lorenzi und Ricci 2005). Stegmann und Wörndl (2005) befassen sich in diesem Kontext mit der Erzeugung und Verarbeitung natürlichsprachlicher Dialoge zur Akquise von Nutzerprofilinformationen.

2.4.2. Personalisierungsmethoden

Die Personalisierungsmethode legt fest, wie die Personalisierung für den Nutzer spürbar werden soll. In den folgenden Unterabschnitten möchte ich die wesentlichen Ansatzklassen vorstellen, um in der Potenzial- und Anforderungsanalyse die für den Kontext der Produktkonfiguration passende Variante auswählen zu können. Die Anwendbarkeit der einzelnen Methoden hängt vom Anwendungskontext sowie dem Personalisierungsziel ab. Die vorgestellten Methoden besitzen Überschneidungen und werden in derzeitigen Systemen häufig kombiniert eingesetzt, um den Anwender auf unterschiedliche Art und Weise zu unterstützen.

2.4.2.1. Filtern

Die Methode des *Filterns* ist der historische Ursprung personalisierter Systeme. Ihre Kernaufgabe besteht in der Filterung der für den Nutzer relevanten Informationsobjekte aus einem Eingabestrom. Man kann sich dieses am Beispiel eingehender E-Mails oder Newsbeiträge vorstellen. Ihr Volumen soll für den Anwender durch Filtern reduziert werden. Dabei werden uninteressante Informationen weggelassen, so dass der Anwender nur noch das wirklich Wichtige lesen muss und folglich Zeit spart (vgl. Hanani et al. 2001). In diesem Kontext wird auch häufig der Begriff des *Filters* verwendet. Ein Filter wählt die für den Nutzer interessenten Daten aus. In der Implementierung stellt der Filter meist ein eigenes Softwaremodul dar, das den Filterungsprozess betreibt.

2.4.2.2. Empfehlungen

Empfehlungen sind die zweite, weit verbreitete Methode der Personalisierung, beispielsweise realisiert auf Amazon.com oder in MovieLens. Im Gegensatz zum Filtern, das auf einem kontinuierlichen Strom neu eingehender Informationsobjekte arbeitet, werden Empfehlungen aus einer sich weniger schnell ändernden Informationsobjektmenge generiert. Beide Methoden versuchen, relevante Informationsobjekte für den Nutzer herauszusuchen, und funktionieren nach dem gleichen algorithmischen Prinzip. Dabei wird für jedes Informationsobjekt eine nutzerspezifische Relevanz berechnet. Im Kontext einer datenflussförmigen Verarbeitung der Informationen wird vom Filtern, bei der Selektion von Informationen von Empfehlungen gesprochen. Der Begriff der Empfehlung hat den Recommender-, bzw. Empfehlungssystemen ihren Namen gegeben.

Bei Empfehlungen wird grundsätzlich zwischen *Einzelempfehlung* und einer *Empfehlungsliste* unterschieden. Bei der *Einzelempfehlung* wird pro Empfehlungsvorgang immer genau ein Informationsobjekt empfohlen, das nach Meinung des Recommendersystems mit den im Nutzerprofil abgelegten Interessen am besten übereinstimmt. Diese Methode hat gegenüber der Empfehlungsliste den Vorteil, dass der Anwender keinen weiteren Recherche- und Vergleichsaufwand mehr hat. Allerdings ist die Nützlichkeit einer solchen Empfehlung direkt an das einzelne Element gekoppelt. Ist der Nutzer damit unzufrieden, so muss ein vollkommen neuer Empfehlungsprozess gestartet werden, um Alternativen vorschlagen zu können. *Empfehlungslisten* schlagen dagegen eine ganze Reihe von Informationsobjekten vor. Sie verlangen dem Anwender damit zwar einen Auswahlprozess ab, erlauben dem Recommendersystem indes, auf ungenau formulierte Interessen oder Unklarheiten in den aktuellen Nutzerbedürfnissen besser eingehen zu können, indem sie eine diversifizierte Menge von Informationsobjekten vorschlagen.

Bei der Zusammenstellung einer Empfehlungsliste sind verschiedene Aspekte zu beachten. Im Fall einer *Top-N*-Liste werden die *N* relevantesten Informationsobjekte herausgesucht und dem Anwender empfohlen. Obwohl der Anwender häufig nur ein Element aus dieser Liste auswählt, spielt ihre Zusammensetzung eine große Rolle, denn um für den Anwender nützlich zu sein, muss sie die in der relevanten Informationsobjektmenge inhärente Diversifikation widerspiegeln (vgl. McNee et al. 2006 sowie Abschnitt 2.1.3). Die dadurch beeinträchtigte Gesamtgenauigkeit der Empfehlungsliste wird durch die Anwender meist sogar als positiv empfunden, da ihnen eine breitere Abdeckung wichtiger ist als die Empfehlung vieler ähnlicher Daten. Im Kontext von Top-N-Empfehlungen werden häufig sogenannte *Rankingalgorithmen* zur Sortierung der Liste verwendet. Sie priorisieren die enthaltenen Elemente bezüglich der Relevanz für den Nutzer.

Die Empfehlung einer *Sequenz* wird beispielsweise bei *iTunes Genius*, *Last.fm* oder *Yahoo! Music* realisiert. Im Gegensatz zur Top-N-Lösung spielt die Reihenfolge der Empfehlungen hier eine sehr wichtige Rolle, da der Anwender die empfohlenen Daten in der vorgegebenen Folge verwendet. Die nah beieinanderliegenden Empfehlungen müssen also gut aufeinander abgestimmt sein, jedoch soll die Sequenz auch weiterhin eine breite Abdeckung garantieren.

Eine weitere Herausforderung für Empfehlungen stellen *veränderbare* Informationsobjekte dar. Dies sind Daten, die erst während des Empfehlungsprozesses zusammengestellt und konfiguriert werden. Im Vergleich zur Sequenz sind solche Daten häufig komplex strukturiert und besitzen interne Konsistenzregeln. Anwendungsbeispiele sind Lehrpläne für E-Learningumgebungen (vgl. Baldoni et al. 2006, Kim 2008), Reiseplanungen (vgl. Lorenzi und Ricci 2005) oder individualisierbare Produkte (vgl. Kapitel 3). In allen Fällen geht es um die auf den individuellen Bedürfnissen des Nutzers basierende partielle oder vollständige Zusammenstellung von Produkten und/oder Dienstleistungen. Dabei müssen sowohl interne technische Konsistenzbedingungen erfüllt als auch der Gesamtnutzen des zusammengestellten Produktes für den Nutzer optimal sein. Je nach Anwendungsfall und Nutzer unterscheiden sich die (mehrdimensionalen) Nutzenfunktionen sowie die Optimierungsdimensionen. So möchte der eine Kunde beispielsweise einen günstigen All-Inclusive-Urlaub, ein anderer Kunde einen kulturell interessanten Individualurlaub zusammengestellt bekommen.

2.4.2.3. Informationsannotation

Die *Annotation* von Informationsobjekten mit personalisierten Daten unterstützt den Anwender, die empfohlenen Objekte besser zu seinen Bedürfnissen in Bezug setzen zu können. Beispiele solcher Informationsannotationen sind *Vergleichsmöglichkeiten* zu anderen Elementen, *Predictions* oder auch *Ratings und Kommentare* anderer Nutzer. *Vergleichsmöglichkeiten* steigern die Konsumentenzufriedenheit mit dem Recommender und erhöhen das Vertrauen des Nutzers (vgl. Felfernig und Gula 2006). Ähnliche Ansätze verfolgen auch Pu und Chen (2006), die verschiedene empfohlene Informationsobjekte vergleichend bewerten. *Ratings und Kommentare* werden beispielsweise unter Amazon.com als Zusatz zu den technischen Produktinformationen angeboten und geben dem Kunden einen Eindruck über Meinungen aus der Kundencommunity (vgl. Leino und Räihä 2007).

2.4.2.4. Erklärungen

Erklärungen helfen dem Nutzer, die algorithmischen und informationellen Gründe von Empfehlungen zu verstehen. Felfernig und Gula (2006) weisen in einer Studie nach, dass Systemen mit Erklärungsfunktionalität von Nutzerseite aus eine höhere Kompetenz zugesprochen wird, da der Kunde die Möglichkeit hat, die ihm vorgelegten Empfehlungen kontextuell zu interpretieren (vgl. Leino und Räihä 2007). Je verschlossener ein Recommender ist, desto größer wird auch das Misstrauen auf Nutzerseite sein (vgl. McNee et al. 2006). Der Anwender fragt sich nämlich immer, zu welchem Vorteil der Recommender arbeitet: zu dem des Kunden oder zu dem des Unternehmens. Leider behindert der Black Box-artige Ansatz vieler Recommendersysteme den Nutzer dabei, die wahren Gründe für richtige und unpassende Empfehlungen auszumachen (vgl. Herlocker et al. 2000). Amazon.com als Gegenbeispiel erläutert dem Kunden jede Produktempfehlung. Das Forschungssystem *Libra* integriert Erklärungen für Buchempfehlungen.

Motivatoren für Erklärungen lassen sich aber auch im normalen zwischenmenschlichen Kommunikationsverhalten finden. Ratschläge von Mitmenschen werden wir im Gespräch häufig hinterfragen und deren Gründe ausloten. Diese Hintergrundinformationen helfen uns bei der Prüfung, ob der Ratschlag auch wirklich passend ist. Dieses Verhalten findet sich in ähnlicher Weise in der Mensch-Recommender-Interaktion wieder (vgl. Herlocker et al. 2000).

Eine ausführliche Liste von Zielen für Erklärungen als Personalisierungsmethode entwickeln Tintarev und Masthoff (2007):

Transparenz: Erklärungen mit dem Ziel der Erhöhung der Systemtransparenz legen dem Nutzer informationell und algorithmisch dar, wie das personalisierte System arbeitet, und geben die Gründe für die ausgewählten Empfehlungen wieder. Diese Form der Erklärungen vermittelt dem Nutzer die Stärken und Grenzen des Empfehlungssystems (vgl. Herlocker et al. 2000).

Fehler verstehen und korrigieren: Durch die Prozessungenauigkeiten kommt es immer wieder zu falschen und unpassenden Empfehlungen. Erklärungen helfen dem Nutzer, die Gründe dafür aufzudecken und zu korrigieren.

Vertrauen und Akzeptanz: Nutzer kehren nur zu den als vertrauenswürdig empfundenen Informationssystemen zurück (vgl. Chen und Pu 2005, Pu und Chen 2006). Die Annahme einer Produktempfehlung birgt für den Nutzer beispielsweise immer das Risiko eines Fehlkaufs. Erklärungen können das Vertrauen des Nutzers in die vorliegende Empfehlung erhöhen, da er die Gründe besser nachvollziehen kann. Erklärungen dienen somit als Rechtfertigung von Empfehlungen und fördern damit die Akzeptanz durch den Kunden, da Stärken und Schwächen des Systems sichtbar werden. Insbesondere bei fehlerhaften Empfehlungen fördern Erklärung die Nachsicht des Nutzers dem System gegenüber.

Effektivität: Die Effektivität der Nutzerentscheidung bei der Akzeptanz und Auswahl von Empfehlungen wird durch Erklärungen gefördert, da sie den Nutzer in der Evaluation der vorliegenden Alternativen unterstützen.

Effizienz: Erklärungen erlauben dem Nutzer, schneller Entscheidungen zu treffen, da er die konkurrierenden Optionen anhand der Erklärung besser vergleichen kann.

Überzeugungskraft: Aus Anbietersicht können Erklärungen auch als Überzeugungsinstrument für die Akzeptanz von Empfehlungen genutzt werden.

Nennung nicht empfohlener Daten: McCarthy (2004) sowie McCarthy et al. (2005) sehen in Erklärungen die Möglichkeit, den Nutzer auch auf die nicht empfohlenen Informationsobjekte aufmerksam zu machen, also den Bezug zur Gesamtinformationsmenge zu setzen.

Studien zeigen grundsätzlich die Notwendigkeit von Erklärungen. Insbesondere im E-Commerce-Umfeld, in dem der traditionelle Verkäufer durch das Empfehlungssystem ersetzt wurde, muss das Vertrauen des Kunden gewonnen werden (vgl. Pu und Chen 2006). Weiterhin belegen Studien die positive Korrelation von Erklärungen und der Akzeptanz von Empfehlungen (vgl. Herlocker et al. 2000, Schafer et al. 2007, Sinha und Swearingen 2002). Allerdings weisen Tintarev und Masthoff (2007) auf Konflikte zwischen den voran erwähnten Zielen hin. Ausführliche Erklärungen mit dem Ziel der Transparenz können beispielsweise die Effizienz behindern, Erklärungen mit großer Überzeugungskraft können zu Fehlkäufen beitragen und somit dem Ziel der Effektivität entgegenwirken. Einen tieferen Einblick in die Erklärungsmethoden geben beispielsweise Johnson und Johnson (1993).

Erklärungen sind für die erfolgreiche Umsetzung personalisierter Systeme sehr wichtig. Ihr Design muss allerdings genau auf die Geschäftsprozesse und gewünschten Ziele abgestimmt sein.

2.4.2.5. Adaption der Nutzerschnittstelle

Die Adaption der Nutzerschnittstelle spielt eine immer größere Rolle bei personalisierten Applikationen. Darunter fallen strukturelle Anpassungen der Daten aber auch die Individualisierung der graphischen Darstellung. Eine Klassifikation der Realisierungsvarianten dieser Personalisierungsmethode ist schwierig, da sich je nach Anwendungskontext eine Vielzahl von Möglichkeiten ergeben. Aus diesem Grund werden im Folgenden nur einige Beispiele für adaptierte Nutzerschnittstellen gegeben.

Grundsätzlich zielt die Adaption der Nutzerschnittstelle auf eine Verkürzung des zum Erreichen der gewünschten Information notwendigen Interaktionsprozesses ab (vgl. Ramakrishnan 2005). So werden bei Liu et al. (2003) die Interaktionsmuster zwischen Mensch und Maschine protokolliert, um die durch das Informationssystem angebotenen Kommandos und Aktionen gemäß der vorangegangen Nutzungshäufigkeit zu priorisieren und darzustellen. Im Kontext der personalisierten Suche wird die Nutzerschnittstelle durch die Form der Suchergebnisdarstellung adaptiert. Tvarožek und Bielikovà (2008) nutzen für ihre facetenbasierte Suche textbasierte und graphische Visualisierungsmethoden sowie hybride Ansätze. Ein anderes Beispiel sind individualisierte, baumartige Übersichtsdarstellungen von Informationsobjekten, die in ihrer Präsentationsform auf die jeweiligen Bedürfnisse des Nutzers eingehen (vgl. Bederson et al. 2002, Pu und Chen 2006).

2.4.3. Personalisierungsalgorithmik

Die technische Umsetzung des Personalisierungskonzeptes bedient sich immer einer *Personalisierungsalgorithmik*, mittels der die notwendigen Berechnungen durchgeführt, also die im Nutzerprofil vorhandenen Daten in Personalisierungsentscheidungen umgesetzt werden. Im Folgenden wird der Begriff *Personalisierungstechnik* synonym dafür verwendet. Eine Personalisierungstechnik berechnet beispielsweise die beschriebenen Predictions und wählt relevante Informationsobjekte für den aktiven Nutzer aus. In diesem Abschnitt führe ich die bekannten Klassen von Personalisierungstechniken ein und lege damit eine wichtige theoretische Grundlage für die Potenzialanalyse und die Entwicklung des Lösungsansatzes. Grundsätzlich gibt es in jeder Technikklasse eine beliebige Anzahl von Ausprägungen, die sich durch algorithmische Variationen unterscheiden. Im Folgenden konzentriere ich mich auf die Nutzung von Personalisierungstechniken im Kontext von Recommendersystemen, da diese Personalisierungsmethode im Fokus des Lösungsansatzes stehen wird. Dabei wird der Begriff des Filters als Synonym zu einer implementierten Personalisierungsalgorithmik verwendet.

Grundsätzlich unterteilen sich die Personalisierungsalgorithmen in *einfache* und *hybride (zusammengesetzte)* Ansätze. *Hybride* Personalisierungstechniken versuchen die Vorteile mehrerer einfacher Techniken zu kombinieren und dadurch bessere Empfehlungen zu generieren. Die Menge der *einfachen* Personalisierungstechniken untergliedert sich in *kollaborative, inhaltsbasierte, nutzenbasierte, wissensbasierte* und *kontextbasierte* Ansätze (erweitert aus Burke 2002). Jede dieser Technikklassen verwendet Daten aus unterschiedlichen Nutzerprofilbereichen und arbeitet je nach Konzeption auf spezifischen Nutzermodellen. Die folgenden Abschnitte stellen die verschiedenen Klassen vor. Der Fokus liegt dabei auf den wesentlichen Merkmalen der jeweiligen Personalisierungsalgorithmik und nicht der genauen technischen Realisierung. Erweiterungen und Verbesserungen vervollständigen das Bild. Die Angabe von Beispielimplementierungen rundet die Einführung einer Technikklasse ab.

2.4.3.1. Kollaborative und demographische Ansätze

Kollaborative Techniken identifizieren die zum aktiven Nutzer ähnliche Nutzermenge und empfehlen die aus der Menge heraus positiv bewerteten Informationsobjekte. *Demographische* Techniken als Unterklasse der kollaborativen Techniken verwenden demographische Informationen, um Ähnlichkeiten zwischen Nutzern zu finden.

Kollaborative Personalisierungsalgorithmen basieren ihre Empfehlungsentscheidungen grundsätzlich auf den Ratings, die der aktive Nutzer sowie die gesamte Nutzerbasis zu einzelnen Informationsobjekten abgegeben haben. Auf diese Art werden Personengruppen mit ähnlichem Geschmack identifiziert, um daraus Empfehlungen generieren zu können (vgl. Baldoni et al. 2005). Kollaborative Ansätze sind sehr beliebt und haben sich als kommerziell erfolgreich erwiesen (vgl. Schafer et al. 1999). Bei Basu et al. (1998) und Malone et al. (1992) wird diese Technik auch als *Social Filtering* bezeichnet, da kollaborative Algorithmen meist zwischenmenschliche Korrelationen zu identifizieren versuchen. De la Rosa et al. 2006 verwenden den synonymen Begriff *Opinion-based Filtering*, in dessen Sinne die vom Nutzer abgegebenen Ratings Meinungen darstellen.

Für die Realisierung kollaborativer Filter existieren generell zwei Hauptvarianten. *Nutzerähnlichkeitsbasierte* Ansätze suchen die zum aktiven Nutzer ähnlichen Nutzer. Die Gruppe dieser als ähnlich identifizierten Nutzer wird als *Neighbourhood*[4] des aktiven Nutzers bezeichnet. In nutzerähnlichkeitsbasierten Ansätzen enthält die Neighbourhood also genau die Anwender, die die gleichen Informationsobjekte wie der aktive Nutzer in ähnlicher Art und Weise bewertet haben. Diese Übereinstimmung des Bewertungsverhaltens wird nun als Bedürfnisübereinstimmung interpretiert, so dass die Mitglieder der Neighbourhood für die Berechnung neuer Empfehlungen für den aktiven Nutzer herangezogen werden können. *Informationsobjektähnlichkeitsbasierte* Realisierungen berechnen dagegen eine Neighbourhood zwischen Informationsobjekten. Dabei gehen sie von denen vom aktiven Nutzer bewerteten Objekten aus und suchen nach anderen Objekten, denen eine ähnliche Bewertungsstruktur zugrunde liegt. Dafür werden zu einem bestimmten Informationsobjekt i_0 alle Nutzer U_{i_0} herausgesucht, die dieses Objekt bewertet haben, egal ob als gut oder schlecht. Ein beliebiges anderes Informationsobjekt i_1 ist zu i_0 genau dann ähnlich, wenn es von den Einzelmitgliedern der Nutzergruppe U_{i_0} jeweils ähnliche Bewertungen erhalten hat. Diese so zusammengestellte Neighbourhood eines Informationsobjekts dient dann wiederum als Basis für Empfehlungen für den aktiven Nutzer. Abbildung 2.6 stellt die beiden

---

[4]neighbourhood (engl.)=Nachbarschaft

Varianten kollaborativer Ansätze schematisch dar. Die grau gestrichelten Linien skizzieren die von den Nutzern abgegebenen Ratings. Sarwar et al. (2001) weisen in einer Studie eine bessere Empfehlungsqualität für informationsobjektähnlichkeitsbasierte Ansätze nach.

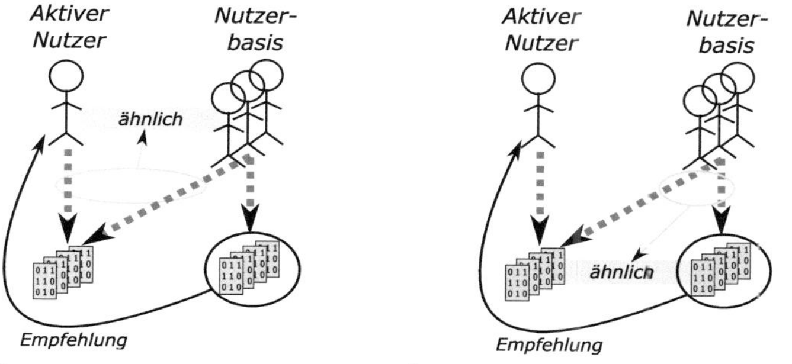

Ähnlichkeit zwischen Nutzern

Ähnlichkeit zwischen Informationsobjekten

Abbildung 2.6. Die zwei Varianten zur Identifizierung der Neighbourhood bei kollaborativen Personalisierungstechniken

In der technischen Realisierung unterscheiden sich kollaborative Filter insbesondere in der Verwendung des Nutzermodelltyps. Je nach Alternative geschieht die Berechnung der Neighbourhood zum (speicherbasiert) oder unabhängig (modellbasiert) vom eigentlich Empfehlungszeitpunkt. Einen sehr guten Überblick über die in derzeitigen Systemen verwendeten Algorithmenvarianten zur Berechnung von Nutzer- und Informationsobjektähnlichkeiten geben Manouselis und Costopoulou (2008).

Erweiterungen der kollaborativen Filtertechnik befassen sich insbesondere mit dem Sparsity-Problem, also der geringen Anzahl vorhandener Ratings (vgl. Abschnitt 4.2.3.3). Berkovsky et al. (2007) nutzen hier beispielsweise dezentrale Nutzerprofile, um den Einzugsraum für Ratings zu vergrößern. Ein weiteres Problem stellt die Ratingqualität dar, die von der Zuverlässigkeit des bewertenden Nutzers abhängt. Weng et al. (2006) beziehen deswegen die nutzerspezifische Zuverlässigkeit in den Personalisierungsprozess mit ein. Mit der immer stärkeren Verbreitung sozialer Netzwerke wird die bislang umständliche und fehleranfällige Berechnung der Ähnlichkeit zwischen Nutzern stark vereinfacht (vgl. Heath und Motta 2006, Kautz et al. 1997).

Kollaborative Personalisierungsansätze sind sowohl in kommerziellen als auch wissenschaftlichen Systemen weit verbreitet. *Tapestry* stellt eines der ersten kollaborativen Filtersysteme dar (vgl. Goldberg et al. 1992). Kurz darauf etablierte sich *GroupLens* mit seinen Derivaten *MovieLens* und *WikiLens* (vgl. Resnick et al. 1994). Ein aktuelles Beispiel kollaborativer Filtersysteme ist *ePaper. Amazon.com* stützt sich ebenso intensiv auf kollaborative Empfehlungstechniken.

2.4.3.2. Inhaltsbasierte Ansätze

Inhaltsbasierte Techniken nutzen die aus dem beobachteten Verhalten des aktiven Nutzers abgeleiteten Bedürfnisse, um Informationsobjekte zu empfehlen, und sind neben den kollaborativen Ansätzen auch sehr weit verbreitet. Der synonyme Begriff *historienbasiert* stellt den zeitlichen Aspekt stärker in den Vordergrund. Malone et al. (1992) bezeichnen diese Form der Personalisierung auch als *kognitives Filtern*, da sie sich auf die kognitiven Bedürfnisse der Anwender stützt. Gegenüber kollaborativen Ansätzen, die den Nutzer eindeutig als interagierendes Individuum sehen, stellen inhaltsbasierte Techniken den individuellen Charakter eines Anwenders in den Vordergrund.

Inhaltsbasierte Filtertechniken stützen sich auf den Inhalt von Informationsobjekten, um diese miteinander zu vergleichen und neue Empfehlungen zu errechnen. Dabei werden die vom aktiven Nutzer bisher als relevant empfundenen Informationsobjekte inhaltlich analysiert und die wichtigsten Informationsbestandteile in das Nutzerprofil übertragen, beispielsweise Genre- und Regisseurdaten von Kinofilmen. Im Empfehlungsprozess werden neue Informationsobjekte mit diesen extrahierten Informationsbestandteilen abgeglichen und auf Übereinstimmung geprüft. Die so als zu den vom aktiven Nutzer bewerteten Objekten ähnlich identifizierten Informationsobjekte bilden die Menge neuer Empfehlungen (siehe Abbildung 2.7).

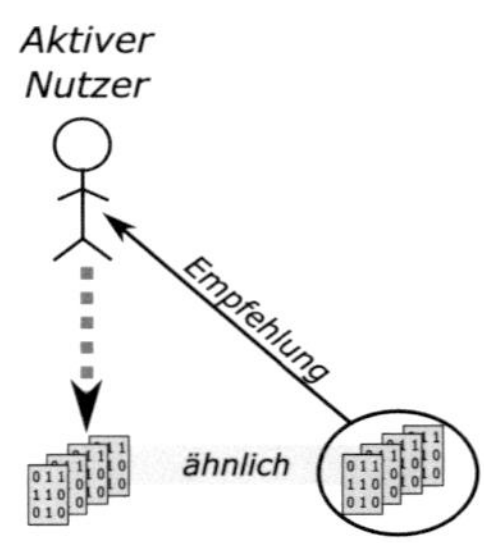

Abbildung 2.7. Ähnlichkeitsberechnung inhaltsbasierter Personalisierungstechniken

Bei inhaltsbasierten Ansätzen ist die inhaltliche Ähnlichkeitsanalyse von Informationsobjekten für die Berechnung neuer Empfehlungen essenziell. Dies bedeutet insbesondere, dass inhaltsbasierte Empfehlungstechniken immer nur auf (semi-)strukturierten Daten arbeiten können und ihnen das jeweilige Format bekannt sein muss. Die Verwendung unstrukturierte Daten ist nur möglich, wenn Algorithmen existieren, die daraus strukturierte Daten ableiten können. Salton (1989) gibt einen Überblick solcher Techniken. Der *tf-idf*-Algorithmus als einer der bekanntesten Ansätze in diesem Kontext wird beispielsweise zur Textdokumentanalyse verwendet. Er durchsucht Dokumente nach häufig vorkommenden Schlüsselwörter, die im Kontext aller Dokument möglichst selten vorhanden sind. Pazzani und Billsus (2007) stellen die in derzeitigen Systemen verwendeten Algorithmen zur Erlernung des Nutzerprofils ausführlich vor.

Von inhaltsbasierten Systemen existieren eine Reihe von Beispielen, so etwa *Personal WebWatcher*, das Webseiten basierend auf vorigem Navigationsverhalten empfiehlt. Andere inhaltsbasierte Empfehlungssysteme sind *InfoFinder*, *Letizia* oder *Syskill and Webert*. Am Beispiel von Bildinformationen (JPEG-Dateien) zeigt sich, dass es für ein- und dasselbe Dateiformat verschiedene Ansätze zur inhaltsbasierten Filterung geben kann. Eine Variante stützt sich beispielsweise auf die den Bildern beigestellten ExiF[5]-Informationen, eine andere analysiert die Rohbilddaten nach Auffälligkeiten (vgl. Gondra 2008).

2.4.3.3. Nutzenbasierte Ansätze

Nutzenbasierte Techniken verwenden eine vorab definierte Nutzenfunktion, um den Nutzen der zu empfehlenden Informationsobjekte für den aktiven Nutzer zu errechnen. Nutzenbasiertes Filtern folgt einer ökonomische Sichtweise, weswegen diese Methode auch die Bezeichnung *Economic Filtering* trägt.

Grundsätzlich geht man hierbei von einer Kosten-Nutzen-Analyse aus der Kundenperspektive aus (vgl. Malone et al. 1992). Die Umsetzung dieser Personalisierungslogik benötigt allerdings eine genau definierte Nutzenfunktion. Dies ist aufgrund der Vielzahl von Parametern meist jedoch sehr aufwendig. Weiterhin sind Nutzenfunktionen anwenderspezifisch und müssen durch jeden Nutzer manuell definiert werden. Aus diesen Gründen sind nutzenbasierte Personalisierungsansätze sehr wenig verbreitet.

2.4.3.4. Wissensbasierte Ansätze

Wissensbasierte Techniken verwenden formalisiertes Wissen sowie formale Deduktionssysteme, um Empfehlungen für den aktiven Nutzer zu errechnen. *Fallbasierte* Techniken stellen eine Unterart der wissensbasierten dar und nutzen Case Based Reasoning (CBR). Wissensbasierte Filter haben ihren Ursprung in Expertensystemen.

Damit wissensbasierte Recommendersysteme funktionieren, muss das in den Informationsquellen vorliegende Wissen einheitlich formalisiert sein. Die zwei wichtigsten Wissensquellen sind die Nutzerprofile und die empfehlbaren Informationsobjekte. Der eigentliche Personalisierungsvorgang besteht aus der Zusammenführung dieser Wissensmengen mittels Deduktions- und Optimierungsmethoden. In Anlehnung an Ramezani et al. (2008) habe ich insgesamt vier verschiedene Typen wissensbasierter Filter identifiziert:

> **Fallbasiertes Schließen (engl. Case Based Reasoning)**: Dieser in verschiedenen Disziplinen häufig genutzte Ansatz verwendet bereits bekannte Problemlösungsinformationen, um neue Probleme zu bewältigen. Voraussetzung hierfür ist eine Fallbasis früherer Lösungsansätze. Mittels des Vergleichs alter Probleme mit dem aktuell vorliegenden, werden existierende Lösungsansätze herausgesucht und dem Nutzer vorgeschlagen. Ein fallbasierter Lösungsprozess setzt sich aus vier Schritten zusammen: die *Abfrage* bekannter Problem- und Lösungsfälle, die Auswahl bekannter Fälle in der *Wiederverwendungsphase*, die *Anpassung* der alten Lösung auf das aktuelle Problem sowie die abschließende *Dokumentationsphase*, während der das aktuelle Problem mit der neuen Lösung in der Fallbasis abgelegt wird. Detailliertes Prozesswissen über CBR-Systeme findet sich in Aamodt und Plaza (1994), de Mantras et al. (2005), Lorenzi und Ricci (2005) sowie Smyth (2007).

[5]ExiF=Exchangeable Image File Format, http://www.exif.org (Stand: 27.9.2009)

Constraintbasiertes Schließen (engl. Constraint Based Reasoning): Hier wird Personalisierung als ein Auswahlproblem interpretiert. Die Auswahl zu empfehlender Informationsobjekte findet mittels Constraints (Bedingungen) statt. In diesen Constraints[6] sind die Bedürfnisse und Interessen des Nutzers formuliert. Die Algorithmik wertet sie aus und selektiert die dazu passenden Informationsobjekte.

Regelbasierte Systeme: In regelbasierten Systemen werden die Nutzerprofilinformationen mit den Eigenschaften der Informationsobjekte anhand von Regeln verbunden. Solche Regeln übersetzen die im Nutzerprofil abgelegten persönlichen Daten in notwendige Bedingungen an die verfügbaren Informationsobjekte. Die Regeln können durch den Nutzer oder andere beteiligte Personen manuell eingegeben oder als Bestandteil des Nutzermodells in der Profildatenvorverarbeitungsphase automatisch berechnet werden.

Ontologisch formuliertes Wissen: Ontologische Ansätze nutzen deklarativ formuliertes *Bereichswissen (engl. Domain Knowledge)* zur Berechnung neuer Empfehlungen. Bereichswissen wird auch als *ontologisches Wissen* bezeichnet (vgl. Baldoni et al. 2005). Solches Bereichswissen besteht aus Entitäten sowie Beziehungen zwischen diesen Entitäten. Entitäten können beispielsweise Filmschauspieler, Produkte oder auch Farbennamen sein. Die dazwischen formulierten Beziehungen definieren allgemeingültige Abhängigkeiten. So muss einem Film beispielsweise mindestens ein Filmschauspieler zugeordnet sein. An dieses deklarativ formulierte Wissen können mittels Inferenzsystemen Anfragen gestellt werden. Ein wissensbasierter Filter verknüpft das in den Informationsobjekten und dem Nutzerprofil formalisierte Bereichswissen durch geeignete Anfragen und leitet so mittels formaler Methoden neues Wissen ab, das für die Generierung von Empfehlungen genutzt wird. Details zu Empfehlungsansätzen, die sich auf ontologisch formuliertem Wissen stützen, finden sich in Loizou und Dasmahapatra (2006), Blanco-Fernàndez et al. (2008) sowie Dolog und Nejdl (2007).

Alle wissensbasierten Ansätze bedürfen geeigneter, aufwendiger Wissensmanagementprozesse, um der Personalisierungsalgorithmik die notwendige Wissensgrundlage für die Empfehlungsberechnungen bereitzustellen. Aufgrund des hohen Wartungsaufwands und der sich erst entwickelnden Verbreitung standardisierter Ontologieformalisierungen sind wissensbasierte Personalisierungsansätze relativ selten. Eine Studie belegt jedoch, dass die Integration semantischer Informationen die Berechnung von Empfehlungen qualitativ verbessert (vgl. Kearney et al. 2007).

Das *COHAVE*-Projekt nutzt einen constraintbasierten Ansatz zur Realisierung einer Beratungskomponente für den Produktkauf. Dabei wird mittels eines Constraint-Satisfaction-Problems die optimale Empfehlung basierend auf stark formalisiertem Bereichswissen in der Produktdomäne berechnet. Andere Beispielsysteme sind *Bibster* sowie Webadaptionen von Dolog und Nejdl (2007).

2.4.3.5. Kontextbasierte Ansätze

Kontextbasierte Techniken konzentrieren sich zur Empfehlung von Informationsobjekten auf den situativen Kontext des Nutzers und legen den Fokus auf Profildaten aus der rechten Spalte der Tabelle 2.2 (Seite 42). Der *Hier- und Jetzt*-Bezug steht dabei im Vordergrund.

---

[6] constraint (engl.)=Bedingung

Kontextbasierte Personalisierungsansätze motivieren sich durch das *Ubiquitous Computing*, also der Möglichkeit, Informationsdienste zu jeder Zeit und von überall erreichen zu können. Insbesondere Mobiltelefone wie beispielsweise das *iPhone* bieten viele vom zeitlichen und geographischen Kontext unabhängige Dienstnutzungsmöglichkeiten. Das Ziel der kontextbasierten Personalisierungstechnologie ist die maßgeschneiderte Adaption von Diensten an den aktuellen Nutzungskontext (vgl. Goy et al. 2007). Steht der Nutzer beispielsweise in einem Bahnhof, so könnte die Fahrplanauskunft einer der am wahrscheinlichsten benötigten Dienste sein. Dey (2001) definiert dabei Kontext wie folgt:

> „*Context is any information that can be used to characterize the situation of an entity. An entity is a person, place, or object, that is considered relevant to the interaction between a user and an application, including the user and applications themselves.*"

Algorithmisch haben sich dafür noch keine Standards entwickelt wie das bei den anderen vier Filtertechnikklassen der Fall ist. Da sich Kontextinformationen bisher relativ schwer formalisieren lassen, existiert auch noch keine einheitliche Logik zum Übersetzen von Kontextinformationen in Empfehlungen. Es gibt Ansätze zur Adaption inhaltsbasierter sowie kollaborativer Filtermethoden (vgl. Wörndl und Groh 2007). Bei beiden werden die vom Nutzer abgegebenen Bewertungen mit einer Kontextinformation versehen, um später eine bessere Bewertungsauswahl zur Ähnlichkeitsberechnung von Informationsobjekten oder Nutzern durchführen zu können.

Ein Beispielsystem ist *GUIDE*, ein kontextbasierter Touristenführer (vgl. Cheverst et al. 2002). Prototypische Umsetzungen kontextbasierter Recommendersysteme finden sich auch in Wörndl et al. (2007) oder Gonzàlez et al. (2007).

2.4.3.6. Hybride Ansätze

Hybride Filter setzen sich aus einer Kombination der einfachen Filteralgorithmen zusammen und zielen auf eine Erhöhung der Empfehlungsqualität gegenüber den Einzelalgorithmen ab. Die Hybridisierung von Empfehlungstechniken wird durch zwei Argumente motiviert. Zum einen haftet jeder einfachen Personalisierungstechnik eine Reihe von Nachteilen an, die zu einer merklichen Schwächung der Empfehlungsqualität führen (vgl. Abschnitt 4.2.3.3). Hybride Ansätze versuchen die Schwächen der kombinierten Personalisierungstechniken komplementär auszugleichen. Zum anderen verwendet jede der einfachen Filtertechniken einen spezifischen Satz von Profilinformationen; kollaborative Techniken stützen sich beispielsweise auf Bewertungen, inhaltsbasierte Techniken auf historische Bedürfnisse. Hybride Varianten kombinieren nicht nur die Vorteile verschiedener Techniken, sondern nutzen gleichzeitig mehrere Profilinformationen, um Empfehlungen zu generieren. Basu et al. (2001) zeigen in einer Studie, dass die dadurch erreichte Kombination von Informationsquellen zu einer Verbesserung der Empfehlungsqualität führen kann.

Die Realisierung hybrider Personalisierungsalgorithmen unterscheidet sich von Kontext zu Kontext, einheitliche Hybridisierungsmethoden existeren nicht. Burke hat in einer Reihe von Veröffentlichungen vorhandene hybride Ansätze analysiert und in die folgenden Klassen eingeteilt (vgl. Burke 2002, Burke 2005, Burke 2007). Jede Klasse wird exemplarisch an einer Kombination aus zwei einfachen Filtertechniken *A* und *B* erläutert, die komplexeren Ansätze werden durch ein Beispiel ergänzt:

Gewichtete Kombination (engl. Weighted Combination): Die zwei einfachen Filtertechniken *A* und *B* generieren unabhängig voneinander Empfehlungen oder Predictions. Der Hybrid kombiniert diese gemäß einer statisch vorgegebenen Gewichtungsfunktion.

Gemischte Kombination (engl. Mixed Combination): Diese Unterart der gewichteten Kombination führt die Empfehlungen von *A* und *B* ohne weitere Verarbeitung zusammen.

Wechselnde Kombination (engl. Switching Combination): Auch hier arbeiten die einfachen Filtertechniken *A* und *B* technisch unabhängig voneinander. Allerdings entscheidet der Hybrid kontextabhängig, welche der beiden Filtertechniken nun mit der Erzeugung von Empfehlungen beauftragt wird. Als Entscheidungskriterium kann beispielsweise die Konfidenz der generierten Empfehlungen genutzt werden. Die Empfehlung mit der höheren Konfidenz wird dann vorgezogen.

Kaskadierende Kombination (engl. Cascaded Combination): Hierbei verfeinert eine Empfehlungstechnik die Empfehlungen der anderen. Das Empfehlungsergebnis von *A* wird als Eingabe an *B* weitergegeben. *B* kann Elemente herausnehmen oder die Reihenfolge ändern. *CinemaScreen* realisiert diesen Ansatz. Die kollaborativ generierten Filmempfehlungen werden basierend auf den im Nutzerprofil gespeicherten Interessen des Anwenders durch einen inhaltsbasierten Filter nachgebessert.

Merkmalkombination (engl. Feature Combination): In diesem Ansatz erweitert der Filter *A* die Informationsobjekte um Merkmaldaten, die Filter *B* zur Empfehlungsberechnung verwendet. Ein kollaborativer Filter integriert so beispielsweise die existierenden Ratings in die Informationsobjekte und erlaubt einem nachfolgenden inhaltsbasierten Filter, diese als Informationsbestandteil zu interpretieren.

Merkmalerweiterung (engl. Feature Augmentation): Diese Form ähnelt dem kaskadierenden Ansatz, denn die Empfehlungen von Filter *A* sind der Eingabestrom zu Filter *B*. Allerdings interpretiert *B* lediglich die Merkmale der eingegangen Empfehlungen und errechnet daraus ähnliche, neue Empfehlungen. Es seien beispielsweise ein inhaltsbasierter und ein nachgeschalteter kollaborativer Filter verknüpft. Der inhaltsbasierte Filter empfiehlt eine Reihe von Büchern. Der kollaborative Filter nutzt von diesen Buchempfehlungen lediglich die Autoren- und Titelinformationen als Grundlage für die Berechnung ähnlicher Bücher.

Meta-Level: In dieser Hybridisierungsmethode errechnet der Filter *A* ein neues, temporäres Nutzermodell, das die Basis für die Empfehlungen durch Filter *B* darstellt. Der Restaurant-Recommender von Pazzani (1999) ist ein solches Beispiel. Darin überführt ein inhaltsbasierter Filter zuerst die Interessen der einzelnen Nutzer in Vektoren. Der nachgeschaltete kollaborative Filter errechnet über Vektorähnlichkeitsmetriken die Neighbourhood des Nutzers und daraus dann die eigentlichen Empfehlungen.

2.4.4. Qualitätssicherung

Die *Qualitätssicherung* befasst sich mit der Personalisierungseffektivität. Die Gründe für schlechte Effektivität können vielfältig sein, beispielsweise ein falsch gewählter Empfehlungsalgorithmus, fehlerhafte oder verzerrte Profilinformationen oder eine unpassende Empfehlungsmethode (vgl. Tintarev und Masthoff 2008). Abbildung 2.8 stellt die Bereiche des kontinuierlichen Nutzungsprozesses personalisierter Anwendungen aus Abbildung 2.5 (Seite 39) heraus, die ich als Ursache für eine schlechte Personalisierungsqualität identifiziert habe.

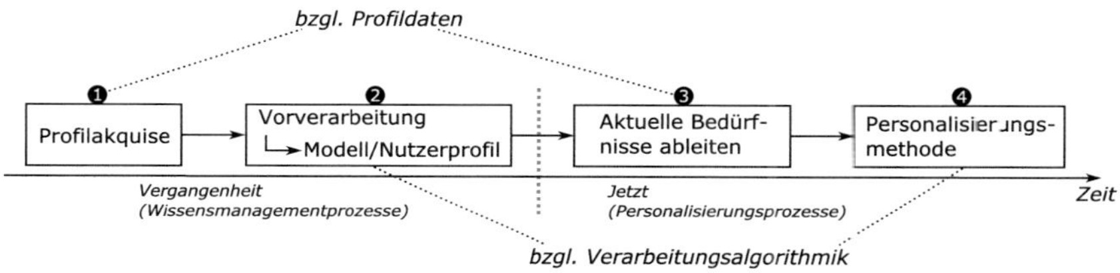

Abbildung 2.8. Unsicherheiten im Personalisierungsprozess

❶ In der Profilakquise werden die subjektiven Bedürfnisse des Nutzers über implizite und explizite Akquisemethoden gesammelt. Leider liegen diese Bedürfnisse häufig nur als implizites Wissen im Kopf des Nutzers vor, worauf der Recommender keinen direkten Zugriff hat. Als Akquiseschnittstelle dient hier das beobachtete, äußere Verhalten des Zielnutzers. An dieser Schnittstelle gehen bereits viele Bedürfnisinformationen verloren: Legt der Kunde ein Buch in den Einkaufswagen aufgrund eines eigenen, bereits seit längerem gehegten Kaufwunsches oder weil er ein Geschenk für seine Freundin sucht? Ein weiteres Problem stellen die eigentlichen Profilakquisemethoden des Systems dar, die ungenau sein oder falsche Schlüsse aus dem beobachteten Verhalten ziehen können. Die Qualität und Verlässlichkeit der gesammelten Informationen variiert also. Leider gibt es in diesem Kontext noch wenig Ansätze zur Bewertung der gesammelten Daten (siehe auch Abschnitt 2.3.2.4).

❷ Im zweiten Schritt, der Profildatenvorverarbeitung, werden die beobachteten Bedürfnisse und Interessen in das Nutzerprofil übertragen, also in ein mehr oder weniger abstraktes formales Modell abgebildet. Zur Bewältigung der Informationskomplexität abstrahieren Modelle über die beobachteten Daten. Je nach Abstraktionsebene, Güte und Umfang des gewählten Modellierungsansatzes besteht auch hier die Gefahr, dass Informationen verloren gehen.

❸ Im eigentlichen Personalisierungsvorgang greift die Personalisierungsalgorithmik auf die abgelegten Profilinformationen zu und leitet im Zusammenhang mit dem aktuellen Nutzerverhalten die derzeitigen Bedürfnisse des Anwenders ab. Allerdings sind die früher beobachteten und im Nutzerprofil hinterlegten Verhaltensweisen nicht immer auf den aktuellen Kontext übertragbar, wie es an folgendem Beispiel deutlich wird: Häufig legen Kunden, die CD *A* und CD *B* im Einkaufskorb liegen haben, auch CD *C* hinzu. Die Übertragung dieser Regel auf den aktuellen Einkaufsprozess eines aktiven Kunden birgt allerdings immer die Gefahr, dass er aufgrund individueller Abneigungen gegenüber CD *C* mit der Empfehlung unzufrieden ist, obwohl bei ihm CD *A* und CD *B* im Einkaufskorb liegen.

❹ Im letzten Schritt steht die Auswahl und Durchführung des eigentlichen Personalisierungsvorgangs an. Darin läuft der Recommender natürlich Gefahr, trotz eventuell richtig abgeleiteter Bedürfnisse, eine für den aktiven Nutzer unpassende Methode auszuwählen.

Es stellt sich also immer die Frage, wie gut die generierten Empfehlungen mit den wahren und wirklichen Nutzerbedürfnissen übereinstimmen. Daher bedarf es einer Validierung des gesamten Personalisierungsprozesses, beispielsweise durch implizites oder explizites Feedback (vgl. Blecker et al. 2004a).

2.4.4.1. Exkurs: Privatsphäre in Recommendersystemen

Der Schutz der Privatsphäre und die Personalisierung von Inhalten sind zwei sich widersprechende Ziele, denn ohne ein Mindestmaß an Offenlegung persönlicher Daten funktioniert Personalisierung nicht. Andererseits jedoch muss ein Recommender auch die Privatsphäre des einzelnen Nutzers schützen, denn aus diesem Schutz resultiert das für den Betrieb notwendige Vertrauen durch den Nutzer (vgl. Perugini et al. 2004). Kasanoff (2001) weist ausdrücklich darauf hin, dass das Verstehen der Ängste des Nutzers für das Design von Personalisierungssystemen wichtig ist.

In der Literatur finden sich verschiedene Ansätze zur Wahrung der Privatsphäre. So beschreiben Eldin und Stojanovic (2008) eine funktionelle Architektur zur Kontrolle der Privatsphäre. Aus den in OECD (2003) dokumentierten Prinzipien zur Beachtung der Privatsphäre entwickelt Kobsa (2002) funktionale Anforderungen, die in personalisierten Systemen umgesetzt werden sollten. Aufgrund der Komplexität und Neuheit dieses Themas sind solche Anforderungen allerdings noch vollkommen unverbindlich.

2.4.4.2. Exkurs: Sicherheit von Recommendersystemen

Wie jedes netzwerkbetriebene Informationssystem laufen auch personalisierte Systeme Gefahr, mit bösartigen Angriffen konfrontiert zu werden. Neben der kompletten Systemschädigung zielen Angriffe auf Recommendersysteme häufig darauf ab, gewisse Informationsobjekte gegenüber den anderen zu „pushen", d. h. den Recommender dazu zu bewegen, diese häufiger zu empfehlen als vorher. Angriffe auf Recommendersysteme verfälschen also die Güte der Empfehlung und spielen dem Recommender ein falsches Bild der Nutzerbedürfnisse vor. Im Kontext adaptiver Hypertextstrukturen kann das Ranking von Seiten beispielsweise anhand fingierter Clickstreams eines Robots verfälscht werden. Sowohl implizite als auch explizite Profilakquisemethoden sind dieser Gefahr ausgesetzt (vgl. Bhaumik et al. 2007). Mobasher et al. (2007b) sowie Lam und Riedl (2004) geben einen ausführlichen Überblick über die verschiedenen Angriffstypen auf Recommendersysteme.

Um diesem Problem Herr zu werden, wurden verschiedene Methoden zum Schutz gegen oder zur Aufdeckung von Angriffen entwickelt. Hurley und Silvestre (2007) geben hierüber einen guten Überblick. Mehta et al. (2007a) beschäftigen sich beispielsweise mit der Frage, wie SPAM-Nutzer – also Nutzer, die einen Angriff auf ein Recommendersystem ausführen – aufzuspüren sind, um geeignete Gegenmaßnahmen einleiten zu können. Mehta und Nejdl (2008) sowie Mehta et al. (2007b) gehen insbesondere auf Schutzmethoden für kollaborative Filteralgorithmen ein. O'Donovan und Smyth (2006) sowie Massa und Avesani (2006) beschäftigen sich in diesem

Kontext mit der Frage des Vertrauens von Nutzern in andere Nutzer. Aufgrund des Umfangs dieses Themenbereichs wird der Aspekt Sicherheit in dieser Arbeit allerdings nicht weiter betrachtet.

2.5. Zusammenfassung

Das Konzept der Personalisierung untergliedert sich in viele zueinander in Beziehung stehende Einzelthemen, die ich in dem von mir entwickelten Prozessmodell abgebildet habe. Grundsätzlich findet Personalisierung in einem Zyklus statt, der zwischen *Profilinformationsakquise* und *Personalisierungsvorgängen* alterniert.

In diesem Kapitel habe ich die für diese Arbeit wichtigen Grundlagen des Konzeptes *Personalisierung* eingeführt. Ausgehend von der allgemeinen Definition der Begriffe Personalisierung und Empfehlungssystem habe ich die Aufgaben sowie einen neuen Klassifikationsansatz für personalisierte Systeme entwickelt. Das Klassifikationsmodell beschreibt alle Merkmale eines personalisierten Systems. Im Einzelnen hat dieses Kapitel die Ideen motiviert, sowie die Ziele von Personalisierung definiert. Das von mir entwickelte Prozessmodell vermittelt eine ganzheitliche Sicht auf alle Teilvorgänge in personalisierten Systemen. Es wird später auf die Personalisierungsidee im Produktkonfigurationsprozess übertragen. Die verschiedenen Informationsmodellaspekte personalisierter Anwendungen habe ich selektiv betrachtet, da der Fokus dieser Arbeit auf der Personalisierungsmethodik liegt. Die Vorstellung der Methodik umfasste Aspekte der Mensch-Maschine-Interaktion, die Personalisierungsmethoden sowie alle bekannten Personalisierungsalgorithmenklassen. Hierbei war mir insbesondere wichtig, auf die Vielzahl der Algorithmenvarianten aufmerksam zu machen. Mit diesen Inhalten sind alle notwendigen Aspekte des Personalisierungskonzeptes eingeführt, um ein Empfehlungssystem für Produktkonfiguratoren entwickeln zu können.

Kapitel 3. Produktkonfiguratoren und Produktmodelle

Produktkonfiguratoren sind der Applikationskontext des zu entwickelnden Personalisierungsansatzes. Dieses Kapitel bildet die zweite Säule der theoretischen Grundlagen dieser Arbeit. Es stellt die für die Potenzialanalyse und Lösungsentwicklung notwendigen Konzepte der Produktkonfiguration vor.

Ich beginne mit einer ökonomischen Begründung des Produktkonfigurationsansatzes, die auf der Idee der *Mass Customization* basiert. Der Rest des Kapitels widmet sich den Produktkonfiguratoren, deren wesentlichen Aufgaben und Funktionalitäten eingeführt werden. Das vorgestellte Modell zur Klassifikation von Produktkonfiguratoren wird in der späteren Potenzialanalyse genutzt, um den Konfiguratorkontext, auf den das in dieser Arbeit entwickelte Lösungskonzept ausgerichtet ist, eingrenzen zu können. Die Einführung eines allgemeinen Produktmodellbegriffs ist für die Lösungsentwicklung besonders wichtig, denn er beschreibt die technische Schnittstelle zwischen Konfigurator und Empfehlungslogik. Die Vorstellung des Phasenmodells der Kundeninteraktion in Produktkonfiguratoren rundet dieses Kapitel ab. Zur Erläuterung einzelner Aspekte werde ich auf existierende Produktkonfiguratorn verweisen. Eine Übersicht aller erwähnten Beispielkonfiguratoren findet sich in Anhang B.

3.1. Mass Customization als wettbewerbsstrategisches Prinzip

Mass Customization ist eine Wettbewerbsstrategie, deren Umsetzung sich auf den Umgang mit Kunden, Produkten und Prozessen auswirkt. Abbildung 3.1 setzt Mass Customization in Beziehung zu anderen gängigen Wettbewerbsstrategien (vgl. Reichwald und Piller 2009, S. 232). Die Massenproduktion zeichnet sich durch ein stabiles Produktspektrum und eine geringe Änderungsrate der Prozesse aus. Im Gegensatz dazu sind bei der Einzelfertigung sowohl Produkte als auch Prozesse regelmäßig gravierenden Änderungen unterworfen. Mass Customization ist eine Kombination aus diesen beiden Ansätzen. Die gefertigten Produkte unterscheiden sich zwar von Kunde zu Kunde, sie werden jedoch soweit möglich gemäß einem stets gleichen Prozess konfiguriert, gefertigt und vertrieben, um die Kosten so gering wie möglich zu halten.

Die Literatur enthält eine Reihe von Begriffsdefinitionen für Mass Customization. Nach Reichwald und Piller (2009, S. 220ff) zielt Mass Customization darauf ab, „*die Eigenschaften der angebotenen Produkte und Leistungen auf die Präferenzstruktur jedes einzelnen Abnehmers auszurichten, um so einen Differenzierungsvorteil [...] zu erlangen*“. Diese und viele andere Definitionen des Begriffs Mass Customization weisen folgende grundsätzlichen Gemeinsamkeiten auf (vgl. Kaplan 2006, S. 8, Lindemann und Baumberger 2006a, S. 10, Piller 1998, S. 64ff):

- Die Mass Customization betrifft die Herstellung von *Gütern und Leistungen.*

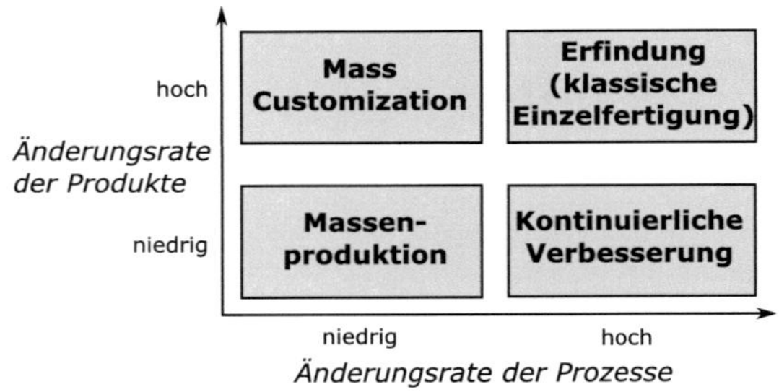

Abbildung 3.1. Zusammenhang der Änderungsraten von Produkten und Prozessen

- Diese sollen an die *Bedürfnisse und Wünsche des Kunden* so gut wie möglich angepasst werden.
- Die *Produktionskosten* sollen mit denen der Massenproduktion vergleichbar sein.
- Das Ziel ist ein *großer Absatzmarkt* der individualisierten Produkte, also keine Nischenausrichtung.

Der unternehmerische Gesamtprozess, der der Mass Customization zugrunde liegt, wird in der Literatur häufig als *kundenindividuelle Leistungserstellung* bezeichnet. Das Endergebnis dieses Prozesses sind *individualisierte Produkte.*

3.1.1. Der stabile Lösungsraum

Bei einer Mass Customization-Strategie bildet der *stabile Lösungsraum* die Basis allen produktiven Handelns. Dieser Lösungsraum ist gewissermaßen das Gerüst, in dessen Grenzen der Kunde sein eigenes Produkt *konfigurieren* kann. In der Literatur wird dieses Gerüst als *Produktmodell, Produktgerüst, Produktfamilie, Produktfamilienmodell* oder *Produktstruktur* bezeichnet. Im Produktmodell legt der Anbieter die Individualisierungsmöglichkeiten fest (vgl. Reichwald und Piller 2009, S. 226ff). Kundeneigene, nicht im Lösungsraum berücksichtigte Erweiterungen und Änderungen können prinzipiell nicht verwirklicht werden, denn dazu müsste der Lösungsraum erweitert, also die Produktentwicklung neu angestoßen werden. Innerhalb der Grenzen des Produktmodells legt der Kunde sein Wunschprodukt fest. Das Ergebnis dieses Festlegungsprozesses trägt die Bezeichnung *Produktkonfiguration, individuelles Produkt, Produktinstanz* oder auch *Produktspezifikation.* Die Produktkonfiguration ist Ausgangspunkt für den eigentlichen Produktionsprozess.

Im Wesentlichen ergibt sich also der in Abbildung 3.2 dargestellte *zweigeteilte Entwicklungsprozess* (vgl. Piller und Stotko 2003, S. 52). Im ersten Schritt findet die Planung und Optimierung des stabilen Lösungsraums statt, wobei im Gegensatz zur variantenreichen Serienproduktion lediglich ein Produktmodell entwickelt, aber kein Gut produziert wird. Dieser Schritt erfolgt ohne direkte Beteiligung des Kunden und bedeutet einen hohen Aufwand für den Anbieter, denn es müssen alle später wählbaren Optionen bezüglich Machbarkeit und Kosten bewertet werden. Dabei legen die unternehmenseigenen (Produktions-)Fähigkeiten und Kapazitäten die Grenzen

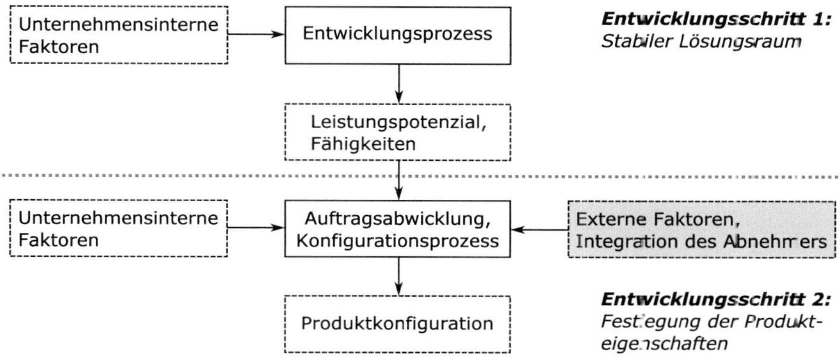

Abbildung 3.2. Zweigeteilter Produktentwicklungsprozess individualisierbarer Produkte

des Produzierbaren fest. Im zweiten Schritt erfolgt die Auftragsabwicklung, bei der der Kunde sein gewünschtes Produkt in den vorgegebenen Grenzen des Produktmodells konfiguriert und in Auftrag gibt. Die gewählte Konfiguration wird dann in der Produktion hergestellt und an den Kunden ausgeliefert (vgl. Lindemann und Baumberger 2006a, S. 11, Reichwald et al. 2006c, S. 132, Reichwald und Piller 2009, S. 226ff).

Die richtige Spezifikation des Lösungsraums ist ein wesentlicher Erfolgsfaktor des Konzeptes Mass Customization. Möglicherweise wird jedes Produkt nämlich nur in Losgröße eins gefertigt, so dass Skalenvorteile der Produktion gleichartiger Produkte wegfallen. Vielmehr müssen diese Skalenvorteile auf dem Niveau der Produktkomponenten realisiert werden. Dafür ist eine intelligente Produktmodularisierung notwendig, um die voneinander unabhängige Fertigung der einzelnen Produktkomponenten zu ermöglichen. Bei der Fertigung des Endproduktes werden diese dann einfach nur zusammengesetzt. Ziel ist also eine stabile Produktarchitektur, in deren Grenzen durch stabile Fertigungsprozesse und zu akzeptablen Kosten kundenindividuell produziert werden kann.

Durch einen schrittweisen Aufbau der Produktarchitekturen und Prozesse kann das Unternehmen über die Zeit hinweg weitere Individualisierungsoptionen zu einem Produktmodell hinzufügen. Die Fähigkeit eines Unternehmens zur Individualisierung eines Produktes sind also nicht per se vorhanden, sondern müssen kontinuierlich entwickelt werden. Nicht alle Produkte eignen sich für eine Mass Customization-Strategie. So werden beispielsweise Weine in naher Zukunft aufgrund des langwierigen Herstellungsprozesses nicht wirklich individualisierbar sein.

3.1.2. Kundenintegration

Der Erfolg einer Mass Customization-Strategie fußt im Wesentlichen auf einer im Vergleich zur Varianten- und Massenproduktion stärkeren Integration des Kunden in die Wertschöpfungskette. Die Erstellung des Endproduktes erfolgt nicht mehr ausschließlich durch das Unternehmen, sondern im Co-Design mit dem Kunden, um dabei die Individualisierungsinformationen passend zu den vorhandenen Bedürfnissen erheben und umsetzen zu können (vgl. Piller 2006, S. 173ff).

Das Unternehmen erhält auf diese Weise einen besseren Zugang zu Informationen über den Kunden sowie zu innovativen Ideen, die im weiteren Verlauf der Produktentwicklung genutzt werden können. Unterstützt wird die Interaktion zwischen Anbieter und Kunde durch geeignete Informationstechnologien wie CRM-Systeme und Produktkonfiguratoren (vgl. Lindemann und Baumberger 2006a, S. 15).

Aus Unternehmenssicht erstreckt sich die Interaktion mit dem Kunden über all seine Konfigurations- und Kaufprozesse. Über die Zeit hinweg lernt das Unternehmen dabei dessen Bedürfnisse besser kennen und kann so die Unterstützung während der Individualisierungsphase optimaler gestalten.

3.1.3. Der Produktkonfigurationsprozess

Die Grundlage für die Produktion eines individualisierten Gutes bildet der *Produktkonfigurationsprozess*, während dem der Kunde die individuelle Spezifikation im Rahmen des Produktmodells festlegt (vgl. Soininen et al. 2001, Janitza et al. 2003). Der gesamte Interaktionsprozess zwischen Anbieter und Kunde im Kontext einer Mass Customization-Strategie besteht aus mehreren Phasen. Im Folgenden werde ich dieses Phasenmodell einführen und anschließend die für diese Arbeit zentrale *Konfigurationsphase* genauer beleuchten.

3.1.3.1. Phasenmodell der Kundeninteraktion

Die Interaktion zwischen Anbieter und Kunde setzt sich aus insgesamt sechs Phasen zusammen (vgl. Reichwald und Piller 2009, S. 273). Abbildung 3.3 zeigt die einzelnen Phasen eines Produkteinkaufs in chronologischer Abfolge. Jeder dieser Phasen kommen bestimmte Aufgaben zu, die entweder der Anbieter oder der Kunde zu bewältigen hat. Konfiguratoren unterstützen die einzelnen Phasen querschnittlich, sind jedoch auf weitere Kommunikationsschnittstellen wie eine Homepage und eine Kundendialogplattform angewiesen.

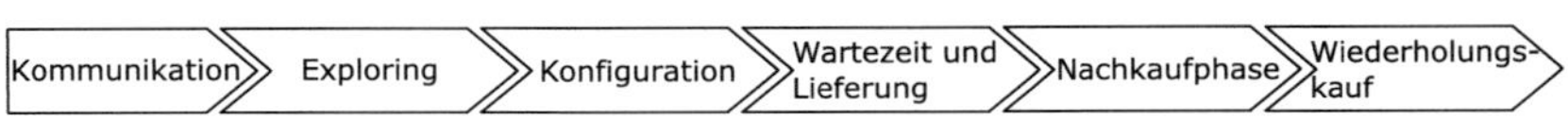

Abbildung 3.3. Phasenmodell der Kundeninteraktion

In der *Kommunikationsphase* macht der Anbieter die Kunden auf sich und seine Angebote aufmerksam. Ziel dieser Phase ist die Gewinnung neuer potenzieller Kunden und das Wecken bestimmter Bedürfnisse bei den Kunden, so dass sie sich für die Produkte des Anbieters interessieren (vgl. Reichwald und Piller 2009, S. 272, Piller 1998, S. 132f). Als Kundenschnittstelle fungiert beispielsweise ein (Online-)Shop oder die Webseite des Unternehmens. Eine sehr individualisierte Form der Interaktion stellt die persönliche Betreuung durch Verkaufsmitarbeiter dar. Sie können durch Empathie die Begeisterung der Kunden an den Fähigkeiten und Produkten des Unternehmens am besten wecken (vgl. Reichwald et al. 2006c, S. 119).

Ist die Aufmerksamkeit und das Interesse des Kunden erst einmal geweckt, so beginnt dieser in der *Exploringphase*, die vorhandenen Angebote zu eruieren und zu prüfen, inwiefern sich diese auf seine eigenen Bedürfnisse zurechtschneiden lassen. Im Fokus steht dabei die Erforschung der Individualisierungseigeschaften der Produkte. In dieser Phase zielt der Anbieter darauf ab, sich auf dem Markt und insbesondere beim individuellen Käufer so stark wie möglich von den Konkurrenten abzuheben, so dass sich der Kunde zur Konfiguration entscheidet (vgl. Reichwald und Piller 2009, S. 272).

Nach Abschluss der *Konfiguration* (siehe unten) gibt der Kunde sein individualisiertes Produkt in Auftrag und muss dann auf die *Herstellung und Lieferung* warten. Währenddessen findet die Kaufabwicklung einschließlich Bezahlung statt. Diese Phase stellt für den Kunden einen Unsicherheitsfaktor im Erleben des Einkaufsprozesses dar, da er für das Produkt bereits bezahlt hat, dieses aber noch nicht in den Händen hält. Deswegen ist die Gestaltung der Wartezeit ein entscheidender Faktor für die Gesamtzufriedenheit des Abnehmers, um den Kunden nicht von Wiederholungskäufen abzuhalten (vgl. Ihl et al. 2006).

Neben den Standardaktivitäten wie der Kundenbetreuung bei technischen Problemen oder der Bearbeitung von Garantiefällen kommt der *Nachkaufphase* bei einer Mass Customization-Strategie eine besondere Bedeutung zu. Im Sinne einer Learning Relationship werden insbesondere in dieser Phase Informationen über die Zufriedenheit des Kunden gesammelt. Erst in der Nachkauf- und Nutzungsphase zeigt sich nämlich, wie gut die Kundenbedürfnisse im Konfigurationsprozess umgesetzt wurden. Ziel ist der Aufbau einer intensiven, wissensbasierten Kundenbeziehung.

Der *Wiederholungskauf* ist das langfristige Ziel einer Mass Customization-Strategie, da nur so der Zyklus der Learning Relationship effektiv funktioniert.

Die kundenorientierte Gestaltung aller Interaktionsprozessphasen ist also ein entscheidender Faktor zur erfolgreichen Umsetzung einer Mass Customization-Strategie, wobei insbesondere auf die Kundenzufriedenheit und das Prozesserleben geachtet werden muss. Hansen et al. (2006) schlagen sogar eine produktspezifische Gestaltung dieses Prozesses vor. Weitere Details zum Phasenmodell finden sich in Piller (1998, S. 132).

3.1.3.2. Die Konfigurationsphase

Im Zentrum des Interaktionsprozesses steht die *Konfiguration* des Produktes. In dieser Phase werden die individuellen Kundenwünsche erfasst, deren Auswirkung auf die Produktstruktur (automatisch) kalkuliert und dann in Konfigurationen der Freiheitsgrade umgesetzt (vgl. Lindemann und Baumberger 2006b, S. 131). Diese Phase ist im Vergleich zu den anderen zeitlich zwar meist die kürzeste (von einigen Minuten bis zu mehreren Stunden), für den Kunden aber die intensivste. Er muss seine Bedürfnisse in echte Produktfunktionen umsetzen und sich dann tatsächlich für den Kauf des Produktes entscheiden. Sowohl die Bedürfnisumsetzung als auch die Kaufentscheidung stellen sehr große Hürden im Kaufabwicklungsprozess dar und führen nicht selten dazu, dass der Kunde doch wieder abspringt. Aus diesem Grund ist eine kundenfreundliche und angenehme, hürdenlose Gestaltung des Konfigurationsprozesses notwendig. Dies umfasst aktive und passive Hilfestellungen während der Konfiguration durch den Konfigurator (vgl. Svensson und Jensen 2003).

Im Zuge der *Selbstkonfiguration* durch den Kunden stellt der Konfigurator die zentrale Interaktionsschnittstelle dar und führt durch den Konfigurationsprozess. Im Grunde genommen

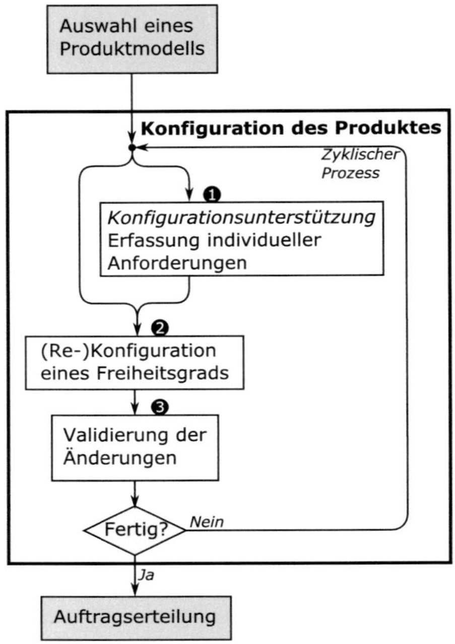

Abbildung 3.4. Einfacher Produktkonfigurationsprozess

läuft der Konfigurationsprozess wie in Abbildung 3.4 dargestellt iterativ ab. Die grau hinterlegten Bereiche markieren Anfang und Ende des Konfigurationsdurchlaufs. Nachdem der Kunde sich für ein Produktmodell entschieden hat, konfiguriert er mit Hilfe des Konfigurators nacheinander alle offenen Freiheitsgrade (in Anlehnung an Hansen et al. 2003, Reichwald et al. 2006c):

❶ Zunächst entscheidet der Kunde in jeder Iteration, ob die Unterstützungsfunktionalität des Konfigurators genutzt werden soll. Falls ja, so identifiziert und erfasst das System die individuellen Kundenanforderungen für einen bestimmten Produktbereich (z. B. die Komponente `Gangschaltung` eines Fahrrads) und nutzt die Unterstützungsfunktionalität, um die angegebenen Anforderungen in Werte für die Freiheitsgrade des Produktes umzusetzen. Mögliche Unterstützung bietet beispielsweise ein Produktforum oder eine Empfehlungsfunktionalität. Die Besonderheit in diesem Schritt ist, dass der Kunde nicht direkt auf dem Produktmodell arbeitet, sondern seine Anforderungen über einen Dialogprozess dem System mitteilen kann und das System dann für deren Umsetzung in das zu konfigurierende Produkt verantwortlich ist.

❷ In diesem Schritt werden eine Reihe von Freiheitsgraden des Produktmodells durch den Kunden manuell eingeschränkt oder mit Werten belegt. Findet die Unterstützungskomponente für einen Freiheitsgrad beispielsweise keinen passenden Wert, so ist der Kunde hier gefragt, eigenständig einen Wert zu selektieren. Auch eine Rekonfiguration bereits festgelegter Eigenschaften ist möglich.

❸ Nach der Benennung oder Eingrenzung der Produktmodelleigenschaften prüft das System diese Eingaben intern auf Plausibilität. Je nach Ergebnis der Prüfung können die Festlegungen endgültig in das konfigurierte Produkt übernommen oder müssen abgelehnt werden.

Dieser Prozess läuft abhängig von der internen Logik des Konfigurators mehr oder weniger strukturiert ab. Eine kundenspezifischere Strukturierung verbessert natürlich das Einkaufserlebnis. So sollte Käufern mit hoher technischer Expertise ein möglichst freier Zugriff auf alle Freiheitsgrade gewährt werden. Unbedarfte Nutzer werden es dagegen schätzen, wenn der Konfigurator ihnen die Festlegung technischer Details wie beispielsweise die Art der Bereifung eines Fahrrads abnimmt.

3.2. Das Wesen eines Produktkonfigurators

Produktkonfiguratoren sind eine Schlüsseltechnologie zur Realisierung der Mass Customization-Strategie (vgl. Bourke 2000). Erste Ansätze existieren bereits seit Anfang der 80er Jahre (vgl. McDermott 1982). Grundsätzlich unterstützen Produktkonfiguratoren den Kunden beim Designprozess seines individualisierten Produktes (vgl. Rogoll und Piller 2003, S. 23, Männistö et al. 2001). Kern der anbieterseitigen Produktionsprozesse ist die Realisierung des Build-to-Order-Prinzips, gemäß dessen Produkte nicht mehr auf Lager, sondern erst nach Auftragserteilung produziert werden. Dabei spielt der Produktkonfigurator eine zentrale Rolle. Der in Abbildung 3.2 (Seite 67) gezeigte zweigeteilte Produktentwicklungsprozess unterteilt sich in die Entwicklung des *stabilen Lösungsraums* und die *Zusammenstellung des Wunschproduktes*. Produktkonfiguratoren unterstützen den zweiten Teil dieses Prozesses und spielen gerade im Kontext E-Commerce eine wesentliche Rolle (vgl. Rogoll und Piller 2003, S. 23ff, Tiihonen und Soininen 1997). Fundamental für den Einsatz von Produktkonfiguratoren ist das modulare Design des Lösungsraums (vgl. Asikainen et al. 2004a).

Der *Produktkonfigurator* stellt also die Kernschnittstelle dar, über die der Kunde sein Wunschprodukt in der *Selbstkonfiguration* individualisiert. Der Konfigurator realisiert dafür die notwendigen Fähigkeiten wie Produktdarstellung, Sitzungsverwaltung für unterbrochene Einkaufsvorgänge, Selektions- und Anpassungsfunktionalitäten der angebotenen Produkte oder Preisberechnungen. Auch können Methoden zur Unterstützung des Kunden im Konfigurationsprozess integriert sein. In Richtung des Kunden kommuniziert der Konfigurator das Produktangebot und in Richtung des Anbieters die Bedürfnisse, respektive das Wunschprodukt des Kunden. Durch ihn erlebt der Kunde das vorhandene Produktspektrum, kann es dabei mehr oder weniger virtuell ausprobieren und wird so motiviert, das Produkt zu konfigurieren und zu kaufen. Konfiguratoren verfolgen primär das Ziel, den Kunden, das Produkt und den Anbieter einander näher zu bringen. Deswegen spielen Aussehen, Bedienbarkeit, Interaktivität und Multimedialität eine wichtige Rolle, denn diese Eigenschaften beeinflussen maßgeblich die Wahrnehmung des Kunden vom Produkt und seinem Anbieter (vgl. Reichwald et al. 2006b).

Der Anbieter verfolgt beim Einsatz IT-gestützter Produktkonfiguratoren mehrere Ziele. Primär spart der Konfigurator Kosten, da der Kunde für die Individualisierung des Endproduktes selbst verantwortlich ist und neben der IT-Infrastruktur kaum weitere Resourcen benötigt werden (vgl. Rogoll und Piller 2003, S. 23f). Auf Unternehmensseite wird die den Produktmodellen inhärente Komplexität erst durch IT-Unterstützung handhabbar (vgl. Männistö et al. 2001). Weitere Aspekte sind die Beschleunigung des Konfigurationsprozesses, die Reduktion der darin auftretenden Fehler, die effiziente Kommunikation des aktuellen Produktwissens an beteiligte Personen und die Erhöhung der Verkaufszahlen ohne Verstärkung des Kundenbetreuungspersonals (vgl. Tiihonen et al. 1996).

Im Folgenden werden die wesentlichen Begriffe aus dem Kontext der Produktkonfiguration eingeführt sowie die zu dieser Arbeit in Beziehung stehenden Aufgaben eines Konfigurators vorgestellt. Ein Klassifikationsmodell für Produktkonfiguratoren rundet den Abschnitt ab.

3.2.1. Begrifflichkeiten

In der Literatur finden sich eine ganze Reihe unterschiedlicher Definitionen des Begriffs *Produktkonfigurator*. Anhand der folgenden Auswahl werden die für diese Arbeit wesentlichen Charakteristiken hervorgehoben. Bourke (2000) definiert den Begriff Produktkonfigurator wie folgt:

> *„[A product configurator is a] software with logic capabilities to create, maintain and use electronic product models that allow complete definition of all possible product option and variation combinations, with a minium of data entries and maintenance.“*

Rogoll und Piller (2004) konzentrieren sich in ihrer Definition auf den Prozessaspekt und die Schnittstellenaufgaben:

> *„Known as configurators, co-design-toolkits, choice boards, design systems, platforms, or co-design- platforms, these systems are responsible for guiding the user through the configuration process. Different variations are represented, visualized, assessed and priced, which starts a learning-by-doing process for the user. While the term „configurator“ or „configuration system“ is quoted rather often in literature, it is used for the most part in a technical sense addressing a software tool.“*

Scheer et al. (2003a) stellen in ihrer Definition die Kundenperspektive auf Produktkonfiguratoren in den Vordergrund:

> *„Die Spezifikationsphase wird maßgeblich durch sogenannte (Produkt-)Konfiguratoren unterstützt, welche dem Kunden die Möglichkeit bieten, seine Produktvorstellungen durch Bewertung und Selektion von angebotenen Produktkomponenten in eine kundenspezifische Produktbeschreibung zu überführen.“*

Der Produktkonfigurator leitet den Kunden also durch den Konfigurationsablauf eines Produktes. Dieser Ablauf wird auch *Konfiguration*, *Produktspezifikation*, *Produktkonfiguration*, *Konfigurationssitzung* oder *Configuration Task* genannt. Man spricht dabei von einer *Selbstkonfiguration*, wenn der Kunde die Eigenschaften seines Wunschproduktes selbständig festlegt (vgl. Scheer et al. 2003a). In der einfachen Form der Produktkonfiguration kann der Kunde lediglich die einzubauenden Komponenten des Produktes festlegen. In der komplexen Form dürfen auch Eigenschaften wie beispielsweise Farbe oder Längenangaben individualisiert werden. Die Konfiguration ist nicht als kreativer Prozess zu verstehen, da nur innerhalb des vordefinierten Lösungsraums

Alternativen oder Werte aus vorgegebenen Bereichen selektiert werden können (vgl. Männistö et al. 2001).

Sogenannte *generische Produktkonfiguratoren* werden unabhängig vom Produktkontext entwickelt und werden erst bei der Installation beim Anbieter auf das Zielprodukt instanziiert. Diese Instanziierung erfolgt über das Produktmodell. Um eine allgemeine Einsetzbarkeit des Personalisierungsansatzes zu gewährleisten, konzentriert sich diese Arbeit auf generische Produktkonfiguratoren.

Ein Produktkonfigurator ist ein wissensbasiertes Informationssystem (vgl. Asikainen et al. 2004a), das auf einer Reihe von Informationsmodellen arbeitet. Die Grundlage bildet ein *Produktmodell*, das den Lösungsraum, also die Menge aller möglichen Produktvarianten aufspannt (vgl. Sabin und Weigel 1998, Du et al. 2003). Die veränderbaren Elemente des Produktmodells werden als *Freiheitsgrade* bezeichnet. Während des Konfigurationsvorgangs entsteht basierend auf dem Produktmodell eine *Produktkonfiguration*, in der alle Freiheitsgrade des Produktmodells mit Werten belegt sind und die Produktstruktur endgültig festgelegt ist. Die Produktkonfiguration enthält alle notwendigen Informationen, um das auszuliefernde Produkt herzustellen.

3.2.2. Aufgaben

Als wichtigste Kommunikationsschnittstelle zwischen Anbieter und Kunde kommen dem Produktkonfigurator die in Abbildung 3.5 dargestellten Aufgaben zu (vgl. Reichwald und Piller 2009, S. 282, Piller und Stotko 2003, S. 26ff). Das Spektrum reicht von *Marketing und Unternehmensdarstellung* über die *Präsentation des Angebots* bis hin zu allen notwendigen *Prozessen und Techniken*, um ein Produkt zu konfigurieren und eine langfristige Mass Customization-Strategie zu unterstützen.

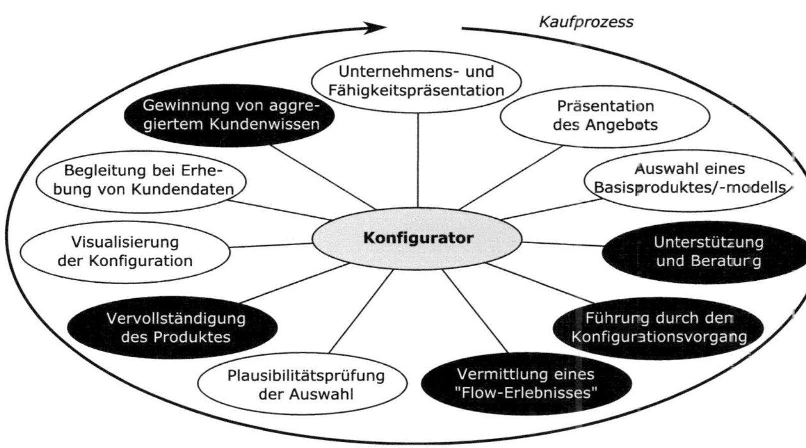

Abbildung 3.5. Aufgaben eines Produktkonfigurators

Die in der Graphik schwarz hervorgehobenen Themen stehen in Beziehung zu der in dieser Arbeit entwickelten Empfehlungsfunktionalität und geben ihren Wirkungsrahmen vor. Ihre allgemeine Bedeutung im Konfigurationsprozess möchte ich im Folgenden vorstellen.

3.2.2.1. Unterstützung und Beratung

Unter *Unterstützung und Beratung* fallen alle Funktionalitäten, die dem Kunden die Aufgabe der Konfiguration einfacher gestalten. Während eines Konfigurationsvorgangs steht dieser nämlich unter ständigem Entscheidungszwang, da alle Freiheitsgrade des Produktmodells mit Werten zu belegen sind. Dieser Druck sowie ein Gefühl der Überforderung hinsichtlich der Produktkomplexität führen häufig zu Kaufabbrüchen. Die Unterstützungs- und Beratungsfunktionalität in Produktkonfiguratoren zielt auf eine Minimierung dieser nutzerseitig empfunden Schwierigkeiten ab. Abschnitt 4.1 befasst sich mit einem ausführlichen Vergleich existierender Unterstützungstechnologien, wovon Empfehlungen eine Variante darstellen.

3.2.2.2. Führung durch den Konfigurationsvorgang

Der Konfigurator hat die Aufgabe, im Konfigurationsprozess als Begleiter des Kunden aufzutreten und *ihn durch den Konfigurationsvorgang zu führen.* Die Komplexität eines Produktkonfigurationsvorgangs korreliert mit der Produktkomplexität. Je größer dessen Komplexität, desto mehr Führungsverantwortung kommt dem Konfigurator zu. Die Existenz der Unterstützungs- und Beratungsfunktionalität alleine reicht nicht aus. Vielmehr hat der Konfigurator die Aufgabe, diese Funktionalität sinnvoll in den Gesamtprozess einzubauen. Ein Beispiel hierfür ist eine Sitzungsverwaltung mit Speicherfunktionalität, die dem Kunden die Möglichkeit gibt, seine Konfiguration zu einem späteren Zeitpunkt fortsetzen zu können.

3.2.2.3. Vermittlung eines „Flow-Erlebnisses"

Der „Aktivierungsstatus" des Kunden beeinflusst seine Zufriedenheit mit dem Konfigurationsprozess maßgeblich. So haben empirische Studien gezeigt, dass die wahrgenommene Produktzufriedenheit stark mit der erlebten Prozesszufriedenheit bei der Konfiguration korreliert (vgl. Franke und Piller 2003). Ein *Flow-Zustand* zielt auf die maximale Aktivierung des Kunden ab. Dabei ist der Kunde derart stark in die Konfigurationstätigkeit vertieft, dass nichts anderes um ihn herum mehr eine Rolle zu spielen scheint und der Vorgang „wie von selbst" abläuft (vgl. Csikszentmihalyi 2008). Ein Flow-Erlebnis kann beispielsweise hervorgerufen werden, wenn eine große Herausforderung mit eigenen Mitteln meisterbar erscheint. Im Kontext der Konfiguration eines komplexen Produktes wird dieses durch eine gute Konfiguratorunterstützung erreicht, da sie den Konfigurationsprozess stark vereinfacht. Wenn der Kunde dann seine Konfigurationsaktivitäten zusätzlich noch frei steuern kann, wird die Wahrscheinlichkeit eines Flow-Zustands ein weiteres mal erhöht.

3.2.2.4. Vervollständigung des Produktes

Die *automatisierte Vervollständigung* wendet sich insbesondere an Kunden, die wenig Aufwand in den Konfigurationsvorgang investieren möchten. Sie übernimmt die Individualisierung der noch offenen Freiheitsgrade im Produkt, kann aus jedem Konfigurationszustand heraus aufgerufen werden und beugt einer möglichen Überforderung des Kunden vor. Die automatisierte Vervollständigung hält das voll konfigurierte Endprodukt also immer in greifbarer Nähe.

3.2.2.5. Gewinnung von aggregiertem Kundenwissen

Grundlage einer jeden Mass Customization-Strategie ist der Aufbau von dauerhaften Kundenbeziehungen. Mittels einer *Learning Relationship* zwischen Kunde und Anbieter wird implizites Kundenwissen (z. B. Bedürfnisse), auch *Sticky Information* genannt, in explizites Wissen transformiert und für das Unternehmen und den Kunden nutzbar gemacht (vgl. von Hippel 1998). Der Konfigurator spielt aufgrund seiner zentralen Position eine wichtige Rolle bei der Erhebung dieses Wissens. Dies geschieht durch die systematische Auswertung der während des Konfigurationsvorgangs gesammelten Informationen und beobachteten Kundenaktivitäten.

3.2.3. Klassifizierungsmerkmale von Produktkonfiguratoren

Die Realisierung und Eigenschaften von Produktkonfiguratoren hängen im Wesentlichen vom Produkt-, Unternehmens- und Marktkontext ab. Anhang B führt eine Reihe existierender Produktkonfiguratoren auf. Blecker et al. (2004a) und Göhner (2005) haben in ihren Veröffentlichungen Klassifikationsmethoden für Produktkonfiguratorrealisierungen entwickelt. In Abbildung 3.6 habe ich die beiden Ansätze zusammengeführt. Das Konzept des *morphologischen Kastens* wurde von Zwicky (1966) als Hilfsmittel zur Erfassung und Strukturierung von Ideen entwickelt. Morphologische Kästen werden – wie auch in diesem Fall – genutzt, um Lösungsalternativen eines Problems aufzuführen und zu klassifizieren.

Anhand des morphologischen Kastens zur Klassifikation von Produktkonfiguratoren werde ich in diesem Abschnitt einen Überblick über die für diese Arbeit relevanten Konfiguratormerkmale geben. Die schwarz hinterlegten Felder stellen Eingrenzungen der Konfiguratorimplementierung dar, in die sich mein Empfehlungsansatz eingliedern wird.

3.2.3.1. Lösen der Konfigurationsaufgabe

Das Ziel einer Konfigurationsaufgabe ist die Festlegung aller wählbaren Eigenschaften eines Produktes. Für die dorthin führende *Lösung der Konfigurationsaufgabe* gibt es drei verschiedene Ansätze.

Die Grundidee der *regelbasierten Produktkonfiguration* ist eine schrittweise Festlegung des endgültigen Produktes. Das zumeist fest kodierte Produktwissen ist in Form von „*Wenn <Bedingung> Dann <Aktion>*"-Regeln abgelegt. Die produktinterne Logik sowie der Ablauf der Konfiguration werden ebenfalls als Regelwerk formalisiert. Im Laufe der Konfiguration werden die Bedürfnisse des Kunden durch das Regelwerk in Konfigurationseinstellungen übersetzt. Dieser Ansatz wird in der Literatur auch als *prozedural* bezeichnet (vgl. Holthöfer und Szilàgyi 2001).

Der *fallbasierte Ansatz* stützt sich in der Annahme, dass ähnliche Probleme durch ähnliche Lösungen bewältigt werden können, auf eine Wissensbasis bereits existierender Produktlösungen. Im Konfigurationsvorgang stellt der Kunde sein Produkt aus Teilkonfigurationen, die der Fallbasis entnommen werden, zusammen.

Lösen der Konfigurationsaufgabe	Regelbasiert	Fallbasiert	Modellbasiert	
Synchronität in der Konfigurationserstellung	Batch	Rekonfiguration	Inkrementell	
Anwender	Mitarbeiter	Kunden		
Konfigurationsablaufsteuerung	Geführt	Frei		
Entscheidungseingabe	Textuell	Graphisch		
Visualisierung	Keine	Textbasiert	Vordefinierte Graphiken	Zur Laufzeit generierte Graphiken
	Kontinuierlich	Am Ende der Konfiguration		
	Schwach strukturiert	Stark strukturiert		
Zugrunde liegende Fertigungsstrategie	Standardisierte Module	Module mit Adaptionsmöglichkeit	Produktentwicklung für jeden Kunden	
Informationshaltung	Zentralisiert	Verteilt		
Integration mit anderenAnwendungen	Keine	Datenintegrativ	Applikationsintegrativ	
Integrationskontext	ERP	PDM	E-Commerce	Eigenständig
Technischer Zugang	Online (server- oder clientseitig)	Offline (eigenständig)		
Evolution des Produktwissens	Keine Versionsverwaltung	Eigener Konfigurator für Service und Wartung	Integrierte Rekonfigurationsmöglichkeit	
Plausibilitätsprüfung	Primitiv	Interaktiv	Automatisch	
Konfigurationsunterstützung	Keine Beratung oder Empfehlung	Nicht-personalisierte Unterstützung	Personalisierte Unterstützung	
Spezialisierung	Spezialisierung auf ein Produkt, bzw. einen Produkttyp	Einsetzbar für alle Produkte		

Abbildung 3.6. Morphologischer Kasten zur Klassifikation von Konfiguratoren

Der *modellbasierte Ansatz* bietet die meiste Freiheit in der Produktmodellierung sowie dem nachfolgenden Konfigurationsvorgang. Grundlegend für diesen Ansatz ist die Entwicklung eines Produktmodells, das die interne Struktur des Produktes beschreibt und den äußeren Rahmen aller möglichen Varianten vorgibt. Für die Formulierung des Produktmodells existieren drei Ansätze (vgl. Sabin und Weigel 1998, Tiihonen und Soininen 1997): In der *logikbasierten Methode* wird eine logische Beschreibungssprache für die Formulierung des Produktmodellwissens genutzt. Der *ressourcenbasierte* Ansatz definiert die einzelnen Produktbestandteile anhand der Ressourcen, die sie nach außen hin bereitsstellen, bzw. von der Außenwelt benötigen. Der letztendlich für diese Arbeit relevante Ansatz arbeitet *constraintbasiert*. Hierzu wird das Produktmodell durch zusammenhängende Komponenten und Freiheitsgrade spezifiziert. Constraints runden ein solches Produktmodell ab, indem sie die produktinternen Abhängigkeiten anhand von Konsistenzregeln formalisieren.

Die modellbasierte Methode hebt sich in Bezug auf Flexibilität und der klaren Trennung zwischen Produktmodell und Konfigurationsfunktionalität deutlich von den anderen Methoden ab. Flexibilität und klares Design sind gerade in generischen Produktkonfiguratoren ein wichtiges Merkmal, weswegen für diese Arbeit der modellbasierte Ansatz relevant ist.

3.2.3.2. Synchronität in der Konfigurationserstellung

Produktkonfiguratoren unterscheiden sich hinsichtlich des Integrationszeitpunktes des Kunden in den Produktkonfigurationsprozess. Dabei wird zwischen *Batch-Betrieb*, *Rekonfiguration* und dem *inkrementellen Ansatz* unterschieden.

Im *Batch-Betrieb* gibt der Kunde im Produktkonfigurator zuerst all seine Anforderungen und Kundenwünsche an. Im Nachlauf erzeugt der Konfigurator aus den gesammelten Informationen – ohne weitere Kundeneinbindung – die eigentlich Produktkonfiguration.

Die *Rekonfiguration* zielt auf die Wartung und Pflege bereits existierender Produkte ab und geht von einem Gut aus, das dem Kunden bereits gehört. Im Laufe der Zeit werden für Einzelkomponenten neuere, bessere Bauteile oder bisher nicht existente Produkterweiterungen entwickelt. Ebenso können sich auf Kundenseite die Bedürfnisse ändern, so dass der gekaufte Artikel doch nicht mehr alle Wünsche abdeckt. Die Rekonfiguration gibt dem Kunden die Möglichkeit, den gekauften Artikel auf-, um- und nachzurüsten.

Der *inkrementelle Ansatz* bedarf einer synchronen, intensiven Interaktion zwischen dem Kunden und dem Konfigurationssystem. Im Laufe des Konfigurationsprozesses legt der Kunde dabei nacheinander die Freiheitsgrade des Produktes fest. Jede Entscheidung wird direkt in das Produkt übertragen und auf Konsistenz geprüft. Das Ergebnisprodukt entwickelt sich vor den Augen des Kunden. Der Prozess gibt ihm die Möglichkeit, mittels Try-and-Error das Produkt so nah wie möglich an seine Wünsche anzupassen.

Zusammen mit der modellbasierten Lösungsmethode erlaubt der inkrementelle Ansatz eine sehr freie Gestaltung des Konfigurationsprozesses. Die Batch-Konfiguration ist hinsichtlich detaillierter Konfigurationsnachbesserungen zu wenig flexibel und die Rekonfiguration lediglich auf die Umrüstung bereits existierender Produkte ausgerichtet. Aus diesen Gründen stehen Produktkonfiguratoren, die den inkrementellen Konfigurationsansatz verfolgen, für diese Arbeit im Vordergrund.

3.2.3.3. Integrationskontext, Anwender, technischer Zugang und Informationshaltung

Existierende Konfiguratorimplementierungen integrieren sich meist in andere Unternehmensmanagementsysteme. Bourke (1998) unterteilt Konfiguratoren deswegen grundsätzlich in *front-office-* und *back-office-*Lösungen. *Front-office-*Konfiguratoren (auch bekannt unter dem Namen *Sales Configurator Systems, SCS*) sind auf den Verkauf ausgerichtet und konzentrieren sich mit ihren Funktionalitäten auf die Bedürfnisse des Kunden. Solche Konfiguratoren werden meist vom Vertriebspersonal oder den Kunden selbst bedient. Sie unterstützen beispielsweise Endpreisberechnungen und gewährleisten ein technisch fehlerfreies Produktkonfigurationsergebnis. *Back-office-*Konfiguratoren entspringen geschichtlich den ERP-Systemen und richten sich nach den Bedürfnissen der Produktion. Für eine erfolgreiche Mass Customization-Strategie sind sowohl front-office- als auch back-office-Konfiguratorfähigkeiten notwendig.

Für diese Arbeit stehen die front-office-Konfiguratoren im Vordergrund, da sie eine kundenorientierte Unterstützung durch Personalisierung ermöglichen. Der Fokus liegt auf den *webbasierten E-Commerce-Konfiguratoren*, da diese in der Selbstkonfiguration durch den Kunden am häufigsten anzutreffen sind und das unterstützende Komplementär zu einer funktionierenden Mass Customization-Strategie im Endkundenbereich sind (vgl. Lee et al. 2000).

Der technische Zugang zum Konfigurator unterscheidet grundsätzlich zwischen *online* und *offline* (vgl. Rogoll und Piller 2003, S. 66ff). Letztere sind durch eigenständige, zur Laufzeit netzwerkunabhängige Programme realisiert, die der Kunde geliefert bekommt oder von der Anbieterwebseite zur lokalen Installation herunterladen muss. Der *IKEA Raumplaner* oder *Welcome 24/7 Officekitchen* sind Beispiele des offline-Ansatzes. Leider besitzen diese Ansätze sehr viele Nachteile wie beispielsweise das Problem der Übertragung der Produktkonfiguration zum Anbieter oder die schwierige Aktualitätsprüfung der Produktdaten.

*Online-*Konfiguratoren, auch *Webkonfiguratoren* genannt, besitzen einen webbasierten Zugang und werden mittels eines Webbrowsers besucht. Meist hat der Kunde über das webbasierte E-Commerce-Portal des Anbieters Zugang zu dieser Art von Konfiguratoren (vgl. Chaudhury et al. 2001). Die Vorteile der online-orientierten Realisierung liegen auf der Hand. Der Kunde erhält beim Starten des Konfigurators immer die aktuellste Konfiguratorversion und die neuesten Produktdaten. Weiterhin gestaltet sich der Zugang über gängige Browser sehr einfach. Online-Konfiguratoren erlauben durch die intensive technische Interaktion mit dem Informationsdienst des Anbieters eine bessere Beobachtung des Kundenverhaltens, um so die Learning Relationship zwischen Anbieter und Kunde noch besser gestalten zu können. Weiterhin wird die Ergebniskonfiguration direkt in die Informationsdienste des Herstellers eingespielt und automatisch in die Auftragsverwaltungsvorgänge übernommen. Die Informationshaltung findet dabei *zentralisiert* auf Unternehmensseite statt.

Diese Arbeit stützt sich auf Online-Konfiguratoren im E-Commerce-Umfeld, da diese Kundenprofildaten zentral speichern und so eine wichtige Voraussetzung für den optimalen Einsatz von Empfehlungstechniken mitbringen.

3.2.3.4. Konfigurationsablaufsteuerung und Visualisierung

Die *Steuerung des Konfigurationsablaufs* legt fest, in welcher Reihenfolge die Freiheitsgrade eines Produktes zu konfigurieren sind und versteht sich als Führung durch den Konfigurationsvorgang. Im geführten Modus gibt der Konfigurator diese Reihenfolge vor. Der *Dolzer Hemdenshop* als ein solches Beispiel erfragt die Eigenschaften der zu konfigurierenden Hemden vom Kunden in einer festen vorgegebenen Reihenfolge. In der freien Variante obliegt die Entscheidung, in welcher Reihenfolge er die Systembestandteile konfigurieren möchte, dagegen ganz alleine dem Kunden. Dies gibt ihm unter anderem auch den notwendigen Freiraum, während der Konfiguration zurückzuspringen und bereits getroffene Entscheidungen zu modifizieren. Aufgrund der hohen Flexibilität steht der freie Konfigurationsablauf für diese Arbeit im Vordergrund.

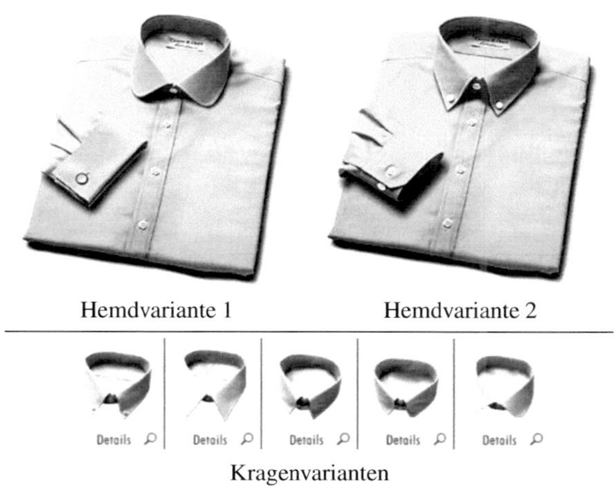

Abbildung 3.7. Screenshots: Visualisierung von Maßhemden der Firma Campe-Ohff

Die *Visualisierung* ist ein wichtiger Aspekt für die Präsentation des konfigurierten Produktes und seiner Fähigkeiten. Grundsätzlich besitzen konfigurierbare Produkte einen hohen Erklärungsbedarf (vgl. Rogoll und Piller 2003, S. 58). Deswegen sollte die Visualisierung dem Prinzip „What you see is what you get!" folgen, also exakt und widerspruchsfrei sein, indem die Darstellung das real zu erwartende Endergebnis zeigt und keine Fehler enthält. Obwohl die Visualisierungsmethoden für die Integration eines Empfehlungsansatzes in einen Produktkonfigurator vom technischen Standpunkt aus nicht relevant sind, erleichtern sie es dem Kunden, sich ein Bild von den Konfigurationsvorschlägen zu machen. Im Kontext dieser Arbeit ist also der Einsatz von Produktkonfiguratoren empfehlenswert, die über eine gute Visualisierungstechnologie verfügen. Abbildung 3.7 zeigt den Visualisierungsansatz des Herstellers von Maßhemden *Campe-Ohff* als ein mögliches Beispiel.

3.2.3.5. Plausibilitätsprüfung und Konfigurationsunterstützungsfunktionen

Die während des Konfigurationsprozesses durch den Kunden getroffenen Entscheidungen bezüglich der Merkmale und der Funktionalität des Endproduktes werden auf Plausibilität geprüft, da aufgrund der produktinternen Konsistenzbedingungen bestimmte Wertekombinationen ausgeschlossen sind. In der *primitiven* Variante entfällt dieser Schritt und der Nutzer läuft immer Gefahr, mit seinen Festlegungen eine nicht produzierbare Konfiguration zu erstellen. Im *interaktiven* Modus werden die vorhandenen Produkteinschränkungen in gewissen Abständen auf Plausibilität geprüft. Inkonsistenzen werden aufgedeckt und mit Hilfe des Nutzers behoben. Konfiguratoren mit *automatischer* Plausibilitätsprüfung validieren die Produktkonsistenz kontinuierlich und lösen Widersprüche automatisch auf (vgl. Tiihonen und Soininen 1997). Um den Anwender nicht zu stark zu überlasten, ist die automatische Variante der in dieser Arbeit angestrebte Modus. Er muss vom Produktmodell selbst realisiert werden.

Die inhaltliche *Konfigurationsunterstützung* wird entweder durch die Beratungs- oder die Empfehlungsfunktionalität geleistet. Konfiguratoren *ohne solche Hilfsmittel* überlassen die Konfigurationsaufgabe vollständig dem Nutzer, so dass sich dieser mit dem Produktmodell und dessen Komplexität alleine zurechtfinden muss. *Nicht-personalisierte* Unterstützung wird beispielsweise durch Hilfesysteme realisiert, die die Produktmodelleigenschaften aufschlüsseln und dokumentieren. *Personalisierte* Unterstützung hingegen individualisiert den Konfigurationsvorgang kundenspezifisch – ein Konzept, das Jeff Bezos bereits für Amazon.com formuliert hat: „*If I have 3 million customers on the Web, I should have 3 million stores on the Web*“. Nach Blecker et al. (2004a) blenden solche Beratungssysteme die technische Produktkomplexität für den Nutzer aus. Diese Arbeit konzentriert sich auf die personalisierte Konfigurationsunterstützung.

3.3. Der Produktbegriff

Verschiedene Formen der Produktbeschreibung bilden die informationelle Arbeitsgrundlage eines jeden Produktkonfigurationsvorgangs. Das *Produktmodell* formalisiert die Produktstruktur einschließlich der Freiheitsgrade, die während des Produktdesignprozesses entworfen wurden und spezifische Individualisierungsarten umsetzen. Die Individualisierungsarten sind die Stellschrauben, die Veränderungen am eigentlichen Produkt erlauben. Das Ergebnis eines Konfigurationsvorgangs bildet die *Produktkonfiguration.* Im Folgenden werden diese Aspekte näher beleuchtet, da sie die informationelle Grundlage für den zu entwickelnden Empfehlungsansatz bilden.

Im Kontext der generischen Produktkonfiguratoren ist die Produktunabhängigkeit der hier eingeführten Beschreibungsmechanismen essenziell. Sie müssen auf die Repräsentation beliebiger Produkte, also *Güter* (Fahrrad, Auto, DVD-Recorder, Haus, ...), *Dienste* (Reisen, Produktwartungsdienste, ...), *Ideen* (Religiöse Konzepte, Meditation, ...) und *Software* (Textverarbeitungsprogramme, Webbrowser, ERP-Systeme, ...), ausgerichtet sein (vgl. Asikainen et al. 2004b, Hui und Chau 2002, Meier et al. 2003, Murphy und Enis 1986). Das Konzept der Produktmodellierung darf demnach keine Spekulationen über bestimmte Produkteigenschaften tätigen.

3.3.1. Das Produktmodell

Basis des Produktkonfigurationsprozesses ist die digitale Beschreibung des Lösungsraums: das Produktmodell. Es ist für einen generischen Konfigurator die einzige Informationsquelle, die Auskunft über die Eigenschaften des konfigurierbaren Produktes gibt.

Die Realisierung einer Mass Customization-Strategie beruht im Produktdesign und der Fertigung immer auf einer sinnvollen Modularisierung, um die Management- und Fertigungskosten für die Eigenschaftsvielfalt (Komplexität) des Produktes beherrschbar zu machen. Individualisierungsansätze erstrecken sich von der Möglichkeit, lediglich festgelegte Komponenten gegeneinander auszutauschen (*generische Modularisierung*), bis hin zur freien Wahl, Zusammensetzung und Konfiguration spezifischer Produkteigenschaften (*freie Modularisierung*) (vgl. Piller 2006, Ponn und Lindemann 2008, S. 242). In diesem Zusammenhang unterscheiden Lindemann und Baumberger (2006b) vier Ebenen der Individualisierung:

Funktional: Hinzufügen oder Weglassen sowie Verstärkung oder Minderung von Produktfunktionen wie beispielsweise die Anschlussmöglichkeiten eines DVD-Recorders, die Speichergröße oder WLAN-Fähigkeit eines Computers

Prinzipiell: Auswahl von Wirkprinzipien, z. B. eine einheitliche Überdruckregelung innerhalb des gesamten Produktes durch eine bestimmte Ventilvariante (vgl. Ponn und Lindemann 2008, S. 240)

Strukturell: Hinzufügen, Weglassen oder Auswahl von Produktelementen oder deren Verknüpfung, wie beispielsweise die Trinkflasche am Fahrrad oder die Taschen eines Hemdes

Gestalterisch: Bestimmung von Form, Größe, Oberfläche oder Werkstoffen des Produktes, wie beispielsweise die Farbe eines Hemdes oder das Holz eines Gartenhauses

Lindemann und Baumberger (2006b) sowie Lindemann und Maurer (2006) entwickeln aus den vier Ebenen der Individualisierung nun sieben technische Individualisierungsgrade für Produktbereiche: *fixe Bereiche*, *skalierbare Bereiche*, *optionale Alternativen*, *obligatorische Alternativen*, *prinzipielle Lösungen*, *definierte Freiräume* und *allgemeine Freiräume*. Diese im Individualisierungsgrad ansteigenden Eigenschaften müssen innerhalb einer Produktmodellbeschreibungssprache formulierbar sein.

Grundsätzlich liegt der Fokus eines Produktmodells, das auf die kundenorientierte Produktkonfiguration ausgerichtet ist, auf der Beschreibung der funktionalen Varietät und nicht der technischen Bauteilstruktur, wie sie für die Produktion und Entwicklung benötigt wird. Ebenso spielt die gewählte Granularität eine wichtige Rolle. Eine zu genaue Modellierung (bis hin zur einzelnen Schraube) gestaltet die Konfiguration zu schwierig und überfordert den Kunden. Eine zu allgemein gehaltene Modellierung dagegen gibt dem Kunden zu wenig Individualisierungsoptionen (vgl. Du et al. 2003).

Geschichtlich gesehen haben sich die aktuellen Produktbeschreibungsansätze aus den CAD-Ansätzen[1] entwickelt. Diese Form der Produktmodellierung konzentriert sich lediglich auf die

[1]CAD=Computer Aided Design

geometrischen Informationen und ist sehr feingranular im Beschreibungsdetail (vgl. Janitza et al. 2003). Objektorientierte Methoden bilden einen weiteren Ansatz für Produktmodellbeschreibungen (vgl. Hvam 1999, Jørgensen 2003). Die Elemente des Produktes, seine Struktur sowie die einzelnen Freiheitsgrade lassen sich durch die objektorientierten Ansätze wie Klassen, Generalisierung, Abstrahierung, Beziehungen und Attribute gut beschreiben. Felfernig (2002) sowie Pels (2006) nutzen zur Strukturbeschreibung UML[2] und zur Formulierung der produktinternen Konsistenzbedingungen OCL[3]. In der Literatur finden sich auch andere Methoden, wie beispielsweise die Nutzung deklarativer Sprachen. Yang et al. (2009) verwenden OWL[4] und SWRL[5] zur Formulierung von Produktstrukturen. Aber auch nichtstandardisierte Ansätze wie die CKML[6] von Hotz (2008) werden weiterhin entwickelt.

Alle gängigen Produktmodellierungsmethoden unterteilen die Beschreibung eines Produktes in drei Bereiche: *Strukturbeschreibung*, *Freiheitsgrade* und *Constraints*. Zur Komplexitätsreduktion wird meist eine modulare Struktur gewählt (vgl. Asikainen et al. 2004a). Die Beschreibungsmethoden dieser drei Konzepte bilden zusammen das *Produktmetamodell*, das die Beschreibungsstruktur aller möglichen Produktmodelle festlegt. Weiterführende Aspekte wie die Evolution des Produktwissens liegen außerhalb des Arbeitsfokus und werden an anderer Stelle ausführlich behandelt (z. B. Hvam und Malis 2003).

3.3.1.1. Strukturbeschreibung

Die Strukturbeschreibung zielt auf die Zusammenfassung ähnlicher Funktionsbereiche des Produktes sowie deren hierarchische Anordnung ab. Die Funktionsbereiche werden in der Literatur meist als *Komponenten* oder *Module* bezeichnet und tragen immer einen sprechenden Namen wie `Fahrrad`, `Rahmen` oder `Sattel`. Komponenten fassen eine in sich abgeschlossene Produktfunktionalität zusammen und enthalten alle dafür notwendigen Freiheitsgrade. Dabei gibt es primitive und hierarchisch zusammengesetzte Komponenten. Solche *Vater-Kind-* oder *ist-Element-von*-Beziehungen machen die hierarchische Ordnungsbeziehung zwischen den Komponenten des Produktes aus (vgl. Du et al. 2003, Hotz 2008). Die vollständige Strukturbeschreibung eines Produktes ist also ein Baum oder Graph von Komponenten. So besteht ein Computer beispielsweise aus den Komponenten wie `Hardware`, `Software` und `Dienstleistungen`. Die `Hardware` unterteilt sich wiederum in die Unterkomponenten `Festplatte`, `Speicher` und so weiter. `Hardware` stellt also eine aggregierte Komponente dar. Primitive Komponenten werden nicht weiter aufgegliedert und entsprechen den Blättern im Baum. Abbildung 3.8 zeigt einen Überblick über die Strukturbeschreibungsalternativen. *Optionale Komponenten* können abgewählt werden. *Alternativen* erlauben die Selektion einer einzelnen Komponente aus einer Basismenge.

Die Baumstruktursicht auf ein Produktmodell ist in der Literatur sehr weit verbreitet, in manchen Fällen wird auch ein Graph verwendet, in dem eine einzelne Komponente an unterschiedlichen

[2]UML=Unified Modelling Language; siehe auch http://www.uml.org (Stand: 27.4.2009)

[3]OCL=Object Constraint Language

[4]OWL=Web Ontology Language; siehe auch http://www.w3.org/2004/OWL/ (Stand: 27.4.2009)

[5]SWRL=Semantic Web Rule Language; siehe auch http://www.w3.org/Submission/SWRL/ (Stand: 27.4.2009)

[6]CKML=Configuration Knowledge Modelling Language

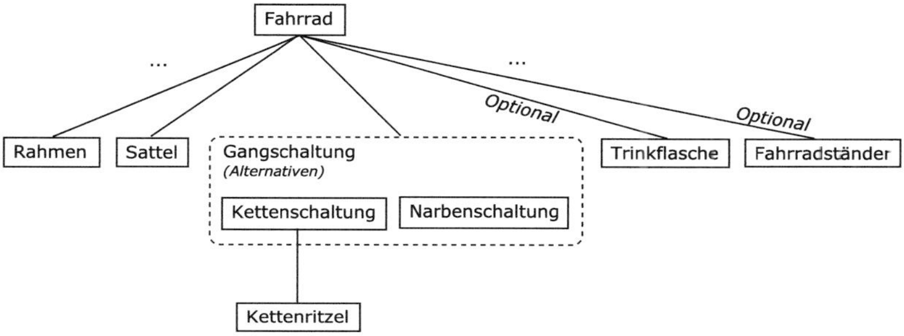

Abbildung 3.8. Produktmodellbeispiel: Ausschnitt aus einer Fahrradproduktstruktur

Stellen referenziert werden kann (vgl. Leckner 2006, S. 21f, Jørgensen 2003). Da Graphen durch Platzhalterknoten auch mittels einer Baumstruktur wiedergegeben werden können, stützt sich diese Arbeit auf dem einfacheren, baumartigen Aufbau von Produktmodellen.

3.3.1.2. Freiheitsgrade

Freiheitsgrade stellen in einem Produktmodell die durch den Kunden individualisierbaren Elemente dar. Sie werden in der Literatur auch als *Optionen*, *Properties*, *Features* oder *Attribute* bezeichnet. Ein Freiheitsgrad im Produkt entspricht grundsätzlich einer Stelle im Produktmodell, an der der Kunde aus einer Menge von Werten auswählen darf. Der eigentliche Konfigurationsprozess bedeutet die schrittweise Festlegung aller Freiheitsgrade im Produktmodell. Jeder Freiheitsgrad ist immer genau einer Komponente zugeordnet und trägt einen Bezeichner, einen Wertetyp sowie eine Multiplizität (vgl. Du et al. 2003, Asikainen et al. 2004b). Jørgensen (2003) führt als *Multiplizitäten (engl. Domain Constraints)* die folgenden vier Alternativen ein:

OneOf: Die Selektion genau eines Wertes ist erlaubt und notwendig.

Optional: Es ist eine Auswahl zwischen *Ja* und *Nein* erlaubt (Spezialfall von OneOf).

AtMostOne: Die Selektion maximal eines Wertes ist erlaubt, allerdings nicht notwendig.

AnyOf: Aus einer Menge von Werten können beliebig viele selektiert werden.

Hinsichtlich der Wertetypen unterscheiden Asikainen et al. (2004b) zwischen Produktstrukturvarietäten, mittels derer die Produktstruktur beeinflusst werden kann (Komponentenalternativen und optionale Komponenten), und einfachen Wertetypen zur Festlegung einzelner Komponenteneigenschaften:

Komponentenalternativen: Aufgrund der technischen Lösungsvielfalt für gängige Probleme existieren in heutigen Produkten häufig viele Alternativen zur Realisierung von ein- und demselben Funktionsblock. So können Autos – obwohl ansonsten Baugleich – mit einem Elektro- oder Verbrennungsmotor ausgestattet werden. Fahrräder haben entweder eine Ketten- oder Narbenschaltung oder gar keine Gangschaltung. Dennoch sind diese in sich zwar

```
Fahrrad
Name: OneOf:String
Alter: OneOf:Integer
Geschlecht: OneOf:Enum{M, W}
Rahmentyp: OneOf:Enum{Stadt, Renn, Mountain, Grandma}
Höhe: OneOf:Enum{150-160, 160-170, 170-180, 180-190, 190-200}
...
```

Abbildung 3.9. Freiheitsgradbeispiele: Ausschnitt aus einer Fahrradproduktstruktur

komplexen Lösungsalternativen, die Lindemann und Baumberger (2006b) als strukturelle oder prinzipielle Individualisierungsebenen bezeichnen, für das Gesamtprodukt mit nur wenigen Änderungen verbunden, so dass sie im gleichen Produktmodell vereint werden können. Dies wird über die in Abbildung 3.8 dargestellten *Komponentenalternativen* realisiert. Komponentenalternativen realisieren intern zwar grundsätzlich unterschiedliche Lösungskonzepte, bieten nach außen hin jedoch gleiche oder sehr ähnliche Schnittstellen an. Der Kunde wählt lediglich die für ihn passende Alternative aus.

Optionale Komponenten: Ebenso wie die Selektion aus einer Alternativmenge ist das An- und Abwählen gewisser Funktionsblöcke möglich. Lindemann und Baumberger (2006b) ordnen diese Variationsmöglichkeit der funktionalen Individualisierungsebene zu. Der Kunde soll beispielsweise entscheiden können, ob er eine Trinkflasche oder einen Fahrradständer eingebaut haben möchte oder nicht. Das eigentliche Produkt funktioniert mit oder ohne der optionalen Komponente.

Lineare und diskrete Wertetypen: Diese Freiheitsgrade erlauben dem Kunden, spezifische Funktionseigenschaften wie beispielsweise die Fahrradhöhe oder die Farbe des Rahmens festzulegen. Alle in der Literatur beschriebenen Produktmodelle ähneln sich insofern, als dass programmiersprachenähnliche Typen erlaubt sind, die sich in die Klassen der *linearen* sowie *diskreten* Typen unterteilen lassen. In dem in Abbildung 3.9 gezeigten Ausschnitt aus dem Fahrradproduktmodell gibt es Freiheitsgrade aus beiden Typklassen. Die Wahl des Rahmentyps erfolgt aus einer Menge von vier fest vorgegebenen Werten (diskret), der Name und das Alter der Person sind dagegen frei bestimmbar (linear). Komplexere lineare Attribute sind auch möglich, so etwa ein Produktaufdruck, den der Kunde durch ein eigenes Bild festlegen kann.

3.3.1.3. Constraints

Ein wesentlicher Aspekt in der Definition des Lösungsraums und der erfolgreichen Umsetzung einer Mass Customization-Strategie ist die Handhabung der Produktkomplexität und die Einschränkung aller wählbaren Funktionskombinationen auf die wirklich herstellbare Menge. Mit den bisher eingeführten Konzepten der Produktstrukturbeschreibung und den Freiheitsgraden wurde der eigentliche Lösungsraum sehr weit aufgespannt. Manche Selektionen eines Freiheitsgrads sind jedoch inkompatibel mit denen anderer Freiheitsgrade. Ein Rennrad würde etwa nie mit Stollenreifen ausgeliefert werden können. Zur Formulierung solcher internen Produktabhängigkeiten werden *Constraints* benötigt, die die Wechselbeziehungen zwischen den Freiheitsgraden wiedergeben. Im Wesentlichen wird dabei zwischen drei verschiedenen Typen unterschieden:

Boolesche Constraints: Dem Produktmodell sind eine Menge von booleschen Termen zugeordnet, welche die Konsistenzbedingungen des Produktes wiedergeben. Am Ende der Konfiguration ist das Produkt genau dann konsistent, wenn all diese booleschen Constraints erfüllt sind.

Eine gängige Form der Angabe der booleschen Regeln ist die Prädikatenlogik erster Stufe, wobei die Freiheitsgrade als Variablensymbole zur Verfügung stehen. So legt folgende Regel beispielsweise einen Zusammenhang zwischen dem Reifendurchmesser und der Rahmengröße fest:

$$(\texttt{Fahrrad.Reifen.}\mathit{Durchmesser} = 50) \rightarrow$$
$$(15 \leq \texttt{Fahrrad.Rahmen.}\mathit{Größe} \leq 22)$$

Die Mächtigkeit der Prädikatenlogik erster Stufe reicht für Produktmodelle im Allgemeinen aus, um notwendige Konsistenzbeziehungen zu beschreiben. Jørgensen (2003) unterteilt diesen Regeltyp noch einmal in *logische Constraints* und *arithmetische Constraints*, was in der Prädikatenlogik den Termen, bzw. Formeln entspricht.

Relationen: Eine weitere Variante der Constraintangabe ist die explizite Aufzählung der erlaubten Wertekombinationen einer festgelegten Freiheitsgradmenge. Eine solche Relation kann folgendermaßen aussehen:

$$\texttt{Fahrrad.Sattel.}\mathit{Typ} \otimes \texttt{Fahrrad.}\mathit{Fahrradtyp} :=$$
$$\{\ \texttt{(Downhill,Mountain Bike),(Trekking,City Bike),}$$
$$\texttt{(Trekking,Grandma Bike),(Mountain,Mountain Bike),}$$
$$\texttt{(Rennrad,Racing Bike),(Triathlon,Racing Bike)}\ \}$$

Aktionsregeln: Diese Form eines Regelwerks fasst logisches und prozedulares Wissen zusammen, indem es zu jeder Bedingung die notwendigen abgeleiteten Konsistenzänderungen im Produkt bereits vorschreibt (vgl. Jørgensen 2003, Abschnitt 3.2.3.1). Es wird als Regelmenge der Form „*Wenn <Bedingung> Dann <Aktion>*“ angegeben und am Ende oder während der einzelnen Konfigurationsschritte durch den Konfigurator ausgewertet. Der Konfigurator prüft dazu die Bedingungen ab und führt die Aktionen aus, deren Bedingung erfüllt sind. Du et al. (2003) sprechen bei dieser Art der Constraints von *Include Conditions*, Hotz (2008) von *Conceptual Constraints*.

Im Kontext der modellbasierten Konfiguration sind die booleschen Regeln und Relationen den Aktionsregeln vorzuziehen (vgl. Jørgensen 2003). So ist die Formulierung der Abhängigkeiten mittels Regeln und Relationen klarer und sauberer, da prozedurales und logisches Wissen getrennt voneinander bleiben und deren Auswertung in beliebiger Reihenfolge effizient erfolgen kann (vgl. Eizaguirre et al. 2008). Im Gegensatz dazu erfordern Aktionsregeln eine festgelegte Auswertungsreihenfolge. Ihr gegenseitiger Einfluss ist weiterhin nur schwer zu analysieren.

3.3.2. Die Produktkonfiguration

Die Grundlage für die Produktion eines individualisierten Gutes bildet die *Produktkonfiguration.* Sie ist das Ergebnis des Produktkonfigurationsprozesses und genau einem Produktmodell zugordnet. Für ein Produktmodell kann es beliebig viele – auch keine – Produktkonfigurationen geben. Eine Produktkonfiguration enthält zu allen Freiheitsgraden des Produktmodells die notwendigen Wertezuordnungen. Sie ist *konsistent*, wenn diese Wertezuordnungen den Constraints des Produktmodells genügen.

Die Formalisierung einer Produktkonfiguration erfolgt meist durch Attribut-Wert-Paarlisten oder eine in Anlehnung an das Produktmodell duplizierte Baumstruktur. Letztere enthält zu jeder Komponente (dem Komponentenmodell) eine entsprechende Komponenteninstanz, die zu jedem Freiheitsgrad ihres Komponentenmodells die Wertefestlegungen trägt. Die Menge aller Komponenteninstanzen stellt die Produktkonfiguration dar (vgl. Soininen et al. 2001, Janitza et al. 2003). Eine konsistente Produktkonfiguration repräsentiert den Kern des Kundenauftrags, da sie die Grundlage für die Produktherstellung bildet (vgl. Tiihonen und Soininen 1997).

3.4. Zusammenfassung

Die Produktkonfiguratoren wurden in diesem Kapitel als die wesentliche Interaktionsschnittstelle zwischen dem Kunden und dem Anbieter in der Umsetzung einer Mass Customization-Strategie identifiziert. Sie übernehmen die Aufgabe, den Kunden durch den Individualisierungsvorgang seines Wunschproduktes zu begleiten und dabei adäquate Hilfestellung zu leisten.

Die in diesem Kapitel von mir vorgestellten Inhalte führen den für die Arbeit notwendigen konzeptionellen und technischen Hintergrund von Produktkonfiguratoren ein. Nach der Erläuterung des für die Umsetzung von Mass Customization wesentlichen Kundeninteraktionsprozesses folgten die Details zu Produktkonfiguratoren und Produktmodellen. Ich habe dabei die für diese Arbeit relevanten Aufgaben eines Konfigurators herausgestellt und für die Entwicklung meines Lösungsansatzes eine Eingrenzung auf E-Commerce- und modellbasierte Realisierungen zur Selbstkonfiguration vorgenommen. Diese Art der Konfiguratoren erlaubt dem Kunden die größtmögliche Freiheit im Konfigurationsvorgang, erfordert aber sinnvolle Unterstützungsmethoden wie beispielsweise ein Empfehlungskonzept. Das Produktmodell bildet dabei die gemeinsame Sprache, durch die Konfigurator, Kunde und Empfehlungsfunktionalität kommunizieren.

Zusammen mit den Grundlagen der Personalisierung sind nun die Voraussetzungen für eine ausführliche Potenzialanalyse geschaffen.

Kapitel 4. Potenzialanalyse für Empfehlungsmethoden in Produktkonfiguratoren

Basierend auf den vorangehend eingeführten Grundlagen zu Personalisierung und Produktkonfiguratoren legt dieses Kapitel den Grundstein für mein Empfehlungskonzept, das als Kundenunterstützungssystem in Produktkonfiguratoren Einsatz finden wird. Zuerst arbeite ich anhand eines allgemeinen Kaufentscheidungsprozesses Problematiken im Produktkonfigurationsvorgang heraus, die die Integration von Kundenunterstützungsmethoden in Konfiguratoren motivieren. In einem Vergleich der unterschiedlichen existierenden Unterstützungsansätze werden die Vorteile eines Empfehlungsansatzes für Konfiguratoren herausgestellt. Daran schließen sich wichtige, grundlegende Betrachtungen zu den Anforderungen an ein solches Empfehlungskonzept im Kontext der Produktkonfiguration an. Das Kapitel schließt mit einer Bewertung existierender Personalisierungstechniken für Produktkonfiguratoren ab und zeigt die Notwendigkeit eines umfassend neuen Ansatzes.

4.1. Kundenunterstützung in der Produktkonfiguration

Kundenseitige Kaufabbrüche im Selbstkonfigurationsprozess stellen eine große Gefahr für die Auftragserteilung dar. Aufgrund der Prozesskonstruktion steht der Kunde als alleiniger Entscheidungsträger und aktiver Konfigurierer seines eigenen Produktes im Zentrum des Kaufvorgangs. Anhand verschiedener Perspektiven auf den Kaufentscheidungsprozess möchte ich im Folgenden die Ursachen für Kaufabbrüche herausarbeiten. Auf dieser Grundlage motiviere ich die Notwendigkeit von Kundenunterstützungswerkzeugen für Produktkonfiguratoren und arbeite Aufgaben solcher Werkzeuge heraus. Der Abschnitt schließt mit einem Vergleich existierender Kundenunterstützungsmethoden ab und stellt die Notwendigkeit eines Empfehlungsansatzes heraus.

4.1.1. Kaufentscheidungen im Kontext Produktkonfiguration

An einem Kaufprozess sind zwei Parteien beteiligt: der Kunde und der Anbieter. Der Anbieter möchte natürlich, dass der Kunde sein Wunschprodukt bei ihm kauft. Er kann dafür zwar verschiedene Anreize geben, im Endeffekt liegt die eigentliche Entscheidung jedoch beim Kunden. Kuss und Tomczak (2004) definieren die Kaufentscheidung aus Kundensicht folgendermaßen:

> **Definition 4.1 (Kaufentscheidung):** „*[Eine Kaufentscheidung bedeutet] die Auswahl eines von mehreren vergleichbaren Angeboten von Sachgütern, Dienstleistungen, Rechten oder Vermögenswerten zum freiwilligen Austausch gegen Geld.*“

Vor allem die *Freiwilligkeit* stellt den Anbieter vor eine größere Herausforderung, denn eine Kaufentscheidung ist meist nicht unbedingt ein singuläres, kurzlebiges Ereignis. Vielmehr stellt ein solcher Prozess einen komplexen Ablauf dar, der durch viele Faktoren beeinflusst wird. Kotler und Armstrong (2006) unterscheiden im Entscheidungsprozess die in Abbildung 4.1 gezeigten fünf verschiedenen Phasen.

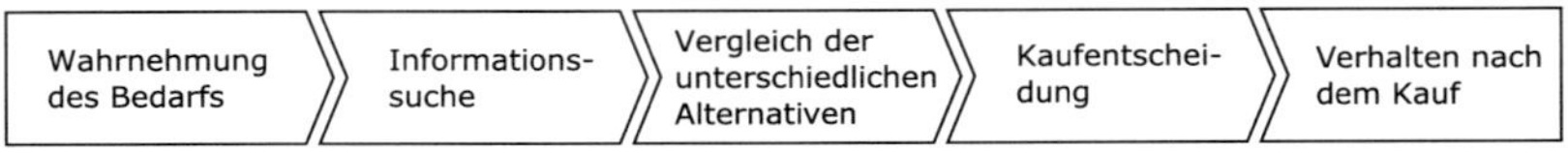

Abbildung 4.1. Die Stadien der Kaufentscheidungsfindung

In jeder dieser Phasen ist der Anbieter gefragt, auf die spezifischen Bedürfnisse des Kunden einzugehen, um eine positive Kaufentscheidung zu begünstigen. Im Kontext individualisierbarer Produkte ergeben sich gegenüber der Massen- oder Variantenfertigung neue Herausforderungen, die in den folgenden Abschnitten beleuchtet werden. Daraus resultieren dann die Faktoren, die bei der Kaufentscheidung für individualisierbare Produkte durch ein Kundenunterstützungssystem zu beachten sind.

4.1.1.1. Allgemeine Einflussfaktoren

Kotlers und Armstrongs fünf Phasen werden bei allen Kaufentscheidungen durchlaufen. Je nach Einstellung des Kunden gegenüber dem Produkt ergeben sich jedoch Unterschiede in ihrer Ausprägung. Katona et al. (1960) unterscheiden hierbei vier Kategorien von Kaufentscheidungen. *Extensive Kaufentscheidungen* werden vom Kunden nach intensiver Informationsrecherche und vielen Produktvergleichen getroffen. Sie sind geprägt durch ein hohes Maß an Abwägungsüberlegung durch den Kunden. *Limitierte Kaufentscheidungen* trifft der Kunde innerhalb einer Produktgruppe, in der er bereits Produkterfahrung hat. Er überträgt Wissen von ähnlichen Produkten auf das zu kaufende Produkt, um dieses bewerten und einschätzen zu können. *Habituelle Kaufentscheidungen* treten in Situationen auf, in denen der Kunde gleichartige Produkte wiederholt kauft und die Kaufentscheidung mit der Zeit zur Routine wird. *Impulsive Kaufentscheidungen* fallen spontan und ohne Überlegung. Hunger und Durst sind Beispiele von Reizsituationen, die zu impulsiven Käufen führen. Je bewusster und rationaler eine Kaufentscheidung getroffen wird, desto mehr ist der Kunde auch bereit und willens, Zeit und Aufwand zu investieren, und desto intensiver werden die fünf Kaufentscheidungsphasen durchlebt. Dies wirkt sich in dem Bedürfnis nach *kognitiver Kontrolle* der Entscheidung aus (vgl. Leckner 2006). Von starker kognitiver Kontrolle spricht man, wenn der Kunde den Konfigurationsprozess stark beeinflusst.

Ebenso beeinflusst die Persönlichkeitsstruktur jedes einzelnen Kunden die Form des Kaufentscheidungsprozesses (vgl. Kalakota und Whinston 1996). *Impulsive* Menschen neigen zu schnellen Kaufentscheidungen, ohne vorher eine umfassende Marktanalyse durchgeführt zu haben. *Gewissenhafte* Käufer vergleichen ein paar Produkte und treffen daraufhin ihre Entscheidung. *Analytisch* veranlagte Menschen neigen dagegen zu umfangreichen Marktrecherchen, bevor sie ihre Entscheidung treffen.

Kaufentscheidungstyp und Persönlichkeitsstruktur beeinflussen also massiv das Kaufverhalten des Kunden. Im Kontext der Produktkonfiguration heißt dies, dass die Kundenschnittstelle des

Produktkonfigurators all die existierenden Ausprägungen des Kaufentscheidungsprozesses sowie der Persönlichkeitsstruktur unterstützen muss. Die Adaptierbarkeit des erlebten Konfigurationsprozesses auf den Kunden ist dabei essenziell.

4.1.1.2. Mass Customization

Im Kontext Mass Customization stellt der Produktkonfigurator die wesentliche Interaktionsschnittstelle für die Kaufprozessabwicklung dar. Ein wichtiger Unterschied zwischen der traditionellen Massen- oder Variantenproduktion und der Mass Customization besteht in der Festlegung des Customer-Order-Decoupling-Point (vgl. Thoben 2003). Wurden im traditionellen Kontext Produkte vom Unternehmen vorentwickelt und auf Lager produziert, so existiert nunmehr „nur" noch die Beschreibung des Möglichen, also der *stabile Lösungsraum*. Für den Kunden heißt dies, dass sein Wunschprodukt vor, während und einige Zeit nach dem Konfigurations- und Kaufprozess physisch noch nicht existiert.

Bedürfnisse können also nunmehr nur noch durch Marketing und Werbung geweckt werden, nicht mehr durch reale Produktinstanzen. Ebenso stellt die virtuelle Informationssuche und der Produktvergleich aufgrund der Vielzahl möglicher Varianten ein großes Problem für den Kunden dar. Der manuelle Vergleich ganzer Produktmodelle unterschiedlicher Hersteller schreckt den Kunden wegen der hohen Komplexität und des hohen Zeitbedarfs ab. Auch ist die Idee des Konfigurationsprozesses vollkommen neu. Der Kunde muss sehr viel Zeit mit der Konfiguration und der Zusammenstellung seiner Wunschfeatures verbringen. Früher war dies nicht notwendig, da vorgefertigte Produkte existierten und er diese lediglich verglichen hat. Produktvergleich und Konfigurationsvorgang lassen sich nicht klar trennen, da der Kunde die Vielzahl der Varianten erst während der Konfiguration seines Wunschproduktes kennenlernt. Dem Konfigurator kommt also nicht nur die reine Konfigurationsaufgabe, sondern auch die Rolle eines Vermittlers zu, der dem Kunden die Möglichkeiten des gesamten Lösungsraums darlegt. Weiterhin ist die Entscheidung zum wirklichen Kauf der individualisierten Konfiguration schwieriger als früher, da eine reale Produktinstanz nicht existiert und unklar ist, inwiefern die konfigurierten Eigenschaften nun im Sinne des Kunden umgesetzt, d.h. produziert werden.

Der gesamte Kaufprozess ist also mit viel mehr *Unsicherheiten* und *Risiken* für den Kunden behaftet; er muss *dem Anbieter das Vertrauen entgegenbringen*, dass dieser das versprochene und bezahlte Wunschprodukt auch wirklich liefern kann.

Kundenseitiges *Involvement* stellt bei der Produktkonfiguration einen der wesentlichen positiven Einflussfaktoren für den Kaufprozess dar. Es wird dabei unterschieden zwischen *High-* und *Low-Involvement*. Ersteres tritt auf, wenn die Kaufentscheidung subjektiv wichtig oder ein hohes wahrgenommenes Risiko jeglicher Art vorhanden ist. Je höher das Risiko, desto mehr wird der Kunde bereit sein, Zeit zu investieren. *Low-Involvement*-Käufe dagegen sind dem Kunden nicht so wichtig und weniger risikobehaftet. Meist sind dies Impuls- oder Routineentscheidungen (vgl. Krugman 1965). Beide Varianten müssen in Produktkonfiguratoren berücksichtigt werden. Ein hohes Maß an Involvement steigert die Bereitschaft des Kunden, sich einem längerfristigen Konfigurationsprozess zu unterwerfen. Bei niedrigerem Involvement sollte der Prozess so einfach wie möglich gestaltet werden, damit der Kunde nicht frühzeitig abspringt.

Bamberg und Coenenberg (2004) identifizieren weiterhin eine Korrelation zwischen dem Kaufverhalten und dem Wert des gekauften Gutes. Je höher der Wert des Gutes ist, desto höher ist auch die Bereitschaft, einen intensiven Konfigurationsprozess zu durchlaufen. Im Detail sind Kauf- und Entscheidungsverhalten also signifikant unterschiedlich zwischen teuren und weniger teuren Gütern.

Letztendlich steht das *Erlebnis der Konfigurationssitzung* durch den Kunden im Vordergrund (vgl. Kurniawan 2004). Dem Konfigurator kommt hier die Aufgabe zu, den Kunden in einen sogenannten Flow-Zustand zu bringen, so dass die Konfiguration *wie von selbst* läuft und der Kunde den Aufwand, der für die Zusammenstellung seines individuellen Produktes notwendig ist, nicht als Last, sondern als erfreuliche Vorbereitung auf das eigene Produkt sieht.

Hodas (1993) identifiziert zwei unterschiedliche kundenseitige Mechanismen, die eine Kaufentscheidung negativ beeinflussen. *Ablehnung (engl. Rejection)* als Ergebnis aus Wahrnehmung sowie Evaluation und *Widerstand (engl. Resistance)* als verhaltensbezogene Instanz. Nach Ellis (2002) tritt *Ablehnung* gegenüber einem Produktkauf auf, wenn der Kunde sich des Produktnutzens nicht bewusst ist oder sich trotz bekannter Vorteile aufgrund anderer Hinderungsfaktoren gegen eine Konfiguration entscheidet. Diese Hinderungsfaktoren liegen jedoch nicht in Defiziten des eigentlichen Prozesses begründet, sondern sind direkt im motivatorischen Verhalten des Kunden verankert. *Widerstand* dagegen kann erst auftreten, wenn bereits ein gewisser Grad an positiver Akzeptanz des Konfigurationsprozesses überschritten wurde, der Kunde also bereits begonnen hat, das Produkt aus Interesse oder reiner Neugier zu konfigurieren. Die Gründe für das Auftreten von Widerstand können rational (technische Probleme während der Konfiguration) oder auch irrational (das Produkt trifft den persönlichen Geschmack doch nicht) begründet sein. Häufig tritt Widerstand auf, wenn vorab existierende Ablehnungsgründe während des Konfigurationsprozesses nicht abgebaut, sondern verstärkt werden. Im Produktkonfigurationsprozess gilt es also insbesondere, den Widerstandsmechanismen zu begegnen.

Unsicherheiten sowie ein erhöhtes *Risiko* im Konfigurations- sowie Kaufprozess sind also Hinderungsgründe für die erfolgreiche Beendigung einer Produktkonfiguration. Dem Konfigurator und dem Unterstützungswerkzeug kommt hierbei die Aufgabe zu, den Kunden durch den Prozess zu leiten, ihm dadurch ein positives Einkaufserlebnis zu vermitteln und auftretende *Widerstände* zu erkennen sowie entgegenzuwirken.

4.1.1.3. Kontext E-Commerce

Produktkonfiguratoren für selbstkonfigurierte Produkte sind häufig im *E-Commerce*-Kontext angesiedelt. Hieraus ergeben sich weitere Herausforderungen für den Kunden. Wo früher der physisch vorhandene Laden für die Durchführung des Einkaufs wichtig war, sind es nun webbasierte Portale (zumindest in dem für diese Arbeit relevanten Konsumgüterbereich). Es gibt also keine Verkäufer mehr, die zwischen den Angeboten und dem Kunden durch Hilfestellungen und Erklärungen vermitteln (vgl. Helander und Jiao 2002). Der Kunde interagiert direkt mit dem Produktkatalog und den darin enthaltenen Beschreibungen, die so umfassend sein müssen, dass sie zu einer Konfiguration und einem Kauf überzeugen. *Kundenloyalität* ist ein wichtiger Faktor für eine erfolgreiche Kunde-Anbieter-Beziehung. Diese korreliert im Kontext E-Commerce positiv mit der Kundenzufriedenheit sowie dem Vertrauen in die angebotenen digitalen Dienste (vgl. Kassim und Abdullah 2008). Sind letztere Faktoren gegeben, so kann sich eine langfristige Beziehung zwischen den Geschäftspartnern entwickeln, die obligatorisch für eine Mass Customization-Strategie und Basis der *Learning Relationship* ist.

Die *Mannigfaltigkeit der Kundenstruktur* stellt eine weitere Schwierigkeit für den Anbieter dar (vgl. Dickey et al. 2000). Die Ausrichtung auf eine bestimmte Zielgruppe funktioniert nicht mehr so wie in nicht-virtuellen Märkten. Beachtung der Privatsphäre, technische Stabilität sowie Sicherheitsaspekte sind in der Realisierung von E-Commerce-Auftritten zu berücksichtigen. Es sind nicht nur die äußeren Faktoren, die das Kaufverhalten der Kundschaft beeinflussen, sondern auch die persönlichen Präferenzen und Fähigkeiten. *Computer Illiteracy* ist ein solches Beispiel. Je nach Ausbildung, persönlicher Bereitschaft oder Fähigkeit gehen Kunden mit digitalen Angeboten unterschiedlich um (vgl. Strader und Shaw 2000). Viele persönliche Faktoren beeinflussen also das Kauf- und Konfigurationsverhalten, weswegen im Kontext E-Commerce nicht nur das Produkt individualisierbar, sondern auch der Prozess kundenindividuell gestaltet werden muss (vgl. O'Connor und O'Keefe 2000). Amazon.com lebt dies im nicht-individualisierten Konsumgüterbereich vor.

In digitalen Märkten sind Anbieter also viel mehr gezwungen, auf die Bedürfnisse und Wünsche jedes einzelnen Kunden individuell einzugehen, um erfolgreiche Kaufprozesse zu stimulieren. Kunden können den Shop im virtuellen Kontext viel schneller verlassen als in nicht-virtuellen Märkten. Hier muss der Anbieter durch eine *kundenindividuelle Betreuung* während des Kaufprozesses entgegenwirken, um so die Kundenzufriedenheit zu steigern. Langfristig muss er sich die Loyalität des Kunden sichern, damit dieser für spätere Einkäufe erneut zurückkehrt. Denn erst dann kann eine *Learning Relationship* umgesetzt werden, was wiederum eine wichtige Basis für eine Mass Customization-Strategie ist.

4.1.1.4. Spezifische Probleme der Produktkonfiguration

Der Konfigurationsprozess stellt einen komplexen und umfassenden Anteil des Kaufprozesses dar. Hat der Kunde früher nur in ein Regal gegriffen und ist mit dem ausgewählten Produkt zur Kasse gegangen, so liegt die Verantwortung nun bei ihm, das „richtige" Produkt sogar noch selbst zu kreieren. Ein solcher Ansatz birgt natürlich einige Gefahren, die ich im Folgenden darlegen werde.

Mass Customization als neue Form einer Wettbewerbsstrategie ist für beide Seiten – Anbieter sowie Kunde – komplex, undurchsichtig und risikoreich (vgl. Rogoll und Piller 2003, S. 22). Ebenso ist die Umsetzung der Selbstkonfiguration eines Produktes bisher nicht weit verbreitet. Individuell gestaltete Güter wurden bisher nur in individuellen Fertigungsprozessen entworfen und hergestellt. Das Konzept der Produktkonfiguration ist für den Kunden ungewohnt. Er tendiert oft noch zu traditionellem Kaufverhalten, da das Vertrauen in den Anbieter individualisierbarer Güter häufig fehlt (vgl. Hansen et al. 2006). Das neue Geschäftsmodell ruft auf Kundenseite also eine größere Unsicherheit hervor. Je neuer, individueller aber auch wertvoller das individualisierbare Produkt ist, desto mehr steigt diese Unsicherheit (vgl. Rogoll und Piller 2003, S. 22f). Der Kunde fühlt sich insbesondere bei der Selbstkonfiguration *häufig alleine gelassen* (vgl. Svensson und Jensen 2003).

Der für die Konfiguration notwendige *Aufwand* ist für den Kunden deutlich spürbar. Das Festlegen aller Freiheitsgrade im Produktmodell bedarf je nach Produktkomplexität viel Zeit (vgl.

Svensson und Jensen 2003). Erst im Konfigurationsprozess lernt der Kunde das Produkt und dessen Potenzial kennen. Gleichzeitig muss er aber schon Eigenschaften des Endproduktes festlegen, so dass er immer unter dem Stress steht, Entscheidungen ohne vollständiges Produktverständnis treffen zu müssen. Durch die im Produktmodell integrierten Konsistenzbedingungen treten während der Konfiguration zusätzlich Konfigurationsfehler auf, die der Kunde mit mehr oder weniger technischer Unterstützung selbst lösen muss (vgl. Svensson und Jensen 2003). Das vom E-Commerce häufig gelebte *Click&Buy* kann hier nicht umgesetzt werden. Hinzu kommt dann noch der Aufwand für Abrechnungs- und Lieferungsprozesse, sowie möglicherweise notwendige Installationsprozeduren für lokal auszuführende Programme (vgl. Hansen et al. 2006 sowie *IKEA Raumplaner*). Nach Rogoll und Piller (2003, S. 22f) scheuen viele Kunden diesen erhöhten Aufwand.

Die *Überforderung* des Kunden stellt ein weiteres Problem des Konfigurationsprozesses dar. Während dieses Prozesses wird die meist hohe technische Komplexität des Produktmodells direkt an den Kunden weitergegeben, da dieser für jeden Freiheitsgrad eine Auswahl festzulegen hat (vgl. Stegmann et al. 2003). Aufgrund des in der Regel fehlenden technischen Know-Hows führt dies zu einer Überforderung des Kunden (vgl. Zipkin 2001). Wenn dem Nutzer beispielsweise die Unterschiede zwischen den verschiedenen Varianten einer Kettengangschaltung eines Fahrrads nicht bekannt sind, kann er auch nicht entscheiden, welche Variante am besten zu ihm passt. Das Selbstvertrauen eines Kunden in die eigenen Fähigkeiten zur erfolgreichen Durchführung einer Produktkonfiguration variiert zusätzlich von Produkt zu Produkt und von Kunde zu Kunde, denn Experten im einen Marktsegment können Neulinge in einem anderen Marktsegment sein (vgl. Hansen et al. 2006).

Ein kritisches Ziel der Produktkonfiguration ist die *erfolgreiche Umsetzung individueller Bedürfnisse in eine Produktkonfiguration.* Aber wenn sogar erfahrenes Verkaufspersonal die für den Kunden passenden Alternativen übersieht, so ist leicht verständlich, warum die Probleme bei der Selbstkonfiguration umso größer sind (vgl. Tiihonen und Felfernig 2008). Wie kann beispielsweise die Ergonomieanforderung in einer geplanten Kücheneinrichtung umgesetzt werden, wenn der Konfigurator einfach nur die Anordnung verschiedener Elemente anbietet, ohne dabei Metriken zur Ergonomiebewertung integriert zu haben? Das Erheben und Umsetzen der Kundenbedürfnisse ist also eine der größten Herausforderungen für eine Mass Customization-Strategie. Meist ist dem Kunden nicht einmal genau bewusst, welche Anforderungen er an das gewünschte Produkt hat oder er kann sich zwischen verschiedenen Bedürfnissen nicht entscheiden (vgl. Zipkin 2001). Selbst die explizit geäußerten Bedürfnisse können vom Kunden missverständlich artikuliert oder vom Anbieter falsch verstanden werden (vgl. Blecker et al. 2003).

Nicht zuletzt stellt auch die *Realisierung eines Konfigurators* einen Erfolgsfaktor dar. Sie sollte sich im Wesentlichen auf die erfolgreiche Umsetzung der Bedürfnisse des Nutzers konzentrieren (vgl. Svensson und Jensen 2003). Leider erfüllen viele der derzeitigen Konfigurationssysteme diese Anforderung nicht, da sie sich zu sehr auf den reinen Technikaspekt des Produktes konzentrieren.

Der Konfigurationsprozess wird also durch einen *hohen Konfigurationsaufwand* und die *Überforderung des Kunden* behindert. Ebenso stellen *Akquise und Umsetzung der Kundenbedürfnisse* in Produktkonfiguratoren ein Problem dar.

4.1.1.5. Zusammenfassung: Aufgaben eines Kundenunterstützungssystems

Dem Ziel eines erfolgreichen Abschlusses eines Konfigurationsprozesses und der Beauftragung des konfigurierten Produktes stehen also eine Vielzahl von hindernden Faktoren entgegen. Zur Verbesserung des Konfigurationsprozesses bedarf es demnach eines Kundenunterstützungssystems. Aus den vorangehend dargelegten Problemen habe ich die in Tabelle 4.1 von mir entwickelten Aufgaben eines solchen Unterstützungssystems abgeleitet. Inhaltliche Anregungen hierzu kamen auch aus Pu et al. (2003).

Aufgabe	*Beschreibung*
Unsicherheiten und Risiken entgegenwirken	Auftretende Unsicherheiten beim Kunden erkennen und entgegenwirken sowie Risiken minimieren
Technische und zeitliche Überforderung minimieren	Technische und zeitliche Überforderung des Kunden durch Hilfestellungen, Komplexitätsreduktion sowie kundenspezifische Kommunikation der Möglichkeiten und produktinternen Zusammenhänge (Tradeoffs) vermeiden
Learning Relationship schaffen	Schaffung einer Learning Relationship zur Optimierung wiederkehrender Einkaufsprozesse und somit Verbesserung der Kundenzufriedenheit und Aufbau von Vertrauen in den Anbieter
Fokus auf die Umsetzung von Kundenbedürfnissen	Fokussierung auf die Umsetzung der Kundenbedürfnisse während der Produktkonfiguration
Individualisierung des Konfigurationsprozesses	Individuelle Anpassung des gesamten Konfigurationsprozesses an die Bedürfnisse und Persönlichkeitsstruktur des Kunden sowie die damit korrelierende Einstellung zu Produkttyp und -wert zur Förderung des Flow-Erlebnisses

Tabelle 4.1. Aufgaben eines Kundenunterstützungssystems für Produktkonfiguratoren

Im Grunde genommen steigen die *Risiken und Unsicherheiten* beim Kauf individualisierbarer Produkte. Das Unterstützungssystem muss also durch geeignete Hilfestellungen diesen Gefahren *entgegenwirken.*

Durch die hohe Produktkomplexität ist der Kunde häufig *technisch überfordert*. Der Aufwand für die Konfiguration verlangt von ihm ein *hohes zeitliches Engagement*. Eventuell auftretende Fehler muss der Kunde mit dem Konfigurator selbst lösen. Ein Kundenunterstützungssystem hat hier die Aufgabe, diese zeitliche und technische Überforderung zu minimieren.

Ein Kundenunterstützungssystem begleitet den Kunden durch den Konfigurationsprozess und hilft genau dort, wo Unsicherheiten auftreten, der Kunde überfordert ist oder dem System die Wünsche des Kunden bereits bekannt sind. Es wird direkt in den Konfigurator integriert und nimmt den Kunden an die Hand, indem es seine *Bedürfnisse in Produkteinstellungen umsetzt.*

Die Schaffung einer *Learning Relationship* ermöglicht die kontinuierliche Optimierung eines solchen Kundenunterstützungssystems.

Kunden fühlen sich häufig alleine gelassen, obwohl gerade im Kontext individualisierbarer Produkte ein positives Erlebnis der Konfigurationssitzung sowie die Erreichnung eines Flow-Zustands notwendig sind. Faktoren wie Motivation, Wahrnehmung, Wissen, Einstellungen, Persönlichkeit, Wertesystem, kultureller Hintergrund oder soziales Netzwerk beeinflussen jeden Kunden anders (vgl. Engel et al. 1995, Kurniawan et al. 2003). Deswegen ist eine *Individualisierung des Konfigurationsprozesses* notwendig. Eine Vielzahl von intrinsischen Faktoren wie Produkt-, Kunden- sowie Umgebungsaspekten beeinflussen Kaufentscheidungsprozesse massiv (vgl. Kurniawan et al. 2003). Deswegen muss die Kundenbetreuung individuell gestaltet werden.

Ein Unterstützungssystem für einen Kunden wird nur Erfolg haben, wenn der jeweilige Kunde auch bereit ist, die Entscheidungsgewalt über kleine oder größere Abschnitte des Konfigurationsprozesses abzugeben. Aggarwal und Mazumdar (2008) nennen insbesondere das *Verantwortungsbewusstsein eines Unterstützungssystems* als Schlüsselfaktor für dessen Akzeptanz durch den Kunden, da dieser zuallererst seine Interessen gewahrt sehen möchten. Je größer das wahrgenommene Verantwortungsbewusstsein des Unterstützungssystems ist, desto mehr werden die Kunden auch zur Nutzung bereit sein und kritische Entscheidungen abgeben. Ebenso spielt der *positive Expertisenunterschied* eine wichtige Rolle. Man sucht nur dort Rat, wo man passende, für den Entscheidungsprozess relevante Expertise vermutet. Ein Kundenunterstützungssystem muss also bei der Umsetzung der Aufgaben aus Tabelle 4.1 die Eigenschaften *Verantwortungsbewusstsein* sowie *hohe Expertise* vorweisen können. Erst dann wird der Kunde dem System Vertrauen entgegenbringen.

4.1.2. Arten der Kundenunterstützung

Mass Customization als relativ neuer betriebswirtschaftlicher Forschungszweig hat bisher wenig Literatur über die Schaffung von Kundenunterstützungssystemen für Konfiguratoren hervorgebracht (vgl. Frutos et al. 2004, Heiskala et al. 2003). Auch in den letzten Jahren ist dort wenig Neues entstanden. Praktische Erfahrungen mit Kundenunterstützungssystemen liegen insbesondere bei E-Commerce-Plattformen für nicht-individualisierbare Produkte vor.

In den folgenden Abschnitten wird ein Überblick über existierende Implementierungen von Unterstützungsmechanismen gegeben, wobei immer wieder auf verwandte Literatur aus dem Kontext nicht-individualisierbarer Produkte zurückgegriffen wird, da Unterstützungssysteme für Konfiguratoren nur spärlich verbreitet sind. Jede Unterstützungsmethode wird bezüglich der herausgearbeiteten Aufgaben in Tabelle 4.1 bewertet.

4.1.2.1. Kooperative Unterstützungsmethoden

Kooperative Unterstützungsmethoden basieren primär auf Gegenseitigkeit in der Käufercommunity. Das Konzept der *virtuellen Community* existiert bereits seit längerem und findet auch im E-Commerce Anwendung, beispielsweise in Diskussionsforen zum Erfahrungsaustausch. Solche Diskussionsforen können vom Anbieter betrieben werden oder unabhängiger Natur sein. Viele Faktoren beeinflussen die Nützlichkeit einer Community. Eine Community ist grundsätzlich ein Ort für gleichgesinnte Menschen mit ähnlichen Ansichten oder Interessen auf einem Themengebiet. Sie dient als Medium der direkten Kommunikation und dem Austausch von Erfahrungen und Wissen (vgl. Eisentraut et al. 2001). Als schwierig stellt sich das Aufsetzen einer sinnvollen Community heraus, beispielsweise die Festlegung des richtigen Kontextes oder die Einhaltung der Kommunikationshygiene (vgl. Armstrong und Hagel 1996). Richtig aufgesetzt generiert eine virtuelle Community für den Anbieter mehr Nutzen, denn die Mitglieder helfen sich untereinander, ohne dass der Anbieter teure Experten zur Kundenbetreuung einsetzen muss.

Im Kontext der Produktkonfiguration dienen Communities beispielsweise dem *Austausch von Informationen* über Produktfähigkeiten oder Hilfestellungen während der Konfiguration. Leckner (2006) stellt in seiner Arbeit das Konzept der kooperativen Konfiguration vor. Hilfesuchende Kunden stellen ihre Konfigurationsziele in die Community ein und können interaktive Hilfe von anderen, sachkundigen Kunden erhalten. Ein ähnliches Prinzip verfolgen Mendonca et al. (2007), die im Kontext der Softwareproduktkonfiguration die Unterstützung einer festen Arbeitsgruppe förderen. Dabei geht es um die Verfolgung eines gruppengemeinsamen Ziels zur Konfiguration einer beispielsweise im Unternehmen genutzten Software.

Neben den Kommunikationsunterstützungsmethoden existieren im derzeitigen E-Commerce weitere kooperative Methoden. *Social Tagging* stellt eine communitybasierte Weiterentwicklung der altbekannten Verschlagwortung von Informationsobjekten dar. So werden in *Delicious*[1] beispielsweise die online verwalteten Bookmarks[2] über Tags[3] organisiert. Abbildung 4.2 zeigt das Beispiel eines Bookmarks, wobei die Tags rechts unten zu finden sind. Tagging wird unter anderem auch von Leckner (2006) verwendet, um vorkonfigurierte Komponenten zu archivieren. Da allerdings die Wahl der Tags jedem Nutzer selbst überlassen ist, steht diese Technik einigen Problemen wie Rechtschreibfehlern, Sprachwahl oder Synonymen gegenüber.

Abbildung 4.2. Screenshot: Social Tagging am Beispiel eines Bookmarks in Delicious

Produktrezensionen stellen eine weitere Variante der gegenseitigen Unterstützung dar. Kunden geben dabei ihre Meinung (i.e. Rezension) zu einem gekauften Produkt ab und legen so ihre persönliche Einschätzung der Qualität und der Produkteigenschaften dar. Potenzielle Käufer nutzen solche Informationen, um das rezensierte Produkt mit anderen Produkten zu vergleichen. Im Kontext der Produktkonfiguration kann diese Technik zur Bewertung von konfigurierbaren Produkteigenschaften genutzt werden. Die Vielfalt der Varianten erhöht natürlich die notwendige Anzahl von Rezensionen. Ebenso birgt dieser Unterstützungsansatz die Gefahr der Informationsüberflutung, wenn zu jeder Produktvariante eine Rezension existiert. Das Vertrauen in die Meinung und Aktionen anderer Kunden stellt eine wichtige Basis für die Umsetzung gegenseitiger Unterstützung dar. Amazon.com erlaubt als Kontrollinstanz deswegen die Kommentierung der Produktbewertungen. Aciar et al. (2007a) wenden diese Technik auf Produktkonfigurationen an.

---

[1] http://delicious.com (Stand: 30.6.2009)

[2] bookmark (engl.)=Lesezeichen (hier: Lesezeichen einer Webseite)

[3] tag (engl.)=Etikett, Kennzeichen, Marke (hier auch: Schlagwort)

Dabei werden sowohl die Produktqualität als auch die Qualität der Nutzermeinung eingestuft. Ebay[4] nutzt in diesem Kontext ein differenziertes gegenseitiges Bewertungssystem.

Nach Leckner et al. (2003a) haben kooperative Unterstützungsmethoden den Vorteil, dass Kunden mehr Vertrauen in Hilfestellungen haben, da diese von realen Personen kommt. Die technische Komplexität wird durch die Hilfe zwar reduziert, jedoch ist der zeitliche Nutzungsaufwand sehr hoch. Bei der gemeinsamen Konfiguration werden synchrone oder asynchrone Interaktionen benötigt, die den Konfigurationsvorgang weiter in die Länge ziehen. Kooperative Methoden schaffen keine Learning Relationship, da die gegenseitige Unterstützung sich immer nur auf den aktuellen Konfigurationsprozess bezieht. Nicht jede Kooperationsmethode zielt auf die Umsetzung der Kundenbedürfnisse ab, manche wie etwa Social Tagging oder Rezensionen haben lediglich organisatorischen Charakter für bereits existierende Konfigurationsdaten. Dahingegen wird der Konfigurationsprozess durch die Kooperation hochgradig individualisiert.

4.1.2.2. Technische Produktanalysen

Produktdaten und *Produktanalysen* werden häufig von Drittanbietern wie etwa der unabhängigen Organisation *Stiftung Warentest*[5] angeboten. Ein anderer Anbieter, der existierende Produktanalysen aus unterschiedlichen Quellen zusammenfasst, um dem Nutzer einen Informations- und Testüberblick zu geben, ist beispielsweise *Testberichte.de*[6]. Produktdatenblätter, wie sie vom Produzenten selbst bereitgestellt werden, geben die genaue technische und funktionelle Spezifikation der Produkte wieder und erlauben dem Kunden, die Fähigkeiten des Produktes einzuschätzen. Allerdings erfordert die Auswertung dieser Datenblätter einen erheblichen Zeitaufwand und tiefgehendes, technisches Produkt-Know-How. Im Kontext der Produktkonfiguration verkompliziert sich dieser Einschätzungsprozess aufgrund der Variantenvielfalt.

Stiftung Warentest bietet dem Kunden regelmäßige, professionelle Produktanalysen. Sie untersucht dafür immer eine Reihe vergleichbarer Produkte und bewertet diese anhand verschiedenster Kriterien wie Funktionen, Ergonomie, Haltbarkeit oder Verarbeitung. Diese Einzelwertungen werden dann nach einer festgelegten Gewichtung zu einer Produktgesamtbewertung zusammengefasst und als Zeitschriftenbeiträge oder digital im Internet veröffentlicht. Abbildung 4.3 zeigt einen Ausschnitt einer solchen Produktanalyse.

Der *Produktvergleich* stellt eine vereinfachte Form der Produktanalyse dar. Anhand der Datenblätter können existierende Produkte in derzeitigen E-Commerce-Plattformen gemäß ihrer Eigenschaften verglichen werden. Der *Handy-Finder*[7] erlaubt beispielsweise die merkmalbasierte Suche nach Mobiltelefonen.

Da ein Produktmodell als Vorlage für eine Konfigurationssitzung nur die Möglichkeiten, nicht aber ein konkretes Produkt beschreibt, gestalten sich Produktanalyse und Produktvergleich im Kontext Mass Customization deutlich schwieriger. Ebenso ist auch der virtuelle Vergleich von

[4] http://www.ebay.de (Stand: 23.6.2009)

[5] http://www.test.de (Stand: 23.6.2009)

[6] http://www.testberichte.de (Stand: 23.6.2009)

[7] http://www.inside-handy.de/handy-finder/ (Stand: 23.6.2009)

		Konica Minolta Dimage A 200	Nikon Coolpix 8800
Mittlerer Preis in Euro ca.		655	925
test-QUALITÄTSURTEIL	100 %	GUT (2,1)	GUT (2,1)
BILDQUALITÄT	30 %	gut (2,3)	gut (2,0)
Sehtest		O	+
Messungen		+	+
Autofokus		+	+
VIDEOSEQUENZEN	3 %	befriedigend (2,8)	befriedigend (3,0)
BLITZ	8 %	befriedigend (3,3)	gut (1,9)
SUCHER UND MONITOR	12 %	gut (2,5)	gut (2,1)
Sucher		O	+
Monitor		+	+

Abbildung 4.3. Screenshot: Ausschnitt einer Produktanalyse der Stiftung Warentest

Produktmodellen unterschiedlicher Anbieter für ähnliche Produktspektren schwer realisierbar, denn heterogene Produktstrukturen erschweren die Zuordnung ähnlicher Produkteigenschaften. Technische Produktanalysen stellen im Kontext der Serienproduktion ein probates Mittel zur Kundenunterstützung dar. Im Kontext der Produktkonfiguration treten allerdings vollkommen neue Komplexitätsprobleme auf, die bisher nicht gelöst wurden. Produktanalysen sind in den Konfigurationsprozess nicht integriert und erfordern weiterhin ein hohes technisches Verständnis auf Kundenseite. Eine Learning Relationship zwischen Anbieter und Kunde wird nicht unterstützt, ebensowenig wie die Umsetzung der eigentlichen Bedürfnisse in Konfigurationseinstellungen.

4.1.2.3. Produktkataloge und -suche

Die Exploringphase vor der eigentlichen Konfigurationsphase vermittelt dem Kunden ein erstes Verständnis über die Fähigkeiten des konfigurierbaren Produktes. Werkzeuge wie etwa die *dynamischen Kataloge* oder die *Produktsuche* unterstützen diesen Prozess. Eine multimediale und interaktive Produktdemonstration in Graphik und Ton, die mit Produktinformationen und Erklärungen angereichert ist, gibt dem Kunden einen guten Überblick über die Fähigkeiten des Produktes (vgl. Jiang et al. 2005). Yen und Ng (2000) stellen die Kostenersparnis solcher Hilfswerkzeuge heraus. Dynamische Kataloge individualisierbarer Produkte können durch die Angabe einzelner Wunscheigenschaften kundenindividuell angepasst werden. Inakoshi et al. (2001) nutzen einen fallbasierten Ansatz zur Produktsuche. Der Kunde kann in den Daten bereits existierender Produkte nach Wunscheigenschaften suchen und das Suchergebnis iterativ verfeinern.

Produktkataloge und -suche unterstützen allerdings eher die Exploringphase. In der Konfigurationsphase kann der Kunde zwar bereits existierende Komponenten übernehmen, jedoch muss er auch hier technisch versiert sein, um entsprechende Suchanfragen formulieren zu können. Eine Learning Relationship sowie die Individualisierung des Konfigurationsprozesses werden nicht unterstützt.

4.1.2.4. Dialogbasierte Konfiguration

Dialogbasierte Kundenunterstützungswerkzeuge stellen den Interaktionsaspekt während der Konfiguration in den Vordergrund. Dabei wird von der eigentlichen Produktstruktur hin zu einem natürlichsprachlichen Frage-Antwort-Spiel abstrahiert. Das Ergebnis ist eine vollständige Produktkonfiguration, die den Wünschen des Nutzers entspricht. Primär zielt diese Unterstützungsmethode also darauf ab, die sichtbare Produktkomplexität durch natürlichsprachliche Dialoge vor dem Nutzer zu verbergen.

Radde et al. (2007) stellen in ihrem Ansatz eine automatische Übersetzung eines gegebenen Produktmodells in einen interaktiven Konfigurationsdialog vor. Das primäre Ziel dabei ist die Akquise der Kundenpräferenzen und deren Übersetzung in Produktkonfigurationseinstellungen. Kollaborative Aspekte werden allerdings vollständig ausgeblendet, ebenso kann dieser Vorgang bei einem komplexen Produktmodell sehr lange dauern. Ardissono et al. (2001) gehen einen ähnlichen Weg, indem sie den Konfigurationsablauf sowie die Präsentation der Konfigurationslösung an die Nutzerwünsche adaptieren. Attardi et al. (1998) führen hierfür einen artifiziellen Berater ein, der die Rolle des menschlichen Kundenbetreuers übernehmen soll. Aberg und Shahmehri (2001) erweitern dieses Konzept, indem sie bei durch den Kunden nicht beantwortbaren Konfigurationsfragen einen Dialog mit einem menschlichen Berater starten. Stegmann (2006) nutzt Dialoge zur Akquise von Nutzerprofilen, die durch andere Unterstützungswerkzeuge wie Personalisierung (siehe unten) genutzt werden können. Ein anderer Ansatz dialogbasierter Konfiguration ist der der Planerkennung. Dabei wird das Verhalten des Kunden beobachtet und versucht, daraus die von ihm verfolgten Absichten abzuleiten. Diese erlauben dem Konfigurationssystem, zielgerichtete Vorschläge für automatisierte Freiheitsgradbelegungen zu machen (vgl. Carberry 2001).

Dialogbasierte Konfigurationsunterstützungswerkzeuge stellen zwar eine Komplexitätsreduktion für den Kunden dar, dennoch bleibt weiterhin ein hoher zeitlicher Aufwand bestehen. Ebenso werden in den erwähnten Ansätzen früher gewonnene Erkenntnisse nicht unbedingt wiederverwendet, sondern alle Fragen dem Kunden erneut gestellt.

4.1.2.5. Problemlösungshilfen

Wenn der Kunde während der Konfiguration in eine Sackgasse gelangt, müssen Mechanismen vorhanden sein, um die offenen Fragen oder Probleme klären zu können. Darunter fallen beispielsweise *Hilfesysteme*, die in den Konfigurator direkt integriert sind und sowohl die Konfiguratorfunktionalität beschreiben als auch produktmodellspezifische Informationen bereitstellen. Cöster et al. (2002) stellen mit *RIND* ein solches Hilfesystem vor, dessen Schlüsselfunktion das eigentliche Auffinden der Hilfedokumente ist. Cöster et al. weisen aber auch darauf hin, dass die Konsistenz und Wartung der Hilfeseiten bei sich weiterentwickelnden Produktmodellen ein Problem darstellt und die angezeigten Hilfetexte auf die Bedürfnisse von Neukunden und Experten abgestimmt sein müssen.

Kontaktformulare oder *Anfragen via E-Mail* sind eine andere Möglichkeit, die Fragen des Kunden entgegenzunehmen. Schubert und Leimstoll (2002a) bestätigen in einer Studie die häufige Nutzung von E-Mails als Unterstützungsmöglichkeit im Kontext E-Commerce. Umso problematischer sind natürlich lange Antwortzeiten durch den Anbieter (vgl. Chaudhury et al. 2001). Muss der Kunde auf eine Antwort warten, so ist die ursprüngliche Motivation zur Konfiguration möglicherweise erloschen.

Hilfesysteme bieten direkte Unterstützung zur Klärung wichtiger Fragen und Probleme, jedoch werden sie erst genutzt, wenn der Kunde nicht weiter weiß. Ihr Ziel ist nicht die Vermeidung von Problemen. Ebenso bieten E-Mails zwar einen interaktiven Weg der Kundenbetreuung, sie unterbrechen den Konfigurationsprozess jedoch und arbeiten dem eigentlich Ziel eines Flow-Erlebnisses entgegen. Außerdem liegt es weiterhin in der Verantwortung des Kunden, das Produkt basierend auf den gegebenen Hilfestellungen zu Ende zu konfigurieren.

4.1.2.6. Empfehlungen

Empfehlungen zielen darauf ab, dem Kunden anhand seiner bekannten Bedürfnisse und Wünsche automatisch generierte Produkt- oder Komponentenkonfigurationen vorzuschlagen. Dabei werden die in Abschnitt 2.4.3 vorgestellten Techniken verwendet, mit deren Hilfe Profildaten zur Generierung der Empfehlung herangezogen werden.

Über mehrere Konfigurationssitzungen hinweg hinterlässt der Kunde sehr viele Informationen über seine Wünsche und Bedürfnisse, die durch den Konfigurator aufgenommen und gespeichert werden. Eine solche Learning Relationship bildet die Basis für die Erzeugung passender Empfehlungen. Empfehlungen können automatisch oder auf direkten Wunsch des Kunden für das ganze Produkt oder einen Teil davon generiert werden. Dies erlaubt die individuelle Anpassung des Konfigurationsprozesses auf jeden einzelnen Kunden.

Diese Form der Kundenunterstützung verbirgt die Komplexität des Produktes sehr gut, da die vorgeschlagenen Einstellungen direkt in das Produkt übernommen werden. Da das Anfordern einer Empfehlung sehr einfach ist, wird hierdurch auch das Flow-Erlebnis während der Konfiguration gefördert.

Die konzeptionellen Details von Empfehlungen innerhalb eines Produktkonfigurators werden in Abschnitt 4.2 im Einzelnen eingeführt. Eine ausführliche Betrachtung existierender Ansätze dieser Art findet sich in Abschnitt 4.4.

4.1.2.7. Zusammenfassung und Abwägung

Die vorgestellten Konfigurationsunterstützungsmethoden wurden jeweils mit ihren Vor- und Nachteilen diskutiert. In Tabelle 4.2 habe ich die Kernergebnisse zu einem Überblick zusammengefasst und einzeln bewertet. Für die Errechnung der Gesamtbewertung heben sich jeweils eine negative und eine positive Bewertung auf. Neutrale Bewertungen haben keinen ausgleichen-

Unterstützungsmethoden	*Aufgaben eines Kundenunterstützungssystems (siehe Tabelle 4.1, Seite 93)*					*Gesamtbewertung*
	Unsicherheiten und Risiken entgegenwirken	**Technische und zeitliche Überforderung minimieren**	**Learning Relationship schaffen**	**Fokus auf die Umsetzung von Kundenbedürfnissen**	**Individualisierung des Konfigurationsprozesses**	
Kooperative Unterstützungsmethoden	⊕ (Fremdexpertise)	⊙ (Komplexitätsreduktion, jedoch zeitintensiv)	⊖ (Keine Optimierung von Wiederholungskäufen)	⊙ (Abhängig von der Kooperationsmethode)	⊕ (Individuelle Beratung)	⊕
Technische Produktanalysen	⊕ (Fremdexpertise)	⊙ (Komplexitätsreduktion, jedoch zeitintensiv)	⊖ (Keine Optimierung von Wiederholungskäufen)	⊖ (Keine automatisierte Umsetzung der Bedürfnisse)	⊖ (Keine direkte Integration in den Konfigurationsprozess)	⊖⊖
Produktkataloge und -suche	⊖ (Informationsdarstellung und Suchoption nicht kundenspezifisch)	⊙ (Aufwandsreduktion, jedoch ist die Suche technisch komplex)	⊖ (Keine Optimierung von Wiederholungskäufen)	⊙ (Bedürfnisorientierte Suche nur teilweise vorhanden)	⊖ (Konfigurationsprozess unverändert)	⊖⊖⊖
Dialogbasierte Konfiguration	⊕ (Frage-Antwort-Spiel erlaubt Unsicherheiten zu erkennen)	⊙ (Komplexitätsreduktion, jedoch zeitintensiv)	⊖ (Keine Optimierung von Wiederholungskäufen)	⊕ (Konfigurationsdialog abstrahiert über Produktstruktur)	⊕ (Prozessanpassung gemäß gegebenen Antworten)	⊕⊕
Problemlösungshilfen	⊕ (Unsicherheiten werden direkt angesprochen)	⊙ (Hilfe wird erst bei ernsthaften Problemen gegeben)	⊙ (Optimierung durch menschlichen Berater möglich)	⊖ (Konfigurationsprozess unabhängig von Hilfestellung)	⊖ (Konfigurationsprozess unabhängig von Hilfestellung)	⊖
Empfehlungen	⊙ (Unsicherheiten kann durch automatische Empfehlungen entgegengewirkt werden)	⊕ (Komplexitätsreduktion sowie Prozessbeschleunigung)	⊕ (Optimierung von Wiederholungskäufen durch bekannte Kundenbedürfnisse)	⊕ (Filtertechniken setzen Bedürfnisse automatisch in Konfiguration um)	⊙ (Konfigurationsprozess kann durch Empfehlungsanforderung angepasst werden)	⊕⊕⊕

Tabelle 4.2. Vergleich der Kundenunterstützungsmethoden für Produktkonfiguratoren

den Einfluss. Nicht aufgehobene negative oder positive Bewertungen stellen die Gesamtbewertung dar.

Dabei stellt sich heraus, dass die Unterstützungsmethode der *Empfehlungen* in der Konfigurationsphase für den Kunden das größte Hilfspotenzial bietet. Mit ihr wird nicht nur die wahrgenommene Produktkomplexität sondern auch der zeitliche Aufwand reduziert. Auch erlaubt sie die individuelle Anpassung des Konfigurationsprozesses. Durch die Anwendung unterschiedlichster Empfehlungstechniken werden Nutzerprofildaten optimal ausgenutzt und so die Kundenzufriedenheit mit dem Konfigurator am besten unterstützt. Dies fördert das langfristige Vertrauen des Kunden in den Anbieter und erhöht damit die Chance auf einen erfolgreichen Einkauf eines konfigurierten Gutes. Aggarwal und Mazumdar (2008) stellen fest, dass sich individuelle Unterstützung – wie sie durch Empfehlungen geleistet wird – positiv auf die Akzeptanz des Unterstützungssystems auswirkt. Dies hat zur Folge, dass der Kunde seine Konfigurationsentscheidungen delegiert und so schneller zum vollständig konfigurierten Gut gelangt. Das Erlebnis des Konfigurationsprozesses wird somit als positiv empfunden und folglich steigt die Kundenzufriedenheit. Empfehlungen bilden also eine äußerst wichtige Grundlage für die erfolgreiche Unterstützung des Kunden während der Produktkonfiguration. Sie können auch in Kombination mit anderen Unterstützungstechniken wie beispielsweise der dialogbasierten Konfiguration eingesetzt werden.

Aus diesen Gründen habe ich mich dafür entschieden, eine empfehlungsbasierte Konfigurationsunterstützungslösung zu entwickeln. Wie die folgenden Abschnitte zeigen werden, bietet diese Methode große Chancen. Ich werde aber auch zeigen, dass existierende Umsetzungen im Kontext der Produktkonfiguration noch erhebliche Mängel aufweisen und den Kunden nur begrenzt unterstützen. Hier setzt mein Lösungsansatz an, der auf eine optimale und umfassende Unterstützung des Kunden durch Konfigurationsempfehlungen abzielt.

4.2. Empfehlungen in der Produktkonfiguration

Empfehlungstechniken sind ein vielversprechendes Instrument zur Unterstützung des Kunden im Produktkonfigurationsprozess. Ich werde nun die getrennt voneinander eingeführten Bereiche *Produktkonfiguration* und *personalisierte Empfehlungen* zusammenführen. Der Einsatz von Personalisierungstechniken im Kontext der Produktkonfiguration zielt in dieser Arbeit auf die *Empfehlung von Teilen oder ganzer Produktbereiche* ab.

Der wesentliche Unterschied dieser Form der Empfehlungsgenerierung im Vergleich zu herkömmlichen Recommendersystemen im Kontext E-Commerce – wie beispielsweise Amazon.com – liegt in der Art der Empfehlungen. Im Massen- und Serienproduktmarkt konzentrieren sich E-Commerce-Plattformen auf die Empfehlung *bereits existierender Produkte*. Im Mass Customation-Kontext dagegen entsprechen Empfehlungen Produktkonfigurationen. Ziel dabei ist nicht die Auswahl der besten, bereits existierenden Produktalternative, sondern die *neue Zusammenstellung eines optimalen Produktes*, das möglicherweise so noch gar nicht existiert.

Dieser Abschnitt zielt auf die Verbindung von Empfehlungstechniken mit den Produktkonfigurationskonzepten ab. Er beginnt mit der informationellen Grundlage für Empfehlungen, nämlich den Bedürfnissen des Kunden. Im Anschluss daran folgt die Verbindung der Konzepte *Produkt-*

konfiguration und *Empfehlungen.* Darin grenze ich beide Konzepte auf die für diese Arbeit notwendigen Bereiche ein und erläutere dann den Spielraum für eine Empfehlungsfunktionalität für Produktkonfiguratoren. Der Abschnitt schließt mit einer Evaluation existierender Personalisierungstechniken ab.

4.2.1. Das Wesen der Kundenbedürfnisse

Die Bedürfnisse des Kunden sind der wesentliche Antrieb für die Produktindividualisierung. Sie stellen die Basis für die Anwendung von Empfehlungstechniken im Produktkonfigurator dar, denn aus ihnen resultieren die automatisiert generierten Konfigurationsvorschläge. Dabei sind das *Erkennen der implizit vorhandenen Kundenbedürfnisse* sowie die *richtige Umsetzung in kundenindividuelle Produkteinstellungen* die zwei Grundprobleme der personalisierten Produktkonfiguration. Die beiden folgenden Teilabschnitte gehen auf die Formen von Bedürfnisinformationen ein und stellen das Konzept der *Learning Relationship* als Mittel der kontinuierlichen Bedürfnisakquise vor.

4.2.1.1. Kundenbedürfnisse als Grundlage für Empfehlungen

Blecker et al. (2003) unterscheiden zwischen *subjektiven* und *objektiven* Kundenbedürfnissen (Abbildung 4.4). Dieser Unterscheidung liegt die Annahme zugrunde, dass Kunden ihre eigenen, realen Bedürfnisse selbst nie vollständig kennen oder formulieren können. Die *subjektiven* Kundenbedürfnisse sehen Blecker et al. als die vom Kunden selbst empfundenen und artikulierten Bedürfnisse. Diese stellen aber nicht notwendigerweise die *objektiven* Kundenbedürfnisse dar, welche häufig nur implizit vorliegen und die „realen" Wünsche widerspiegeln. Für den Produktkonfigurationsprozess sind die objektiven Bedürfnisse von Interesse. Eine Konfiguration, die auf den subjektiven Bedürfnissen basiert, würde den Kunden nicht zufriedenstellen.

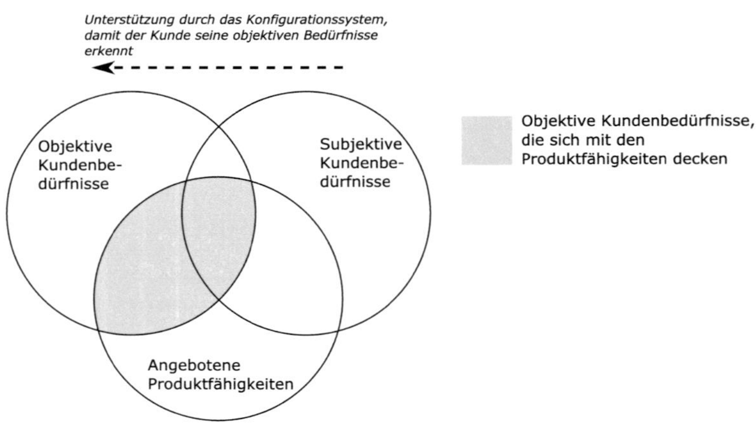

Abbildung 4.4. Objektive und subjektive Kundenbedürfnisse

Die Akquise der objektiven Bedürfnisse unterscheidet zwischen *funktionalen* und *emotionalen Anforderungen*. Die *funktionalen Anforderungen* geben die Leistungswünsche des Kunden an das Produkt wieder und lassen sich relativ einfach herausfinden und artikulieren. Darunter fällt beispielsweise der Rahmentyp eines Fahrrads oder die Leistung eines Automotors. *Emotionale Anforderungen* sind viel schwieriger in Produkteinstellungen zu übersetzen, da sie als gedankliches Konstrukt produktunabhängig vorliegen, zueinander in Konkurrenz stehen und jeder Kunde eine persönliche, ihm nicht bewusste Gewichtung vornimmt. Im Einzelnen stehen die folgenden Wünsche dabei im Vordergrund:

Einzigartigkeit: Tian et al. (2001) definieren diese als „*an individual's persuit of differentness relative to others that is achieved through the acquisition, utilization, and disposition of consumer goods for the purpose of developing and enhancing one's personal and social identity*". Einzigartigkeit stellt also ein gruppenbezogenes Bedürfniskriterium dar.

Soziale Akzeptanz: Prestigeträchtige Produkte wie beispielsweise Autos oder Uhren unterliegen beim Kauf einer besonderen sozialen Kontrolle. Zwar wünschen sich Kunden, durch das erworbene Produkt eine gruppenbezogene Einzigartigkeit zu erreichen, sie möchten damit jedoch auch ihre soziale Akzeptanz steigern. Es darf also nicht zu stark aus dem Rahmen der durch die Gemeinschaft akzeptierten Werte fallen (vgl. Hansen et al. 2006).

Authentizität: Die Authentizität bezieht sich auf die Verwirklichung der eigenen Persönlichkeit und ist nicht gruppenbezogen, sondern wird an individuellen Maßstäben gemessen. Ein Produkt wie beispielsweise eine Uhr soll authentisch sein, also dem persönlichen Wesen des Kunden entsprechen und im Einklang mit dessen Wertesystem sein (vgl. Gilmore und Pine 2007).

Profildaten formalisieren die Bedürfnisinformationen und sind die Grundlage für die Berechnung von Empfehlungen. Tabelle 4.3 ergänzt die in Tabelle 2.2 (Seite 42) aufgeführten, allgemeinen Profilinformationen um die anwendungsspezifischen Daten. Diese Erweiterung habe ich in Anlehnung an Piller (2006, S. 268), Risch und Schubert (2008), Rogoll und Piller (2003, S. 46ff), Schafer et al. (2001) sowie Zipkin (2001) entwickelt. Aus der Summe beider Tabellen wird ersichtlich, wie viele verschiedene Profilinformationen zur Erstellung von Empfehlungen vorliegen und genutzt werden können. Ein Empfehlungsansatz für Produktkonfiguratoren ist nur erfolgreich, wenn er eine größtmögliche Anzahl vorhandener Profildaten berücksichtigt (vgl. Zipkin 2001).

4.2.1.2. Learning Relationship

Das Ziel einer Learning Relationship ist das Erkennen der *objektiven Kundenbedürfnisse*, um sie für den Konfigurationsprozess nutzbar zu machen. Wie bereits ausführlich beschrieben, stellen Informationen und Wissen auf sehr vielen Ebenen den wichtigsten Erfolgsfaktor einer Mass Customization-Strategie dar (vgl. Piller 2006, S. 237). Während des Interaktionsprozesses tauschen Anbieter und Kunde Wissen aus. *Anregungen*, *Beschwerden* und *Kundendaten* fließen in Richtung des Anbieters während *Erklärungen*, *Empfehlungen*, *Produktdaten* und *Hilfedokumente* in Richtung des Kunden strömen (vgl. Piller 1998, S. 274). Diese Informationsflüsse bilden die Grundlage der sogenannten *Learning Relationship*. Objektive Kundenbedürfnisse sind Teil dieser Informationsflüsse und werden durch von Hippel (1994) als sogenannte *Sticky Information*

	Allgemeines und Vergangenes	*Situativer Kontext*
Kontext Produktkonfiguratoren	**Informationsobjekte:** Reaktionen auf Prototypen, Angebote und frühere Produkte (Ratings, Kommentare, Ablehnungen, ...) **Transaktionsprofil:** Kaufverhalten (gekaufte Produkte, Art, Menge, Wiederholungskäufe, ...), finanzbezogene Daten **Interaktionsprofil:** Produktforenbeiträge, nicht vollendete Konfigurationen, Probekonfigurationen, Call Center-Interaktionen, beobachtetes Verhalten (angesehene Produkte, gelesene Informationen, Zeitverbrauch, ausgeführte Suchen, Warenkorbprozesse, ...), Bedarfszeitpunkte, Nutzungsmuster des Konfigurators **Konfektionsdaten:** Körpergrößenangaben **Marktforschungsprofil:** Umfrageergebnisse, Marktsituation	**Bedürfnisse:** Aktuelle Produkteinstellungen, kontextbezogene Bedürfnisangaben, gewähltes Produktmodell

Tabelle 4.3. Ergänzende Profildaten im Kontext der Produktkonfiguration

bezeichnet. Von Hippel definiert die *Stickiness* von Information wie folgt:

Definition 4.2 (Stickiness): „*[Stickiness is] the incremental expenditure required to transfer a unit [of information] from one place to another, in a form that can be accessed by the recipient. When this expenditure is low, information stickiness is low; when it is high, stickiness is high.*“

Information ist aus verschiedenen Gründen *sticky*. Die Spezifität der Informationen, der Grad und die Art der Kodierung sowie die Aufnahmefähigkeit beim Informationssuchenden bestimmen die Anzahl der benötigten Interaktionen, die für einen erfolgreichen Informationstransfer notwendig sind. In Reichwald und Piller (2009, S. 131) finden sich einige Methoden zur Erhebung von Bedürfnisinformation für den Kontext eines Mass Customization-Umfelds. Darunter fallen die Marktforschung, Befragungen, Kundenbeobachtungen oder auch das Experiment. Je länger die Beziehung andauert, desto mehr weiß der Hersteller über den Kunden und kann dies in optimal individualisierte Produkte umsetzen. Weiterhin erlaubt eine Learning Relationship anbieterseitig die Verbesserung der Effizienz in der Produktion. Weitere Details zum Konzept der Learning Relationship und deren Umsetzung finden sich in der einschlägigen Literatur (z. B. Piller 2006, Kleinaltenkamp und Dahlke 2006). Für diese Arbeit ist davon auszugehen, dass der Erfolg einer Empfehlungsfunktionalität von einer gut funktionierenden Learning Relationship zwischen Anbieter und Kunde abhängt. Darunter fallen alle Prozesse des unteren Halbkreises aus dem Nutzungsmodell personalisierter Anwendungen in Abbildung 2.5 (Seite 39).

4.2.2. Eingrenzung des Arbeitsfokus

Die Klassifikationssysteme in den Tabellen 2.1 (Seite 29) und 3.6 (Seite 76) zeigen die Vielfalt sowie die Komplexität existierender Personalisierungslösungen und Konfiguratoren auf. Bei der Erläuterung dieser beiden Modelle habe ich bereits einige Einschränkungen hinsichtlich des Arbeitsfokus formuliert. Im Folgenden werde ich diese noch einmal komprimiert darstellen.

Hinsichtlich der Produktkonfiguration gehe ich von einem *Selbstkonfigurationsprozess* aus, dessen Umsetzung sich in Konfiguratoren für den Konsumgütermarkt im *E-Commerce*-Kontext wiederfindet. Die daraus resultierende Festlegung auf einen *modellbasierten, generischen Produktkonfigurator* stellt den wesentlichen Fokus meiner Lösung dar. Ich habe die in Abbildung 3.6 (Seite 76) schwarz hinterlegten Einschränkungen für diese Arbeit definiert:

Lösen der Konfigurationsaufgabe: Hier wird der allgemeinste Fall der *modellbasierten* Herangehensweise genutzt. Sie schränkt die Empfehlungstechniken am wenigsten ein und bietet die größtmögliche Freiheit für deren Realisierung in einem interaktiven Konfiguratorumfeld.

Synchronität in der Konfigurationserstellung: In der Selbstkonfiguration hat der Kunde grundsätzlich die Möglichkeit, direkt am Produktmodell zu arbeiten und die Ergebniskonfiguration in einem interaktiven Prozess zu erstellen. Für diese Vorgehensweise ist der *inkrementelle* Ablauf am besten geeignet.

Anwender: Die Anwender in der Selbstkonfiguration sind grundsätzlich die *Kunden* selbst.

Konfigurationsablaufsteuerung: Der Kunde kann *frei* entscheiden, welche Aktionen (Empfehlung anfordern oder Freiheitsgrad mit Wert belegen) er wann im Konfigurationsprozess ausführt.

Informationshaltung: Um dem Empfehlungssystem den optimalen Zugriff auf Produkt- und Kundenwissen zu ermöglichen, wird von einer *zentralisierten* Informationshaltung ausgegangen. Dies erlaubt Empfehlungstechniken den Zugang zu umfangreichen Profildaten.

Integrationskontext: Der Selbstkonfigurationsprozess im Konsumgütermarkt basiert fast ausschließlich auf einer *E-Commerce*-Strategie.

Technischer Zugang: Insbesondere kollaborative Empfehlungstechniken profitieren von *Online-Konfiguratoren*, da Kundenfeedback so in anderen Konfigurationssitzungen (anonymisiert) wiederverwendet werden kann. Offline-Konfiguratoren sind dagegen beschränkt auf lokales oder vorinstalliertes Kundenwissen und deswegen für diese Arbeit wenig geeignet.

Plausibilitätsprüfung: Um den Kunden zu entlasten, wird von einer *automatischen Plausibilitätsprüfung* während der Konfiguration ausgegangen.

Konfigurationsunterstützung: Als Unterstützungsmethode steht hier natürlich die *Personalisierung* durch Empfehlungen im Vordergrund.

Spezialisierung: Ziel ist die Entwicklung eines Empfehlungsansatzes für generische Produktkonfiguratoren, die für *alle Produkte einsetzbar* sind.

Aus dem Applikationskontext der *Produktkonfiguratoren* als Systemhintergrund lassen sich nun auch einige Rahmenbedingungen für den zu konzipierenden Empfehlungsansatz ableiten. Diese werden anhand der in Tabelle 2.1 (Seite 29) aufgeführten Merkmale in folgender Aufzählung genauer beschrieben:

Eigenständigkeit personalisierter Funktionen: Die personalisierten Funktionen gliedern sich in den Anwendungskontext des Produktkonfigurators ein und sind somit *nicht eigenständig*. Sie sollen den Gesamtkonfigurationsprozess unterstützen und dem Kunden als Entscheidungshilfe dienen. Das zu entwickelnde Empfehlungssystem kann ohne den Konfigurator als umgebendes System nicht sinnvoll genutzt werden.

Anwendungskontext: Der Anwendungskontext ist offensichtlich der *Produktkonfigurator in einem Mass Customization-Umfeld*.

Problemstruktur: Im Sinne von Ramezani et al. (2008) geht es hier um ein *Konfigurationsproblem*. Das Produktmodell stellt den Rahmen des Möglichen dar. Das Ergebnis ist eine valide Produktkonfiguration, die die Grundlage für den nachfolgenden Produktionsprozess ist.

Eigenschaften und Größe der Nutzerbasis: Wie ich in Abschnitt 4.1.1 gezeigt habe, ist die Nutzerbasis in der Selbstkonfiguration sehr heterogen. Folglich muss die Recommenderfunktionalität auf Kunden unterschiedlichen Alters, Geschlechts und sozialen Hintergrunds adaptierbar sein. Neben der Diversität der gesamten Nutzerbasis zeigt sich heute aber auch in homogeneren Gruppen eine immer größere Diversifikation der persönlichen Bedürfnissen (vgl. Piller 2006, S. 41).

Motivatoren und Ziele des angewandten Personalisierungskonzeptes: Die von mir in Abschnitt 4.1 herausgearbeiteten Probleme in Produktkonfiguratoren sowie die entwickelten Aufgaben eines Kundenunterstützungssystems stellen die Motivatoren und Ziele des Empfehlungsansatzes dar. Im weiteren Verlauf der Problemanalyse werde ich detaillierte konzeptionelle Anforderungen an den Lösungsansatz ausarbeiten.

Personalisierungsmethode: Im Fokus dieser Arbeit stehen *Empfehlungen*, also Vorschläge über Konfigurationseinstellungen für das gesamte Produkt oder dessen Teilbereiche. In den Anforderungen werde ich herausarbeiten, inwieweit andere Personalisierungsmethoden unterstützend eingesetzt werden können.

Nutzerausrichtung: Die Selbstkonfiguration gibt die Ausrichtung auf den *Einzelnutzer* vor.

Forschungs- oder Produktivsystem: Das Ziel dieser Dissertation ist die Entwicklung eines wissenschaftlich fundierten Empfehlungsansatzes für Produktonfiguratoren, der in einem einfach gehaltenen Prototyp umgesetzt wird. Die Übersetzung der Ideen in eine vollständige, kommerzielle Lösung würde den Rahmen dieser Arbeit sprengen.

Die offen gelassenen Merkmale aus Tabelle 2.1 (Seite 29) werde ich im Laufe der Lösungsentwicklung in Kapitel 5 festlegen. Manche sind allerdings abhängig vom Implementierungs-, d.h. Unternehmenskontext, in den das zu entwickelnde Empfehlungskonzept zu integrieren ist. Für solche Merkmale werde ich die Adaptierbarkeit meines Lösungskonzeptes sicherstellen.

4.2.3. Empfehlungsmethoden in Produktkonfiguratoren

Das Wesen des Produktmodells sowie die Aufgaben eines Produktkonfigurators geben vor, wie Empfehlungsmethoden im Individualisierungsvorgang eingesetzt werden können. Anhand eines allgemeinen Individualisierungsbegriffs werden nun wesentliche Einsatzmöglichkeiten abgeleitet und auf die durch Empfehlungen unterstützten Aufgaben eines Konfigurators eingegangen. Ein Vergleich existierender Empfehlungstechniken anhand ihrer Vor- und Nachteile bildet eine wichtige Grundlage für die weitere Anforderungsanalyse.

4.2.3.1. Einordnung

Die in den Grundlagen und der vorangegangenen Potenzialanalyse eingeführten Konzepte und Ideen *Produktmodell*, *emotionale und funktionale Bedürfnisse* und *Learning Relationship* werden nun in Beziehung zueinander und zu der Personalisierungsmethode *Empfehlungen* gesetzt. Dafür wird das von Jørgensen (2008) vorgestellte Modell der Individualisierungsebenen, das ich in Abbildung 4.5 adaptiert habe, verwendet.

Das *Produktmodell* findet sich in den untersten zwei Ebenen wieder. Der Produktdesigner entwickelt dafür zuerst eine grundlegende Struktur, die die einzelnen Komponenten widerspiegelt. Darauf aufbauend finden sich die variablen Teile des Produktes wieder, die Freiheitsgrade.

Jeder der produktbezogenen Ebenen entspricht eine kundenbezogene Ebene. So muss der Kunde auf der *Strukturebene* prüfen, ob das vorgegebene Produktmodell mit den definierten Komponenten und Schnittstellen in seine Umgebung passt. Im Gegensatz dazu lässt die darüberliegende *Verhaltensebene* Konfigurationseinflüsse des Kunden zu. Die auf Produktseite getätigten Einstellungen entsprechen den *funktionalen Vorgaben* des Kunden, die (messbare) Effizienz- und Effektivitätsmaßstäbe vorgeben.

Sind die auf den unteren zwei Ebene kundenseitigen Vorgaben noch leicht artikulier- und messbar, so ist dies auf der *Wertesystemebene* bereits deutlich schwieriger. Dort findet sich nämlich die Umsetzung *emotionaler Kundenwünsche* wieder, wie beispielsweise das Streben nach Einzigartigkeit und sozialer Akzeptanz. Auf Produktseite entsprechen die Kundenwünsche den immateriellen Attributen, also der „äußeren Erscheinung" eines Produktes, die durch die Summe aller Freiheitsgradfestlegungen geprägt ist.

Die oberste *Lernprozessebene* entspricht der im Kontext Mass Customization häufig zitierten *Learning Relationship*, deren Ziel ein grundlegender Lernprozess zwischen Kunde und Anbieter ist. Der kundenseitige Lernprozess lässt sich durch geeignete Hilfesysteme oder kollaborative Konfigurationsmethoden beschleunigen. Nach Jørgensen zielt diese Ebene auf eine *Transformation des Kunden* ab, damit er seine Produkte selbständig besser konfigurieren kann.

Empfehlungsmethoden sind den mittleren beiden Ebenen zuzuordnen und zeichnen für die Umsetzung der funktionalen und emotionalen Bedürfnisse des Kunden in Produktkonfigurationseinstellungen verantwortlich. Auf Verhaltensebene übersetzen sie die funktionalen Bedürfnisse und auf der Wertesystemebene lassen sie emotionale Anforderungen in das Produkt einfließen. Die durch den Produktdesigner vorgegebene Produktstruktur gibt dabei den Rahmen des Möglichen

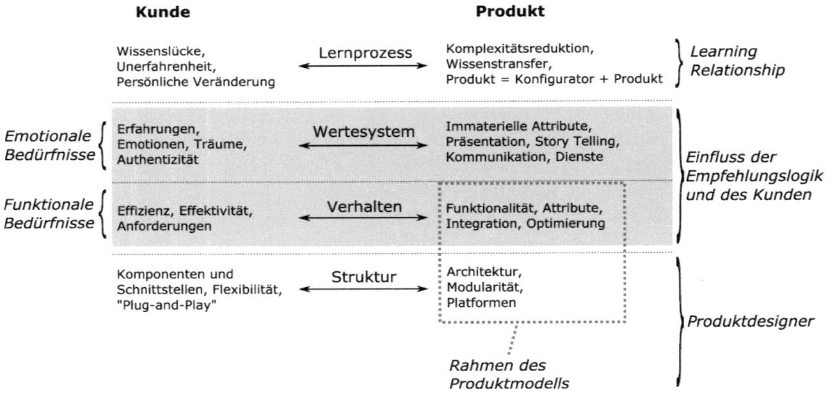

Abbildung 4.5. Die vier Ebenen der Individualisierung

vor. Alle der vier in Abschnitt 3.3.1 vorgestellten Individualisierungsarten finden sich auf den beiden mittleren Ebenen wieder.

4.2.3.2. Unterstützte Aufgaben des Konfigurators

Die in Abbildung 3.5 (Seite 73) schwarz hinterlegten Aufgaben stehen für diese Arbeit im Vordergrund und hängen mit der Realisierung der Empfehlungsfunktionalität zusammen.

Das zu entwickelnde Empfehlungskonzept übernimmt dabei die *Beratungsfunktionalität*. Im Zusammenhang mit der *Führung durch den Konfigurationsprozess* erlaubt es die *Vermittlung des Flow-Erlebnisses* für den Kunden, da durch die Kenntnis in der Vergangenheit formulierter Anforderungen der Konfigurationsprozess verkürzt und somit vereinfacht werden kann. Die *Vervollständigung des Produktes* ist dabei nur ein Teilaspekt der möglichen Nutzung von Empfehlungen.

Die *Gewinnung von aggregiertem Kundenwissen* ist zwar nicht mehr Bestandteil der Empfehlungsfunktionalität, gehört aber gemäß des in Abbildung 2.5 (Seite 39) dargestellten Prozessmodells personalisierter Anwendungen als wesentlicher Erfolgsfaktor zur Umsetzung dazu. Hier muss durch geeignete Akquisemethoden Wissen über die Kundenbedürfnisse gewonnen und im Nutzerprofil abgelegt werden.

Der Fokus dieser Arbeit liegt auf den Aufgaben, die direkt mit der *Beratungsfunktionalität* in Zusammenhang stehen, wohingegen die Gewinnung des Kundenwissens durch andere Unternehmensprozesse gewährleistet sein muss und für die entwickelte Lösung vorausgesetzt wird.

4.2.3.3. Vergleich existierender Empfehlungsalgorithmen

Jeder Empfehlungstechnikklasse aus Abschnitt 2.4.3 haften algorithmenspezifische Vor- und Nachteile an, die in Tabelle 4.4 einander vergleichend gegenübergestellt sind. Diese Gegenüber-

Technik	***Vorteile***	***Problemfelder***
Kolla-borative Techniken	*P.1*: Genre-übergreifende Empfehlungen möglich *P.2*: Empfehlung unstrukturierter Informationsobjekte möglich *P.3*: Bereichswissen nicht notwendig *P.4*: Adaptiv: Qualität verbessert sich kontinuierlich *P.5*: Implizites Feedback ausreichend	*M.1*: Kaltstartproblem für neue Nutzer *M.2*: Kaltstartproblem für neue Informationsobjekte *M.3*: Trittbrettfahrerproblem *M.4*: Große Menge an historischen Daten notwendig *M.5*: Profilevolutionsproblem (Stabilität vs. Plastizität) *M.6*: Kritische Masse an Nutzern notwendig *M.7*: Sparsity-Problem
Demo-graphische Techniken[8]	P.1, P.3, P.4	M.1, M.3, M.4, M.5 *M.8*: Demographische Informationen notwendig
Inhalts-basierte Techniken	P.3, P.4, P.5	M.1, M.4, M.5 *M.9*: Keine zufälligen Empfehlungen *M.10*: Überspezialisierung auf bisherige Nutzerinteressen *M.11*: (Semi-)Strukturierung der Informationsobjekte notwendig
Nutzen-basierte Techniken	*P.6*: Keine Anlaufphase notwendig *P.7*: Bemerkt Bedürfnisänderungen *P.8*: Kann nicht-produktspezifische Eigenschaften einbeziehen	*M.12*: Anwender muss Nutzenfunktion definieren *M.13*: Statische Vorschlagslogik (kein Lernvorgang)
Wissens-basierte Techniken	P.6, P.7, P.8 *P.9*: Kann Bedürfnisse mit Produkteigenschaften verbinden	M.13 *M.14*: Wissensverwaltung notwendig *M.15*: Große Sammlung von Fällen für fallbasierte Methoden notwendig *M.16*: Fallbasierte Methoden empfehlen nur bekannte Lösungen
Kontext-basierte Techniken	P.1, P.3, P.4, P.5	M.1, M.4, M.5, M.11 *M.17*: Aktuelle Kontextinformationen des Nutzers benötigt *M.18*: Historische Bedürfnisse müssen mit Kontext annotiert sein

Tabelle 4.4. Vergleich der Personalisierungsalgorithmen

stellung habe ich basierend auf Burke (2002) mit Erweiterungen um Aspekte aus Anand und Mobasher (2005), Baldoni et al. (2005), Pazzani und Billsus (2007) sowie Ramezani et al. (2008) entwickelt. Im Folgenden werden die drei wichtigsten Problemfelder *Kaltstartproblem* (M.1 und M.2), *Trittbrettfahrer* (M.3) sowie *Sparsity-Problem* (M.7) genauer erläutert.

Das *Kaltstartproblem* (auch *Early-Rater-Problem*, *Cold-Start-Problem*, *First-Rater-Problem* oder *Ramp-Up-Problem* genannt) tritt für neu eingefügte Informationsobjekte und neu registrierte Nutzer oder beim initialen Aufsetzen eines Empfehlungssystems auf (vgl. Maneeroj et al. 2001). Unter diesem Problem leiden aufgrund fehlender Ratings grundsätzlich die Neighbourhood-Berechnungsalgorithmen. So können neue Informationsobjekte keinem der Nutzer zugeordnet und somit auch nicht weiterempfohlen werden. Für neu registrierte Nutzer können aufgrund fehlender Ratings keine geschmacksäquivalenten anderen Nutzer gefunden werden (vgl. Schafer et al. 2007). Schein et al. (2002) führen einige Methoden auf, die die Probleme des Kaltstartproblems zu beheben versuchen. Ishikawa et al. (2007) identifizieren beispielsweise Power-Nutzer und nutzen deren Ratings für die Generierung unpersonalisierter Empfehlungen für neue Nutzer.

Trittbrettfahrer (auch *Free-Rider* oder *Grey-Sheeps* genannt) sind Nutzer, die sich zwar Empfehlungen generieren lassen, selbst jedoch keine Ratings abgeben. Eine mögliche Lösung für dieses Problem stellen Melamed et al. (2007) vor. Dabei müssen Kunden für Empfehlungen innerhalb eines fiktiven Punktesystems mit gesammelten Punkten bezahlen und können durch eigene Beiträge wie etwa Produktbewertungen Punkte erwerben.

Das *Sparsity-Problem* (auch bekannt als *Reduced Coverage* oder *Data Sparseness*) tritt auf, wenn die Ratings der einzelnen Nutzer stets nur einen sehr geringen Prozentsatz aller vorhandenen Informationsobjekte abdecken, da so die Überlappung der Ratings zwischen den Nutzern sehr gering bis nicht vorhanden ist. Das Sparsity-Problem entsteht insbesondere bei einer sehr großen Informationsobjektbasis, wie es beispielsweise bei Amazon.com der Fall ist (vgl. Sarwar et al. 2000). Als Folge dieses Problems sinkt die Genauigkeit der Empfehlungen. Eine mögliche Lösung besteht im Clustering ähnlicher Informationsobjekte, was eine relative Verkleinerung der Informationsobjektmenge zur Folge hat und die relative Wahrscheinlichkeit erhöht, ähnliche Nutzer zu finden.

Der am häufigsten gewählte Weg zum Ausgleich der Nachteile ist die *Hybridisierung* (z. B. Leung et al. 2007, Nguyen et al. 2007). Hierbei werden verschiedene Personalisierungsalgorithmikklassen kombiniert. Je nach Einsatzkontext und Kombinationsart verbessert sich damit die Performance der Personalisierungslogik. Untersuchungen weisen der Hybridisierung im Vergleich zu anderen Maßnahmen eine gute Eignung zur Verbesserung der Empfehlungsqualität nach, da auf diese Weise mehr Profilinformationen berücksichtigt werden können (vgl. Basu et al. 2001, Burke 2002, Burke 2007).

[8] Unterklasse der kollaborativen Techniken

4.3. Konzeptionelle Anforderungen an den Lösungsansatz

Im Folgenden werde ich 13 Anforderungen an das zu entwickelnde Empfehlungskonzept zur Kundenunterstützung in Produktkonfiguratoren erarbeiten. Dieser Abschnitt bildet damit den *Kern der Potenzialanalyse.* Er greift die vorgestellten Grundlagen bewertend auf und leitet daraus die Anforderungen ab, die die Ziele für die Lösungsentwicklung vorgeben und eine abschließende Evaluation zulassen. Die einzelnen Anforderungen habe ich in fünf Gruppen untergliedert.

4.3.1. Kundenseitige Einflüsse auf den Empfehlungsvorgang

Die Anforderungen in dieser Gruppe legen fest, welchen Einfluss der Kunde auf den Empfehlungsvorgang direkt oder indirekt ausüben können soll.

4.3.1.1. Umsetzung der Kundenbedürfnisse

Die Aufgabe der Recommenderfunktionalität während der Konfiguration ist die Vereinfachung des Produktadaptionsvorgangs. Die von mir entwickelten Aufgaben eines Kundenunterstützungssystems haben dabei die *Umsetzung der Kundenbedürfnisse* als ein wichtiges Ziel herausgestellt.

Informationssysteme leiten Kundenbedürfnisse aus Nutzerprofilinformationen, die in einer Mass Customization-Strategie eine zentrale Rolle spielen, ab. Kundenbedürfnisse weisen einige Kerneigenschaften auf, die bei der Umsetzung in einer Empfehlungsstrategie zu berücksichtigen sind. Sie sind *situations- sowie produktabhängig*, können sich *über die Zeit hinweg ändern* und unterscheiden sich in ihrer Gültigkeitsdauer (vgl. Hansen et al. 2006, Heitmann und Herrmann 2006). Kundenbedürfnisse wirken sich sowohl auf die *Verhaltensebene des Produktes* als auch auf die *Wertesystemebene des Kunden* aus. Grundlage für eine erfolgreiche, automatisierte Produktindividualisierung bieten allerdings nur die *objektiven* Bedürfnisse.

Aus der Summe dieser Eigenschaften von Kundenbedürfnissen habe ich die erste und wichtigste Anforderung an die zu entwickelnde Empfehlungsfunktionalität wie folgt formuliert:

> **Anforderung A-1 (Umsetzung der Kundenbedürfnisse):** Das Ziel ist die automatisierte Umsetzung der in einer zwischen Kunde und Anbieter betriebenen Learning Relationship gesammelten lang-, kurzfristigen und sitzungsspezifischen objektiven funktionalen sowie emotionalen Kundenbedürfnisse in kundenspezifische Produktkonfigurationseinstellungen.

4.3.1.2. Steuerung des Empfehlungsvorgangs

In der interaktiven Selbstkonfiguration hat der Kunde großen Einfluss auf die Steuerung des gesamten Konfigurationsvorgangs; ein Umstand, der auch für die zu integrierende Empfehlungsfunktionalität gelten muss. Die Einflussmöglichkeiten des Kunden auf den Empfehlungsvorgang möchte ich unter den drei Gesichtspunkten *Gewichtungen*, *Konfigurationsfestlegungen* sowie *Steuerung der Empfehlungslogik* vorstellen.

Jeder Kunde besitzt einen individuellen Satz an Bedürfnissen, die kundenspezifisch zu gewichten sind (vgl. Hansen et al. 2006). Aufgrund der produktinhärenten Konsistenzbedingungen können in einem Produkt nicht alle Bedürfnisse gleichzeitig umgesetzt werden. Zur Lösung schlage ich hier *Gewichtungen* von Produktteilen vor. Damit legt der Kunde die Komponenten und Freiheitsgrade im Produkt fest, die er durch die Empfehlungslogik am ehesten mit seinen Bedürfnissen in Einklang gebracht sehen will. Werden dabei „gering" gewichteten Komponenten Einstellungen zugewiesen, die den individuellen Bedürfnissen eigentlich widersprechen, so kann dies als Kompromiss zu der bedürfniskorrekten Konfiguration der „hoch" gewichteten Komponenten gesehen werden.

Weiterhin kann der Nutzer durch *Festlegungen und Eingrenzungen von Freiheitsgraden* im Produktmodell Einfluss auf den Empfehlungsvorgang nehmen. Der interaktive Selbstkonfigurationsprozess erlaubt ihm beispielsweise die Selektion eines Fahrradrahmentyps, bevor er den Empfehlungsvorgang anstößt. Ebenso soll es möglich sein, Wertebereiche von Freiheitsgraden einzuschränken, wie beispielsweise das Deaktivieren einer Farbalternative `Weiß`.

Diese Änderungen werden im *Konfigurationsmodell* hinterlegt. Das Konfigurationsmodell trägt alle während eines Konfigurationsvorgangs durchgeführten Veränderungen am Produkt (vgl. Renneberg und Borghoff 2003a, Renneberg und Borghoff 2003b, Leckner 2003b, Leckner und Lacher 2003). Abbildung 4.6 zeigt den Zusammenhang zwischen Produktmodell, Konfigurationsmodell und Produktkonfiguration. Zu Beginn des Konfigurationsprozesses ist das Konfigurationsmodell eine exakte Kopie des Ausgangsproduktmodells und wird im Verlauf der Konfigurationssitzung durch Wertebereichseinschränkungen und Werteselektionen immer weiter konfiguriert, bis es am Ende für jeden Freiheitsgrad die gewünschten Werteselektionen enthält und in eine Produktkonfiguration übersetzt werden kann. Jeder Konfigurator realisiert ein solches Konfigurationsmodell. Im Folgenden möchte ich die möglichen Wertebereichseinschränkungen am Konfigurationsmodell anhand von drei Beispielen verdeutlichen:

- Der Kunde schließt während der Konfiguration die Optionen `Racing Bike` und `Mountain Bike` aus. Übrig bleiben die beiden Alternativen `City Bike` und `Grandma Bike`.
- Im Zuge der Empfehlungsgenerierung kann der Konfigurator zwar die Rahmenhöhenalternativen `150-160` und `190-200` ausschließen, jedoch lässt sich die Auswahl aufgrund der vorhandenen Nutzerprofilinformationen nicht weiter eingrenzen. Die Empfehlung enthält also keine eindeutige Höhenangabe für den Rahmen, sondern eine bezüglich des ursprünglichen Produktmodells eingeschränkte Auswahl.
- In einem Elterndiskussionsforum wird über die sinnvollen Rahmenhöhen für Kinder diskutiert, um einen Vorschlag für diesen Freiheitsgrad zu erstellen. Das Ergebnis der Diskussion schließt ganz sicher alle Höhen über `170` aus, lässt die darunter liegenden jedoch weiterhin zu. Auch hier entsteht eine Einschränkung des Wertebereichs aber keine eindeutige Werteselektion.

Die in einem Konfigurationsmodell als Ausgangspunkt für einen Empfehlungsvorgang formulierten Änderungen geben also auch Bedürfnisse des Kunden wieder, die ebenso in die Empfehlungsberechnung einzufließen haben.

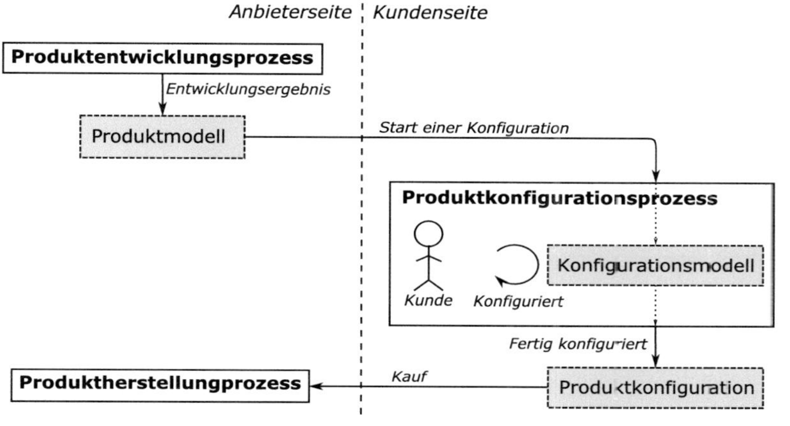

Abbildung 4.6. Zusammenhang zwischen Produktmodell, Konfigurationsmodell, Produktkonfiguration

Die dritte Variante der Einflussmöglichkeit auf die Empfehlungsgenerierung besteht in der *Steuerung der Empfehlungslogik*, wobei ich in diesem Kontext zwei Einflussgrößen identifiziert habe. Über die Festlegung der *Empfehlungsgranularität* wird bestimmt, für welche Produktbereiche Vorschläge zu generieren sind. Im Wesentlichen existieren dafür die folgenden drei Alternativen:

Vollständiges Produkt: In diesem Kontext möchte der Kunde selbst keine Einstellungen am Produkt vornehmen und das Empfehlungssystem alle Entscheidungen treffen lassen. Dieser Modus richtet sich insbesondere an technisch weniger versierte Kunden, die sich mit der Produktstruktur nicht auseinandersetzen möchten.

Einzelne Komponenten: Dieser Modus unterstützt die automatische Konfiguration bestimmter Produktteile, die im Produktmodell in Komponenten zusammengefasst sind, beispielsweise der Rahmen eines Fahrrads.

Einzelne Freiheitsgrade: Empfehlungen für einzelne Freiheitsgrade wie beispielsweise der Rahmenfarbe oder der Ganganzahl eines Fahrrads sind insbesondere für Expertennutzer geeignet, da sie eine sehr detaillierte Bereichsauswahl erlauben.

Legt der Kunde solche Bereichseinschränkungen fest, so darf die Empfehlungslogik nur dort Veränderungen durchführen und muss alle anderen Produktbereiche unangetastet lassen, auch wenn offene Freiheitsgrade existieren.

Zuletzt kann der Kunde die Art der Vervollständigung kontrollieren. Im *automatisierten Vervollständigungsmodus* muss das Empfehlungssystem alle innerhalb des festgelegten Produktbereichs noch offenen Freiheitsgrade mit Werten belegen. Ist dieser Modus dagegen abgewählt, bleibt der Empfehlungslogik die Wahl, Freiheitsgrade im Produktmodell weiterhin offen zu lassen.

Dies geschieht, wenn ihrer Einschätzung nach zu wenig Profilinformationen vorliegen, um eine sinnvolle Empfehlung generieren zu können. Insbesondere technisch weniger versierte Kunden profitieren vom automatisierten Vervollständigungsmodus. Expertenkunden dagegen schätzen eher eine hohe Empfehlungsqualität und helfen an den unklaren Stellen selbst nach. Über den automatisierten Vervollständigungsmodus kann Rücksicht auf das Know-How-Level des Kunden genommen werden.

Die geschilderten Einflussmöglichkeiten möchte ich nun in der folgenden Anforderung zusammenfassen:

> **Anforderung A-2 (Steuerung des Empfehlungsvorgangs):** Der kundenseitige Einfluss auf die funktionale Ausführung eines Empfehlungsvorgangs setzt sich zusammen aus einem Konfigurationsmodell, das vorab getätigte Festlegungen und Einschränkungen in den Freiheitsgraden umfasst, den Gewichtungen, den Bereichsfestlegung im Produkt, und der An- oder Abwahl des automatisierten Vervollständigungsmodus.

4.3.1.3. Wahl der Empfehlungslogik

Alle in den letzten 20 Jahren entwickelten Personalisierungsansätze basieren auf einer in der Implementierung fest verdrahteten Personalisierungsalgorithmik. In Abbildung 2.4 (Seite 37) habe ich diesen Umstand in Form eines Lebenszyklus abgebildet. Änderungen an der Personalisierungsalgorithmik finden lediglich in langfristig angelegten Zyklen statt, ohne dabei den Kunden direkt einzubinden.

Diese Form des Personalisierungsprozesses halte ich für überholt. Nutzer personalisierter Systeme sind immer wieder unterschiedlich zufrieden mit den für sie generierten Empfehlungen. Jeder Kunde hat individuelle Bedürfnisse, Wünsche, Prioritäten und Einschränkungen (vgl. Dickey et al. 2000). In realen Verkaufsläden hat der Verkäufer die Möglichkeit, den Kunden durch ein interaktives Kundengespräch individuell zu behandeln und die wichtigen Bedürfnisse herauszuarbeiten. Im Kontext der Produktkonfiguration fehlt der Verkäufer, so dass der Kunde selbst in der Verantwortung steht, seine produktspezifischen Kaufbedürfnisse herauszufinden. An drei Beispielen möchte ich erläutern, warum der persönliche Kontext und die individuellen Bedürfnisse jedes einzelnen Kunden Einfluss auf die Wahl der eigentlichen Personalisierungslogik haben. Alle drei der folgenden Beispielkunden möchten ein individualisiertes Fahrrad kaufen:

> **Familienvater**: Der Familienvater sucht ein gutes Durchschnittsfahrrad im mittleren Preisklassensegment, das wenig Wartung benötigt. Da seine Freunde bereits ähnliche Fahrräder besitzen und mit diesen sehr zufrieden sind, ist in diesem Fall die *kollaborative Personalisierungslogik* am geeignetsten, um die notwendigen Eigenschaften des zu konfigurierenden Fahrrads abzuleiten. Eine Abhebung gegenüber den Freunden steht nicht im Vordergrund, ebenso wird das Fahrrad keinen Extrembelastungen ausgesetzt, so dass Bauteile mit durchschnittlicher Qualität ausreichen.

> **16-jähriger Jugendlicher**: Die soziale Akzeptanz im Freundeskreis spielt für diesen Modellkunden eine sehr große Rolle. Das Fahrrad wird eher nach dem Aussehen und den besonderen Features gewertet als nach seiner Praktikabilität in der Nutzung. Dabei geht es nicht um die Übernahme der Fähigkeiten der Fahrräder von Freunden, sondern um ein einzigartiges Fahrrad, das die soziale Akzeptanz fördert. Diese immateriellen Bedürfnisse können am besten

durch *nutzenbasierte Personalisierungslogiken* in eine Konfiguration übersetzt werden, da die Optimierung der immateriellen Wertefunktion im Vordergrund steht. Dabei muss insbesondere Rücksicht auf die im Nutzerprofil hinterlegten Interaktionsprotokolle genommen werden. Aus denen geht nämlich hervor, dass sich der Käufer in letzter Zeit sehr häufig Mountain Bikes angeschaut hat.

Semiprofessioneller Rennradfahrer: Für den semiprofessionellen Rennradfahrer steht ein rein technischer Optimierungsansatz im Vordergrund. Basis dafür bilden sowohl *Expertensysteminformationen*, die die Qualität und Eigenschaften der unterschiedlichen Bauteile aufeinander abstimmen, als auch *inhaltsbasierte Personalisierungslogiken*, die sich auf die vom Kunden früher gewählten Anbieter und Bauteile stützen. Letzteres erlaubt die Integration seiner Nutzungserfahrungen mit vorangegangenen Rennrädern in das Design des neuen Fahrrads. Die Abstimmung des Produktes auf die persönlichen Bedürfnisse des Rennfahrers stehen hier also im Vordergrund. Das soziale Umfeld spielt weder für die Steigerung der Akzeptanz noch für die Kopie von Fahrradeigenschaften eine Rolle.

Die Bedürfnisse der Kunden unterscheiden sich also wesentlich und erfordern die Nutzung ganz spezifischer Personalisierungslogiken (kursiv gedruckt). Weiterführend zeigen Bee und Khalid (2003) beispielsweise, dass Produktkonfigurationsprozesse auch auf das Geschlecht anzupassen sind.

Die Offenlegung und Wahlerlaubnis der Personalisierungslogiken steigert darüber hinaus die Transparenz des Empfehlungssystems, was sich wiederum positiv auf die Akzeptanz der Empfehlungen durch den Kunden auswirkt. Insbesondere bei High-Involvement-Einkäufen möchten Kunden die Risiken minimiert sehen. Durch die höhere Transparenz und die Selektion adäquater Empfehlungsmethoden wird ihnen das Gefühl vermittelt, optimal vom Empfehlungssystem geleitet zu werden.

Allerdings birgt die Wahlmöglichkeit die Gefahr der Überforderung des Kunden. Dieser Gefahr möchte ich durch die folgenden zwei Methoden entgegenwirken. Für jedes Produktmodell muss der Anbieter im Konfigurationsprozess eine *Standardempfehlungslogik* anbieten, auf die jederzeit ausgewichen werden kann. Weiterhin ist die *Kundencommunity* ein sinnvolles Medium, um die Auswahl und Festlegung der Empfehlungslogik zu unterstützen. Gemäß der Open Innovation-Ideen aus Reichwald und Piller (2009) erhalten Kunden so die Möglichkeit, sich stärker zu engagieren anderen Kunden zu helfen. Die Wahl und Festlegung der Empfehlungslogik wird dadurch vom Anbieter hin zum Kunden verlagert.

Diese Aspekte habe ich in der folgenden Anforderung zusammengefasst:

Anforderung A-3 (Wahl der Empfehlungslogik): Der Kunde hat die Möglichkeit, die Empfehlungslogik auf seinen individuellen Bedürfniskontext anzupassen. Er erfährt dabei Unterstützung durch vorgegebene Standardlogiken sowie die Kundencommunity.

4.3.2. Prozessintegration

Für die Integration der zu entwickelnden Empfehlungsfunktionalität in den Konfigurationsprozess habe ich zwei wichtige Anforderungen erarbeitet, die die allgemeine Einbettung in den dialogbasierten Konfigurationsprozess beschreiben und detailliert auf die Kontrolle des einzelnen Empfehlungsvorgangs eingehen.

4.3.2.1. Einbettung in die dialogbasierte Selbstkonfiguration

In der interaktiven Selbstkonfiguration steuert der Kunde den Konfigurationsablauf selbst. Daraus resultiert ein Dialog zwischen ihm und dem Konfigurator, der die größtmögliche Freiheit zur Festlegung der einzelnen Freiheitsgrade gibt. Der Kunde kann dabei im Produkt frei navigieren und die Reihenfolge der zu konfigurierenden Freiheitsgrade selbst bestimmen.

Die Integration der zu entwerfenden Empfehlungsfunktionalität darf diese Freiheit in der Interaktion nicht einschränken. Vielmehr muss sich die Empfehlungsfunktionalität adäquat in den Konfigurationsprozess eingliedern. Dabei stehen die folgenden Dialogeigenschaften im Vordergrund:

- Die freie Navigation im Produktmodell ist vor und nach der Erstellung einer Empfehlung möglich.
- Zur Validierung einer automatisch generierten Empfehlung muss sich der Kunde die Einzelbestandteile der Empfehlung anschauen können, damit er die Möglichkeit zur Korrektur falsch umgesetzter Profilinformationen hat. Dies schafft Transparenz, welche wiederum das Vertrauen des Kunden in das System sowie die Produktzufriedenheit steigert.
- Die durch eine Empfehlung festgelegten Freiheitsgrade dürfen weiterhin verändert werden.
- Die Anzahl der ausführbaren Empfehlungsvorgänge ist unbeschränkt.
- Die Robustheit des Konfigurationsdialogs darf durch die Empfehlungsfunktionalität nicht eingeschränkt werden. Während der Empfehlungsberechnung auftretende Fehler beeinträchtigen das *Flow-Erlebnis* und folglich die Konfigurationsmotivation des Kunden. Solche Fehler dürfen nicht zu einem Abbruch der Konfiguration führen, da der Abbruch des Gesamtprozesses eine große Unzufriedenheit beim Kunden auslöst (vgl. Meuter et al. 2000). Ein Schutz des Kunden vor auftretenden Fehlern ist deswegen notwendig.

Mit diesen Vorüberlegungen habe ich die folgende Anforderung entwickelt, die die Empfehlungsfunktionalität als Erweiterung des ursprünglichen Konfigurators sieht:

> **Anforderung A-4 (Einbettung in die dialogbasierte Selbstkonfiguration):** Die Empfehlungsfunktionalität ist eine reine *Erweiterung* des ursprünglichen dialogbasierten Selbstkonfigurationsprozesses. Insbesondere müssen freie Navigation und Änderungen im Produktmodell weiterhin jederzeit möglich sein. Ebenso sind Zeitpunkte und Nutzungsanzahl der Empfehlungsfunktionalität dem Kunden frei überlassen. Etwaige auftretende Fehler während eines Empfehlungsvorgangs dürfen den Gesamtkonfigurationsprozess nicht maßgeblich beeinträchtigen.

4.3.2.2. Kontrolle des einzelnen Empfehlungsvorgangs

Gemäß der vorigen Anforderung darf der Konfiguratorbediener Empfehlungsvorgänge nach belieben anstoßen. Ein *Empfehlungsvorgang* beginnt mit der Aufforderung des Kunden an das Empfehlungssystem, eine Empfehlung zu generieren, und endet im Normalfall mit der Rückgabe der Empfehlung sowie der Entscheidung durch den Kunden, ob das Ergebnis übernommen werden soll oder nicht. Kundenseitig setzt sich der Empfehlungsvorgang also aus zwei Teilabläufen zusammen: der *Entscheidungsabgabe* sowie der *Empfehlungsübernahme*

Der Wille zur Abgabe der Entscheidungsgewalt an ein Empfehlungssystem ist nutzerspezifisch. Er ist insbesondere an die durch den Kunden wahrgenommene Kompetenz des Empfehlungssystems gekoppelt (vgl. Aggarwal und Mazumdar 2008). Aus diesem Grund können Empfehlungen nicht einfach automatisch generiert und in das Produktmodell übernommen werden. Vielmehr obliegt es dem Nutzer, den Empfehlungsprozess explizit anzustoßen. Die Motivation zur Nutzung der Empfehlungslogik ist abhängig vom Kundentyp. Technisch unbedarfte Personen nutzen das Empfehlungssystem, um Überforderung zu vermeiden, wohingegen Experten Empfehlungen nur in ganz bestimmten Fällen anfordern, da sie den Rest des Produktes selbst konfigurieren können. Die Entscheidungsabgabe des Kunden an das Empfehlungssystem erfolgt sequenzialisiert mit den anderen Konfigurationsinteraktionen.

Nachdem der Nutzer eine Empfehlung hat generieren lassen, kann der Fall eintreten, dass das Ergebnis nicht seinen Erwartungen entspricht. Deswegen obliegt es dem Kunden zu entscheiden, ob ein generierter Vorschlag in das Produkt dauerhaft übernommen oder ob das ursprünglich Konfigurationsmodell weiterbearbeitet werden soll.

> **Anforderung A-5 (Kontrolle des einzelnen Empfehlungsvorgangs):** Der Kunde hat die freie Kontrolle über den Zeitpunkt der sequenziellen Entscheidungsabgabe an die Empfehlungsfunktionalität sowie die Übernahme der generierten Empfehlung in das Konfigurationsmodell.

4.3.3. Resultat und Methoden des Empfehlungsvorgangs

In den nächsten drei Anforderungen werde ich die methodischen Eigenschaften der zu entwickelnden Empfehlungsfunktionalität herausarbeiten und dabei zuerst auf das primär gewünschte Ergebnis eines Empfehlungsvorgangs eingehen. Die zweite Anforderung ergänzt die technische Sichtweise um gewünschte Charakteristiken, die das Empfehlungsergebnis aufzuweisen hat. Den Abschluss bilden die asynchronen Empfehlungen, die den Konfigurationsprozess zusätzlich unterstützen.

4.3.3.1. Eingeschränktes Konfigurationsmodell mit Erklärungen

Das Ergebnis des gesamten Konfigurationsvorgangs ist eine Produktkonfiguration, die alle Freiheitsgrade des zugrunde liegenden Produktmodells festlegt. Während der laufenden Spezifikation konfiguriert der Kunde die Freiheitsgrade schrittweise oder schränkt ihre ursprünglichen Wertebereiche ein. In Abbildung 4.6 (Seite 113) habe ich diesen Ablauf mit den beteiligten Informationsstrukturen dargestellt. Während der Konfiguration werden die Spezifikationsdaten also in einem *Konfigurationsmodell* gehalten, das Ausgangspunkt für Empfehlungen ist.

Die Personalisierungsmethode des zu entwickelnden Unterstützungssystems habe ich für diese Arbeit auf *Empfehlungen* eingegrenzt. Für die Realisierung ist nun zwischen *Einzelempfehlungen* und *Empfehlungslisten* auf der einen und zwischen *Produktkonfiguration* und *Konfigurationsmodell* als dem eigentlichen *Inhalt der Empfehlung* auf der anderen Seite zu entschieden. In Tabelle 4.5 habe ich die Vor- und Nachteile der Alternativen gegenübergestellt. Daraus wird offensichtlich, dass sich die Nutzung eines *einzelnen Konfigurationsmodells* als Ergebnis des Empfehlungsvorgangs in dialogbasierten Konfiguratoren anbietet. Im Großen und Ganzen sind Produktkonfigurationen nämlich viel zu spezifisch und passen nicht in den restlichen Konfigurationsablauf, da sich dieser auf Konfigurationsmodelle stützt. Weiterhin würde die Empfehlung mehrerer Konfigurationsmodelle den Kunden vollkommen überfordern.

	Einzelempfehlung	***Empfehlungsliste***
Produktkonfiguration	⊕ Starke Komplexitätsreduktion für Einsteigerkunden ⊖ Keine Diversität ⊖ Nur reine Produktvervollständigung möglich ⊖ Wertebereiche von Freiheitsgraden können nicht eingeschränkt werden	⊕ Diversität innerhalb des Produktes gewahrt ⊖ Vergleich verschiedener Konfigurationen schwierig darstellbar, Überforderung des Kunden ⊖ Konfigurationsdialog arbeitet aber auf Konfigurationsmodellen ⊖ Wertebereiche von Freiheitsgraden können nicht eingeschränkt werden
Konfigurationsmodell	⊕ Sowohl Produktvervollständigung als auch Teilempfehlung möglich ⊕ Im Einklang mit der im Konfigurationsdialog genutzten Produktdarstellung ⊕ Diversität innerhalb des Produktes gewahrt	⊖ Vergleichbarkeit mehrerer eingeschränkter Konfigurationsmodelle noch schwierigier ⊖ Verwirrung des Kunden durch zu viel Auswahl

Tabelle 4.5. Vergleich der Empfehlungsergebnisalternativen sowie Empfehlungsmethodenvarianten

Die Empfehlungslogik fügt die errechneten Individualisierungen also in das Konfigurationsmodell ein. Die vor dem Empfehlungsvorgang vorhandenen Veränderungen am Modell dürfen dabei nicht entfernt werden, da sie einen Teil der Bedürfnisse des Kunden widerspiegeln (vgl. Renneberg und Borghoff 2004). Vielmehr ist die Aufgabe der Empfehlungslogik, das Konfigurationsmodell weiter einzuschränken und Werte zu selektieren. Eine Empfehlung ist also ein Konfigurationsmodell, das im Vergleich zum Ausgangsmodell vor dem Empfehlungsvorgang eingeschränkt wird oder unverändert ist.

Das Vertrauen des Nutzers in den Empfehlungsvorgang ist ein wichtiger Faktor für die Akzeptanz der generierten Empfehlungen. Dieses Vertrauen wird durch ein transparentes Systemdesign gefördert. *Erklärungen* sind eine weit verbreitete Annotationsmethode bei Empfehlungen zur Unterstützung der Transparenz in Recommendersystemen. Felfernig und Gula (2006) bezeichnen sie als notwendig, da sie das Empfehlungssystem für den Anwender einfacher nutzbar machen. Erklärungen beschreiben die Gründe für und Konsequenzen aus einer gewählten (Empfehlungs-)Entscheidung (vgl. Krebs et al. 2003). Nach Herlocker et al. (2000) bieten sie mehrere Vorteile. Zum einen *binden* sie den *Nutzer* stärker in den Prozess *ein*. Ebenso dienen sie als *Rechtfertigung* für die generierte Empfehlung, aber auch als *Vermittlung* der Funktionsweise der Empfehlungslogik. Schließlich fördern sie die *Akzeptanz* und somit das *Vertrauen* (vgl. Pu und Chen 2006). Ich habe Erklärungen als die wichtigste Methode zur Gewährleistung der Systemtransparenz während eines Empfehlungsvorgangs für die zu entwickelnde Lösung identifiziert.

> **Anforderung A-6 (Eingeschränktes Konfigurationsmodell mit Erklärungen):** Das Ergebnis eines Empfehlungsvorgangs ist ein singuläres Konfigurationsmodell, das im Vergleich zum Ausgangsmodell des Empfehlungsvorgangs, höchstens Einschränkungen, jedoch keine Erweiterungen aufweisen darf. Erklärungen führen die Gründe für getroffene Empfehlungsentscheidungen auf und unterstützen damit die Systemtransparenz.

4.3.3.2. Neue und valide Produktkonfigurationsvorschläge

Für das Resultat eines Empfehlungsvorgangs habe ich zwei wichtige Eigenschaften identifiziert, damit der Kunde sinnvoll unterstützt wird. Zum einen muss garantiert sein, dass das Empfehlungsergebnis mit den vorgenommenen Einschränkungen weiterhin eine Basis für eine *valide* Produktkonfiguration gibt. Die Personalisierungslogik darf die Freiheitsgrade also nicht im Widerspruch zu den produktinternen Konsistenzbedingungen verändern. Solche Empfehlungen wären für den Kunden sinnlos, da sie nicht produzierbar sind.

Ebenso wichtig ist die Erzeugung *wirklich neuer* Produktkonfigurationen. Im Gegensatz zu den fallbasierten Methoden, die immer nur bekannte Konfigurationen oder Teile davon wiederverwenden, muss der hier zu entwickelnde Empfehlungsansatz Vorschläge erstellen können, die bisher noch nicht existieren. Nur so lässt sich das Streben nach Einzigartigkeit und Authentizität des Kunden befriedigen (vgl. Ruvio 2008).

> **Anforderung A-7 (Neue und valide Produktkonfigurationsvorschläge):** Ein Konfigurationsvorschlag als Ergebnis eines Empfehlungsvorgangs muss die Basis für eine valide Produktkonfiguration sein. Die Empfehlungsfunktionalität muss weiterhin die Fähigkeit besitzen, wirklich neue Konfigurationsvorschläge generieren zu können.

4.3.3.3. Asynchrone Empfehlungen

Asynchrone, vom Nutzer nicht direkt angeforderte Empfehlungen, unterstützen den Konfigurationsvorgang. Im Konfigurator werden sie neben jedem noch offenen Freiheitsgrad angezeigt und sind als schnelle Konfigurationshilfe oder Vorschlag zu verstehen. Sie beschleunigen den Konfigurationsprozess, da der Kunde einen Empfehlungsvorgang nicht mehr explizit anstoßen muss, und sind darüberhinaus eine Individualisierung von eben diesem.

Anforderung A-8 (Asynchrone Empfehlungen): Als zusätzliche Empfehlungsmethode stehen asynchrone Konfigurationsvorschläge zum aktuell bearbeiteten Produktbereich bereit.

4.3.4. Technisches Einsatzumfeld der Recommenderfunktionalität

Das zu entwickelnde Empfehlungskonzept muss sich technisch in den generischen Produktkonfigurator integrieren. Die folgenden zwei Anforderungen spezifizieren die Art der Integration näher.

4.3.4.1. Produktgenerischer Konfigurator

Ich habe mich für diese Arbeit auf generische Konfiguratoren als Integrationsumfeld für den zu entwickelnden Empfehlungsansatz festgelegt. Im Rahmen solcher Konfiguratoren können keine Annahmen über den Anbieter- und Produktkontext gemacht werden. Für den Lösungsansatz bedeutet dies im Einzelnen:

Generisches Produktmetamodell: Der Produktkontext wird lediglich durch ein Produktmodell beschrieben. Das Produktmodell besteht grundsätzlich aus einer Strukturbeschreibung, den Freiheitsgraden sowie Konsistenzbedingungen. Jeder generische Konfigurator bringt das Verständnis eines Konfigurationsmodells mit, das während des Konfigurationsvorgangs durch den Kunden mittels Wertefestlegungen zu einer Produktkonfiguration entwickelt wird.

Learning Relationship: Die Implementierung der Learning Relationship sowie die Masse und Qualität der gesammelten Nutzerprofilinformationen ist anbieterabhängig. Bei der Entwicklung der Personalisierungslogik dürfen deswegen keine Annahmen über die Existenz bestimmter Profilinformationen gemacht werden. Die Personalisierungslogik muss auf die anbieterspezifischen Nutzerprofilschnittstellen adaptierbar sein.

Hinsichtlich dieser Integrationsaspekte ergibt sich nun die folgende Anforderung:

Anforderung A-9 (Produktgenerischer Konfigurator): Die Konzeption der Empfehlungsfunktionalität unterliegt den durch den generischen Konfigurator vorgegebenen technischen Voraussetzungen. Dabei kann für die Entwicklung der Lösung von einer existierenden Modellierung des Konfigurationsmodells sowie der Existenz einer Learning Relationship beim Anbieter ausgegangen werden. Das zu entwickelnde Empfehlungskonzept muss hinsichtlich dieses Konfigurationsmodells und der anbieterspezifischen Nutzerprofilschnittstelle adaptierbar sein.

4.3.4.2. Eigenständigkeit der Empfehlungsfunktionalität

Das primäre Anwendungsfeld der zu entwickelnden Empfehlungsfunktionalität stellt die *Konfigurationsphase* dar. Ihr Einsatz ist allerdings auch in der *Kommunikationsphase* denkbar, denn da Produkte nur als Produktmodelle vorliegen, ist deren Vermarktung durch Marketing und Werbung schwierig. Im Kontext des 1:1-Marketing können Empfehlungsansätze unterstützend wirken, indem sie individuelle, auf den Kunden zugeschnittene Produkte automatisch konfigurieren, die dann im Marketing und der Werbung genutzt werden können.

Weiterhin erlaubt die Empfehlungsfunktionalität durch eine individualisierte *Präsentation des Angebots* auch die Unterstützung der *Exploringphase*. Ein virtueller Produktkatalog, der automatisierte Empfehlungen enthält, gibt dem Kunden ein besseres Verständnis über die für ihn relevanten Produkteigenschaften und -fähigkeiten.

Die Empfehlungsfunktionalität kann allerdings nur außerhalb des Konfigurators eingesetzt werden, wenn die programmatischen Schnittstellen dieses zulassen:

> **Anforderung A-10 (Eigenständigkeit der Empfehlungsfunktionalität):** Die programmatischen Schnittstellen müssen unabhängig vom Konfigurationsvorgang sein.

4.3.5. Empfehlungslogik

Die letzte Anforderungsgruppe widmet sich der eigentlichen Empfehlungslogik. Hier lege ich algorithmische Realisierungsaspekte fest.

4.3.5.1. Hybridisierung von Empfehlungsalgorithmen

Die Personalisierungslogik ist verantwortlich für die Berechnung der Empfehlungen. Dafür existieren eine begrenzte Menge an Algorithmenklassen, die jede ihre eigenen Vor- und Nachteile bezüglich Empfehlungsqualität und Profildatennutzung aufweisen. Zur Optimierung der Empfehlungsqualität hat sich die Hybridisierung mehrerer Techniken durchgesetzt (vgl. Abschnitt 4.2.3.3).

Eine Learning Relationship zwischen Kunde und Anbieter erfasst eine Vielzahl an individueller Profilinformation, wovon jede Personalisierungstechnik immer nur einen spezifischen Teilbereich ausschöpft. Die Anwendung mehrerer Personalisierungstechniken gleichzeitig reizt das gesamte Potenzial der vorliegenden Nutzerprofildaten aus und gewährleistet hochqualitative Empfehlungen.

In der Literatur werden eine unüberschaubare Vielzahl an Implementierungsvarianten der beschriebenen Personalisierungstechnikklassen angeboten. Insbesondere im Kontext von Produktkonfiguratoren unterscheiden sich dabei *produktspezifische* und *produktunabhängige* Implementierungen. So sind beispielsweise kollaborative Techniken häufig produktunabhängig und können bei verschiedenen Anbietern eingesetzt werden. Expertensystembasierte Lösungen, die sich etwa auf die Optimierung einer ganz bestimmten Produktfunktionalität beziehen, sind dagegen an das Produkt gebunden, zu dem sie Expertenwissen besitzen. Eine Kombination produktspezifischer und produktunabhängiger Personalisierungstechniken steigert die Empfehlungsgenauigkeit.

Letztendlich motiviert auch die Forderung der *Systemrobustheit* die Verwendung mehrerer Personalisierungstechniken, da im Kontext eines E-Commerce-basierten Konfigurators immer die Gefahr besteht, dass Profildaten manipuliert werden und so die Empfehlungsqualität sinkt. Hybridisierte Empfehlungsmethoden nutzen dagegen einen Querschnitt aus allen Profildatentypen, wodurch Verfälschungen eines Teilbereichs an Einfluss verlieren und die Empfehlungsqualität nur noch marginal schwächen.

Anforderung A-11 (Hybridisierung von Empfehlungsalgorithmen): Die Personalisierungslogik muss eine Hybridisierung verschiedener Personalisierungsalgorithmen realisieren. Dabei kommen sowohl produktspezifische als auch produktunabhängige Algorithmen zur Anwendung.

4.3.5.2. Dynamische Empfehlungslogik

Der Einsatzkontext eines generischen Konfigurators ist produktunabhängig. Erst bei der Installation beim Produktanbieter findet eine Anpassung auf dessen Produktfamilie statt. Dies überträgt sich natürlich auch auf das zu entwerfende Empfehlungskonzept, wonach ein produktunabhängiges Design notwendig ist. Erst während der Installation des Konfigurators kann eine produktspezifische Optimierung der Empfehlungslogik erfolgen. Eine statisch festgelegte Hybridisierung ist also wenig hilfreich. Vielmehr muss sie *dynamisch auf den Produktkontext anpassbar* sein. In Zusammenhang mit den Anforderungen A-3 und A-9 ergibt sich die Notwendigkeit, die Empfehlungslogik *adaptierbar* zu gestalten.

Ebenso ist eine *Erweiterbarkeit um neue Empfehlungstechnikimplementierungen* notwendig, um eine Anwendbarkeit des generischen Konfigurators in beliebigen Produktkontexten zu gewährleisten. Die Akquise eines neuen Typs von Profilinformation oder die Entwicklung neuer Expertensystemfilter müssen in den Konfigurator und somit auch das Empfehlungssystem einfach integrierbar sein.

Ein gravierender Nachteil existierender Personalisierungsansätze ist der zu langfristig angelegte Adaptionszyklus, denn es bedarf häufig eines vollständigen neuen Softwareentwicklungsprozesses, um die Personalisierungslogik an geänderte Anforderungen anzupassen. Im Kontext eines generischen Konfigurators, der in beliebigen Produktumfeldern eingesetzt werden kann, ist diese Form der Entwicklung der Empfehlungslogik zu aufwendig und kostenträchtig. Vielmehr muss die Empfehlungslogik schnell und einfach auf das Produkt sowie den einzelnen Kunden adaptierbar sein.

Anforderung A-12 (Dynamische Empfehlungslogik): Die Empfehlungslogik muss einfach und schnell auf den jeweiligen Produkt- und Kundenkontext adaptierbar sowie um neue oder verbesserte Personalisierungsalgorithmen erweiterbar sein.

4.3.5.3. Performance-Anforderungen

Eine Kernaufgabe von Produktkonfiguratoren ist die *Vermittlung eines „Flow-Erlebnisses“*. Eine in den Konfigurationsprozess integrierte Empfehlungsfunktionalität darf dieses Ziel natürlich nicht behindern. Dies gilt insbesondere für die Performance des Empfehlungsvorgangs (vgl. Schubert und Leimstoll 2002b, S. 33). Lange Antwortzeiten würden den Kunden von der Nutzung des Konfigurators abhalten, da er nicht in einen Flow-Zustand gelangen kann.

Anforderung A-13 (Performance-Anforderungen): Die Konfigurator-Performance darf durch die Nutzung der Empfehlungsfunktionalität nicht merklich beeinträchtigt werden.

4.3.6. Überblick über die Anforderungen

Die von mir formulierten Anforderungen spezifizieren die Kerneigenschaften des zu entwickelnden Empfehlungsansatzes für generische Produktkonfiguratoren. Die Tabelle 4.6 fasst sie in einem Überblick zusammen.

Da das Design personalisierter Systeme in der Literatur häufig nur vom technischen Standpunkt betrachtet wird, war mir die Betonung der *nutzerorientierten Sichtweise* sehr wichtig. Diese findet sich in den Anforderungen A-1, A-2, A-3, A-5 und A-13 wieder. Nichtsdestotrotz darf der *technische Aspekt* nicht fehlen. Aufgrund der Selbstkonfiguration im generischen Konfiguratorumfeld liegt der Fokus hier auf der Schaffung einer adaptier- und erweiterbaren Empfehlungsfunktionalität, die durch die Anforderungen A-3, A-9, A-11 und A-12 gesichert wird.

Zuletzt interessiert natürlich, wo sich in den Anforderungen die in den Grundlagenkapiteln und der Potenzialanalyse entwickelten Qualitätssicherungs- und Bewertungsmethoden für Personalisierungsansätze sowie Produktkonfiguratoren wiederfinden. Die Tabelle 4.7 gibt hierüber Aufschluss und verbindet die Anforderungen mit den für diese Arbeit relevanten *Aufgaben eines Produktkonfigurators* und den von mir entwickelten *Aufgaben eines Kundenunterstützungssystems*. Ein ⊕ markiert darin, durch welche Anforderungen die links stehenden Merkmale unterstützt werden.

So wird die *Führung durch den Konfigurationsvorgang* beispielsweise durch die Anforderungen A-1 und A-4 realisiert, da durch sie der Dialogaspekt aus dem Konfigurationsvorgang auf das Empfehlungskonzept übertragen wird. Sie legen fest, dass diese Adaption basierend auf den Kundenbedürfnissen zu erfolgen hat. Ein anderes Beispiel ist die *Vervollständigung des Produktes*, die der Kunde durch die in Anforderung A-2 festgelegten Einflussmöglichkeiten steuern kann. Schließlich wird die *Individualisierung des Konfigurationsprozesses* durch all die Anforderungen sichergestellt, die dem Kunden Einflussmöglichkeiten auf den Empfehlungsvorgang gewähren.

Auffällig ist, dass durch die Anforderungen A-9 und A-10 keines der links stehenden Merkmale unterstützt wird, weil diese Anforderungen Vorgaben für die technische Realisierung des Lösungskonzeptes formulieren. Technische Aspekte finden sich allerdings in den Aufgaben und Merkmalen von Produktkonfiguratoren und ihren Unterstützungssystemen nicht wieder.

Mit der Tabelle 4.7 habe ich somit gezeigt, dass durch meine Anforderungen alle relevanten Aufgaben eines Produktkonfigurators und Merkmale eines Kundenunterstützungssystems abgedeckt werden.

4.4. Beispiele von Personalisierungsansätzen in der Produktempfehlung

In diesem Abschnitt möchte ich existierende Personalisierungsansätze vorstellen, die zu dem von mir angestrebten Personalisierungsmodell für generische Produktkonfiguratoren in Beziehung stehen können. Grundsätzlich betrachte ich dabei Ansätze aus den Bereichen *Empfehlungen in Produktkonfiguratoren*, *Personalisierung komplex strukturierter Daten* und *E-Commerce als Vertriebskanal in der Selbstkonfiguration*. Die letzten beiden Forschungsfelder habe ich in Er-

Konzeptionelle Anforderungen	*Seite*
Kundenseitige Einflüsse auf den Empfehlungsvorgang	
A-1: Umsetzung der Kundenbedürfnisse	111
A-2: Steuerung des Empfehlungsvorgangs	114
A-3: Wahl der Empfehlungslogik	115
Prozessintegration	
A-4: Einbettung in die dialogbasierte Selbstkonfiguration	116
A-5: Kontrolle des einzelnen Empfehlungsvorgangs	117
Resultat und Methoden des Empfehlungsvorgangs	
A-6: Eingeschränktes Konfigurationsmodell mit Erklärungen	119
A-7: Neue und valide Produktkonfigurationsvorschläge	119
A-8: Asynchrone Empfehlungen	120
Technisches Einsatzumfeld der Recommenderfunktionalität	
A-9: Produktgenerischer Konfigurator	120
A-10: Eigenständigkeit der Empfehlungsfunktionalität	121
Empfehlungslogik	
A-11: Hybridisierung von Empfehlungsalgorithmen	122
A-12: Dynamische Empfehlungslogik	122
A-13: Performance-Anforderungen	122

Tabelle 4.6. Zusammenfassung der Anforderungen an den Empfehlungsansatz für generische Konfigurationssysteme

mangelung ausreichender Persnalisierungsansätze im ersten Feld einbezogen.

Als Ergebnis meiner Literaturrecherche der letzten zehn Jahre habe ich nur eine geringe Anzahl von Personalisierungsansätzen im Kontext der Produktkonfiguration identifizieren können. Tiihonen und Felfernig (2008) bestätigen diese Beobachtung. Auch sie stellen fest, dass Empfehlungstechniken für die Personalisierung komplexer Produkte oder Dienste bisher wenig Anwendung gefunden haben. Zusätzlich haben Risch und Schubert (2008) in einer Studie eine ähnlich geringe Verbreitung von Personalisierungsansätzen in Produktkonfiguratoren im kommerziellen Umfeld beobachtet. Vielleicht liegt dieser Umstand an der geringen Verbreitung von Mass Customization-Ansätzen im Konsumgütermarkt.

4.4.1. Personalisierungsbeispiele in Produktkonfiguratoren

Die meisten der in Anhang B aufgeführten Konfiguratoren besitzen keine Personalisierungsmethoden. Lediglich in Forschungsimplementierungen finden sich einige Empfehlungsansätze für Produktkonfiguratoren, die in den folgenden Unterabschnitten vorgestellt werden. Im Wesentlichen entsteht aber der Eindruck, dass sich all diese Ansätze immer noch zu nah an den herkömm-

	A-1: Umsetzung der Kundenbedürfnisse	A-2: Steuerung des Empfehlungsvorgangs	A-3: Wahl der Empfehlungslogik	A-4: Einbettung in die dialogbasierte Selbstkonfiguration	A-5: Kontrolle des einzelnen Empfehlungsvorgangs	A-6: Eingeschränktes Konfigurationsmodell mit Erklärungen	A-7: Neue und valide Produktkonfigurationsvorschläge	A-8: Asynchrone Empfehlungen	A-9: Produktgenerischer Konfigurator	A-10: Eigenständigkeit der Empfehlungsfunktionalität	A-11: Hybridisierung von Empfehlungsalgorithmen	A-12: Dynamische Empfehlungslogik	A-13: Performance-Anforderungen
Aufgaben eines Produktkonfigurators (siehe Abschnitt 3.2.2 mit 4.2.3.2)													
• Unterstützung und Beratung	⊕			⊕		⊕		⊕					
• Führung durch den Konfigurationsvorgang	⊕			⊕									
• Vermittlung eines „Flow-Erlebnisses“	⊕			⊕	⊕		⊕	⊕					
• Vervollständigung des Produktes		⊕											
Aufgaben eines Kundenunterstützungssystems (siehe Abschnitt 4.1.1.5)													
• Unsicherheiten und Risiken entgegenwirken	⊕							⊕					
• Technische und zeitliche Überforderung minimieren	⊕												⊕
• Learning Relationship schaffen	⊕												
• Fokus auf die Umsetzung von Kundenbedürfnissen	⊕		⊕		⊕		⊕	⊕			⊖		
• Individualisierung des Konfigurationsprozesses		⊕	⊕	⊕	⊕		⊕	⊕				⊕	

Tabelle 4.7. Zuordnung der Anforderungen zu den Aufgaben eines Konfigurators und den Eigenschaften eines Kundenunterstützungssystems

lichen Personalisierungsmethoden aus dem Massenprodukt-E-Commerce orientieren. Die Mächtigkeit der Personalisierungsansätze wächst leider nicht mit der Mächtigkeit des Produktraums.

4.4.1.1. Constraint- und nutzenbasierte Ansätze

Constraintbasierte Personalisierungsansätze in Produktkonfiguratoren sind am häufigsten anzutreffen und realisieren im Wesentlichen einen Optimierungsansatz zur mathematischen Berechnung der optimalen Produktkonfiguration. Grundsätzlich ist der Wertebereich eines jeden Freiheitsgrads als eigene Wertemenge zu verstehen, deren Elemente mehr oder weniger gut zu den Bedürfnissen der einzelnen Kunden passen. Constraintbasierte Ansätze gehen in zwei Schritten vor, indem sie zuerst jedem der möglichen Werte eines Freiheitsgrads eine nutzerspezifische Relevanz zuweisen. Mittels dieser Fuzzy-Sets wird im zweiten Schritt anhand einer vorab definierten Nutzenfunktion die beste Wertekombination aller Freiheitsgrade optimiert errechnet.

Zanker et al. (2008) setzen diesen Ansatz im *E-Tourismus* ein, um *Reisepläne* zu personalisieren. Dabei werden die Fuzzy-Sets durch vorab festgelegte Personalisierungsmethoden erstellt. Die Reise stellt dabei das zu konfigurierende Produkt dar. Die einzelnen Bausteine der Reise entsprechen den Freiheitsgraden. Sie unterliegen Restriktionen, die beispielsweise zeitliche und örtliche Abfolge betreffen. Das Nutzerprofil ist die Quelle für kundenspezifische Constraints, wie beispielsweise Vorlieben in der Wahl der Transportmittel. Die optimale Reise wird anhand eines Constraint-Satisfaction-Problems errechnet.

Frutos et al. (2004) gehen nach einem ähnlichen Muster vor, wobei in ihrem Ansatz der Kunde stärker in die Errechnung der Fuzzy-Sets eingebunden ist. Die vom Anbieter und Produktdesigner festgelegten Produktconstraints werden während des Konfigurationsprozesses durch nutzerspezifische Constraints erweitert. Dies geschieht durch Wissensaustausch über persönliche Bedürfnisse zwischen Kunde und Anbieter, der zu jedem Freiheitsgrad eine kundenspezifische Nutzenfunktion erstellt. Dies bedeutet auf Kundenseite natürlich einen erheblichen Aufwand, denn dem System müssen alle Vorlieben zu den Werteselektionen detailliert mitgeteilt werden. Die gesamte Constraintmenge ist dann wiederum Ausgangspunkt für die Berechnung des optimalen Produktes. Sollten mehrere optimale Produkte als Ergebnis herauskommen, so ist wiederum der Kunde gefragt, um sich daraus eines auszusuchen.

Soo et al. (2007) realisieren einen dreidimensionalen Produktkonfigurator für *Büromöbel*, der die einzelnen Produkteigenschaften durch eine durch den Kunden zu parametrisierende Nutzenfunktion ermittelt. Die Parametrisierung der Nutzenfunktion geschieht allerdings indirekt durch die Formulierung von funktionalen Bedürfnissen. So werden für die Berechnung der optimalen Farbe und des optimalen Möbelmaterials die Nutzerpräferenzen zur *Schönheit*, *Eleganz*, *Dynamik* und *Farbpräferenzen* abgefragt. Zu jeder Präferenzdimension gibt der Nutzer an, wie stark die Eigenschaft erfüllt sein soll, und das System errechnet daraus dann Vorschläge für die Möbelfarbe und für das Möbelmaterial.

Im Wesentlichen stellt der constraintbasierte Ansatz die Anwendung einer einzelnen Personalisierungsmethode dar. Frutos et al. (2004) zielen zwar auf die Umsetzung der vielen Kundenbedürfnisse ab, rechnen jedoch durch fehlende Hybridisierung andere Profildaten wie historische Einkäufe oder kollaborative Informationen in den Empfehlungsprozess nicht mit ein. Zanker et al. (2008) dagegen nutzen zwar einen nicht näher spezifizierten statischen Recommender zur

Errechnung der Fuzzy-Sets, verwenden dann allerdings eine nutzerunabhängige Gesamtnutzenfunktion zur Lösung des Optimierungsproblems. Der Kunde hat also keinen Einfluss auf die verwendete Personalisierungslogik und kann den Personalisierungsprozess nicht steuern. Frutos et al. (2004) und Zanker et al. (2008) errechnen kundenspezifische Constraints aus dem Nutzerprofil. Jedoch sind die dafür verwendeten Techniken produktspezifisch und können in einem generischen Konfigurator nicht eingesetzt werden. Durch die notwendige Kundeneinbindung in der Bedürfnisanalyse besteht weiterhin die Gefahr der zeitlichen Überlastung des Kunden. Der Ansatz von Soo et al. (2007) scheint auf den ersten Blick vielversprechend, stellt sich bei genauerem Hinsehen aber als zu aufwendig heraus. Zum einen muss der Kunde nämlich die Präferenzen angeben, zum anderen ist die Nutzenfunktion zur Berechnung der Konfigurationseinstellungen statisch implementiert und geht nicht auf die nutzerspezifische Wahrnehmung von Eleganz oder Schönheit ein.

Die constraintbasierten Ansätze stützen sich also immer nur auf eine einzelne Personalisierungsmethode und sind produktspezifisch. Sie genügen als alleinig genutzter Personalisierungsalgorithmus nicht den formulierten Anforderungen, können aber als ein Bestandteil der dynamischen Hybridisierung eingesetzt werden.

4.4.1.2. Andere statisch realisierte Personalisierungstechniken

In der Literatur finden sich ältere und neuere Ansätze zur Anwendung der herkömmlichen Personalisierungstechniken im Produktkonfigurationskontext. Sie stützen sich im Wesentlichen auf inhalts- oder regelbasierte sowie kollaborative Algorithmen. Allen gemein ist eine statische, durch den Kunden nicht wählbare Empfehlungslogik. Weiterhin hat der Kunde außer der Angabe von Profilinformationen relativ wenig Einfluss auf die Steuerung des Personalisierungsablaufs. Die Techniken werden im Folgenden nach ihrer Klasse gruppiert dargestellt. Jede Klasse wird separat bewertet.

Regelbasierte Techniken stützen sich im Produktkonfigurationskontext auf die Analyse von gemeinsam auftretenden Werteselektionen der unterschiedlichen Freiheitsgrade innerhalb einer Produktkonfiguration. Über assoziationsregelbasierte Profilmodellierungstechniken werden alte Konfigurationssitzungen und gekaufte Produktkonfigurationen analysiert, um Werteselektionszusammenhänge zu erkennen. Scheer et al. (2003b) steuern diesen Analyseprozess durch Schwellwerte, die bestimmen, wie häufig gewisse Werteselektionszusammenhänge auftreten müssen, um als repräsentativ zu gelten. Die Autoren gehen auch auf das Problem der Erkennung unbedeutender Selektionszusammenhänge ein. Während des Konfigurationsprozesses finden die extrahierten Regeln dann auf die durch den Nutzer getätigten Konfigurationseinstellungen Anwendung. Motiviert durch die Existenz nutzerspezifischer Konfigurationsziele wird die Methode durch Scheer et al. (2003a) mittels eines Kunden-Clusterings weiter verfeinert. Das Clustering geschieht dabei basierend auf dem Nutzermodell durch einen inhaltsbasierten Filter. Die extrahierten Regeln werden also mit einem Nutzer-Cluster annotiert und können im Empfehlungsprozess so besser in Beziehung zu dem Konfigurationsziel des aktuellen Kunden gesetzt werden. Einen zu Scheer et al. ähnlichen, allerdings vereinfachten Ansatz präsentieren Hansen et al. (2003).

Die Verwendung der regelbasierten Techniken scheint sich in neueren Personalisierungsansätzen nicht durchgesetzt zu haben, obwohl sie unabhängig vom Produktkontext eingesetzt werden können. Scheer et al. nutzen zur Berechnung des Nutzer-Clusters einen statischen Empfehlungsalgorithmus und unterscheiden so zwischen Nutzertypen. Jedoch fehlt eine Hybridisierung mit anderen Personalisierungstechniken wie beispielsweise den kollaborativen Filtern, die explizite und implizite Produktbewertungen in den Empfehlungsprozess einfließen lassen. Ebenso muss der Kunde das Produkt bereits teilweise vorkonfiguriert haben, um die vorhandenen Regeln anwenden zu können, so dass insbesondere der technisch unbedarfte Standardkunde auch in diesem Fall durch die Konfiguration überfordert sein wird. Somit ist ein einfacher Produktvorschlag, der vom unkonfigurierten Produktmodell ausgeht, kaum möglich, obwohl dieser den meisten Kunden zur weiteren Verfeinerung sehr helfen würde.

Kollaborative Techniken nutzen Distanzmetriken zur Berechnung der Ähnlichkeit zwischen zwei Produktkonfigurationen. Cöster et al. (2002) sowie Tiihonen und Felfernig (2008) demonstrieren dies in ihren Lösungsansätzen am Beispiel der PC-Konfiguration. Cöster et al. interpretieren im Prototyp *RIND* die in den fertiggestellten Produktkonfigurationen selektierten Werte als implizite Bewertungen. Hat ein Kunde also die Farbe `Schwarz` selektiert, so wird diese implizit als *relevant* bewertet. Auf diesem Wege werden für alle Freiheitsgrade Bewertungsvektoren errechnet, die die Grundlage für die Ähnlichkeitsberechnung bilden. Tiihonen und Felfernig lassen den Umweg über die impliziten Bewertung dagegen aus und definieren eine allgemeine Distanzmetrik für die einzelnen Freiheitsgrade sowie eine kombinierte Distanzmetrik für das gesamte Produkt. Cöster et al. können auf diesem Wege ähnliche Produktkonfigurationseinstellungen für den Kunden empfehlen. Der Ansatz von Tiihonen und Felfernig kann dagegen nur in einem Konfigurationsprozess eingesetzt werden, in dem der Kunde bereits einige Einstellungen vorgenommen hat.

Beide Ansätze stützen sich lediglich auf die kollaborativen Filtertechniken und vernachlässigen andere Profilinformationen. Die in meinen Anforderungen verlangte dynamische Hybridisierung von Empfehlungstechniken ist hier nicht zu finden, obwohl sie aufgrund des geschilderten *Sparsity*-Problems gerade bei kollaborativen Filtern sehr wichtig ist.

Ein *inhaltsbasierter* Ansatz findet sich nur in Karacapilidis und Leckner (2004). Die Autoren klassifizieren Kunden durch ein stereotypenbasiertes Clusteringverfahren und schränken basierend auf den errechneten Clustern die Auswahlmöglichkeiten im Konfigurationsmodell ein. So könnte dieser Ansatz im Kontext der Konfiguration eines Fahrrads beispielsweise zwischen einem *semiprofessionellem Rennfahrer*, einem *16-jährigem Jugendlichen* und einem *Familienvater* unterscheiden. Leider sind die Clustertypen fest vorgegeben und passen sich nicht dynamisch auf die Kundenstruktur an.

Grundsätzlich vereinfacht dieser Ansatz den Konfigurationsprozess, da die Wertebereiche der Freiheitsgrade reduziert werden. Allerdings müssen die für den Algorithmus relevanten Konfigurationsmasken manuell erstellt und gewartet werden. Es findet keine automatische Anpassung an die Kundenbedürfnisse statt. Weiterhin ist der Kunde trotz reduzierter Konfigurationsauswahl dennoch gefragt, aktiv die Konfiguration zu vervollständigen. Der von Karacapilidis und Leckner vorgestellte Personalisierungsansatz vereinfacht den Konfigurationsprozess also nur teilweise. Es findet wie bei den vorigen Ansätzen keine Hybridisierung mit anderen Techniken statt.

4.4.1.3. Dynamische Hybridisierung

Eine dynamische Hybridisierung von Personalisierungstechniken ist bei Blecker et al. (2004a) und Blecker et al. (2004b) zu finden. Deren *Personalized Advisory System* geht in zwei Schritten vor. Im ersten Schritt analysiert ein regelbasierter Mechanismus die im Nutzerprofil vorhandenen Daten und entscheidet dann, welche Personalisierungstechnik für den eigentlichen Empfehlungsprozess im Konfigurationsvorgang zu nutzen ist. Als Alternativen nutzen die Autoren *kollaboratives, inhaltsbasiertes* sowie *fallbasiertes* Filtern. Das Kundenutzerprofil wird über das beobachtete Konfigurationsverhalten aus den Web-Logs akquiriert und mit dem existierenden CRM-System der Firma synthetisiert.

Grundsätzlich stellt dieser Ansatz den einzigen in der wissenschaftlichen Literatur zu findenden dynamischen Hybridisierungsansatz dar. Allerdings erfolgt die Auswahl der eigentlichen Empfehlungstechnik über statisch implementierte Regeln. Der Kunde hat somit keinen direkten Einfluss auf die Wahl der Empfehlungslogik. Weiterhin ist die Auswahl begrenzt auf die drei genannten Alternativen. Eine Erweiterung um andere Techniken ist nicht möglich, so dass andere Personalisierungsziele, die Kunden verfolgen könnten (beispielsweise ein niedriger Produktpreis), nicht berücksichtigt werden. Dennoch stellt dieser zweistufige Hybridisierungsprozess insofern eine interessante Alternative zu den anderen vorgestellten Ansätzen dar, als dass ansatzweise versucht wird, mit einer variablen Empfehlungslogik auf die starke Heterogenität der Kundenbedürfnisse einzugehen.

4.4.1.4. Dialogpersonalisierung

Das Ziel der Dialogpersonalisierung ist die Anpassung des Konfigurationsdialogs an die Bedürfnisse des Kunden, um ihn besser durch den Konfigurationsprozess leiten zu können. Radde et al. (2007) nutzen dabei die Produktstruktur, um die zu stellenden Fragen in *Themen* zu gruppieren. Die Themen werden nacheinander abgearbeitet, indem das Konfigurationssystem dem Kunden die dem Thema zugeordneten Fragen nach dessen Bedürfnissen stellt. Nach jeder Frage wird anhand eines Bayesianischen Netzwerks entschieden, mit welcher Folgefrage fortzufahren, bzw. ob das Thema zu wechseln ist. Es wird dabei keine Personalisierungstechnik in der herkömmlichen Form eines Filters benutzt. Vielmehr dient das im laufenden Betrieb trainierte Bayesianische Netzwerk als Personalisierungsalgorithmik zur Dialogpersonalisierung. Die eigentliche Empfehlung wird dann anhand der gegebenen Antworten und eines inhaltsbasierten Filters gegeben, der die erfragten Nutzerbedürfnisse mit dem Produktkatalog abgleicht und daraus passende Konfigurationen übernimmt.

Insgesamt zielt diese Form der Personalisierung mehr auf die Adaption des Konfigurationsprozesses ab als auf die Personalisierung eines Produktes. Dabei ist die Beantwortung der Fragen für den Kunden obligatorisch. Das System greift nicht auf Profildaten zurück, um den Frageprozess kundenspezifisch zu adaptieren. Weiterhin wird zum Abschluss nur die inhaltsbasierte Personalisierungsalgorithmik verwendet, um die Bedürfnisantworten in Konfigurationseinstellungen zu übersetzen. Andere Profildaten spielen dabei keine Rolle.

4.4.1.5. Personalisierung der Nutzerschnittstelle

Das Projekt CAWICOMS[9] legt den Fokus der Personalisierung auf die Anpassung der Nutzerschnittstelle. Ardissono et al. (2001) argumentieren, dass Kunden unterschiedlichsten Typs den Konfigurator nutzen und der Prozess dementsprechend anzupassen ist. Für die Adaption der Bedienschnittstelle des Konfigurators legen sie in ihrer Lösung die Expertise des Kunde als Entscheidungsgrundlage fest. Die Expertise hat Einfluss auf das dargestellte Detaillevel des Produktes. Dabei gehen Ardissono et al. in zwei Schritten vor. Mittels eines Klassifikationsalgorithmus werden die Kunden in die Gruppen „Experten" und „Nicht-Experten" eingeteilt. Im zweiten Schritt wird während der Konfiguration die Komplexität insbesondere für Nicht-Expertenkunden reduziert. Auf diesem Wege wirkt die Lösung der Autoren der Überforderung des Kunden entgegen.

Ardissono et al. (2003a) und Ardissono et al. (2003b) erweitern CAWICOMS durch Empfehlungstechniken, die Werteselektionen für Freiheitsgrade vorschlagen. Dieser Ansatz lässt sich der dialogbasierten Personalisierung zuordnen, da zuerst die Kundenbedürfnisse erfragt und dann durch einen deklarativ-regelbasierten Ansatz in Konfigurationseinstellungen übersetzt werden.

Als erstes Projekt, das Personalisierung in Konfigurationssystemen ausführlich behandelt, geht CAWICOMS zwei parallele Wege (vgl. Zanker et al. 2008). Die *Adaption der Nutzerschnittstelle* zielt auf die Reduktion der Konfigurationskomplexität ab. Allerdings wird dabei lediglich zwischen zwei vorab statisch festgelegten Nutzergruppen unterschieden. Es findet keine dynamische Anpassung an die Kundenbedürfnisse statt. Der *Empfehlungsansatz* ist in seiner Mächtigkeit ebenfalls begrenzt, da er sich auf einen einzelnen Personalisierungsalgorithmus stützt. Weiterhin muss die Personalisierungslogik durch Regeln vorab festgelegt werden und passt sich dem Kundenkontext nicht an.

4.4.1.6. Kansei Engineering

Kansei Engineering ist eine in Japan und Südkorea entwickelte und verbreitete unternehmensglobale Strategie zur Umsetzung von Kundenbedürfnissen in Produkteigenschaften. Sie wurde 1970 an der Hiroshima University entworfen und bei verschiedenen großen Unternehmen wie beispielsweise der Auto- und Kosmetikindustrie angewendet. Im Gegensatz zu herkömmlichen Produktentwicklungsprozessen, die den Anbieter und seine Ansichten über die notwendigen Produkteigenschaften in den Vordergrund stellen, steht bei Kansei Engineering eine *kundenorientierte Produktentwicklung*, in der die Bedürfnisse und Wünsche des Kunden in das Produkt einfließen, im Vordergrund. *Kansei* bedeutet im japanischen „Psychologische Gefühle und physiologische Bedürfnisse des Kunden". Dieses *Kansei* soll im Zentrum der Produktentwicklung stehen (vgl. Nagamachi 1995, Nagamachi 2002, Porcar et al. 2003).

Die Erhebung der Kundenbedürfnisse erfolgt dabei mittels verbaler Dialoge zwischen Anbieter und Kunden. Die Abläufe zur Erhebung der Kundenbedürfnisse sind im Kansei Engineering genau spezifiziert. Allerdings gibt es keine methodischen Vorschriften zur Umsetzung der erhobenen Bedürfnisse; dies hängt von der Industrie und dem Zielprodukt ab. Nagamachi (2002)

[9] CAWICOMS=Customer-Adaptive Web Interface for the Configuration of Products and Services with Multiple Suppliers

stellt einige Anwendungsfälle für Kansei Engineering vor. So hat *Mazda* Kansei Engineering zur Entwicklung eines neuen Sportwagens genutzt, wobei die ermittelten Kundenbedürfnisse durch den Anbieter schrittweise in technische Produkteigenschaften umgesetzt wurden. Eine andere Variante nutzt *Virtual Reality-Technologien*, welche Kunden die Möglichkeit geben, Produkteigenschaften auf sich wirken zu lassen, um sie besser bewerten zu können. Ein weitere Variante von Kansei Engineering verwendet zur Bedürfnisakquise *webbasiertes, kollaboratives Produktdesign.*

Kansei Engineering verfolgt grundsätzlich die gleichen Ziele wie Mass Customization, nur haben die ermittelten Kundenbedürfnisse Auswirkungen auf alle Wertschöpfungsbereiche (Marketing, Produktplanung, Forschung, Produktionsdesign und Verkauf). Das zu entwickelnde Produkt wird also weiterhin durch den Anbieter voll ausspezifiziert und dann produziert. Kansei Engineering realisiert keine Selbstkonfiguration. Weiterhin sind die Prozesse zur Umsetzung der Kundenbedürfnisse in Produktmerkmale nicht automatisiert ausführbar. Eine direkte Umsetzung in Empfehlungslogiken ist deswegen nicht möglich. Im Gegensatz zu vielen anderen Ansätzen ist Kansei Engineering aber produktunabhängig und kann generisch für alle Produktkontexte eingesetzt werden. Dennoch ist Kansei Engineering aufgrund der ganzheitlich beeinflussten Produktentwicklung und der fehlenden Automatisierung als Personalisierungstechnik im Selbstkonfigurationsprozess nicht einsetzbar.

4.4.2. Personalisierungsbeispiele komplexer Datenstrukturen

Bereits im Einführungskapitel wurde auf die Besonderheit der Personalisierung komplex strukturierter Daten hingewiesen. Seit den Ursprüngen der Personalisierung bis zu aktuellen Anwendungen werden häufig nur unveränderbare Daten wie Kinofilme bei *MovieLens* oder E-Mails bei *Tapestry* empfohlen. Die Empfehlung komplex strukturierter Daten ist wenig verbreitet und gestaltet sich weitaus schwieriger, da keine Grundmenge vorliegt, aus der ein existierendes Datum, beispielsweise eine Produktkonfiguration, ausgewählt werden kann. Vielmehr kommen dem Empfehlungsprozess zwei Aufgaben zu: die Zusammenstellung des Datums sowie die Anpassung auf die Nutzerbedürfnisse. Diese Aufgaben werden durch die strukturbedingten Konsistenzbedingungen zusätzlich erschwert.

Beispiele komplex strukturierter Daten sind *Urlaubsplanungen, Lehrpläne im Kontext E-Learning, Hypertextdokumente* oder *Musikplaylisten.* Letztere werden beispielsweise bei *Last.fm* oder *iTunes Genius* erzeugt. Aber auch hier ist aus der Literatur erkennbar, dass häufig nur einfache, statisch festgelegte inhaltsbasierte, kollaborative oder regelbasierte Filtertechniken Anwendung finden. Der Nutzer hat bis auf die Festlegung seiner Profildaten keine Möglichkeit, auf die Personalisierungslogik Einfluss zu nehmen, obwohl die Kunden solcher Systeme unterschiedlichste Ziele verfolgen und nicht immer jede Personalisierungstechnik geeignet ist.

Am Beispiel des E-Learning möchte ich die Vergleichbarkeit mit Produktkonfigurationen zeigen (vgl. Kim 2008). Ziel des personalisierten E-Learnings ist die (semi-)automatisierte Auswahl von Lerninhalten, die den Bedürfnissen und Wünschen des Lerners entsprechen. Dazu müssen die erlernten Inhalte im Benutzerprofil hinterlegt sein. Sie bilden die Basis für den Empfehlungsvorgang, in dem sie mit den noch zu erlernenden Inhalten verglichen werden. Zwischen den Lerninhalten existieren natürlich zeitliche und inhaltliche Abhängigkeiten, die den Produktmodellconstraints entsprechen. Ähnlich der Produktkonfiguration zielt also auch das E-Learning auf die Zusammenstellung von Informationen ab. Die Lerninhalte sind somit die zusammengestellte Produktkonfiguration, der Lehrplan das Produktmodell.

Grundsätzlich fehlt in all den zu diesem Thema in der Literatur beschriebenen Empfehlungsansätzen die dynamische Adaptierbarkeit der Empfehlungslogik auf den Kunden.

4.4.3. Personalisierung im E-Commerce

Im E-Commerce werden Waren sowohl im Sektor B2B als auch B2C über das Internet verkauft. Für meine Arbeit sind die Kaufprozesse des B2C-Sektors relevant, da hier in besonderem Maße auf den Kunden eingegangen werden muss, um ihm ein zufriedenstellendes Einkaufserlebnis bieten zu können. Amazon.com war ein Vorreiter im E-Commerce, viele andere Anbieter sind gefolgt. In diesem Abschnitt möchte ich auf die Personalisierungstechniken dieser Systeme eingehen und klären, ob Anregungen aus diesem Sektor für meine Lösung entnommen werden können. Ich werde die Details der Personalisierungstechniken nicht weiter vertiefen, da dies bereits im Abschnitt 2.4 geschehen ist. Goy et al. (2007) geben einen guten Überblick über die derzeitig aktuellen Personalisierungsfunktionalitäten im E-Commerce.

Um die Kaufprozessgestaltung an die Bedürfnisse des Kunden anzupassen, setzen viele Anbieter im E-Commerce auf *Empfehlungstechniken*. Jedoch stützt sich das herkömmliche E-Commerce meist auf nicht konfigurierbare Massenprodukte. Eine direkte Übertragung ist deswegen nicht möglich.

Die Einkaufsprozessunterstützung auf herkömmlichen E-Commerce-Webseiten wird durch verschiedenste Funktionen unterstützt. Da gibt es die *Produktvergleiche* wie beispielsweise der Funktionenvergleich der digitalen Kameras von Canon[10], der dem Kunden Aufschluss über die Funktionsunterschiede angebotener Kameravarianten gibt. Im Kontext der Produktkonfiguration stellen sich solche Vergleiche aufgrund der Produktkomplexität und der Masse an existierenden Konfigurationen als schwierig heraus. Die Vergleichsfunktionalität kann dort also nur begrenzt Anwendung finden.

Dynamische Produktkataloge wie im *SETA*-System werden während des E-Commerce-Portalbesuchs des Kunden dynamisch erstellt. Grundlage dafür bilden die bei der Analyse von Web-Logs beobachteten Kundenbedürfnisse. Der Produktkatalog wird hinsichtlich Struktur und Umfang der dargestellten Produktmerkmale angepasst, um die Informationsüberflutung für den Kunden zu minimieren. Ein solcher Ansatz scheint auch im Bereich Mass Customization sinnvoll, nur liegt er außerhalb des Fokus dieser Arbeit, da er sich auf die Exploringphase des Kaufprozesses bezieht.

Spezialisierte Personalisierungstechniken wie etwa produktreviewbasierte Empfehlungen durch Aciar et al. (2007a) oder die Empfehlung saisonaler Produkte durch Stormer (2007) können im Produktkonfigurationskontext nicht allgemein angewendet werden. Vielmehr sollten sie mit anderen Empfehlungslogiken hybridisiert werden.

[10]http://www.canon.com (Stand: 4.11.2009)

Personalisierungstechniken im E-Commerce sind also ausgerichtet auf die Empfehlung von seriengefertigten Gütern. Ihre direkte Übertragbarkeit auf den Produktkonfigurationskontext ist nur begrenzt möglich. Die hier genannten Techniken stellen zwar nur einen kleinen Ausschnitt der im E-Commerce verwendeten Ansätze dar, die geschilderte Grundproblematik lässt sich jedoch auf alle Ansätze übertragen.

4.5. Zusammenfassung

Die Potenzialanalyse für Empfehlungsmethoden schließt also mit der Erkenntnis, dass existierende Empfehlungsansätze die Kundenbedürfnisse nicht in adäquater Form in Produktkonfigurationsvorschläge umsetzen können. Insbesondere die statische, nicht veränderbare Festlegung der Empfehlungslogiken sowie die fehlende Hybridisierung sind die Ursachen für dieses Problem.

In diesem Kapitel habe ich nach einer Problemanalyse für den Produktkonfigurationsprozess allgemeine Aufgaben eines Kundenunterstützungssystems für Produktkonfiguratoren erarbeitet und auf diesen basierend existierende Unterstützungsansätze bewertet. Die Integration eines Empfehlungssystems in den Produktkonfigurator scheint nach dieser Bewertung am hilfreichsten für Kunden zu sein. Sowohl bei der Adaption des Konfigurationsmodells als auch der Individualisierung des Konfigurationsprozesses stehen die Umsetzung der Bedürfnisse des Kunden im Zentrum.

Den Anschluss bildete die für diese Arbeit wichtige Eingrenzung des Produktkonfiguratorkontextes und die Festlegung offensichtlicher Merkmale des zu entwickelnden Empfehlungsansatzes.

Der Kern dieses Abschnitts und die Grundlage für die Entwicklung und Bewertung meines Lösungsansatzes war die Anforderungsanalyse für die Empfehlungsfunktionalität in generischen Produktkonfiguratoren. Die 13 formulierten Anforderungen decken sowohl technische als auch kundenorientierte Ziele für die Lösungsentwicklung ab. Das Kapitel hat mit einem Überblick über existierende Empfehlungsansätze in Produktkonfiguratoren geschlossen, wobei insbesondere zwei Beobachtungen wesentlich waren. Zum einen existiert eine nur sehr limitierte Anzahl solcher Ansätze in der derzeitigen wissenschaftlichen Literatur. Zum anderen sind selbst diese vorhandenen Ansätze bezüglich der formulierten Anforderungen unzureichend.

Kapitel 5. Modell des adaptiven, baukastenbasierten Recommendersystems

In den vorausgegangenen Kapiteln habe ich die theoretischen Grundlagen eingeführt sowie Anforderungen für ein Empfehlungskonzept zur Integration in generische Produktkonfiguratoren entwickelt. Darin wurde insbesondere die Notwendigkeit eines stärkeren Einflusses des Kunden auf die Empfehlungslogik formuliert.

Mit diesen Voraussetzungen werde ich in diesem Kapitel meinen Lösungsansatz einer neue Empfehlungsfunktionalität für generische Produktkonfiguratoren vorstellen. Begonnen wird mit der *Einführung des neuen Recommendersystemmodells*, worin die konzeptuellen Grundlagen der Lösung erläutert werden. Dieses Konzept motiviert die weiteren Facetten der Umsetzung, die in separaten Abschnitten vorgestellt werden. Die *technische Realisierung* umfasst die programmatischen Bausteine der Recommenderfunktionalität. Daran schließen sich die neuen *Interaktionsprozesse*, die für die Bedienung der Empfehlungsfunktionalität notwendig sind, an. Die *Integration in den Konfigurator* geht auf Schnittstellenaspekte zwischen der Recommenderfunktionalität und dem generischen Konfiguratorumfeld ein. Die Dokumentation der Umsetzung wird zur Verdeutlichung schwieriger Sachverhalte durch ein Beispielproduktmodell begleitet. Dessen vollständige Struktur beschreibt den Aufbau eines konfigurierbaren Fahrrads und findet sich in Anhang C.

Im Folgenden werde ich die Begriffe *Empfehlungsfunktionalität*, *Empfehlungslogik*, *Recommenderfunktionalität* und *Recommenderlogik* synonym verwenden.

5.1. Einführung des neuen Recommendersystemmodells

In diesem Abschnitt werde ich das konzeptuelle Gerüst meines Empfehlungsansatzes für generische Produktkonfiguratoren einführen und dabei insbesondere die Veränderungen gegenüber den herkömmlich verwendeten Prozessen, die ich in den Grundlagen- und Potenzialanalysekapiteln erarbeitet habe, motivieren und herausstellen. Die Konzeption zielt auf die Erfüllung der formulierten konzeptionellen Anforderungen für die Empfehlungsfunktionalität im Speziellen sowie die Aufgaben eines Kundenunterstützungswerkzeugs im Allgemeinen ab.

Ich werde den Lösungsansatz zuerst aus der Perspektive des Konfiguratornutzers vorstellen und dabei sowohl auf die Anbieter- als auch die Kundensichtweise eingehen. Die *Migration der Verantwortlichkeiten* bei der Bedienung der Empfehlungsfunktionalität in Richtung des Kunden ist ein wesentliches Merkmal meines Lösungsansatzes. In einem gegenüber der herkömmlichen Mass Customization-Strategie *erweiterten Rollenmodell* stelle ich anschließend die wichtigsten Akteure meines Konzeptes vor und beschreibe ihre entscheidenden Eigenschaften, Aufgaben und Verantwortlichkeiten. Das danach präsentierte *Interaktionskonzept zwischen Kunde und Konfigurator* führt die neuen Bedienkonzepte der Empfehlungsfunktionalität innerhalb des Konfigurationsprozesses vor. Das neuartige Konzept der *Meta-Personalisierung*, welches die Überforderung des Kunden im Bedienungsprozess der Empfehlungsfunktionalität reduzieren hilft, rundet mein Recommendersystemmodell schließlich ab. Zum Schluss werden die technischen Voraussetzungen, die durch die generische Konfigurationsumgebung für die Umsetzung meines Empfehlungsansatzes vorhanden sein müssen, benannt und das bereits erwähnte Produktmodellbeispiel eingeführt.

5.1.1. Migration der Verantwortlichkeiten im Empfehlungslogikdefinitionsprozess

Der Entwurf eines neuen Recommenderkonzeptes als Unterstützungsmethode im Konfigurationsprozess erfordert meiner Meinung nach ein grundsätzliches Umdenken in der Konzeption, insbesondere der Verantwortungsverteilung zwischen den Systemnutzern. Auf Kunden- und Anbieterseite ist ein neues Verständnis für die Arbeitsaufteilung bei der Definition und Nutzung der Recommenderfunktionalität notwendig.

Ein wesentlicher Kritikpunkt an bisherigen Systemen ist ihre die Empfehlungsfunktionalität betreffende Starrheit. Deren Design lag bisher grundsätzlich in der Verantwortung des Konfiguratoranbieters. Kunden sind nur über langfristige Feedbackzyklen an der Konzeption dieses Features beteiligt und haben sehr wenig Einfluss auf die interne technische Realisierung. Einzig und allein ihre Nutzerprofileinstellungen beeinflussen die Arbeitsweise der Empfehlungsfunktionalität.

In der Entwicklung der Anforderungen habe ich folgendes herausgearbeitet: *Die Nützlichkeit von Empfehlungsfunktionalität ist abhängig vom Produkt und vom Kunden.* Individuelle Bedürfnisse spiegeln sich also nicht nur in den Nutzerprofilen wider, sondern erfordern die Anwendung kundenspezifischer Empfehlungsfunktionalitäten. Die starre Festlegung dieser Funktionalität ist also insbesondere im Kontext generischer Produktkonfiguratoren wenig hilfreich.

Dieses Problem löse ich durch eine stärkere und frühere Integration des Kunden in die Definition und Nutzung der adaptierbaren Empfehlungslogik. Im Einzelnen verfolge ich dabei die folgenden drei Ziele:

1. **Kunde stärker im Fokus**: Der Kunde soll nicht nur in der Konfiguration, sondern auch bei der Erstellung von Empfehlungen stärker im Fokus stehen und aktiver partizipieren können. Er kennt seine Bedürfnisse am besten und kann selbst einschätzen, ob nun beispielsweise Freunde oder frühere Produktkäufe als Referenz für zukünftige Empfehlungen genutzt werden sollen.

2. **Adaptivität der Empfehlungslogik im laufenden Konfiguratorbetrieb**: Die Personalisierungslogik muss im laufenden Betrieb automatisch adaptierbar – i.e. adaptiv – sein, um kundenspezifisch auf die individuellen Bedürfnisse eingehen zu können.

3. **Generische Hybridisierung beliebiger Empfehlungslogiken**: Die Integration von Personalisierung und Produktkonfiguration muss in generischer Art und Weise erfolgen. Die

Entwicklung eines generischen Konfigurators auf der einen und einer starren Empfehlungsfunktionalität auf der anderen Seite widersprechen sich, da die Inflexibilität der Empfehlungslogik den Erfolg des generischen Konfigurators stark beeinträchtigt. Zur optimalen Ausnutzung aller Profilinformationen ist eine Hybridisierung verschiedener Empfehlungsalgorithmen notwendig.

Der Begriff des *adaptiven Recommendersystems* hebt insbesondere auf die Integration des Kunden in die Definitionsprozesse der Empfehlungslogik ab. Im Sinne der in Abschnitt 2.4.4 vorgestellten vier Prozessunsicherheiten setzt mein Lösungsansatz also bei der *Verbesserung der Personalisierungsmethode* an. Im Gegensatz zu fast allen anderen Ansätzen dieser Art gehe ich einen neuen Weg, bei dem eine stärkere Aktivierung des Nutzers bei der Definition dieser Funktionalität und nicht eine algorithmische Verbesserung der Personalisierungsfunktionalität im Vordergrund stehen.

Abbildung 5.1 stellt die wesentlichen Modifikationen der Verantwortungsbereiche vor. Die oben dargestellte, herkömmliche Verteilung der Verantwortlichkeiten bürdet dem Anbieter die alleinige Verantwortung für die Bereitstellung einer für alle Nutzer geeigneten Empfehlungslogik auf.

Die neue Verteilung der Verantwortlichkeiten (in der Abbildung unten) verschiebt die Verantwortung zur Definition und Auswahl der Empfehlungslogik mehr in Richtung der Kundencommunity. Der Anbieter wird von dieser Hauptverantwortung befreit und kann sich stärker auf seine Kernkompetenz der Produktentwicklung konzentrieren. Die Definition und Auswahl der Empfehlungslogik ist nun auf drei Schultern verteilt. Im Fokus sehe ich die gesamte Kundencommunity, in der jeder einzelne Kunde Mitglied ist und sich an der Definition der Empfehlungslogik beteiligen kann. Die Strukturierung der Community und die dadurch entstehenden Auswirkungen auf den Definitionsprozess werden in der sich anschließenden Dokumentation des Rollenmodells klarer.

Die Verlagerung der Verantwortung auf Kundenebene realisiert die durch Unterstützungssysteme zu leistende *Individualisierung des Konfigurationsprozesses*, da die Kunden nun selbst die Anwendung und Definition der Empfehlungslogik bestimmen und der Prozessablauf auf diese Weise besser auf die Kundenbedürfnisse abgestimmt ist.

Insbesondere in *High-Involvement*-Situationen werden sich Kunden in der Definition der Empfehlungslogik engagieren. High-Involvement-Situationen treten genau dann auf, wenn der Produktkauf für den Käufer mit einem hohen wahrgenommenen Risiko verbunden ist. In solchen Situationen versucht er durch die verschiedenen Einflussmöglichkeiten, zu denen nun auch die Definition und Auswahl der Empfehlungslogik zählt, die für ihn beste Konfiguration zusammenzustellen.

Weiterhin schafft diese offene Gestaltung des Empfehlungssystems die Gelegenheit für den interessierten Kunden, die zugrunde gelegte Empfehlungslogik nachzuvollziehen und auf Sicherheitslücken oder Probleme zu prüfen. Anhand der vielen Open-Source-Projekte der letzten Jahre kann nachempfunden werden, wie sich hierdurch das Vertrauen des einzelnen Anwenders in die Software verbessert hat. Dieses gesteigerte Vertrauen wiederum senkt das empfundene Misstrauen dem Konfigurator und der Empfehlungsfunktionalität gegenüber. Dadurch identifiziert sich der Kunde besser mit den Empfehlungen und wird sie mit höherer Wahrscheinlichkeit kaufen.

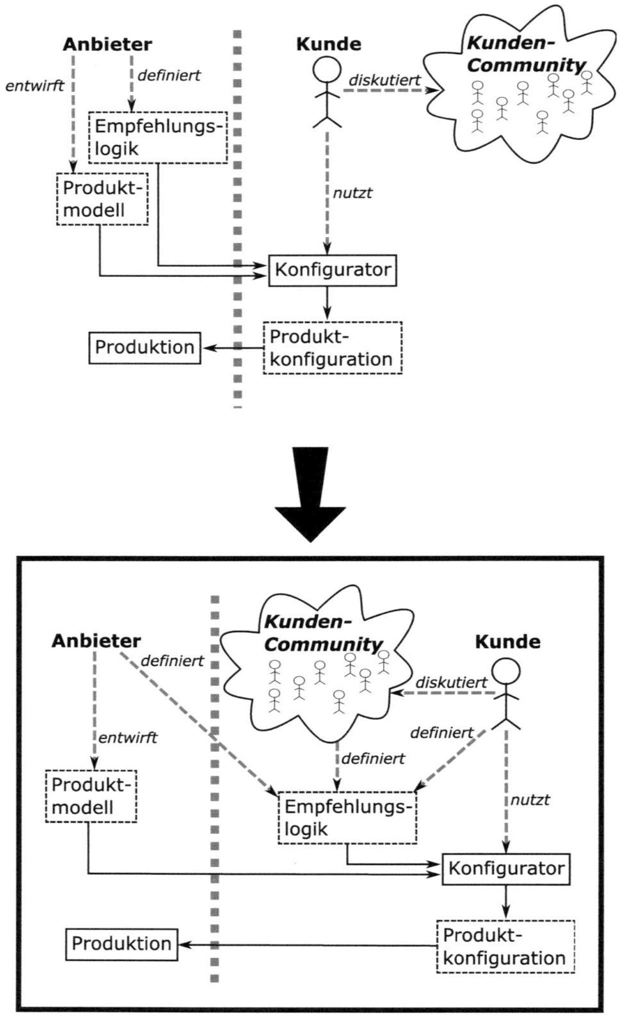

Abbildung 5.1. Verschiebung der Verantwortlichkeiten für die Definition und Auswahl der Empfehlungslogik

Letztendlich wirkt sich dies natürlich auch positiv auf das Erleben der Konfigurationssitzung aus. Größere Systemoffenheit gestaltet die Konfigurationssitzung insofern dynamischer, als dass sie dem Kunden mehr Möglichkeiten zur Einflussnahme erlaubt. Insbesondere interessierte Menschen werden so den Konfigurationsprozess als positives Erlebnis länger in Erinnerung behalten.

5.1.2. Das Rollenmodell

Dieser Abschnitt beschreibt das für den Lösungsansatz relevante Rollenmodell, welches die Hauptrollen der in der weiteren Lösungsdokumentation vorgestellten Prozesse benennt und die Hauptakteure der Interaktionsprozesse identifiziert. Weiterhin dokumentiert das Rollenmodell zu jedem Akteur seine wesentlichen Aufgaben und Verantwortlichkeiten und legt dessen Verhältnis zu den anderen Rollen fest. Das Rollenmodell gibt ein vereinfachtes Verständnis der realen, komplexen Nutzerstruktur wieder.

Vor der Erläuterung der einzelnen Rollen möchte ich das Konzept der Community als organisierendes Element webbasierter Interaktion vorstellen. Richter und Koch (2007) definieren den Begriff der *Community* folgendermaßen:

> **Definition 5.1 (Community):** *„[Eine Community ist eine] Gruppe von Benutzern mit gleichen oder ähnlichen Interessen oder Motiven, die bereit sind, sich gegenseitig zu unterstützen. Diese treten meist über Web-Portale virtuell miteinander in Kontakt.“*

Communities treten aufgrund der einfachen Interaktionsmöglichkeiten insbesondere in webbasierten Umgebungen auf. Dabei wird zwischen *Communities of Practice* und *Communities of Interest* unterschieden. Erstere formieren sich durch die Arbeit an einer gemeinsamen Aufgabe. In meinem Lösungsmodell sind dies Menschen mit dem Wunsch, die Empfehlungslogik in einem Konfigurator optimal zu gestalten. Dabei steht der Wunsch, eine optimale Empfehlungsfunktionalität zu entwerfen und sich so in die Gemeinschaft zum Nutzen aller einzubringen, im Vordergrund. Der zweite Communitytyp entsteht in Situationen, in denen sich Nutzer gleichen Interesses zusammenschließen, beispielsweise motorrad- oder fahrradbegeisterte Menschen, um über mögliche Ausflugsziele oder Produktalternativen zu diskutieren.

Eine wichtige Eigenschaft von Communities ist ihre relativ lose Zusammensetzung. Die Zahl der beteiligten Personen kann dabei sehr hoch sein, ohne dass sich alle Mitglieder untereinander kennen müssen. Ebenso besteht kein Zwang zur Kooperation. Einem Communitymitglied steht es frei, ob es seine Produkte mit oder ohne Mithilfe anderer Communitymitglieder konfiguriert. Eine Community öffnet also Möglichkeiten zur Interaktion, ohne dabei die Zwänge von *Gruppen* und *Teams* aufzubauen (vgl. Schlichter et al. 1998).

Für meinen adaptiven Empfehlungsansatz gruppieren sich in den Communities alle Personen, die an der Produktkonfiguration und der Verwendung der Empfehlungsfunktionalität interessiert und beteiligt sind. Communities dienen dabei als Medium der Kommunikation zum Austausch von Erfahrungen, Meinungen oder technischem Konfigurationswissen. Die Anzahl der sich entwickelnden Communities hängt von den individuellen Interessen sowie den angebotenen Produkttypen innerhalb des Konfigurators ab.

Ich sehe Communities insbesondere *unabhängig vom eigentlichen Konfigurator*, da sich Personen auch über Anbietergrenzen hinweg zusammenschließen können. Solche Communities dienen den Mitgliedern als Kommunikationsmedium, ohne direkt an die Konfiguration und den Kauf eines bestimmten Produktes gebunden zu sein. Eine Community der Rennradbegeisterten kann sich beispielsweise so auf mehr als nur einen Anbieter konzentrieren und die Vor- und Nachteile der unterschiedlichen Anbieter und ihrer Produktmodelle gegeneinander abwägen. Abbildung 5.2 zeigt schematich, dass der Fokus hier auf der Community und nicht auf genau einem Anbieter und seinem Konfigurator liegt.

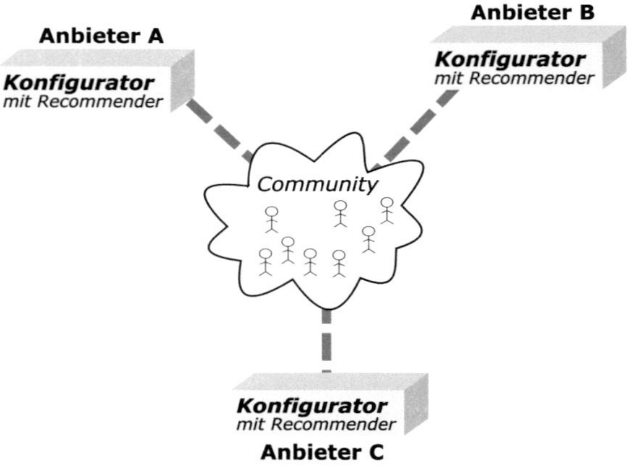

Abbildung 5.2. Eine Community interagiert mit mehreren Anbietern

Communities unterstützen meinen Lösungsansatz, da sie den Mitgliedern erlauben, sich gegenseitig in der Definition der Empfehlungslogik unabhängig vom Anbieter zu helfen. Communities als Interaktionsmöglichkeit zur gemeinsamen Definition von Empfehlungslogiken erlauben also das Engagement sehr interessierter und aktiver Nutzer bei mehreren Anbietern und den Austausch von Methodenwissen. Dabei nimmt jedes Mitglied mindestens eine Rolle des folgenden Rollenmodells wahr.

Im Fokus der einzelnen Rollen steht die Beschreibung ihrer Wünsche und Ziele hinsichtlich der Nutzung der Empfehlungsfunktionalität. Für mein Modell habe ich die sieben in den folgenden Unterabschnitten beschriebenen Nutzerrollen identifiziert. Die Rollen werden im Wesentlichen unter den zwei Aktivitätsgesichtspunkten *Konfiguration* und *Nutzung und Definition der Empfehlungsfunktionalität* vorgestellt und untergliedern sich in zulieferer-, anbieter- und kundenseitige Rollen. Abbildung 5.3 zeigt den Rollenüberblick.

5.1.2.1. Standardkunde

Die Rolle des *Standardkunden* ist der Kundenseite zugeordnet und wird von der Masse der Anwender eingenommen. Ein solcher Anwender besitzt bezüglich des in der Community diskutierten Produktspektrums gar kein oder lediglich duchschnittliches technisches Know-How. Er ist

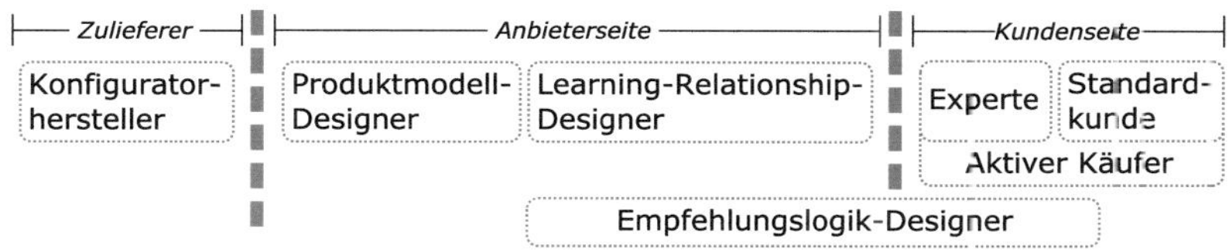

Abbildung 5.3. Das modifizierte Rollenmodell

über die meiste Zeit hinweg passives Mitglied. Seine Aktivität wird hauptsächlich durch persönliche Bedürfnisse im Kontext eines eigenen Produktkaufs bestimmt. Er weist ein niedriges bis mittleres Involvement in den Konfigurationsprozessen auf. Aus diesem Grund möchte er einfach gestaltete Prozesse vorfinden und wünscht sich eine weitestgehend automatisierte Durchführung der Empfehlungsvorgänge.

Den Konfigurator sieht er als Mittel zum Zweck und hat kein Interesse, sich mit den technischen Eigenschaften der Personalisierung auseinanderzusetzen. Hilfestellungen bezüglich der Definition und Nutzung der Empfehlungsfunktionalität aus der Community oder vom Konfigurationssystem sind bei ihm sehr willkommen.

Seine Aktivität in der Community begrenzt sich auf die Zeiten, zu denen er selbst ein Produkt konfiguriert und kauft. Er liefert dabei eventuell Feedback zur Güte des Produktes. In Diskussionen bringt er sich sporadisch ein und vertritt dabei seine eigenen Interessen. Häufig gehört dieses Communitymitglied eher zu den zahlreichen passiven Teilnehmern.

Sein vorderstes Interesse ist die Befriedigung persönlicher Bedürfnisse bei der Konfiguration eines eigenen Produktes.

5.1.2.2. Experte

Die Rolle des *Experten* ist der Kundenseite zugeordnet und unterscheidet sich grundlegend von der des *Standardkunden*. So wird es in ein und derselben Community keinen Nutzer geben, der diese beiden Rollen gleichzeitig trägt. Das in der Community diskutierte Produktspektrum hat eine hohe persönliche Bedeutung für den Experten. In Konfigurationsphasen zeichnet er sich durch ein hohes Involvement aus. Er ist technisch versiert, hat fundierte Produktmodellkenntnisse und kann Produktmodellvarianten unterschiedlicher Anbieter fundiert vergleichen. Seine Sichtweise und Einschätzung bezüglich des Produktes und dessen Eigenschaften sind grundsätzlich unabhängig vom eigentlichen Anbieter.

Der Konfigurator bietet dem Experten eine extensive Sicht auf die unterschiedlichen Möglichkeiten des Produktmodells. Der Experte nutzt dieses Instrument zur detaillierten Konfiguration seines Produktes und übt dabei sehr viel eigenen Einfluss aus, um ein für ihn optimales Produkt zusammenstellen zu können.

Der Experte nutzt die Empfehlungslogik, um sich basierend auf seinem Nutzerprofil eine Konfiguration vorschlagen zu lassen, die er danach noch weiter verfeinert. Damit die Empfehlungslogik für ihn von Nutzen ist, muss sie bereits im ersten Schritt einen sehr guten Vorschlag liefern, da die detaillierte Nachkorrektur einer vollständig manuellen Konfiguration gleichkäme. Aus diesem Grund hat der Experte ein hohes Interesse an einer optimal definierten Empfehlungsfunktionalität. Mit hoher Wahrscheinlichkeit wird er sich selbst in die Festlegung der Empfehlungslogik einbringen. Dabei ist auch das persönliche Interesse vorhanden, mit den Einstellmöglichkeiten der Empfehlungslogik herumzuspielen.

In der Community stellt er einen sogenannten *Lead User* dar. Dieser durch den Bereich *Open Innovation* geprägte Begriff bezeichnet Kunden, die sich in die Innovationsprozesse des Unternehmens einbringen. Die Definition der Empfehlungslogik ist ein solcher Innovationsprozess, da er dem Anbieter hilft, die Qualität der Empfehlungen zu steigern und somit die Kundenzufriedenheit zu erhöhen.

Der Experte tritt in der Community häufig als aktives Mitglied auf, auch wenn er gerade selbst keinen Produktkauf durchführt. Er möchte sich einbringen und anderen Mitgliedern der Community helfen. Dieser Gedanke der freien Mitarbeit findet sich beispielsweise in vielen Open-Source-Projekten wie etwa dem freien Betriebssystem Linux oder der öffentlichen Enzyklopädie Wikipedia[1] wieder. Das Einbringen in die Community durch Hilfestellungen für andere Mitglieder bringt dem Experten persönliche Befriedigung, die durch eine höhere soziale Akzeptanz und das positive Feedback der unterstützten Person motiviert ist.

Das Hauptinteresse des Experten gilt der optimalen Zusammenstellung eigener Produktkonfigurationen sowie der Bereitstellung seines Know-Hows für andere Communitymitglieder.

5.1.2.3. Aktiver Käufer

Die Rolle des *aktiven Käufers* ist kundenseitig angesiedelt und eine Nebenrolle zum *Experten* oder *Standardkunden*. Ein Communitymitglied nimmt diese Rolle während der Phase eines Produktkaufprozesses ein. Sie identifiziert also die Personen, die gerade ein Produkt konfigurieren und dabei möglicherweise die Empfehlungsfunktionalität nutzen.

Das Interesse des aktiven Käufers ist die Durchführung der Konfiguration, die als Ergebnis ein optimal auf seine Bedürfnisse zugeschnittenes Produkt hat.

5.1.2.4. Learning-Relationship-Designer

Die Rolle des *Learning-Relationship-Designers* wird von der Anbieterseite wahrgenommen. Der Inhaber ist die Schnittstelle zwischen den Kunden und dem Anbieter. Er vereint verschiedene Formen und Quellen von Wissen. Zum einen besitzt der Learning-Relationship-Designer ein gutes technisches Verständnis vom Produktmodell, jedoch nicht notwendigerweise vom Produktionsvorgang. Weiterhin kennt er die CRM-Methoden des Unternehmens und weiß um die vorhandenen Nutzerprofildatenbanken und der darin verwendeten Nutzermodellierungsmethoden. Schließlich kennt diese Person die Möglichkeiten und Fähigkeiten der Empfehlungsfunktionalität und kann diese geeignet definieren.

[1] http://de.wikipedia.org (Stand: 30.9.2009)

In der Community tritt der Learning-Relationship-Designer als Vertreter des Anbieters auf und gibt Hilfestellungen zur Produktkonfiguration sowie zur Definition der Empfehlungslogik. Die Kommunikationsplattform der Community selbst muss dabei nicht notwendigerweise vom Anbieter geführt werden. Öffentliche Kommunikationsplattformen mit Wiki- und Blog-Funktionalitäten erlauben heutzutage freie Diskussionen beliebiger Art auf eigens dafür entwickelten Systemen. Unternehmen treten dort eher als Vertreter der eigenen Interessen denn als Kontrolleure der Kommunikation auf. Der Learning-Relationship-Designer betreut möglicherweise eine ganze Reihe solcher Communities, unabhängig von ihrem Spezialisierungsfokus.

Der Learning-Relationship-Designer hat durch seine Arbeit zwar einen guten Kontakt in die Kundschaft, aufgrund des Arbeitsumfangs kann es jedoch nicht seine Aufgabe sein, für jeden Produkt- und Kundentyp eine passende Empfehlungslogikdefinition zu erstellen. Damit die Empfehlungslogik jedoch nicht vollständig in Kundenhand liegt, ist die Aufgabe des Learning-Relationship-Designers die Erstellung einer möglichst allgemeingültigen *Standardlogik*, um Empfehlungen grundsätzlich zu ermöglichen.

Die Hauptaufgabe des Learning-Relationship-Designers ist die Vertretung der Interessen und Marktstrategie des Unternehmens. Er ist für die grundlegende Umsetzung und Ermöglichung der Empfehlungsfunktionalität im Produktkonfigurator zuständig und schafft die Verbindung zwischen denen im Unternehmen vorliegenden Nutzerprofildaten und der Empfehlungsfunktionalität.

5.1.2.5. Produktmodell-Designer

Der *Produktmodell-Designer* ist der Anbieterseite zugeordnet und hat die primäre Aufgabe, Produktmodelle zu entwerfen und auf den Konfigurator abzustimmen. Er hat ein profundes technisches Wissen vom Produkt und kann die Konfigurationsmodelleigenschaften in Anweisungen zur Produktion übersetzen. Sein Hauptfokus liegt auf der Realisierung eines ordentlichen Produktionsablaufs. Er hat keinen Einfluss auf die Definition der Empfehlungslogik.

In der Kundencommunity treten Inhaber dieser Rolle selten auf, da ihr Fokus nicht auf der Kundenbetreuung, sondern auf der Realisierung der Produktionsprozesse liegt.

Das Hauptinteresse des Produktmodell-Designers gilt der Erstellung eines Produktmodells, das die gewünschten Produktfähigkeiten beschreibt. Die Produzierbarkeit der im Rahmen des Produktmodells formulierbaren Produktkonfigurationen muss in der Produktion gewährleistet sein.

5.1.2.6. Empfehlungslogik-Designer

Der *Empfehlungslogik-Designer* definiert Empfehlungslogiken für den Empfehlungsvorgang. Diese Nebenrolle kann sowohl von Personen der Kunden- als auch der Anbieterseite eingenommen werden. Der Empfehlungslogik-Designer verfügt über gutes technisches Know-How im Produktbereich sowie bei der Zusammenstellung der Empfehlungslogik. Standardkunden werden diese Rolle nur sehr selten wahrnehmen, da ihnen das Prozesswissen zur Erstellung einer eigenen Empfehlungslogik fehlt.

In der Community treten sie als sehr aktive Nutzer auf, die einen wesentlichen Beitrag zur Verbesserung der eigenen und der von anderen definierten Empfehlungslogiken leisten. Die dabei vertretenen Interessen ergeben sich aus ihrer wahrgenommenen Hauptrolle.

5.1.2.7. Konfiguratorhersteller

Der *Konfiguratorhersteller* ist ein Zulieferer des Anbieters und stellt den generischen Produktkonfigurator bereit. Durch den Konfiguratorhersteller wird das *Produktmetamodell*, also der Rahmen, in dem Produktmodelle formuliert werden können, vorgegeben. Ein Bestandteil des generischen Konfigurators ist die adaptive Empfehlungsfunktionalität, die dem hier vorgestellten Konzept entspricht.

Das Ziel des Konfiguratorherstellers ist die Entwicklung eines generischen Konfigurationssystems einschließlich der Empfehlungsfunktionalität, die genauso wie der Konfigurationsvorgang auf beliebige Produktmodellkontexte übertragen werden kann.

5.1.3. Das erweiterte Interaktionskonzept zwischen Anwender und Konfigurator

Mit der Integration einer adaptiven Recommenderfunktionalität und der damit einhergehenden Verschiebung der Verantwortlichkeiten ändert sich auch das grundlegende Interaktionskonzept des Konfigurators während der *Konfigurationsphase*. In Abbildung 5.4 habe ich den schematischen Aufbau des erweiterten Konfigurationsprozesses einschließlich der Ansteuerung der Empfehlungsfunktionalität dargestellt.

Als mögliche Akteure dieses Prozesses treten der *Experte*, der *Standardkunde* sowie der *Learning-Relationship-Designer* auf. Je nach der zugeordneten Nebenrolle *aktiver Käufer* oder *Empfehlungslogik-Designer* durchlaufen sie den Prozess, um ein Produkt zu konfigurieren oder um die Empfehlungslogik zu verwalten. Diese beiden Teilprozesse sind in der Abbildung durch graue Rechtecke hinterlegt. Die Übergänge zwischen den Einzelaktivitäten sind durch gerichtete Pfeile, die Entscheidungen durch Rauten gekennzeichnet. Der Prozess beginnt mit der *Selektion des Produktmodells* und endet in der rechten unteren Ecke im Kreissymbol. Prozessabbrüche sind der Einfachheit halber nicht dargestellt. Die dicken, getrichelten schwarzen Linien gehen von Aktivitäten aus, in denen der Akteur Einfluss auf die Empfehlungslogik nimmt. Die im Prozess schwarz hinterlegten, eingekreisten Zahlen nutze ich im folgenden Text zur Beschreibung des Prozessablaufs.

Der Begriff *ReCoKit* ist die Bezeichnung der technische Realisierung meines Lösungsansatzes und steht für ***Re****commender* ***Co****nstruction* ***Kit***. Das ReCoKit ist als Unterstützungsfunktionalität in den Konfigurator integriert. Der Name ReCoKit leitet sich von der Idee eines Baukastensystems ab, das die freie Zusammenstellung der Empfehlungslogik gewährleistet.

Die weitere Realisierung dieses neuen Interaktionskonzeptes unterliegt den folgenden zwei wichtigen Grundannahmen. Mit ihnen möchte ich herausstellen, dass die Empfehlungsfunktionalität als Zusatz und Hilfestellung im Konfigurationsprozess dienen soll und den Konfigurationsprozess nicht grundsätzlich erschweren darf:

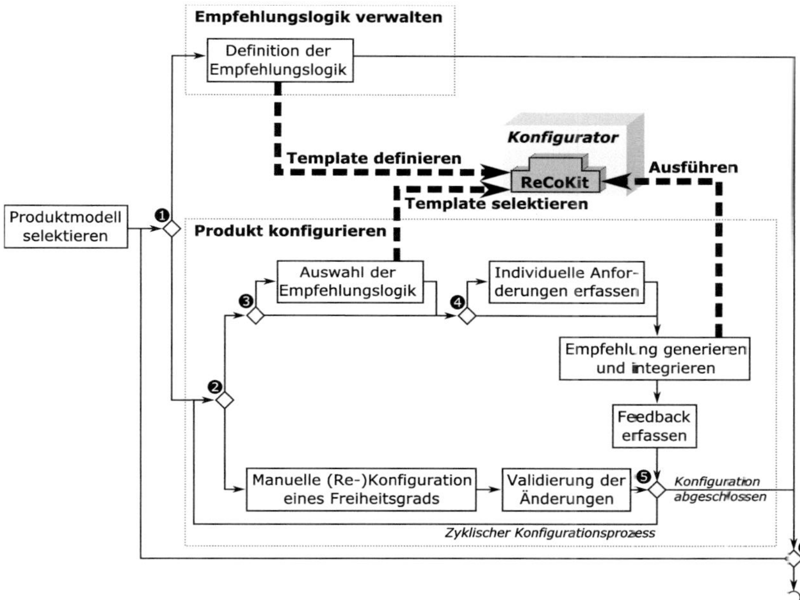

Abbildung 5.4. Das erweiterte Interaktionskonzept mit adaptiver Empfehlungsfunktionalität

1. Die Einflussmöglichkeiten des Nutzers auf den Empfehlungsprozess sind optional. Die Nutzung der Empfehlungsfunktionalität muss auch ohne viel Aufwand möglich sein.

2. Die Konfiguration darf unter Einbindung der Empfehlungsfunktionalität nicht schwieriger werden. Insbesondere der Standardkunde würde ansonsten von der Konfiguration abgeschreckt werden.

5.1.3.1. Das neue Interaktionskonzept im Detail

Die Interaktion mit dem Konfigurator beginnt mit der *Selektion des Produktmodells*, das sowohl für die „Verwaltung der Empfehlungslogik" als auch für die „Konfiguration eines Produktes" notwendig ist, da sowohl die Empfehlungslogik als auch der Konfigurationsvorgang immer genau einem Produktmodell zugeordnet sind. Für die Empfehlungslogik resultiert diese Zuordnung aus der bereits argumentierten Spezialisierung auf den Produkt- und Kundentyp, von denen ihre Effektivität und Genauigkeit abhängt.

Am Punkt ❶ entscheidet sich der Nutzer zwischen den Teilprozessen „Empfehlungslogik verwalten" und „Produkt konfigurieren". Die Verwaltung der Empfehlungslogik ist losgelöst von der Produktkonfiguration und wird durch den in der Abbildung oben dargestellten Teilprozess abgedeckt. Darin spezifiziert der Anwender die Empfehlungslogik, indem er die zu nutzenden

Personalisierungsalgorithmen und deren Kombination untereinander festlegt. Das Ergebnis dieses Teilprozesses ist ein „Programm“, das das ReCoKit während des Empfehlungsvorgangs steuert. Es legt detailliert fest, wie eine Empfehlung zu generieren ist. Dieses „Programm“ bezeichne ich im Folgenden als *ReCoKit-Template*[2]. Für jedes Produktmodell können eine beliebige Anzahl von ReCoKit-Templates existieren, ihre Verwaltung erfolgt getrennt vom Produktmodell.

Entscheidet sich der Anwender am Punkt ❶ dagegen für die Konfiguration eines Produktes, so wird der untere Teilprozess abgearbeitet, der sich genauso wie der herkömmliche Konfigurationsprozess durch einen zyklischen Ablauf auszeichnet. Dabei werden im Wesentlichen nacheinander alle Freiheitsgrade des vorliegenden Produktmodells mit Selektionen besetzt. Das Ergebnis ist eine Produktkonfiguration als Grundlage für den Kaufauftrag und die Produktion. Diese beiden Aktivitäten habe ich der Einfachheit halber nicht dargestellt. Sie würden sich an die Fertigstellung der Konfiguration, dargestellt im Entscheidungspunkt ❺, anschließen.

Nach dem Start eines Konfigurationsvorgangs gelangt der Kunde an den Punkt ❷. Der Konfigurator erstellt dafür ein auf dem gewählten Produktmodell basierendes neues Konfigurationsmodell und stellt dieses dem Kunden in geeigneter Form dar. Der Kunde kann im Konfigurationsmodell frei navigieren und einzelne Freiheitsgrade festlegen, wobei er sich am Punkt ❷ zwischen der manuellen und der automatisierten Variante entscheidet. Für die *manuellen (Re-)Konfiguration eines Freiheitsgrads* wählt sich der Kunde aus dem dargestellten Produkt einen Freiheitsgrad aus und editiert diesen in gewohnter Form. Unmittelbar danach schließt sich ein *Validierungsvorgang der Änderungen* an. Dort wird geprüft, ob die Modifikation mit den im Produktmodell formulierten Constraints übereinstimmt. Sollten Inkonsistenzen auftreten, so werden diese mit Hilfe des Nutzers oder automatisch – je nach Realisierung des Konfigurators – behoben.

Entscheidet sich der Kunde am Punkt ❷ dagegen für die automatisierte Konfigurationsvariante, wird die Empfehlungsfunktionalität aktiviert, wobei das ReCoKit zur Anwendung kommt. An Punkt ❸ entscheidet der Kunde, ob er die *Empfehlungslogik selbst auswählen* oder automatisch bestimmen lassen möchte. Hier wird also das ReCoKit-Template selektiert. Wohlgemerkt ist diese Entscheidung optional, um den Kunden nicht zu überfordern. Für die automatisierte Auswahl von ReCoKit-Templates existieren die bereits erwähnten Standardtemplates sowie das Konzept der *Meta-Personalisierung* (vgl. Abschnitt 5.1.4). Kunden mit hohem Involvement wählen das ReCoKit-Template dagegen selbst aus.

Anschließend gelangt der Kunde an Entscheidungspunkt ❹, an dem er die in Anforderung A-2 (Seite 114) formulierten Steuerungseinflüsse zu dem Empfehlungsvorgang eingeben kann. Solche Einflüsse umfassen beispielsweise die Festlegung des Vervollständigungsmodus oder des Produktbereichs, für den eine Empfehlung generiert werden soll. Auch diese Aktivität ist optional, um eine Überforderung des Kunden auszuschließen.

Nun wird durch den Konfigurator der Teilprozess *Empfehlung generieren und integrieren* angestoßen. Währenddessen findet keine Kunde-Konfigurator-Interaktion statt; es läuft lediglich ein einzelner Empfehlungsvorgang im ReCoKit ab. Dieser Empfehlungsvorgang wird durch die folgenden Daten beeinflusst:

---

[2]template (engl.)=Vorlage, Schablone

1. Die ausgewählte Empfehlungslogik, also das ReCoKit-Template,
2. die individuellen Steuerungseinflüsse,
3. das Konfigurationsmodell einschließlich der bisher eingefügten Veränderungen sowie
4. alle vorhandenen Nutzerprofildaten.

Diese Informationen bilden die Grundlage für jeden Empfehlungsprozess. Das ReCoKit-Template steuert dabei den internen Ablauf der Empfehlungslogik. Alle anderen Daten finden bei der Ausführung der Empfehlungslogik Anwendung. Während des Empfehlungsvorgangs wird das Konfigurationsmodell durch die Logik verändert, also auf die individuellen Bedürfnisse des Kunden angepasst. Somit stellt das veränderte Konfigurationsmodell auch das Empfehlungsergebnis dar. Alle Modifikationen an diesem Modell durchlaufen einen automatisierten Validierungs- und Korrekturprozess, so dass das Empfehlungsergebnis eine valide Grundlage für den weiteren Konfigurationsprozess darstellt.

Im Anschluss an den Empfehlungsvorgang stellt der Konfigurator dem Kunden das Ergebnis dar und erfasst sein Feedback bezüglich der generierten Vorschläge. Dies erfolgt implizit oder explizit. Mit dem Feedback soll das Maß der Kundenzufriedenheit erhoben werden, um eine Bewertung der Güte des verwendeten ReCoKit-Templates zu erhalten. Das Erfassen des expliziten Feedbacks bildet den Abschluss eines einzelnen Empfehlungsvorgangs.

Im Entscheidungspunkt ❺ laufen die Teilaktivitäten der manuellen und automatisierten Konfiguration wieder zusammen. Ist das Produkt noch nicht vollständig konfiguriert, so wird am Entscheidungspunkt ❷ fortgefahren.

Liegt am Entscheidungspunkt ❺ eine vollständige Produktkonfiguration vor, so kann der Konfigurationsprozess abgeschlossen und das Produkt in Auftrag gegeben werden. Diese nicht mehr dargestellten Teilaktivitäten sind Bestandteil des umfassenden Einkaufsprozesses für individualisierbare Produkte (vgl. Abbildung 3.3, Seite 68).

5.1.3.2. Vergleich mit den herkömmlichen Abläufen

Die wesentlichen Neuerungen meines Prozesses sind im Vergleich zum herkömmlichen Interaktionsprozess in Abbildung 3.4 (Seite 70) erkennbar. Beide Prozesse beginnen mit der Auswahl eines Produktmodells und enden mit der Auftragserteilung.

Eine wesentliche Neuerung ist die Einführung eines zur Konfiguration parallel laufenden Teilprozesses für die „Verwaltung der Empfehlungslogik". Im herkömmlichen Prozess war dieses nicht notwendig, da die Empfehlungsfunktionalität vorab starr festgelegt wurde. Weiterhin habe ich im Konfigurationsprozess die zwei alternativen Pfade *manuelle* und *automatische Konfiguration* modifiziert. Insbesondere die *automatische Konfiguration* wurde auf das Konzept der adaptiven Empfehlungsfunktionalität abgestimmt und vereinfacht die Nutzung für den Kunden, da die Validierungsaktivität nun automatisiert erfolgt. Als Vorbereitung zum Empfehlungsvorgang kann der Konfiguratornutzer jetzt nicht nur individuelle Anforderungen angeben, sondern auch die Empfehlungsfunktionalität bestimmen. Die im herkömmlichen Prozess fehlende Erfassung von Feedback schließt sich nun direkt dem Empfehlungsvorgang an.

Mein Prozess trennt also die manuelle und empfehlungsbasierte Konfiguration besser auf und erlaubt die Definition und Anwendung spezieller Empfehlungslogiken. Dies bedeutet im Hinblick auf den langfristigen Lebenszyklus personalisierter Systeme (vgl. Abbildung 2.4, Seite 37) einen Wandel zur schnelleren und besseren Reaktionsfähigkeit auf individuelle Anforderungen an die Empfehlungslogik. Mein Modell bricht die Starrheit des herkömmlichen Prozesses auf, indem nun die Möglichkeit besteht, die Empfehlungslogik im laufenden Betrieb zu adaptieren. Dies hat folgenden Vorteile:

1. Die notwendige Reaktionszeit zur Optimierung der Empfehlungsfunktionalität wird deutlich verkürzt.
2. Sowohl ambitionierte Nutzer als auch der Konfiguratoranbieter können Empfehlungslogik definieren, so dass auf eine breitere Expertise zurückgegriffen und die Arbeitslast verteilt wird.
3. Die Empfehlungslogik kann produkt- und kundenspezifisch optimal ausgerichtet werden und erlaubt so innerhalb der Empfehlungsvorgänge eine bessere Übersetzung der individuellen Bedürfnisse in Konfigurationsvorschläge.

Abschließend möchte ich noch darauf hinweisen, dass das von mir erarbeitete kontinuierliche Nutzungsmodell personalisierter Systeme (vgl. Abbildung 2.5, Seite 39) weiterhin Gültigkeit behält und durch mein Modell der adaptiven Empfehlungsfunktionalität ergänzt wird. Das neue Interaktionsmodell steht dabei nämlich orthogonal zum allgemeinen Nutzungsmodell und spezifiziert lediglich die Vorgänge in der Personalisierungskomponente genauer. Der herkömmliche Zyklus aus Wissensmanagementprozessen und Personalisierungsphase ist weiterhin notwendig, da auch in meinem Baukastensystem die bekannten Personalisierungsalgorithmen Anwendung finden werden. Lediglich die Empfehlungsfunktionalität wird in einer adaptierbaren Form definiert.

5.1.4. Meta-Personalisierung

Das Konzept der *Meta-Personalisierung* rundet mein Recommendersystemmodell ab und bringt die sich auf den ersten Blick widersprechenden Forderungen nach Entlastung des Kunden auf der einen und der detaillierten Festlegung der Empfehlungslogik auf der anderen Seiten in Einklang.

Grundsätzlich sieht die Meta-Personalisierung den in Abbildung 5.5 dargestellen *zweistufigen, automatisierten Empfehlungsprozess* vor. Für den Standardkunden ist die Definition und Auswahl einer geeigneten Empfehlungslogik zur Steuerung des ReCoKits viel zu aufwendig und komplex. Der zweistufige Meta-Personalisierungsprozess nimmt dem Kunden die Auswahl der Empfehlungslogik ab, indem dem Kunden in der ersten Stufe die für ihn und sein zu konfigurierendes Produkt passende Empfehlungslogik (i.e. ReCoKit-Template) vorgeschlagen wird. In der zweiten Stufe findet das vorgeschlagene ReCoKit-Template durch das ReCoKit im eigentlichen Empfehlungsvorgang für Konfigurationsvorschläge Anwendung.

Der Begriff der *Meta-Personalisierung* motiviert sich aus der Tatsache, dass der *automatisierte Auswahlvorgang der Empfehlungslogik* selbst wiederum einen eigenen, separaten Empfehlungsprozess darstellt. Nur werden in diesem Prozess keine Konfigurationseinstellungen am Produkt,

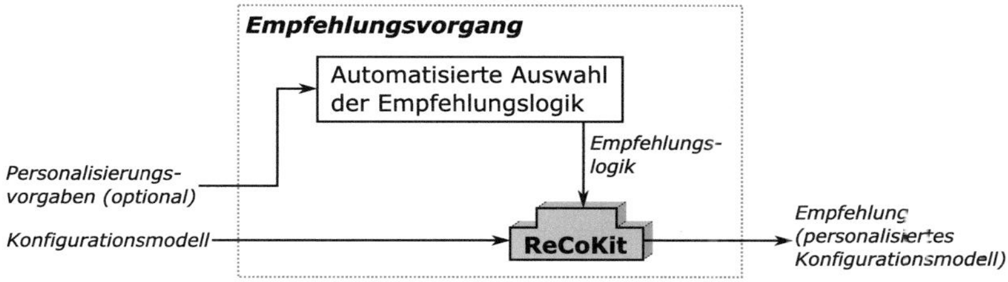

Abbildung 5.5. Hybridisierungsmethode der Meta-Personalisierung

sondern ReCoKit-Templates vorgeschlagen. Algorithmisch geschieht dies auf der Grundlage der nach den Konfigurationsmodellempfehlungen gemessenen Kundenzufriedenheit. Dafür wird eine kontextbasiert-kollaborative Technik eingesetzt. Der Kunde kann diesen Prozess durch die Angabe weiterer *Personalisierungsvorgaben* wie etwa den Bereichsfestlegungen im Produkt beeinflussen.

Die Meta-Personalisierung stellt ein grundsätzlich neues Personalisierungskonzept dar und ist in der Literatur so noch nicht vertreten. Sie ergänzt die Liste der in Abschnitt 2.4.3.5 aus Burke (2002) vorgestellten Hybridisierungsmodi durch die neue Kategorie „Meta-Logik", die sich insbesondere von der ähnlich erscheinenden Kategorie „Meta-Level" unterscheidet. Die Meta-Level-Hybridisierung geht nach Burke von einer starren Festlegung der kombinierten Personalisierungsalgorithmen aus, wohingegen mein Konzept der Meta-Logik-Hybridisierung definitiv eine adaptierbare Algorithmenstruktur vorsieht.

5.1.5. Wesentliche Facetten der Realisierung

Aus dem vorgestellten Modell werde ich nun die Facetten der Realisierung ableiten, die in den nächsten Abschnitten erörtert werden. Abbildung 5.6 zeigt die drei von mir gewählten Perspektiven auf die Realisierung: die technische Umsetzung des *ReCoKits* (vgl. Abschnitt 5.2), die *Nutzungsprozesse* für die Anwender (vgl. Abschnitt 5.3) und die *Integration* in die existierende Konfiguratorumgebung (vgl. Abschnitt 5.4).

❶ Das ReCoKit stellt die technische Realisierung der Empfehlungskomponente dar. Sie wird in den Konfigurator eingebunden und durch den Kunden bedient. Die Aufgabe des ReCoKits ist die Berechnung von Empfehlungen gemäß der im Interaktionskonzept beschriebenen Abläufe. Intern ist es als Baukastensystem von Einzelfiltern realisiert. Die Beschreibung des ReCoKits in Abschnitt 5.2 umfasst seine inneren und äußeren programmatischen Schnittstellen, die Kombinationsmöglichkeiten des Baukastens sowie die Semantik des Empfehlungsvorgangs und der Meta-Personalisierung.

❷ Daran schließt sich die Erörterung der Mensch-Maschine-Interaktionsprozesse in Abschnitt 5.3 an. Dafür werden die im Interaktionskonzept vorgestellten Teilprozesse „Verwaltung der Empfehlungslogik" und „Produkt konfigurieren" durch detaillierte Nutzungsprozesse genauer ausgefüllt. Die dort vorgestellten Nutzungsprozesse ergänzen die herkömmliche Interaktion zwischen dem Konfigurator und dem Anwender.

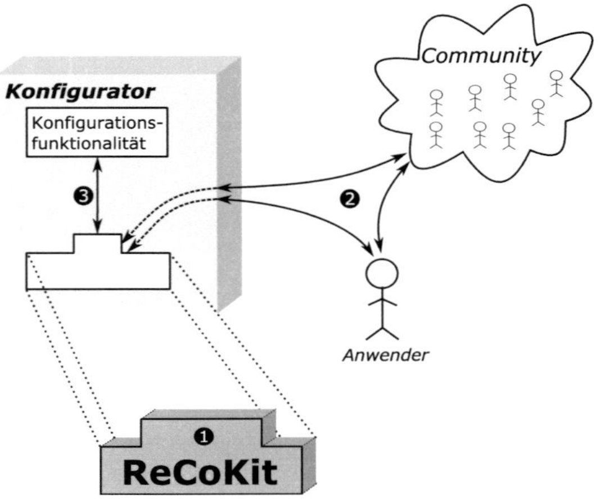

Abbildung 5.6. Perspektiven des Realisierungskonzeptes

❸ Das Realisierungskonzept schließt mit der technischen Integration des ReCoKits in den existierenden Konfigurator. Für die Realisierung des ReCoKits wird von einer vollständig funktionsfähigen Konfigurationsumgebung ausgegangen, die eine manuelle Selbstkonfiguration erlaubt. Abschnitt 5.4 dokumentiert, wie die Schnittstellen eines solchen Konfigurationssystems auf mein Lösungskonzept angepasst werden. Die Basis dafür bildet die Festlegung einer gemeinsamen Systemarchitektur.

Begleitet wird das Realisierungskonzept durch das Produktmodellbeispiel eines Fahrrads, anhand dessen ich Empfehlungsvorgänge und mögliche Problempunkte verschiedener Lösungsalternativen diskutieren werde. Ein Teil der technischen Funktionalität des ReCoKits wurde in einem Prototyp umgesetzt, anhand dessen in der Diskussion ein exemplarischer Empfehlungsvorgang demonstriert wird.

5.1.6. Technische Voraussetzungen der generischen Konfigurationsumgebung

Die Basis für die technische Realisierung meines *adaptiven Recommendersystems* ist eine beliebige generische Konfigurationsumgebung, die den in der Problemanalyse geschilderten Eingrenzungen genügt. Als Voraussetzung für diese Arbeit ist eine solche Umgebung durch zwei wesentliche Aspekte gekennzeichnet: der *Selbstkonfiguration* sowie der *Generizität*. Diese Konzepte übertragen sich auf die Realisierung des ReCoKits. So darf mein technisches Konzept keine Annahmen über den Kunden- oder Produkttyp machen. Als Softwarelösung muss das um das ReCoKit erweiterte generische Konfigurationssystem weiterhin in beliebigen Produktkontexten einsetzbar sein.

Um das ReCoKit in einer solchen Umgebung realisieren zu können, bedarf es einiger technischer Voraussetzungen, die durch das generische Konfigurationssystem bereitzustellen sind. Diese bilden die Grundlage meines Realisierungskonzeptes und lauten folgendermaßen:

Nutzerschnittstelle mit Konfigurationsfunktionalität: Das generische Konfigurationssystem verfügt über eine vollständig realisierte Nutzerschnittstelle mittels derer der Kunde alle notwendigen Konfigurationsschritte durchlaufen kann. Insbesondere umfasst diese die Darstellung des Konfigurationsmodells. Das generische Konfigurationssystem bietet sämtliche Funktionalitäten, um aus einem Produktmodell eine vollständige und konsistente Produktkonfiguration herzustellen.

Vollständiges Produktmodellierungskonzept: Das generische Konfigurationssystem bietet ein Produktmetamodell, in dessen Grenzen beliebige Produktmodelle formuliert werden können. Die in der Praxis derzeit gängigen Produktmetamodelleigenschaften wurden in Abschnitt 3.3.1 beschrieben. Meine Lösung wird sich auf diese Modellierungsmöglichkeiten stützen. Weiterhin leistet das Produktmodell die Validierung von Änderungen und hebt entstehende Konflikte selbständig hervor, die vom umgebenden System – sei es Nutzer oder Software – korrigiert werden müssen. Das Konfigurationssystem bietet weiterhin das Verständnis eines *Konfigurationsmodells*, das als Datencontainer für die während des Konfigurationsvorgangs durchgeführten Werteselektionen der Freiheitsgrade dient. Das Konfigurationsmodell ist die technische Basis für den Empfehlungsvorgang.

Produktdatenmanagement: Sämtliche im Konfigurations- und Kundenbetreuungsprozess anfallenden Daten werden vom Konfigurationssystem selbständig verwaltet.

Nutzerverwaltung und Zugriffskontrolle: Das generische Konfigurationssystem bietet Mechanismen zur Authentifizierung von Nutzern sowie Schutzmechanismen, die den Zugriff und die Modifikationsmöglichkeiten von Produktmodellen, Konfigurationsmodellen und Produktkonfigurationen kontrollieren.

Nutzerprofile: Der Anbieter verfügt über eine eigene Nutzerprofilverwaltung sowie Mechanismen zur Akquise der Profilinformationen. Im Konfigurationssystem existieren programmatische Schnittstellen, damit die Personalisierungsalgorithmen während des Empfehlungsvorgangs auf diese Daten zugreifen können.

Kundencommunities: Kundencommunities stellen im heutigen E-Commerce ein mächtiges Mittel zum Erfahrungsaustausch der Kunden untereinander dar. Sie werden vom Anbieter selbst oder auf externen Systemen bereitgestellt. Diese Communities bieten ein Forum für die Diskussion über sämtliche produktspezifischen Aspekte. Da Communities und soziale Netzwerke bereits in vielfältiger Form im Internet vorhanden sind, setze ich für die zu entwickelnde Recommenderfunktionalität die Existenz solcher Communities voraus.

Die Integration des ReCoKits erfolgt so weit wie möglich unter minimalen Veränderungen des generischen Konfigurationssystems. Datenmodellaspekte werden separat modelliert.

5.1.7. Einführung in das begleitende Fahrradbeispiel

Die Beschreibung des Realisierungskonzeptes wird durch das Beispiel eines Fahrradproduktmodells begleitet, um Lösungsalternativen gegeneinander abzuwägen sowie Sachverhalte besser verdeutlichen zu können. Die ausführliche Dokumentation des Beispiels findet sich in Anhang C. An dieser Stelle werden nun die wesentlichen Charakteristiken des Modells sowie notwendige Formalismen beschreiben.

Das Fahrradbeispiel stellt für diese Arbeit lediglich ein Erläuterungshilfsmittel dar und ist wohlgemerkt *nicht Bestandteil des Empfehlungskonzeptes* und in keiner Weise notwendig für dessen Umsetzung. Das Beispiel dient weiterhin als Grundlage für den exemplarischen Empfehlungsvorgang, der im entwickelten Prototyp ausgeführt und dessen Ergebnisse in der Diskussion erörtert werden.

Im Folgenden werde ich zuerst die Gründe schildern, warum die Entscheidung auf ein Fahrradproduktmodell gefallen ist. Anschließend erläutere ich die wesentlichen Charakteristiken des Produktmodells und die für die Arbeit wichtigen Begrifflichkeiten und Formalismen.

5.1.7.1. Warum ein Produktmodell für Fahrräder?

Auf E-Commerce-Plattformen verschiedenster Anbieter werden seit einigen Jahren viele unterschiedliche konfigurierbare Produkte angeboten. Das Produktspektrum reicht vom Müsli über Gartenlauben bis hin zu Automobilen oder Computern (vgl. Anhang B). Als Auswahlfaktoren für ein *geeignetes* Beispielproduktmodell waren für mich insbesondere die folgenden vier wichtig:

Komplexität: Unter die Bewertung der *Komplexität* fielen für mich die Anzahl der Komponenten, Freiheitsgrade und Constraints sowie deren Variation (Multiplizitäten, Wertetypen, Arten von Regeln). Die Produktmodellauswahl zielte darauf ab, bei geringer Komponenten- und Freiheitsgradanzahl so viele Variationen wie möglich abzudecken. Ein Produkt von geringer Komplexität hätte nicht genügend Variationen enthalten, um die allgemeine Anwendbarkeit meines Konzeptes zu demonstrieren. Ein zu komplexes Produkt hätte die Lesbarkeit dieser Arbeit zu stark beeinträchtigt.

Verständlichkeit und Vertrautheit: Aus Lesersicht spielten für mich weiterhin die *Verständlichkeit* sowie die *Vertrautheit* mit dem Produkt eine große Rolle. Für die Vermittlung meines Konzeptes war mir die Verwendung eines weit verbreiteten Alltagsproduktes wichtig, um eine allgemeine Produktkenntnis voraussetzen zu können. Ebenso sollten die im Produktmodell formulierten Strukturen und Beziehungen am realen Produkt relativ leicht nachvollziehbar und verständlich sein.

Realitätsnähe: Mit einer hohen *Realitätsnähe* des Beispielproduktmodells sollte die Praktikabilität meines Ansatzes gezeigt werden. Die Realitätsnähe ist ein wichtige Faktor für die Demonstration der Anwendbarkeit meines Empfehlungskonzeptes in kommerziellen Produktkonfigurationsumgebungen.

Eignung für die Verständlichmachung des Lösungsansatzes: Zu guter letzt musste das Produkt natürlich auch für die *Verständlichmachung des Lösungsansatzes* geeignet sein. Hierbei ging es mir insbesondere um die Möglichkeit, die Grenzen und Kernpunkte des Lösungsansatzes durch das Beispiel demonstrieren zu können, beispielsweise die Verwendung verschiedener Empfehlungsalgorithmen sowie deren Kombination.

Als Erläuterungsbeispiel habe ich mich deswegen für ein *Fahrradproduktmodell* entschieden. Ein Fahrrad wird allen Lesern als Fortbewegungsmittel bekannt sein; viele von ihnen werden mindestens eines besitzen. Aufgrund seiner technischen Konstruktion sind produktmodellinterne Zusammenhänge am realen Fahrrad leicht nachzuvollziehen. Häufig verfügen Leser sogar selbst über technisches Know-How, um einfache Reparaturen eigenständig durchzuführen. Im Gegensatz zum Auto oder zum Computer sind die meisten Bauteile eines Fahrrads sichtbar. Automobile sind nicht nur komplexer in ihrer konzeptionellen Beschreibung, die Übertragung des Produktmodells auf das reale Produkt ist auch deutlich schwieriger. Ich habe mich also insbesondere gegen die Verwendung eines Automobilproduktmodells entschieden, da weder ein solches Modell öffentlich vorliegt noch beim Leser ein breites technisches Verständnis zu erwarten ist.

Ein weiterer Grund für die getroffene Entscheidung war das durch den Konfiguratorhersteller *ConfigIT* bereitgestellte Fahrradproduktmodell. Aus diesem habe ich durch Strukturveränderungen, Zusammenfassung von Konsistenzbedingungen und Erweiterung fehlender Komponenten das hier verwendete Modell entwickelt. Da die Firma *ConfigIT* ihr Fahrradproduktmodell zusammen mit ihrem generischen Konfigurationssystem ausliefert, kann von einer hohen Realitätsnähe ausgegangen werden. Schließlich weist das Beispiel genügend Variationen auf, um die Facetten des Lösungsansatzes geeignet wiederzugeben. Es besitzt eine zweckdienliche Komplexität.

5.1.7.2. Wesentliche Eigenschaften des Produktmodells

Das Fahrradproduktmodell besteht aus 20 teilweise optionalen Komponenten, deren Zusammenstellung und Aufbau an das originäre Produktmodell von *ConfigIT* angelehnt ist. Die ausführliche Dokumentation des Modells findet sich in Anhang C. Abbildung C.1 (Seite 269) zeigt den strukturellen Aufbau des Modells. Jede Komponente besitzt eine handvoll Freiheitsgrade unterschiedlichen Wertetyps sowie variierender Multiplizität. Ein Großteil der Freiheitsgrade ist durch Aufzählungstypen realisiert, einige von ihnen wie etwa `Fahrrad.`*`Auftraggeber`* erlauben die freie Eingabe eines Wertes. Viele Komponenten werden durch eine Anzahl von Constraints, die in Form von Regeln und Relationen angegeben werden können, ergänzt.

Die im Produktmodell realisierte Funktionalität deckt die Bedürfnisse der meisten Verbraucher ab. Für den *`Fahrradtyp`* erlaubt es die Wahl zwischen `City Bike`, `Grandma Bike`, `Mountain Bike` und `Racing Bike`. BMX- oder Cruiser-Räder sind in diesem Modell aufgrund des Umfangs nicht eingeschlossen, ebensowenig professionelle Rennräder. Diese Ausschlüsse bedeuten durchaus realistische Annahmen, denn auch bei einer realen Mass Customization-Strategie obliegt es dem Anbieter, die im Produktmodell angebotene Funktionalität auf bestimmte Märkte, Zielgruppen sowie die eigenen Produktionsfähigkeiten auszurichten. Eine Mass Customization-Strategie bedeutet nämlich nicht automatisch die Bedienung des gesamten Marktes.

In die Entwicklung des Beispielsproduktmodells sind einige Eigenschaften des Produktmodells der Firma *ConfigIT* eingeflossen. So werden die Auswahlmöglichkeiten für einen Großteil der Freiheitsgrade mittels Enumerationen spezifiziert. Weiterhin sind bereits spezifische Bauteilinformationen in die einzelnen Komponenten des Produktmodells hineinmodelliert. Der Freiheitsgrad

Rahmenbauteil zählt beispielsweise alle vorhandenen Rahmenbauteilvarianten der Komponente Rahmen auf. Dieses Modellierungskonzept erlaubt dem Kunden, entweder direkt ein bestimmtes Bauteil auszuwählen oder die qualitativen Freiheitsgrade einzuschränken. Die Komponente Rahmen stellt hierfür beispielsweise die Freiheitsgrade *Größe*, *Farbe* sowie *Komfortstufe* bereit. Die Beziehung zwischen den Auswahlwerten dieser Eigenschaften sowie dem eigentlichen *Rahmenbauteil* werden über mehrere der Komponente beigefügten Relationen implementiert.

Die Abdeckung unterschiedlicher Wertetypen im Beispielproduktmodell war mir für die Erläuterung des Lösungsansatzes wichtig. Da das ursprüngliche Produktmodell nur enumerationsbasierte Freiheitsgrade enthielt, habe ich in den optionalen Komponenten unter dem Rahmen einige andere Wertetypvarianten integriert. So ist der Korb in seinem Größenausmaß in gewissen Grenzen frei spezifizierbar. Ebenso ist die *Länge* der Schloss-Komponente aus einem Intervall wählbar. Einige Veröffentlichungen in Tseng und Piller (2003) zeigen die Produzierbarkeit solcher linearen Wertebereiche.

Das Beispielmodell *Fahrrad* bietet demnach eine vollständige Beschreibung eines individualisierbaren Produktes. Mit seiner Realitätsnähe eignet es sich sehr gut, die Wesenszüge meines Empfehlungskonzeptes zu demonstrieren.

5.1.7.3. Begrifflichkeiten und Formalismen

Für die Verwendung des Beispiels im weiteren Verlauf der Arbeit führe ich nun einige Begriffe und Formalismen ein, die auf den Details der Metamodellstruktur in Anhang C.1 aufbauen.

Die Identifikation der Produktmodellelemente geschieht über ihre Bezeichner, die global jedoch nicht notwendigerweise eindeutig sein müssen. So existiert der Freiheitsgrad *Selektiert* in jeder optionalen Komponente. Auch Komponentennamen könnten mehrfach vergeben werden, obwohl dies im Fahrradproduktmodell der Einfachheit halber nicht der Fall ist. Von den Bezeichnern der Produktmodellelemente wird lediglich die Eindeutigkeit der Namen innerhalb der ihnen zugeordneten Komponente gefordert. Die eindeutige Identifizierung eines Produktmodellelements geschieht dabei über einen *voll qualifizierten Bezeichner*, der für ein beliebiges Modellelement aus seinem Bezeichner sowie der Liste aller Komponentennamen besteht, die entlang des Pfads von der Wurzelkomponente hin zu der das Modellelement enthaltenden Komponente auftreten. So ist Fahrrad.Rahmen.Flasche das Beispiel des voll qualifizierten Bezeichners der Komponente Flasche. Zur Unterscheidung sind Freiheitsgradbezeichner immer kursiv gedruckt: Fahrrad.Pedale.*Pedalenbauteil*. Bekannt ist diese Nomenklatur aus der Programmiersprache Java[3]. Ein *einfacher Bezeichner* besteht dabei lediglich aus dem Bezeichner des Modellelements selbst. Die Tabelle C.1 (Seite 267) erläutert den Aufbau der Bezeichner in allen Details.

Die für die Angabe von Regeln oder Rechenausdrücken genutzte Syntax entspricht im Wesentlichen der Java-Grammatik von Ausdrücken. Aufgrund der weiten Verbreitung solcher Grammatiken habe ich auf die Entwicklung einer neuen Variante in dieser Arbeit verzichtet, da dies

[3] http://java.sun.com (Stand: 22.9.2009)

außerhalb des Fokus liegt. Die für diesen Kontext spezifischen Variablen- und Funktionssymbole für Regel- und Bedingungsausdrücke führe ich an Ort und Stelle ein.

Während der Konfigurationsphase arbeitet der Konfigurator mit einem *Konfigurationsmodell* (vgl. Abbildung 4.6, Seite 113), in dem die Freiheitsgrade schrittweise eingegrenzt und festgelegt werden. Modifikationen durch die Empfehlungslogik des ReCoKits geschehen an eben diesem Konfigurationsmodell. Zur Erläuterung der Funktionsweise des ReCoKits werde ich im weiteren Verlauf der Arbeit Konfigurationsmodellausschnitte darstellen. Ein Beispiel eines solchen Ausschnitts zeigt Abbildung 5.7.

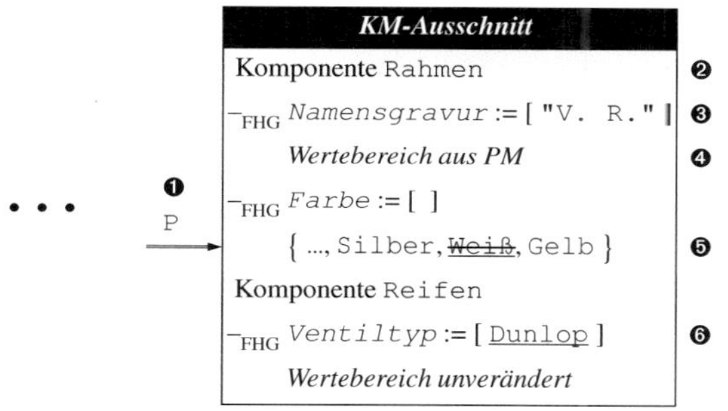

Abbildung 5.7. Dokumentationsschema für Veränderungen am Konfigurationsmodell

In der Abbildung werden die Veränderungen von Freiheitsgraden eines Konfigurationsmodells (KM) gruppiert nach ihrer Komponentenzugehörigkeit aufgezählt. Die den Komponentennamen `Rahmen` und `Reifen` folgenden Zeilen geben zu jedem aufgeführten Freiheitsgrad sowohl Informationen über die Werteselektionen als auch den Wertebereich. Alle unveränderbaren Bestandteile des Produktmodells, d.h. Unterkomponentenstruktur sowie Constraints, sind in diesen Konfigurationsmodellausschnitten ausgeblendet.

Die in der Abbildung eingekreisten Nummern dienen der leichteren Orientierung für den Leser. Das unter ❶ dargestellte `P` bezeichnet den *direkt vorangegangenen Prozess*, dessen Konfigurationsmodellergebnis im Kasten rechts des Pfeils gezeigt wird. Alle im Konfigurationsmodellausschnitt unterstrichenen Elemente wurden durch `P` modifiziert.

Zeile ❷ leitet die Komponente `Rahmen` ein, woran sich die für diesen Ausschnitt relevanten Freiheitsgrade anschließen. So ist der Freiheitsgrad *`Namensgravur`* in Zeile ❸ mit der Werteselektion `"V. R."` belegt. Die nächste Zeile ❹ gibt Auskunft über dessen Wertebereich, der in diesem Fall unverändert dem Originalwertebereich aus dem Produktmodell entspricht. Die Selektionsmenge des Freiheitsgrads *`Farbe`* ist leer, allerdings wurde sein Wertebereich durch `P` verändert: Die Farbe `Weiß` wurde entfernt, so dass der Wert im weiteren Verlauf der Konfiguration nicht mehr anwählbar ist (Zeile ❺).

Weiterhin hat `P` für den Freiheitsgrad *`Ventiltyp`* der Komponente `Reifen` den Wert `Dunlop` selektiert (Zeile ❻).

5.2. Technisches Realisierungskonzept

Auf der Basis des vorgestellten Modells der adaptiven Recommenderfunktionalität werde ich in diesem Abschnitt die wesentlichen Bausteine der technischen Realisierung vorstellen, die für die Umsetzung in einem generischen Konfigurator notwendig sind. Ich beginne mit der Erörterung der schematischen Konzeption des ReCoKits, das die *Umgebung* für die Ausführung der adaptierbaren Empfehlungslogik darstellt. Das Informationsmodell einer Empfehlung wird im Anschluss erläutert. Die Schnittstellendokumentation zum ReCoKit und den Filtermodulen spezifiziert dann, wie die gesamte Empfehlungsfunktionalität sowie einzelne Empfehlungsalgorithmen programmatisch angesprochen werden. In einem eigenen Abschnitt gehe ich detailliert auf den Aufbau und die Bestandteile des Hybridisierungsschemas ein und erläutere die Semantik der einzelnen Hybridisierungsmodi meines Konzeptes. Die Dokumentation des Empfehlungsvorgangs legt den eigentlichen Ablauf sowie die Verantwortlichkeiten des ReCoKits fest. Das technische Realisierungskonzept schließt mit der Umsetzung der Meta-Personalisierung, die sich im Wesentlichen auf die Sammlung und Auswertung von Leistungskennzahlen der Empfehlungslogik stützt.

5.2.1. Konzeption des ReCoKits

Die Konzeption des ReCoKits realisiert eine *neue Form der Hybridisierung existierender Personalisierungsalgorithmen*, um den formulierten Anforderungen gerecht zu werden. Die schlichte Entwicklung einer neuen Algorithmik kam für mich aus mehreren Gründen nicht in Frage. So sind die existierenden Techniken in den letzten zwei Jahrzehnten sehr stark optimiert worden und nur begrenzt technisch weiter variierbar. Weiterhin hätte sich die Erfindung einer neuen Algorithmik auch wieder nur auf einen Teil der Profildaten gestützt und die gesammelten Bedürfnisinformationen suboptimal umgesetzt. Für meine Lösung stand deswegen im Vordergrund, die neue Form der Hybridisierung auf der Menge der bereits existierenden und qualitativ hochwertigen Personalisierungsalgorithmen zu stützen und diese in geeigneter Form auf den Anwendungskontext der Produktkonfiguration zu übertragen.

In meinem Konzept geschieht die Hybridisierung durch ein *modulartig aufgebautes Hybridisierungsschema*. Dabei sind die wesentlichen Neuerungen die *Modularisierung* existierender Personalisierungsalgorithmen sowie eine *frei adaptierbare Kombination dieser Module in Form einer Ablaufsteuerung*, die ich im Folgenden als *Hybridisierungsschema* bezeichne.

Abbildung 5.8 zeigt eine vereinfachte Darstellung eines Empfehlungsablaufs, der innerhalb des ReCoKits durchgeführt wird. Wenn der Kunde im Konfigurator eine Empfehlung anfordert, so wird das ReCoKit mit allen für den Vorgang relevanten Informationen bei ❶ aufgerufen. Diese Informationen, darunter auch das Konfigurationsmodell, durchlaufen das Hybridisierungsschema entlang der dargestellten Kanten. Die darin enthaltenen Elemente stellen die einzelnen Aktivitäten dar, die entweder als *modularisierte Empfehlungsalgorithmen* oder *Ablaufsteuerungselemente* realisiert sind. Ablaufsteuerungselemente steuern die Interpretation des Hybridisierungsschemas durch das ReCoKit. Sie bestimmen also, welcher Pfad innerhalb des Schemas gewählt werden soll. Der Empfehlungsvorgang ist beendet, wenn das zu personalisierende Konfigurationsmodell das Endelement auf der rechten Seite bei ❻ erreicht hat. Es stellt das Empfehlungsergebnis dar und wird dem Kunden im Konfigurator angezeigt.

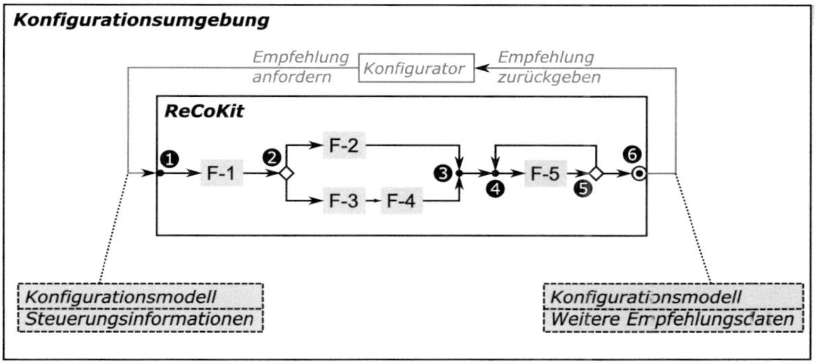

Abbildung 5.8. Beispiel eines vereinfacht dargestellten Empfehlungsablaufs

Das in Abbildung 5.8 dargestellte Schema dient lediglich der Dokumentation meiner Konzeptidee. Den detaillierten Formalismus zur Schemadarstellung werde ich im weiteren Kapitelverlauf genau vorstellen. Dennoch möchte ich an dieser Stelle erläutern, wie das in der Abbildung dargestellte Schema den Ablauf des Empfehlungsvorgangs steuert. Dieses Verständnis wird dem Leser helfen, die detaillierte Semantik leichter zu verstehen. Im weiteren Verlauf der Arbeit wird anstelle von Empfehlungsalgorithmen der Einfachheit halber von *Filtermodulen* oder *Filtern* gesprochen. Dabei ist der Begriff des *Filters* als Bezeichner für ein Softwaremodul zu verstehen, das das Konfigurationsmodell durch die im Filter implementierte Empfehlungsalgorithmik verändert. Diese Veränderungen stellen die *Empfehlung* des einzelnen Filtermoduls dar.

Die Filtermodule im Beispielschema sind als graue Kästen dargestellt und tragen eindeutige Namen. In diesem Beispiel sind sie von `F-1` bis `F-5` durchnummeriert. Die in den einzelnen Filtern implementierte Empfehlungsalgorithmik ist hier nicht von Interesse, da die Ansteuerungsschnittstelle aller Filter gleich ist. Das zu personalisierende Konfigurationsmodell wird auf der linken Seite bei ❶ in das Hybridisierungsschema eingesteuert. Dieses Anfangselement verändert das Modell nicht, es markiert lediglich den Beginn des Hybridisierungsschemas. Das Modell wird dann über den Pfad direkt an das Element `F-1` weitergereicht und dort durch `F-1` modifiziert.

Das modifizierte Konfigurationsmodell wandert weiter zu der Verzweigung bei ❷, an der nach einer im Hybridisierungsschema festlegbaren Logik zwischen dem oberen und dem unteren Pfad ausgewählt wird. Es wird genau einer dieser beiden Pfade durchlaufen. Im oberen würde das Konfigurationsmodell den Filter `F-2` passieren, im unteren erst den Filter `F-3` und das daraus resultierende, veränderte Modell den Filter `F-4`. Die beiden alternativen Pfade werden an der Stelle ❸ wieder zu einem Pfad vereint. Unabhängig von der gewählten Pfadalternative geht es nach der Zusammenführung bei ❸ direkt weiter zu ❹, ebenso eine Pfadzusammenführung. Das Konfigurationsmodell wird also über den einzigen ausgehenden Pfad an das Filtermodule `F-5` weitergeleitet und darin modifiziert. Das Ergebnis gelangt zu ❺, das ein Verzweigungselement darstellt. Interessant ist hier, dass die nach oben abgehende Alternative eine Schleife um den Filter `F-5` formuliert. `F-5` kann also gemäß der an ❺ beschriebenen Bedingung beliebig häufig durchlaufen werden.

Die andere von ❺ abgehende Pfadalternative führt zum Abschlusselement der Ablaufsteuerung. Erreicht das Konfigurationsmodell diesen Punkt, so ist der Empfehlungsvorgang beendet. Das dort eingehende Konfigurationsmodell stellt das Empfehlungsergebnis für den Kunden dar. Durch die während des Schemadurchlaufs an den Filtern eingefügten Modifikationen ist diese Empfehlung eine mehr oder weniger veränderte Version des links in das Schema eingesteuerten Modells. Urheber dieser *Veränderungen* sind die Filtermodule, die diese anhand der ihnen zur Verfügung stehenden Nutzerprofilinformationen berechnet haben.

5.2.1.1. Modularisierung

Das Konzept der *Modularisierung* stellt einen der zwei wesentlichen Pfeiler meiner Lösung dar. Dabei entspricht ein *Filtermodul* einer in sich abgeschlossenen Implementierung einer Personalisierungsalgorithmik, wobei hinsichtlich der technischen Modularisierbarkeit zwischen Personalisierungstechnikklassen *nicht* unterschieden wird. Filtermodule weisen die folgenden technischen Eigenschaften auf:

- Jedes Filtermodul wird über eine für alle Module einheitliche Schnittstelle angesprochen.
- Jedes Filtermodul erhält als Eingabe ein Konfigurationsmodell sowie Steuerungsinformationen und gibt eine Empfehlung zurück, die ein verändertes Konfigurationsmodell enthält. Dafür hat das Modul Zugriff auf alle Nutzerprofildaten.
- Jedes Filtermodul ist im Hybridisierungsschema an beliebiger Stelle einsetzbar.
- Jedes Filtermodul ist im Hybridisierungsschema durch ein beliebiges anderes Modul austauschbar.

In der Konzeption des Hybridisierungsschemas habe ich mich insbesondere gegen eine monolithische Struktur entschieden, da solche Lösungen in der Regel schwer wartbar und kaum wiederverwendbar sind. Trotz der intern möglichen optimaleren Abstimmung der beteiligten Personalisierungsalgorithmen sowie dem geringeren Aufwand bei der Schnittstellendefinition sprechen die folgenden zwei Aspekte gegen eine monolithische Struktur. Zum einen ist die Verwendung einer monolithisch organisierten Hybridisierung *technisch sehr aufwendig*, da sie jedesmal von Grund auf neu zu entwickeln ist. Ebenso ist sie *auf kundenspezifische Bedürfnisse schwer anpassbar*. Das modulartige System ist der monolithischen Lösung also in vielerlei Hinsicht überlegen. Im Einzelnen sprechen die folgenden Punkte dafür:

Transparenz: Die Transparenz eines modulartig aufgebauten Hybridisierungsschema fördert das Vertrauen des Nutzers in das Gesamtsystem.

Wartbarkeit: Ein modulares System ist besser wartbar, da Filtermodule separat getestet und ausgetauscht werden können.

Wiederverwendbarkeit: Filtermodule können in anderen Produktkontexten wiederverwendet und müssen nicht immer wieder neu implementiert werden. Dies erleichtert den Definitionsvorgang für das Hybridisierungsschema.

Konfigurierbarkeit: Basierend auf vorab definierten Filtermodulen kann der Expertenkunde neue Hybridisierungschemata durch das Baukastensystem relativ einfach zusammensetzen und ist somit nicht überfordert.

Erweiterbarkeit: Die Erweiterbarkeit ist durch die einheitliche Filtermodulschnittstelle gegeben. Innerhalb dieser können neue Personalisierungsalgorithmen einfach implementiert und integriert werden.

Trennung zwischen Schemadefinition und Empfehlungsablauf: Das vorgestellte modulare System ermöglicht die Trennung zwischen der Festlegung der Hybridisierung (durch das Hybridisierungsschema) und dem Ablauf des Empfehlungsvorgangs (Auswertung des Hybridisierungsschemas).

5.2.1.2. Hybridisierung

Die *Hybridisierung der Filtermodule* stellt den zweiten wesentlichen Pfeiler meines technischen Lösungsansatzes dar. Basierend auf einem Satz von Filtermodulen und Ablaufsteuerungselementen erlaubt das Konzept des Hybridisierungsschemas die freie Definition von Personalisierungslogiken für das ReCoKit. Ein Hybridisierungsschema stellt das „Programm“ dar, das den Empfehlungsvorgang innerhalb des ReCoKits durch die Auswahl und Kombination der Filtermodule steuert.

Hinsichtlich der Repräsentation des Hybridisierungsschemas habe ich mich für eine programmablaufplanähnliche Notation entschieden, da damit die internen Abläufe visuell dargestellt werden können, was die „Programmierung“ des ReCoKits für den Kunden vereinfacht. Außerdem war mir die Übertragung der Konzepte existierender Programmiersprachen wie „bedingte Ausführung“ oder „sequenzielle Ausführung“ wichtig.

Im Wesentlichen erlaubt das Hybridisierungsschema eine *Sequenzialisierung* von Filtermodulen und Ablaufsteuerungselementen. Hierin ähnelt mein Ansatz den in Burke (2002) zusammengefassten Hybridisierungsmethoden, jedoch erlauben die Ablaufsteuerungselemente weitaus komplexere Kombinationsmöglichkeiten als es in bisherigen Empfehlungssystemen der Fall ist. Das Konzept der Sequenzialisierung ermöglicht die Priorisierung von Filtermodulen. Weiter hinten im Hybridisierungsschema aufgeführte Filtermodule arbeiten nämlich auf dem Ergebnis der vorangegangenen Filtermodule. Ihr Einfluss auf das Konfigurationsmodell ist dadurch geringer, da die vorangegangenen Filtermodule bereits viele Festlegungen durchgeführt haben können.

Das ReCoKit interpretiert das Hybridisierungsschema und führt so den Empfehlungsvorgang durch. Ähnlich der Auswertung imperativer Programmiersprachen gibt es während dieser Ausführung einen Ablaufsteuerungspunkt, der die aktuelle Auswertungsposition des ReCoKits im Hybridisierungsschema markiert. Der Ablaufsteuerungspunkt wird immer von einem *aktuellen Konfigurationsmodell* begleitet, das mit dem Durchlauf des Schemas und den darin enthaltenen Filtermodulen kontinuierlich personalisiert wird. Auf diese Weise entsteht eine Empfehlung.

Das Hybridisierungsschema stellt also ein Baukastensystem für Filtermodule dar und motiviert damit den Namen *ReCoKit-Template*. Die durch den Baukasten bereitgestellten Ablaufsteuerungselemente werde ich in Abschnitt 5.2.6 vorstellen. Diese Ablaufsteuerungselemente bilden das Fundament für die adaptierbare Empfehlungslogik.

5.2.1.3. Die Hauptbestandteile der Ausführungsumgebung

Der Lösungsansatz realisiert also eine *programmierbare Ausführungsumgebung für Empfehlungsvorgänge im Kontext der Produktkonfiguration.* Es baut dabei auf den drei technischen Konzepten *ReCoKit*, *ReCoKit-Template* und *Filtermodul* auf.

Tabelle 5.1 zeigt die wesentlichen Eigenschaften der drei vorgestellten technischen Konzepte. Die Idee dieser drei Konzepte findet sich bereits in anderen Programmiersprachen wie beispielsweise Java wieder. Das ReCoKit stellt den *Interpreter*, also die Ausführungsumgebung dar. Das eigentliche *Programm* ist durch das ReCoKit-Template gegeben. Bei den Filtermodulen handelt es sich um extern eingebundene, gemäß einer einheitlichen Schnittstelle implementierte Bibliotheken. Die Durchführung eines einzelnen Empfehlungsvorgang entspricht damit der Ausführung des ReCoKit-Templates innerhalb des ReCoKits als Ausführungsumgebung unter Einbindung der verwendeten Filtermodule, den externen Bibliotheken.

Technisches Konzept	**ReCoKit**	**ReCoKit-Template**	**Filtermodul**
Kurzdefinition	Ausführungsumgebung für die Empfehlungsvorgänge innerhalb des generischen Konfigurators	Beschreibungsinstrument für das Hybridisierungsschema	Implementierte Personalisierungsalgorithmen
Aufgabe	Empfehlungsvorgang gemäß vorgegebenem ReCoKit-Template durchführen	Steuerung des Empfehlungsvorgangs	Konfigurationsmodell gemäß Nutzerprofil und Steuerungsinformationen personalisieren
Anzahl	Pro generischem Konfigurator genau eine Ausführungsumgebung	Beliebig viele	Beliebig viele
Erstellt durch Rolle	Konfiguratorhersteller	Empfehlungslogik-Designer	Konfiguratorhersteller und Learning-Relationship-Designer
Programmiersprachliches Konstrukt	Interpreter	Ausführbares Programm	Programmmodul (Bibliothek)
Java-Äquivalent	Java Virtual Machine	Java-Programm	Externe Java-Bibliothek

Tabelle 5.1. Vergleich der technischen Konzepte ReCoKit, ReCoKit-Template und Filtermodul

Die Programmiersprache für die ReCoKit-Templates ist eine *Domain Specific Language*, da sie speziell für die Programmierung des hybriden Recommenderansatzes, dem ReCoKit, entwickelt wurde.

Die Auswertung des ReCoKit-Templates erfolgt nach dem prozeduralen Ansatz. Es gibt also eine Art Programmzähler, der hier als Zeiger auf eine Position im Hybridisierungsschema realisiert ist. Gemäß der Ablaufsteuerung durchläuft dieser Zeiger das gesamte Hybridisierungsschema beginnend beim Anfangselement bis hin zum Endelement. Während der Auswertung darf einzig und allein das Konfigurationsmodell verändert werden. Für die Auswertung stellt das ReCoKit eine *Variablenumgebung* bereit, auf die das ReCoKit-Template zugreifen und bedingte Entscheidungen treffen kann. Diese Variablenumgebung setzt sich aus den Steuerungsinformationen, dem Konfigurationsmodell sowie Nutzerprofilinformationen zusammen.

5.2.2. Das Informationsmodell einer Empfehlung

Die Empfehlung eines Konfigurationsmodells setzt sich aus mehreren Informationsbereichen zusammen. Dieser Informationskomplex enthält gemäß Anforderung A-6 (Seite 119) das Konfigurationsmodell und Protokolldaten. Letztere beschreiben die durchgeführten Veränderungen und geben die Begründungen dafür an. Die Empfehlung ist der Informationscontainer, der bei der Auswertung eines ReCoKit-Templates durch die einzelnen Filtermodule wandert und dabei kontinuierlich modifiziert wird. Eine Empfehlung setzt sich aus den folgenden Bestandteilen zusammen:

- *Konfigurationsmodell*
  Das Konfigurationsmodell ist das Informationsobjekt, an dem die Filtermodule ihre kundenspezifischen Individualisierungen durchführen. Das Ausgangsmodell wird beim Anstoßen des Empfehlungsvorgangs durch den Kunden übergeben.

- *Liste veränderter Freiheitsgrade mit Erklärungen*
  Für jede am Konfigurationsmodell eingefügte Veränderung sind die Filtermodule verpflichtet, Erklärungen zu generieren. Erklärungen richten sich an den aktiven Kunden und erläutern den kausalen Zusammenhang zwischen den vorhandenen Nutzerprofilinformationen und den Änderungen am Konfigurationsmodell. Weiterhin muss dokumentiert werden, welche Veränderungen durch die Filtermodule eingefügt wurden, damit diese von den aufgrund der produktinternen Konsistenzbedingungen automatisiert durchgeführten Modifikationen unterschieden werden können.

- *Detailliertes, technisches Protokoll des Empfehlungsvorgangs* **(optional)**
  Während der Erstellung eines neuen ReCoKit-Templates ist die detaillierte, technische Protokollierung der Empfehlungsvorgänge für Testzwecke und zum Nachvollziehen der Abläufe sinnvoll. Solche Debug-Informationen helfen dem Empfehlungslogik-Designer, die Auswirkungen und Zusammenhänge seines „Programms" (also des ReCoKit-Templates) besser zu einzuschätzen. Sie stellen den kausalen Zusammenhang zwischen Steuerungsinformationen und den ReCoKit-Abläufen in den Vordergrund. Zur Steigerung der Empfehlungsperformance kann dieser Empfehlungsbestandteil beim Starten eines Empfehlungsvorgangs abgewählt werden.

Auf den ersten Blick decken Erklärungen und das detaillierte, technische Protokoll die gleichen Inhalte ab. Sie unterscheiden sich jedoch wesentlich. So liegt der Fokus des technischen Protokolls auf der Aufzeichnung der *internen Abläufe*, wohingegen Erklärungen lediglich eine *kundenorientierte, natürlichsprachliche Erläuterung* der Veränderungen am Konfigurationsmodell wiedergeben.

Um die Integration des Empfehlungskonzeptes mit dem generischen Konfigurationssystem zu vereinfachen, ist es sinnvoll, die Protokoll- und Erklärungsinformationen als eigenes Datenmodell getrennt vom Konfigurationsmodell zu entwerfen. Das Konfigurationsmodell unterliegt in seiner Modellierung und Umsetzung nämlich der Kontrolle des Konfiguratorherstellers.

5.2.2.1. Die Modellierung des Konfigurationsmodells

Das *Konfigurationsmodell* begleitet den Konfigurationsprozess als zentrales Produktdatenmodell. Jeder generische Konfigurator besitzt ein individuelles Verständnis des Konfigurationsmodells: Manche Konfiguratoren erlauben lediglich die Festlegung von Werteselektionen, andere ermöglichen auch die Eingrenzung der Wertebereiche von Freiheitsgraden. Der Konfigurationsvorgang selbst ist ein Datentransformationsprozess vom Produktmodell (PM) über viele Konfigurationsmodellzustände (KM) hin zur Produktkonfiguration (PK):

PM → KM → ··· → KM → PK

Das Konfigurationsmodell ist das für meinen Lösungsansatz wichtigste, externe Datenmodell, da die Filtermodule dort ihre Modifikationen einfügen. Um die Möglichkeit der Integration meines Lösungsansatzes für die meisten generischen Produktkonfiguratoren zu gewährleisten, gehe ich von einem sehr mächtigen Verständnis des Konfigurationsmodells aus. Anhand dieses Verständnisses werden die Konzepte des Empfehlungsansatzes erläutert. Ihre Übertragung auf einfacher konzipierte Konfigurationsmodelle ist dann schnell möglich. Im Folgenden werde ich deswegen also von einem Konfigurationsmodell ausgehen, dass sowohl die Selektion von Werten als auch die Einschränkung der Wertebereiche der Freiheitsgrade erlaubt.

Tabelle 5.2 stellt schematisch die Bestandteile des dieser Arbeit zugrunde liegenden Konfigurationsmodellverständnisses dar. Sie gibt außerdem Auskunft über deren Initialisierung bei Konfigurationsbeginn sowie ihre Veränderbarkeit während des Konfigurationsvorgangs. Bei der Initialisierung werden im Wesentlichen alle Elemente des Produktmodells übernommen. Die Menge der Freiheitsgrade sowie ihrer Zuordnung zu den Produktkomponenten entspricht exakt dem Aufbau des ursprünglichen Produktmodells. Die Werteselektionsmengen jedes Freiheitsgrads sind zu Beginn der Konfiguration allerdings leer. Bezeichner, Multiplizitäten, Constraints sowie die Produktmodellstruktur können während der Konfiguration nicht verändert werden, damit eine Produzierbarkeit der finalen Produktkonfiguration weiterhin gewährleistet ist. Veränderbare Bestandteile des Konfigurationsmodells sind also lediglich die *Wertebereiche* und die *Werteselektionsmengen* der Freiheitsgrade.

Das Ziel des Konfigurationsvorgangs ist die Überführung des *Konfigurationsmodells* in ein *vollständig konfiguriertes Konfigurationsmodell*, das in eine Produktkonfiguration transformiert werden kann. Dazu müssen alle Freiheitsgrade mit Werteselektionen belegt sein, die den Constraints des ursprünglichen Produktmodells genügen. Damit dieses trotz veränderbarer Wertebereiche im

<table>
<tr><th colspan="2">Bereich des KM</th><th>Initialisierung</th><th>Veränderbar</th></tr>
<tr><td colspan="2">Strukturbeschreibung</td><td>aus Ursprungsproduktmodell</td><td>Nein</td></tr>
<tr><td rowspan="4">je Freiheitsgrad</td><td>• Bezeichner</td><td>aus Ursprungsproduktmodell</td><td>Nein</td></tr>
<tr><td>• Multiplizität</td><td>aus Ursprungsproduktmodell</td><td>Nein</td></tr>
<tr><td>• Wertebereich (WBer)</td><td>aus Ursprungsproduktmodell</td><td>Ja</td></tr>
<tr><td>• Werteselektion (WSel)</td><td>leere Menge</td><td>Ja</td></tr>
<tr><td colspan="2">Constraints</td><td>aus Ursprungsproduktmodell</td><td>Nein</td></tr>
</table>

Tabelle 5.2. Die Bestandteile des Konfigurationsmodells

Konfigurationsmodell gewährleistet werden kann, führe ich anhand der folgenden Bedingungen einen allgemeinen Konsistenzbegriff für Konfigurationsmodelle ein. Im Kontext einer Konfiguratorsystemimplementierung leitet sich der spezifische Konsistenzbegriff aus dem allgemeinen ab:

Konsistenz der Wertebereiche

1. Für jeden beliebigen Freiheitsgrad `f` muss der (möglicherweise veränderte) Wertebereich im Konfigurationsmodell eine Untermenge des Wertebereichs des ursprünglichen Produktmodells sein.

2. Für jeden beliebigen Freiheitsgrad `f` muss gelten: Falls gemäß der Multiplizitäten und Constraints ein weiterer Wert selektierbar ist, so müssen alle möglichen Werte des noch erlaubten Wertebereichs zu einer konsistenten Produktkonfiguration führen.

Konsistenz der Werteselektion

3. Für jeden beliebigen Freiheitsgrad `f` darf die Kardinalität der Menge der Werteselektionen nicht größer als die höchste Anzahl der erlaubten Werte durch die angegebenen Multiplizität sein.

4. Die in einem Konfigurationsmodell getätigten Werteselektionen müssen Basis für ein konsistentes und vollständig konfiguriertes Produkt sein.

Zusammenhang zwischen Wertebereich und Werteselektionen

5. Für jeden beliebigen Freiheitsgrad `f` muss die Menge der Werteselektionen innerhalb des zugehörigen, möglicherweise eingeschränkten Wertebereichs liegen.

6. Für jeden beliebigen Freiheitsgrad `f` darf der Wertebereich nur soweit eingeschränkt werden, dass die gemäß Multiplizität und Constraints geforderte Mindestanzahl von Werteselektionen möglich ist.

Konsistenzbedingung 1 gewährleistet, dass die Wertebereiche der Freiheitsgrade nie größer als die des ursprünglichen Produktmodells werden können. So ist beispielsweise das Hinzufügen einer neuen Farbalternative für den Freiheitsgrad `Fahrrad.Rahmen.Farbe` nicht erlaubt. Dies würde nämlich zu keiner konsistenten Produktkonfiguration führen, da die Selektion des neuen Farbwertes nicht den Bedingungen des Produktmodells entspricht.

Bedingung 2 formuliert einen Zusammenhang zwischen Wertebereichen mehrerer Freiheitsgrade. Sollten Änderungen an dem Wertebereich eines Freiheitsgrads `f1` dazu führen, dass aufgrund der Constraints bestimmte Werte im Wertebereich eines anderen Freiheitsgrads `f2` nun nicht mehr selektiert werden können, so sind diese Werte aus dem Wertebereich des Freiheitsgrads `f2` automatisch zu entfernen. Diese Aufgabe obliegt der Implementierung des Konfigurationsmodells.

Mit Bedingung 3 wird gewährleistet, dass nicht zu viele Werte selektiert werden können. Ein Freiheitsgrad der Multiplizität *AtMostOne* darf beispielsweise maximal eine Werteselektion besitzen. Bei zwei oder mehr Werteselektionen kann das Konfigurationsmodell nicht mehr in eine konsistente Produktkonfiguration überführt werden.

Punkt 4 garantiert einen erfolgreichen Abschluss des Konfigurationsvorgangs. So dürfen die bisherigen Werteselektionen in keine Sackgasse führen, sondern müssen Basis für eine konsistente Produktkonfiguration sein. Werteselektionen dürfen also nur dann eingefügt werden, wenn danach durch die weitere Konfiguration der noch offenen Freiheitsgrade weiterhin eine konsistente Produktkonfiguration entstehen kann.

Bedingung 5 stellt die semantische Konsistenz innerhalb des Konfigurationsmodells sicher. Die in einem Freiheitsgrad bereits selektierten Werte müssen auch im zugehörigen Wertebereich enthalten sein.

Bedingung 6 gewährleistet, dass Wertebereiche nicht zu stark eingeschränkt werden. So dürfen beispielsweise die Wertebereiche von Freiheitsgraden mit der Multiplizität *OneOf* nie auf die leere Menge reduziert werden.

In meinem Konzept ist es die Aufgabe des Konfigurationsmodells, diese Konsistenzbedingungen umzusetzen. Es darf nur solche Änderungen annehmen, die ein Konfigurationsmodell ergeben, das den formulierten Bedingungen genügt. Andernfalls sind Konflikte zu melden. Die hier formulierten Konsistenzbedingungen für das Konfigurationsmodell stellen eine wesentliche Voraussetzung für die weitere Umsetzung des Empfehlungskonzeptes dar, da sie die Konsistenz der durch die Filtermodule einzufügenden Veränderungen sicherstellen.

5.2.2.2. Liste veränderter Freiheitsgrade mit Erklärungen

Anforderung A-6 (Seite 119) formuliert die Notwendigkeit von Erklärungen, um die Akzeptanz der Empfehlungen durch den Kunden zu fördern. Im Kontext dieses Empfehlungskonzeptes besteht der Empfehlungsvorgang aus einer kontinuierlichen Modifikation des Konfigurationsmodells durch eine beliebige Anzahl von Filtermodulen. Dabei können die Wertebereiche und Werteselektionen des einzelnen Freiheitsgrads durch jedes beteiligte Filtermodul modifiziert werden. Die Filtermodule sind verpflichtet, alle Veränderungen am Konfigurationsmodell zu dokumentieren und durch Erklärungen kundenverständlich zu erläutern. Im Folgenden stelle ich das allgemeine Informationsmodell für Erklärungen vor.

Das Informationsmodell für Erklärungen muss also nicht nur den Grund einer Veränderung („Warum?"), sondern auch die Urheberschaft („Welches Filtermodul?") dokumentieren. Im Einzelnen habe ich deswegen die folgenden Informationsbestandteile einer einfachen Erklärung identifiziert:

- *Abfolgenummer* („Wann wurde verändert?“)
  Im Laufe eines einzelnen Empfehlungsvorgangs im ReCoKit werden viele Filtermodule durchlaufen. Alle dürfen ein und denselben Freiheitsgrad verändern. Damit das Konfigurationssystem die Reihenfolge der Veränderungen nachvollziehen kann, ist eine aufsteigende Nummerierung jeder einzelnen Erklärung notwendig.

- *Freiheitsgrade und Veränderung* („Was wurde wo verändert?“)
  Die Erklärung enthält Informationen über den Ort und den Inhalt der Veränderung. Der Ort wird über den modifizierten Freiheitsgrad angegeben. Der Inhalt gibt über die Details der hinzugefügten Werteselektionen sowie die ausgeschlossenen Wertebereichsabschnitte Auskunft. Abschnitt 5.2.4.2 geht detailliert auf erlaubte Veränderungen am Konfigurationsmodell ein.

- *Filteridentifikation* („Wer hat verändert?“)
  Für den Kunden sowie die Verwaltungsprozesse des ReCoKits ist der Urheber einer Änderung interessant. Erklärungen enthalten deswegen die Identifikationsdaten des verantwortlichen Filtermoduls.

- *Textuelle Beschreibung sowie Begründung der Veränderung* („Wie wurde verändert?“)
  Eine natürlichsprachliche Beschreibung der Veränderungen einschließlich der Begründung rundet die vollständige Erklärung ab. Für die Erstellung des Textes sind die Filtermodule selbst verantwortlich. Dieser Text wird dem Kunden in der Nutzerschnittstelle dargestellt.

5.2.2.3. Ablaufprotokoll des Empfehlungsvorgangs

Im Wesentlichen beschreibt das Ablaufprotokoll eines Empfehlungsvorgangs die internen technischen Abläufe des ReCoKits und der beteiligten Filtermodule. Damit gibt es Aufschluss über mögliche Ursachen von aufgetretenen Problemen. Das technische Ablaufprotokoll richtet sich an zwei Zielgruppen. Der *Systemadministrator* des Konfigurators auf Anbieterseite kann damit etwaige technische Probleme nachvollziehen und korrigieren. Der *Empfehlungslogik-Designer* kann über das Ablaufprotokoll die Funktionsweise seiner Empfehlungslogikdefinition nachverfolgen und Probleme erkennen sowie beheben.

Das Ablaufprotokoll wird in erster Linie durch das ReCoKit gefüllt. Dazu dürfen die beteiligten Filtermodule Protokollinformationen beisteuern. Im Groben sollen die folgend aufgeführten Informationen enthalten sein:

- *Abfolge der im Hybridisierungsschema abgearbeiteten Elemente*
  Während des Empfehlungsvorgangs wird das ReCoKit-Template abgearbeitet und die darin enthaltenen Ablaufsteuerungselemente des Schemas nacheinander besucht. Das Protokoll der besuchten Elemente hilft zu verstehen, welcher Pfad durch das Hybridisierungsschema genommen wurde.

- *Einfluss der Steuerungsparameter auf die Abarbeitung des Hybridisierungsschemas*
  Die dem ReCoKit, bzw. den Filtermodulen übergebenen Steuerungsparameter beeinflussen die Ablaufsteuerung des Empfehlungsvorgangs sowie die Ausführung der einzelnen Personalisierungsalgorithmen in erheblichem Ausmaß. Das Protokoll dieser Steuerungsparameter sowie der daraus resultierenden Konsequenzen im Empfehlungsablauf ermöglicht dem

Empfehlungslogik-Designer, die durch die Algorithmik getroffenen Entscheidungen genau nachvollziehen zu können.

- *Zuordnung von Veränderungen und Erklärungen zur Schemaelementabfolge*
  Die Verbindung des technischen Protokolls mit dem Protokoll der Veränderungen und Erklärungen erlaubt die detaillierte Nachverfolgung, wie die Personalisierungsalgorithmen die Modifikationen berechnet haben.

5.2.3. Anmerkungen zur Schnittstellendokumentation

Das ReCoKit sowie die Filtermodule stellen die ausführbaren Bestandteile meines Realisierungskonzeptes dar, wobei der Konfigurator das ReCoKit und das ReCoKit die Filtermodule aufruft. Zur Verwendung dieser Programmmodule werde ich ihre Schnittstelle nach einem einheitlichen Schema ausführlich dokumentieren. Jede dieser Schnittstellendokumentationen umfasst die folgenden drei Informationsbereiche. Die in Klammern gesetzten Abkürzungen werden im weiteren Text zur Gruppierung der Informationen genutzt:

Deklarative Informationen (DI): Diese Informationen beschreiben die *Merkmale* der in der Schnittstelle implementierten Funktionalität, beispielsweise Identifikationsinformationen oder natürlichsprachliche Beschreibungen. „Optional" markierte deklarative Informationen müssen durch die Schnittstelle nicht notwendigerweise angegeben werden.

Aufrufparameter (P): Beim Aufruf der Funktionalität wird ein Satz von Steuerungsinformationen benötigt, beispielsweise ein ReCoKit-Template zur Ausführung des Empfehlungsvorgangs im ReCoKit. Die *Parameter* einer Schnittstelle führen die erlaubten Steuerungsinformationen auf. „Optional" markierte Parameter müssen beim Aufruf nicht unbedingt belegt werden.

Rückgabewerte (R): Der Rückgabeteil spezifiziert die Informationen, die nach der Ausführung der Funktionalität zurückgegeben werden.

Für die Schnittstellendefinition führe ich nun noch zwei wichtige Konzepte ein: die *freien Parameter* und die *Freiheitsgradmatcher*.

5.2.3.1. Das Konzept der freien Parameter

Jede der folgenden Schnittstellendefinitionen besitzt einen festen sowie variablen Satz an Parametern. Letztere bezeichne ich als *freie Parameter*. So könnte beispielsweise die Implementierung eines kollaborativen Filters eine Auswahl von Ähnlichkeitsberechnungsfunktionen realisieren, von der beim Filtermodulaufruf genau eine zu selektieren ist. Ein solcher Parameter ist allerdings spezifisch für genau diese Filtermodulimplementierung und muss von ihr als freier Parameter deklariert werden. Freie Parameter ergänzen also die im Folgenden dokumentierten Standardparameter. Mittels der freien Parameter können Filtermodule sowie die im ReCoKit ausgewerteten ReCoKit-Templates den Parametersatz also variabel erweitern. In gewisser Hinsicht ist dieses Konzept vergleichbar mit der ab Version 1.5 möglichen *variablen Anzahl von Methodenargumenten* in der Programmiersprache Java. Die Spezifikation eines freien Parameters umfasst dabei die folgenden Informationen:

- *Parametername*
  Der Parametername dient beim Ansprechen der Schnittstelle als Identifikator für die Wertebelegung.

- *Parametertyp*
  Der Typ legt den Wertebereich fest, aus dem die Wertebelegung stammen muss.

- *Multiplizität*
  Die Multiplizität gibt an, wie viele Werte aus dem Wertebereich des Parameters übergeben werden dürfen.

- *Defaultwerte*
  Die Defaultwerte dienen zur Abfederung des Problems vergessener Parameterbelegungen. Solche vorgegebenen Standardwerte erlauben die Nutzung der Schnittstelle, auch wenn die Parameterbelegung aus zeitlichen Gründen übersprungen wurde.

- *Beschreibung*
  Die Beschreibung erläutert die Semantik des Parameters sowie die Bedeutung und Auswirkung der möglichen Parameterwerte.

5.2.3.2. Das Konzept der Freiheitsgradmatcher

Für die Steuerung des Empfehlungsvorgangs und die Eingrenzung von Produktbereichen wird ein Konzept benötigt, mittels dessen unabhängig von einer Produktmodellinstanz auf Freiheitsgradmengen eines Produktmodells verwiesen werden kann. Hierfür führe ich die *Freiheitsgradmatcher*[4] ein. Ein Freiheitsgradmatcher verweist auf einen einzelnen oder eine ganze Menge von Freiheitsgraden. Im Verlauf der Arbeit nutze ich die Begriffe *verweisen* und *abdecken* synonym. Das folgende Informationsmodell dieser Matcher ist eigenständig und somit insbesondere unabhängig vom Konfigurationsmodell, so dass eine modellunabhängige Verwaltung und Speicherung möglich ist.

Das Informationsmodell für die Matcher basiert auf dem Konzept der qualifizierten Bezeichner von Produktmodellelementen. Es gibt drei Arten von Freiheitsgradmatchern:

- *Einfacher Matcher*
  Ein qualifizierter Bezeichner eines Freiheitsgrads wie beispielsweise `Fahrrad.Lichtsystem.`*`Betriebsmodus`* stellt einen Matcher auf einen einzelnen Freiheitsgrad dar.

- *Wildcard-Matcher auf die Freiheitsgrade einer Komponenten*
  Um die Menge an Matchern zu reduzieren und somit die Lesbarkeit einer ganzen Matchermenge für den Nutzer zu verbessern, existieren Wildcard-Matcher für Komponenten. So verweist ein mit dem Suffix `.*` ergänzter qualifizierter Komponentenname auf alle der Komponente zugeordneten Freiheitsgrade. `Fahrrad.Rahmen.*` deckt also alle Freiheitsgrade, die der Komponente `Rahmen` *direkt* zugeordnet sind, ab. Freiheitsgrade von Unterkomponenten der Komponente `Rahmen` sind nicht mit eingeschlossen.

[4] to match (engl.)=übereinstimmen, passen

– *Wildcard-Matcher auf die Freiheitsgrade eines Komponentenbaums*
  Um nun auf alle in einem Komponentenunterbaum vorkommenden Freiheitsgrade zu verweisen, existieren Wildcard-Matcher für ganze Komponentenbäume. Zur Notation verwende ich im Folgenden einen mit dem Suffix `.**.*` ergänzten, qualifizierten Komponentennamen. So verweist also `Fahrrad.Rahmen.**.*` auf alle der Komponente `Rahmen` sowie auf alle Freiheitsgrade, die den ihr rekursiv untergeordneten Komponenten zugeordnet sind.

Für die folgende Begriffsdefinitionen und Mengenbeziehungen wird vorausgesetzt, dass Freiheitsgradmatcher immer bezüglich genau eines vorher festgelegten Produktmodells verwendet werden. Ein in einem bestimmten Produktmodellkontext formulierter Matcher kann in einem anderen Produktmodellkontext nicht verwendet werden.

Mehrere Freiheitsgradmatcher können zu einer *Menge von Freiheitsgradmatchern* zusammengefasst werden. So wird ein Freiheitsgrad von einer solchen Menge abgedeckt, wenn er von mindestens einem in der Menge enthaltenen Matcher abgedeckt wird. Eine Menge von Freiheitsgradmatchern ZM_1 ist genau dann *Teilmenge* einer anderen Menge von Freiheitsgradmatchern ZM_2, wenn die von ZM_1 abgedeckten Freiheitsgrade eine Teilmenge der von ZM_2 abgedeckten Freiheitsgrade sind. Anders formuliert: Alle Freiheitsgrade des Produktmodells, die von ZM_1 abgedeckt sind, müssen auch von ZM_2 abgedeckt sein. Die *Schnittmenge* zweier Freiheitsgradmatchermengen ZM_1 und ZM_2 ist $ZM_{1\cap 2}$. Sie verweist auf all die Freiheitsgrade, die sowohl von ZM_1 als auch von ZM_2 abgedeckt sind.

5.2.4. Das ReCoKit und der Aufbau des ReCoKit-Templates

Das ReCoKit als Ausführungsumgebung für die ReCoKit-Templates während des Empfehlungsvorgangs ist in den generischen Konfigurator fest eingebunden. Dieser Abschnitt erläutert die wesentlichen Modellierungsaspekte für die Realisierung des ReCoKits und beginnt mit seinen Aufgaben. Danach leite ich aus Anforderung A-6 (Seite 119) ab, welche Veränderungen die Filtermodule an einem Konfigurationsmodell durchführen dürfen, und gehe dann auf das Problem der dabei möglicherweise auftretenden Modifikationskonflikte ein. Den Abschluss bilden die Schnittstelle zum ReCoKit und das Informationsmodell des ReCoKit-Templates.

5.2.4.1. Aufgaben des ReCoKits

Das ReCoKit ist die technische Umsetzung der Empfehlungsfunktionalität und der Interpreter, der die ReCoKit-Templates ausführt. Seine Realisierung muss die Aufgaben eines Kundenunterstützungssystems für Produktkonfiguratoren erfüllen. Im Wesentlichen darf der Empfehlungsprozess den Kunden also nicht überlasten und muss auftretende Probleme frühzeitig erkennen und möglichst autark beheben. Aus diesen Vorüberlegungen habe ich die folgenden Aufgaben für das ReCoKits identifiziert:

- Durchführung des Empfehlungsvorgangs durch Auswertung des Hybridisierungsschemas aus dem vorgegebenen ReCoKit-Template
- Gewährleistung der Terminierung eines Empfehlungsvorgangs
- Eine für den Kunden möglichst unauffällige Fehlerbehandlung

- Kontrolle der Veränderungen am Konfigurationsmodell gemäß Anforderung A-6 (Seite 119)
- Umsetzung des Vervollständigungsmodus

Die Auswertung des Hybridisierungsschemas in einem Empfehlungsvorgang führt zu einer Reihe von hintereinandergeschalteten Filtermodulausführungen F_1 bis F_n. Dem ReCoKit kommt dabei die korrekte Auswertung der Ablaufsteuerungselemente des Schemas sowie die Ansteuerung der Filtermodule zu. Dafür ist insbesondere die Verwaltung der ReCoKit-Aufrufparameter in einer Variablenumgebung sowie die Bereitstellung des Nutzerprofilzugriffs notwendig. Weiterhin verwaltet es das durch die Filtermodule zu personalisierende Konfigurationsmodell.

Während des Empfehlungsvorgangs wird das Konfigurationsmodell durch die beteiligten Filtermodule F_1 bis F_n gemäß ihrer Ausführungsreihenfolge durchgereicht. Jedes Filtermodul kann das Konfigurationsmodell verändern. Dem ReCoKit kommt dabei die Aufgabe zu, die Empfehlungsergebnisse eines jeden Filtermoduls am Ende des Empfehlungsvorgangs zu einer Gesamtempfehlung zu synthetisieren. Dabei ist der gewählte Vervollständigungsmodus zu beachten. Weiterhin hat das ReCoKit sicherzustellen, dass nur *erlaubte Veränderungen* durchgeführt werden dürfen. Hierauf geht der nächste Abschnitt genauer ein.

Im Interesse des Kunden muss jeder Empfehlungsvorgang *terminieren*. Dies ist in meinem Konzept essenziell, da der Empfehlungsvorgang sonst zu keinem Ergebnis kommt und den Kunden vollkommen im Stich lässt. Ohne garantierte Terminierung würde die Recommenderfunktionalität keine der formulierten Anforderungen erfüllen. Diese Forderung wird sich insbesondere auf die Konzeption der Ablaufsteuerungselemente des Hybridisierungsschemas auswirken.

Eine möglichst *verdeckte Fehlerbehandlung* versteckt technische Probleme vor dem Kunden, so dass sich dieser vollständig der Produktkonfiguration widmen kann. Das Ziel eines Empfehlungsvorgangs ist also die Erzeugung einer Empfehlung, selbst wenn Teile des Hybridisierungsschemas aufgrund von internen technischen Probleme möglicherweise nicht ausgeführt werden können.

5.2.4.2. Erlaubte Veränderungen am Konfigurationsmodell

Mit dem Begriff der *erlaubten Veränderungen* lege ich fest, welche Modifikationen die Filtermodule am Konfigurationsmodell durchführen dürfen. Diese Festlegung orientiert sich an der Frage, ob eine Modifikation dem Kunden hilft oder ob sie ihn in seiner Konfigurationsarbeit behindert. Grundsätzlich erfährt der Kunde Unterstützung, wenn die Masse an Auswahlmöglichkeiten des Konfigurationsmodells reduziert wird. Hinsichtlich der veränderbaren Bereiche des Konfigurationsmodells, also den Wertebereichsmengen sowie -selektionen, lege ich als *erlaubte Veränderung* deswegen folgendes fest:

- Es dürfen nur die Freiheitsgrade verändert werden, die innerhalb des modifizierbaren Produktbereichs liegen (vgl. Anforderung A-2, Seite 114).
- Es dürfen lediglich weitere Werteselektionen hinzugefügt werden. Hierdurch wird dem Kunden die Arbeit abgenommen, selbst Werte selektieren zu müssen.

- Wertebereiche dürfen nur eingeschränkt (verkleinert) werden. Dies verringert die Auswahlmöglichkeiten während der Konfiguration und vereinfacht somit den Konfigurationsprozess.

- Jede Modifikation muss ein konsistentes Konfigurationsmodell als Ergebnis haben.

Weiterhin ist die Priorität von Werteselektionen höher als die von Wertebereichseinschränkungen, da nur die Werteselektion das Konfigurationsmodell wirklich vervollständigt. Durch die Gewährleistung der Konfigurationsmodellkonsistenz werden insbesondere *Konflikte* verschiedener sich widersprechender Werteselektionen verhindert. Konfliktbehaftete Modifikationen dürfen durch die Filtermodule nicht durchgeführt werden. Eine für den Kunden brauchbare Empfehlung ist somit immer gewährleistet.

5.2.4.3. Die Schnittstelle zum ReCoKit

Der Hauptnutzer der ReCoKit-Schnittstelle ist der Konfigurator, der über diese Schnittstelle Empfehlungen anfordert. Dafür errechnet er die im Folgenden geschilderten Parameterinformationen entweder automatisch oder erfragt sie direkt vom Nutzer. Manche Informationen können aus vorangegangen Empfehlungsvorgängen wiederverwendet, bzw. vom Konfigurator aufgrund des Nutzerprofils hergeleitet werden. Die hier dokumentierte Schnittstelle bündelt alle die für einen Empfehlungsvorgang notwendigen Informationen. Sie ist gemäß Anforderung A-10 (Seite 121) so entwickelt, dass sie auch unabhängig vom Konfigurator aufgerufen werden kann.

Die nun dokumentierten Schnittstellenparameter bestimmen die Art und Weise eines durch das ReCoKit auszuführenden Empfehlungsvorgangs vollständig. Die aufgeführten Parameter leiten sich zum Großteil aus den formulierten Anforderungen ab, enthalten aber auch prozessspezifische Daten wie beispielsweise die Angabe des *aktiven Kunden*, ohne den ein Empfehlungsvorgang nicht möglich wäre. Das Design der ReCoKit-Schnittstelle für die Ausführung eines einzelnen Empfehlungsvorgangs sieht nun so aus:

Aufrufparameter

$-_{P}$ *Identifikator des ReCoKit-Templates*
Das ReCoKit-Template steuert den Empfehlungsvorgang innerhalb des ReCoKits und ist somit obligatorisch. Die im ReCoKit-Template erlaubten Ablaufsteuerungselemente sowie die realisierten Hybridisierungsmodi beschreibe ich detailliert in den Abschnitten 5.2.4.4 und 5.2.6.

$-_{P}$ *Aktiver Kunde*
Die Identifikation des aktiven Kunden vermittelt dem ReCoKit und den darin verwendeten Filtermodulen, für *wen* die Empfehlung generiert werden soll. Diese Information ist obligatorisch und ergibt sich aus dem Login-Prozess an das Konfigurationssystem. Für die Filtermodule dient sie als Schlüssel für den Zugriff auf die persönlichen Profildaten.

$-_{P}$ *Konfigurationsmodell*
In meinem Konzept wird dem Empfehlungsvorgang das aktuelle Konfigurationsmodell übergeben und durch die Filtermodule verändert. Dieses Systemdesign erlaubt eine bessere Integration der Empfehlungsfunktionalität mit dem Konfigurationsprozess, da auf diese Weise Kunde und Empfehlungslogik das gleiche Informationsmodell verändern.

Das übergebene Konfigurationsmodell darf bereits Wertefestlegungen oder Wertebereichseinschränkungen aus vorangegangenen Konfigurationsschritten oder Empfehlungsvorgängen enthalten. Die Filtermodule können dieses Konfigurationswissen in die Berechnung ihrer eigenen Vorschläge mit einfließen lassen.

$-_P$ *Automatisierter Vervollständigungsmodus*
Gemäß Anforderung A-2 (Seite 114) kann der Kunde zwischen einer interaktiven und einer automatisierten Vervollständigung des Produktes wählen. Die interaktive Variante lässt den Filtermodulen freie Hand bei der Entscheidung, ob sie die veränderbaren Freiheitsgrade alle vollständig belegen. Dies ist insbesondere in Situationen sinnvoll, in denen nicht genügend Nutzerprofilinformationen zur Verfügung stehen, um Konfigurationsentscheidungen mit einer hohen statistischen Konfidenz treffen zu können. Insbesondere Expertenkunden werden diese Form der Vervollständigung wählen, da ihnen nur Empfehlungen basierend auf fundierten Profildaten helfen. Der Standardnutzer wünscht dagegen möglichst wenig Konfigurationsaufwand, so dass die erzwungene Vervollständigung des Produktes für ihn hilfreich ist, auch wenn wenig Profildaten zur Verfügung stehen.

$-_P$ *Kundenspezifische Gewichtungen der Produktbereiche* **(optional)**
Gemäß Anforderung A-2 (Seite 114) hat der Kunde durch sogenannte *Gewichtungen* Einfluss auf den Empfehlungsvorgang. Diese Gewichtungen geben die Prioritäten der Bedürfnisumsetzung innerhalb des Produktes wieder und helfen den Filtermodulen insbesondere bei der freiheitsgradspezifischen Priorisierung ihrer Empfehlungen.

Gewichtungen sind dabei als der *durch den Kunden gewünschte Fokus des Empfehlungsvorgangs im Produkt* zu sehen. Jedem Freiheitsgrad kann dafür eine eigene Gewichtungsoption zugewiesen werden. Ich habe mich für eine feste Anzahl von Gewichtungsoptionen entschieden, um den Kunden nicht zu überfordern: `Sehr wichtig`, `Weniger wichtig` und `Unwichtig`. Sollte es also während des Konfigurationsprozesses zu einem constraintbasierten Modifikationskonflikt zwischen zwei Freiheitsgraden mit unterschiedlicher Gewichtung kommen, so hat die Modifikation des höher gewichteten Freiheitsgrads Vorrang. Standardmäßig werden alle Freiheitsgrade mit der Gewichtung `Unwichtig` belegt. Für die Beachtung der angegebenen Gewichtungen sind die Filtermodule zuständig.

$-_P$ *Bereichsfestlegung im Konfigurationsmodell* **(optional)**
Gemäß Anforderung A-2 (Seite 114) können Kunden über Bereichsfestlegungen angeben, welche Teile des Konfigurationsmodells durch die Filtermodule verändert werden dürfen. Die Bereichsfestlegung erfolgt über die in Abschnitt 5.2.3.2 vorgestellten Freiheitsgradmatcher durch eine *Include*- und eine *Exclude*-Matchermenge. Es dürfen all die Freiheitsgrade verändert werden, die durch die *Include*-Menge aber nicht durch die *Exclude*-Menge abgedeckt sind. So besteht für den Kunden die Möglichkeit, die von ihm bereits belegten Freiheitsgrade als *fixiert* zu markieren. Dies ist insbesondere bei *AnyOf*-Multiplizitäten sinnvoll, denn hier könnte jedes Filtermodul immer neue Werteselektionen hinzufügen. Bei fehlender Bereichsfestlegung wird eine Empfehlung für den gesamten Produktbereich berechnet.

$-_P$ *Belegung der im ReCoKit-Template deklarierten freien Parameter* **(optional)**
Das ReCoKit-Template deklariert eine (möglicherweise leere) Menge von freien Para-

metern, über die der Empfehlungsablauf durch den Nutzer gesteuert werden kann. Beim Ausführen des ReCoKits werden hier die freien Parameter mit Werten belegt, auf die die Logik des ReCoKit-Templates während des Empfehlungsvorgangs Zugriff hat. Die Wertebelegung erfolgt über sogenannte Ausdrücke, deren Struktur und Auswertung in Abschnitt 5.2.7.4 genauer beschrieben werden. Die Angabe dieser Belegung ist optional, da jeder freie Parameter mit einem Defaultwert deklariert wird.

–$_{\text{P}}$ *Detailliertes Ablaufprotokoll erstellen* **(optional)**
Bestandteil einer Empfehlung ist ein optionales, detailliertes technisches Ablaufprotokoll. Wird dieses hier explizit angewählt, so protokollieren das ReCoKit sowie die beteiligten Filtermodule alle internen technischen Abläufe. Zur Leistungssteigerung der Empfehlungslogik ist dieses Protokoll standardmäßig deaktiviert.

Rückgabewerte

–$_{\text{R}}$ *Empfehlung*
Das Ergebnis des Empfehlungsvorgangs, also eines Durchlaufs des ReCoKits, ist natürlich die Empfehlung selbst, deren Bestandteile in Abschnitt 5.2.2 vorgestellt wurden.

Der Zugriff auf Nutzerprofilinformationen erfolgt ausschließlich über eine programmatische Schnittstelle, die in der Implementierung des ReCoKits fest verdrahtet ist. Aus diesem Grund sind Profilinformationen kein Bestandteil der Schnittstelle zum ReCoKit.

Konfigurationsmodellbezogene Informationen wie die Gewichtungen und Bereichsfestlegungen habe ich bewusst separat modelliert und nicht in das Konfigurationsmodell aufgenommen, um eine konzeptionelle Trennung von Produktbeschreibungsinformationen und Steuerungsinformationen für den Empfehlungsvorgang aufrecht zu erhalten. So kann das Konfigurationsmodell auch in anderen Kontexten weiterverwendet werden und trägt keine Informationen, die sich aus einem speziellen Anwendungskontext ableiten.

5.2.4.4. Informationsmodell des ReCoKit-Templates

Jedes ReCoKit-Template stellt eine eigene Implementierung einer Personalisierungslogik dar, die auf einer Menge von Hybridisierungsmodi und Filtermodulen basiert. Es enthält zusätzlich zu diesem „Empfehlungslogikprogramm" weitere Informationen, die zur Organisation und Verwaltung durch das Konfigurationssystem sowie den Kunden benötigt werden. Sie dienen insbesondere der Realisierung des Meta-Personalisierungskonzeptes, indem sie die Basis für die Suche nach und die automatische Auswahl von ReCoKit-Templates unterstützen. Ein ReCoKit-Template setzt sich aus *nutzerdefinierbaren* und *systemkontrollierten* Daten zusammen. *Nutzerdefinierbare* Daten gibt der Anwender während der Definitionsphase eines ReCoKit-Templates ein. *Systemkontrollierte* Daten unterstehen der Verwaltung des Konfigurationssystems. Darunter fallen beispielsweise Leistungskennzahlen, die Auskunft über das Laufzeitverhalten sowie die Nutzerzufriedenheit mit der intern realisierten Logik geben. Im Einzelnen setzt sich ein ReCoKit-Template aus den folgenden Informationsbausteinen zusammen:

Nutzerdefinierbare Daten

– *Hybridisierungsschema*
Das Hybridisierungsschema stellt das eigentliche „Programm" dar, nach dem das ReCoKit einen Empfehlungsvorgang durchführt. Den Aufbau des Schemas und die darin verwend-

baren Ablaufsteuerungselemente beschreibe ich detailliert in Abschnitt 5.2.6. Generell muss das vollständig ausspezifizierte Schema Auskunft geben über

1. die beteiligten Filtermodule,
2. die Anordnung der Filtermodule durch eine basierend auf Ablaufsteuerungselementen schematische Verknüpfung sowie
3. die Belegung der Schnittstellenparameter eines jeden Filtermoduls.

– *Beschreibung*
  In der Beschreibung dokumentieren Ersteller und Editor (siehe unten) die wesentlichen Eigenschaften des ReCoKit-Templates, darunter auch die Zielgruppe, für die das ReCoKit-Template konzipiert wurde.

– *Identifikator*
  Jedes ReCoKit-Template ist innerhalb des Empfehlungssystems durch einen eindeutigen Identifikator gekennzeichnet. Dieser wird vom Nutzer vergeben, wobei das System die Eindeutigkeit gewährleistet. Der Identifikator ist ein Kurzname, über den das ReCoKit-Template im System gesucht und referenziert werden kann.

– *Tags* **(optional)**
  Zur Organisation der ReCoKit-Templates werden *Tags* verwendet werden. Ein Tag ist ein Schlagwort, mittels dessen eine Eigenschaft des ReCoKit-Templates formuliert wird. Jedem ReCoKit-Template kann eine beliebige Anzahl von Tags zugeordnet sein. Sie werden unter anderem bei der Suche nach ReCoKit-Templates verwendet. Mit steigender Anzahl der den ReCoKit-Templates zugeordneten Tags entwickelt sich eine *Tag-Cloud*, die einen Überblick über die wesentlichen Eigenschaften aller ReCoKit-Templates darstellt. Dabei werden häufig verwendete Tags hervorgehoben, selten auftretende Tags ausgeblendet. Dieser Prozess des *Social Taggings* hat sich insbesondere bei nutzergenerierten Inhalten im Kontext des Web 2.0 als praktikabel herausgestellt. Es ist eine Organisationsform für Wissen, die von keiner zentralen Instanz kontrolliert werden muss (vgl. Richter und Koch 2007). Da ReCoKit-Templates nutzergenerierte Inhalte für die öffentliche Verwendung innerhalb der Kundencommunity sind, bietet sich die Nutzung des Social Tagging-Konzeptes als organisatorisches Element an.

– *Deklaration freier Parameter* **(optional)**
  Freie Parameter erlauben eine genauere Steuerung des Empfehlungsvorgangs im ReCoKit. Die Deklarationsinformation gibt nach außen hin bekannt, welche zusätzlichen Parameter beim Ausführen eines ReCoKit-Templates belegt werden können. Da nicht jedes ReCoKit-Template freie Parameter deklariert, ist dieser Informationsbereich optional. Grundsätzlich sollte ein ReCoKit-Template jedoch so wenig wie möglich freie Parameter tragen, da jeder Parameter die Verwendung eines ReCoKit-Templates für den Kunden komplizierter gestaltet.

– *Privat oder öffentlich*
  Kunden haben bei der Verwaltung eines ReCoKit-Templates die Möglichkeit, zwischen *privatem* und *öffentlichem* Status zu unterscheiden. *Öffentlich* eingestufte ReCoKit-Templates stehen allen Kunden zur Verfügung und können als Empfehlungslogik in jedem

Empfehlungsvorgang verwendet werden. *Private* ReCoKit-Templates sind nur für den Ersteller und die Editoren sichtbar. Private ReCoKit-Templates ermöglichen eine ungestörte Definitionsphase, ohne dass ein möglicherweise halbfertiges ReCoKit-Template durch andere Nutzer verwendet wird. Die Wahl zwischen privatem und öffentlichem Status kann jederzeit geändert werden. Die für die Meta-Personalisierung notwendigen Leistungskennzahlen werden durch das Konfigurationssystem allerdings nur für öffentlich markierte ReCoKit-Templates gesammelt, da private ReCoKit-Templates nicht von allen Kunden verwendet werden dürfen und somit von der Meta-Personalisierung ausgeschlossen sind.

– *Standardtemplate für Produktmodell*
  Gemäß Anforderung A-3 (Seite 115) ist die Definition eines Standard-ReCoKit-Templates durch den Learning-Relationship-Designer notwendig, damit zu jedem Produkt mindestens eine Empfehlungslogik existiert. Es gewährleistet eine Basis für die Durchführung von Empfehlungsvorgängen für den Kunden. Mit diesem Attribut werden Standardtemplates durch den Learning-Relationship-Designer markiert, von denen pro Produktmodell jeweils mindestens eines existieren muss.

– *Editoren*
  Editoren werden vom Ersteller eines ReCoKit-Templates eingeladen und helfen bei der Definition der Empfehlungslogik. Sie sind berechtigt, alle nutzerseitig definierbaren Daten des ReCoKit-Templates – außer der Liste der Editoren – zu verändern. Editoren haben Zugriff auf das ReCoKit-Template, ganz gleich ob es privat oder öffentlich ist. Sie können es editieren und während des Konfigurationsprozesses nutzen. Der Ersteller ist automatisch auch Editor.

Systemkontrollierte Daten

– *Verweis auf das Produktmodell*
  ReCoKit-Templates werden für genau ein Produktmodell einer bestimmten Version erstellt und sind in der Nutzung ausschließlich an dieses Modell gebunden (vgl. Abschnitt 5.1.3). Dieser Verweis wird durch das Konfigurationssystem automatisch eingetragen und ist unveränderbar. Die versionsspezifische Verknüpfung zu einem Produktmodell ergibt sich aus den Mechanismen zur Evolution von Produktbeschreibungen (vgl. Abschnitt 3.3.1). Dabei dürfen sämtliche Teile der Produktstruktur verändert und neue Funktionalitäten in das Produkt eingefügt werden. Neue Produktstrukturen sowie erweiterte Funktionalität werden durch das für eine ältere Produktversion erstellte ReCoKit-Template nicht abgedeckt, so dass ein damit im neuen Produktmodell ausgeführter Empfehlungsvorgang eine schlechte Empfehlungsqualität zur Folge haben würde.

– *Ersteller*
  Zu jedem ReCoKit-Template speichert das System den Ersteller, der das ReCoKit-Template kreiert hat. Er allein ist zum Löschen des ReCoKit-Templates berechtigt. Weiterhin darf nur der Ersteller weitere Editoren einladen.

– *Versionsinformation*
  Jedes ReCoKit-Template entwickelt sich über eine Reihe von zeitlich aufeinanderfolgenden Modifikationen. Das Konfigurationssystem archiviert die Zwischenversionen, um die Nachvollziehbarkeit von Änderungen zu gewährleisten. Für jedes ReCoKit-Template gibt es lediglich eine sequenzielle Versionshistorie, die die Änderungen chronologisch auflistet.

Für kompliziertere Versionierungen, wie sie beispielsweise Subversion[5] bereitstellt, besteht in diesem Kontext keine Notwendigkeit. Die hier gewählte Versionierung gleicht dem Konzept der Seitenversionierung auf Wikipedia.org.

– *Protokoll der Nutzungsinformationen und Feedback (Leistungskennzahlen)*
Während der Verwendung eines als öffentlich markierten ReCoKit-Templates sammelt das ReCoKit Informationen über dessen Verhalten sowie implizites oder explizites Kundenfeedback, beispielsweise in Form von Bewertungen oder der Akzeptanz von generierten Empfehlungen durch den Nutzer. Solche Informationen, in meinem Konzept unter dem Begriff der *Leistungskennzahlen* zusammengefasst, erlauben im Konfigurationsvorgang die Unterstützung des Kunden bei der Auswahl der Empfehlungslogik. Abschnitt 5.2.8.1 geht auf die gesammelten Leistungskennzahlen und ihre Verwendung genauer ein.

5.2.5. Die Filtermodule

Filtermodule stellen die eigentlichen Arbeitstiere des Empfehlungsvorgangs dar. Sie werden im ReCoKit-Template durch die Ablaufsteuerungselemente miteinander verknüpft und im Zuge eines Empfehlungsvorgangs durch das ReCoKit aufgerufen. Für ihre Implementierung sind im Wesentlichen der Konfiguratorhersteller oder Learning-Relationship-Designer zuständig. Jedes Filtermodul realisiert eine der in Abschnitt 2.4.3 vorgestellten Arten von Personalisierungsalgorithmen, allerdings zugeschnitten auf den Anwendungskontext der Produktkonfiguration. Ihre Anzahl ist technisch unbegrenzt. Die technische Bereitstellung von Filtermodulen für die Empfehlungsfunktionalität erfolgt über programmiersprachenspezifische Konstrukte, die das Nachladen von externen Bibliotheken ermöglichen. Da mein Konzept unabhängig von der genutzten Programmiersprache ist, wird lediglich die Existenz eines solchen Nachladekonzeptes vorausgesetzt.

Während ihrer Ausführung im Empfehlungsvorgang benötigen Filtermodule Zugriff auf Profilinformationen, deren Akquise und Bereitstellung der Anbieter gewährleisten muss. Insbesondere die Profildatenakquise wird durch eine extensive Learning Relationship zwischen Anbieter und Kunde umgesetzt und steht nicht im Fokus dieser Arbeit. Detaillierte Profilakquisetechniken sowie weiterführende Literatur wurden in Abschnitt 2.3.4 vorgestellt. Es ist die Aufgabe des Anbieters, die richtigen Akquisetechniken anzuwenden, damit die in den Filtermodulen implementierten Personalisierungsalgorithmen gut funktionieren. Die Adaption der Filtermodule an die anbieterspezifischen Nutzerprofildatenbanken diskutiert Abschnitt 5.4.3.2.

5.2.5.1. Anforderung an die Filtermodulimplementierungen

Grundsätzlich muss jede Filtermodulimplementierung den folgenden Anforderungen genügen:

- Realisierung der im Folgenden dokumentierten Schnittstelle
- Personalisierung des Konfigurationsmodells basierend auf verfügbaren Profilinformationen

[5] http://subversion.tigris.org (Stand: 8.10.2009)

- Gewährleistung der Terminierung ihrer Personalisierungsalgorithmik
- Wahrung der Privatsphäre

Filtermodule haben neben den Steuerungsinformationen, die beim Aufruf der Filtermodulschnittstelle übergeben werden, vollen Zugriff auf alle Nutzerprofildaten. Basierend auf diesen Informationen errechnen sie für das ihnen übergebene Konfigurationsmodell eine *Empfehlung*. Filtermodule sind selbst verantwortlich für die Modifikation des Konfigurationsmodells. Sie haben als eigentliche Urheber der Modifikationen gemäß Anforderung A-6 (Seite 119) zusätzlich die Aufgabe, für den Kunden hilfreiche *Erklärungen* zu den Veränderungen zu generieren.

Der Zugriff eines Filtermoduls schließt die Modifikation der Nutzerprofildaten ein, um Bedürfnisinformationen, die es aus den Konfigurationseinstellungen des übergebenen Konfigurationsmodell herausliest, anderen Filtern zugänglich zu machen. Diese Form der Filtermodulumsetzung erlaubt die Realisierung einer Meta-Level-Hybridisierung, denn nachfolgende Filtermodule können wiederum die hinterlegten Profildaten für ihre Empfehlungsberechnung nutzen (vgl. Burke 2002). Außer über das Nutzerprofil haben die an einem Empfehlungsvorgang beteiligten Filtermodule keine Möglichkeit, direkt miteinander zu kommunizieren.

Den Filtern kommt eine wesentliche Aufgabe in der Wahrung der Privatsphäre jedes einzelnen Nutzers zu. Sie stellen die Barriere zwischen den Nutzerprofildaten und dem Empfehlungslogik-Designer sowie den Kunden dar. So kann der Empfehlungslogik-Designer verschiedenste Filtermodule kombinieren, die Umsetzung der Profildaten bleibt jedoch Aufgabe der darin realisierten Implementierung, so dass die Profildaten vor dem direkten Zugriff durch den Kunden geschützt sind.

5.2.5.2. Modifikationen am Konfigurationsmodell

Filtermodule leisten den wesentlichen Teil der Personalisierungsarbeit. Das für den Empfehlungsvorgang entworfene Konzept der *erlaubten Veränderungen* (vgl. Abschnitt 5.2.4.2) überträgt sich automatisch auf die Arbeit der Filtermodule, denn wenn jedes am Empfehlungsvorgang beteiligte Filtermodul lediglich erlaubte Veränderungen durchführt, erfüllt auch die Summe aller Einzelmodifikationen diese Bedingung. Der Beweis hierfür schließt sich an die Vorstellung der Hybridisierungsmodi an.

Personalisierungsalgorithmen arbeiten meist probabilistisch, indem sie Predictions für zu empfehlende Werte errechnen. So würden die Filtermodule im Kontext dieser Arbeit zu jedem Wert eines Freiheitsgrads die Wahrscheinlichkeit berechnen, wie relevant der jeweilige Wert für den Kunden ist. So ergäben sich für jeden Freiheitsgrad entweder diskrete oder stetige Wahrscheinlichkeitsfunktionen wie sie Abbildung 5.9 exemplarisch zeigt. Allerdings steht diese herkömmliche Prediction-basierte Arbeitsweise im Widerspruch zu den in meinem Konzept erlaubten Veränderungen, die lediglich den binären Ein- und Ausschluss von Werten innerhalb der Selektions- und Wertebereichsmengen vorsehen. Es bedarf also eines Ansatzes, der die Umsetzung der linearen Wahrscheinlichkeitsberechnungen der Filtermodule auf das Konzept der erlaubten Veränderungen übersetzt.

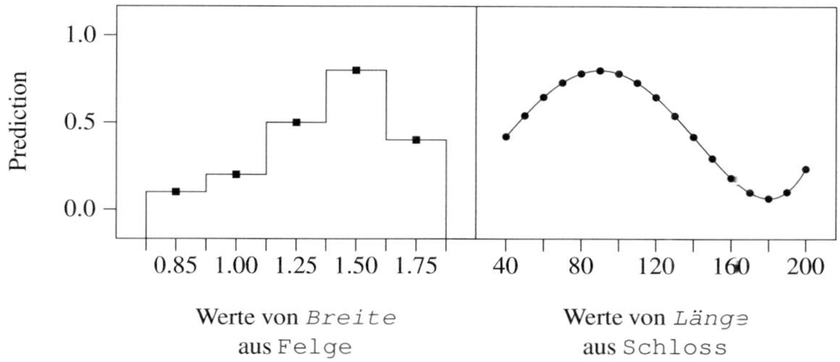

Abbildung 5.9. Beispiele von Wahrscheinlichkeitsfunktionen als filtermodulinternes Empfehlungsergebnis

Dafür sind zwei grundlegende Fragen zu beantworten: *Wann* und *wie* werden diese Prediction-Berechnungen in Änderungen am Konfigurationsmodell übersetzt? In dem hier vorgestellten Konzept der Filtermodulkombination gibt es für das „Wann?“ zwei Alternativen:

1. Am Ende der Ausführung eines Filtermoduls
2. Am Ende der Ausführung des gesamten Empfehlungsvorgangs

Die zweite Alternative ist zwar genauer, widerspricht aber dem Hybridisierungskonzept. In einem solchen Ansatz würden die Filtermodule zuerst nacheinander für die ihnen zugeordneten Freiheitsgrade Wahrscheinlichkeitsfunktionen für alle selektierbaren Werte erstellen. Am Ende des Empfehlungsvorgangs wären alle diese Wahrscheinlichkeitsfunktionen zu kombinieren. Diese Form widerspricht meinem Konzept der Hybridisierung, da die Personalisierungen nicht direkt in das Konfigurationsmodell übersetzt und somit in der Sequenzialisierung durch Folgefilter nicht nutzbar sind. Weiterhin stünde am Ende des Empfehlungsvorgangs ein sehr komplexes und rechnerisch aufwendiges Optimierungsproblem, um das „optimale Konfiguratonsmodell“ zu berechnen. Dabei wäre auch keine Unterscheidung zwischen Werteselektionsveränderungen oder Wertebereichsveränderungen mehr möglich.

In meinem Konzept sind die Filtermodule für die Umsetzung ihrer Predictionberechnung in Konfigurationsmodellmodifikationen also selbst zuständig. Änderungen werden direkt im Konfigurationsmodell hinterlegt, so dass nachfolgende Filtermodule dieses Wissen für ihre Empfehlungen nutzen können. Diese Form der Umsetzung erlaubt Filtern die Entscheidung, ob sie Werteselektionen oder Wertebereiche verändern. Durch diese Form der Umsetzung können verschiedene Hybridisierungsmodi innerhalb eines ReCoKit-Templates kombiniert werden (vgl. Abschnitt 5.2.6).

Die Frage des „Wie?“ der Übersetzung ist dagegen einfacher zu beantworten. Da die erlaubten Veränderungen lediglich die Erweiterung der Werteselektionen sowie die Verkleinerung der Wertebereiche zulassen, sind für die Implementierung der Übersetzung einer Wahrscheinlichkeitsfunktion die folgenden beiden Aspekte zu klären:

1. Werden die Predictions in Veränderungen an Wertebereichsmengen oder Werteselektionsmengen übersetzt?

2. Welcher Prediction-Schwellwert gilt, oberhalb dessen Werte selektiert oder aus dem Wertebereich ausgeschlossen werden?

Die Alternativen *Wertebereichsveränderung* und *Werteselektion* unterscheiden sich im Wesentlichen in ihrer Wirkung im Konfigurationsmodell. Das Hinzufügen von Werteselektionen hat einen *einschließenden, bejahenden* Charakter, wohingegen das Verkleinern von Wertebereichen *ausschließend*, bzw. *verneinend* wirkt. Grundsätzlich ist der Kunde an Werteselektionen interessiert, da ihm dadurch Auswahlarbeit abgenommen wird. Filtermodule sollten also zur Übersetzung ihrer Personalisierungsergebnisse in Werteselektionen tendieren, wenn sie sich ihrer Empfehlung sehr sicher sind. Können sie keine klaren Aussagen über zu selektierende Werte treffen, so sollten sie die kaum relevanten Werte aus dem Wertebereich entfernen. Wertebereichsveränderungen helfen dem Kunden zwar kaum, können den nachfolgenden Filtern aber die Arbeit erleichtern, da die Auswahlmenge reduziert ist.

Da sich die Personalisierungsalgorithmen in der Berechnung der Predictions hinsichtlich Durchschnitt und Varianz deutlich unterscheiden, geben *Prediction-Schwellwerte* in der Filtermodulschnittstelle die Möglichkeit, eine genaue Kontrolle auf das Modifikationsverfahren der Algorithmik auszuüben.

Die Abbildung 5.10 zeigt ein Beispiel einer Konfigurationsmodellveränderung am Freiheitsgrad `Durchmesser` in der Komponente `Reifen` durch einen Filter `F`. `F` hat den Wert `65` aus dem Wertebereich des Freiheitsgrads `Durchmesser` herausgefiltert. Gleichzeitig wurde der Wert `50` als Selektion hinzugefügt.

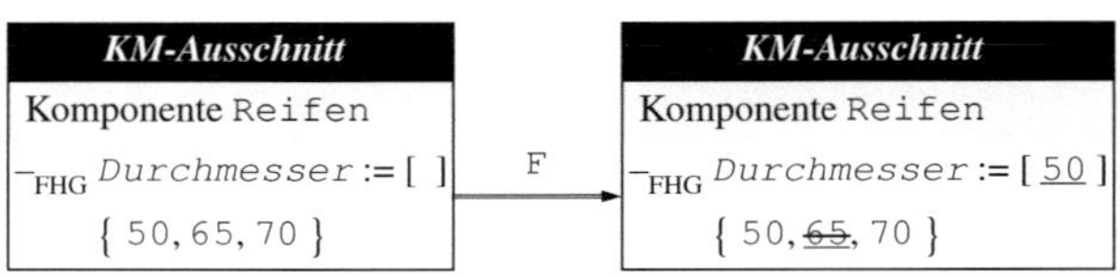

Abbildung 5.10. Beispiel: Ein Filtermodul verändert Wertebereich und Werteselektionsmenge eines Freiheitsgrads

Die Filtermodulalgorithmik muss also den folgenden Bedingungen bei der Berechnung einer Empfehlung entsprechen:

- Filtermodule *verändern das Konfigurationsmodell direkt*. Werteselektionen helfen dem Kunden, Wertebereichsveränderungen nachfolgend ausgeführten Filtermodulen.
- Filtermodule dürfen nur *erlaubte Veränderungen* durchführen.
- Es müssen *alle* Freiheitsgrade, die aktiv verändert wurden, protokolliert werden.
- Empfehlungen müssen durch hilfreiche *Erklärungen* ergänzt werden.

- Interne technische Abläufe sowie aufgetretene Probleme müssen zu Debuggingzwecken und zur Fehleranalyse *protokolliert* werden.

5.2.5.3. Die Filtermodulschnittstelle

Die Schnittstelle der Filtermodule leistet zwei Aufgaben. Zum einen beschreibt sie die programmatische Ansteuerung durch das ReCoKit, also die Aufrufparameter sowie die Rückgabeinformationen. Alle Aufrufparameter werden bei der Einbindung in ein ReCoKit-Template festgelegt. Zum anderen definiert die Schnittstelle deklarative Informationen, die jede Filtermodulimplementierung für die Empfehlungsfunktionalität unabhängig vom eigentlichen Empfehlungsvorgang bereitstellen muss. Diese deklarativen Informationen beschreiben die Merkmale der implementierten Personalisierungsalgorithmik und vermitteln dem Empfehlungslogik-Designer ein Verständnis über ihre Stärken und Schwächen, so dass er das Filtermodul geeignet einsetzen kann. Die Schnittstelle eines Filtermodules besteht im Einzelnen aus:

Deklarative Informationen

$-_{DI}$ *Identifikation*
Der eindeutige Name des Filtermoduls dient zur Referenzierung in den ReCoKit-Templates. Er sollte kurze und informativ sein und die Empfehlungsfunktionalität im Wesentlichen charakterisieren.

$-_{DI}$ *Beschreibung*
Die Beschreibung ist eine vom Implementierer des Filtermoduls erstellte natürlichsprachliche Dokumentation der intern realisierten Empfehlungsalgorithmik. Sie weist auf Stärken und Schwächen hin und dokumentiert die Verwendung der weiter unten erläuterten *freien Parameter*.

$-_{DI}$ *Tags*
Wie bei den ReCoKit-Templates werden Tags zur Organisation der Filtermodule genutzt. Der Learning-Relationship-Designer, der diese Verwaltungsaufgabe wahrnimmt, setzt die Tags und erleichtert dem Empfehlungslogik-Designer so die Suche nach geeigneten Filtermodulen. Tags geben Auskunft über die spezifische Algorithmik sowie die besonderen Fähigkeiten des Filtermoduls. So könnte beispielsweise der Tag `Zufall` alle Filtermodule kennzeichnen, die ihre Entscheidungen durch Zufallszahlen beeinflussen lassen.

$-_{DI}$ *Produktmodellkompatibilität*
Die Produktmodellorientierung eines Filtermoduls hängt von seiner internen Implementierung ab. So existieren produktmodellgenerische Filter, die für alle Produktmodelle eingesetzt werden können. Herkömmliche kollaborative Techniken sind ein Beispiel dafür. Andere Filtermodule setzen in ihrer Implementierung der Personalisierungsalgorithmik eine ganz bestimmte Produktstruktur voraus. So ist beispielsweise ein den Produktpreis optimierendes Filtermodul an ein spezifisches Produkt gekoppelt, da ihm nur die Preise der darin verwendeten Bauteile bekannt sind. Die Produktmodellkompatibilität wird über eine Liste der eindeutigen Produktmodellidentifikationen angegeben. Eine leere Liste bedeutet die Anwendbarkeit des Filtermoduls auf alle Produktmodelle.

$-_{DI}$ *Aktivierungsstatus*
Filtermodule werden vom Learning-Relationship-Designer administriert und besitzen

einen Aktivierungsstatus, der die Ausführbarkeit von Filtermodulen während der Empfehlungsvorgänge kontrolliert. So können neue, in ihrer Leistungsfähigkeit noch unbekannte oder auch qualitativ schlecht implementierte Filtermodule deaktiviert und von der allgemeinen Nutzung ausgeschlossen werden. In der Rolle des anbieterseitigen Administrators für die Filtermodule hat lediglich der Learning-Relationship-Designer die Möglichkeit, deaktivierte Filter auszuprobieren.

$-_{DI}$ *Als virtuelles ReCoKit-Template veröffentlichen*
Filtermodule und das ReCoKit besitzen eine sehr ähnliche Ansteuerungsschnittstelle. Da Filtermodule selbst bereits eine eigene, in sich abgeschlossene Empfehlungslogik darstellen, können sie auch direkt, ohne den Umweg über ein ReCoKit-Template zur Berechnung einer Empfehlung herangezogen werden. Dafür wird das Filtermodul als sogenanntes *virtuelles ReCoKit-Template* veröffentlicht und kann als Empfehlungslogik direkt im ReCoKit ausgeführt werden. Diese Kapselung erfolgt allerdings nicht automatisch, da es von der Filtermodulimplementierung abhängt, ob sie den Anforderungen einer vollständigen Empfehlungslogik genügt. Deaktivierte Filtermodule werden nicht als virtuelles ReCoKit-Template veröffentlicht.

$-_{DI}$ *Deklaration freier Parameter* **(optional)**
Filtermodule dürfen genauso wie ReCoKit-Templates freie Parameter deklarieren. Diese Parameter werden beim Aufruf des Filtermoduls innerhalb eines ReCoKit-Templates mit Werten belegt. Vorstellbar ist beispielsweise ein generischer kollaborativer Filter, dessen Ähnlichkeitsberechnungsmetrik durch einen freien Parameter ausgewählt werden kann.

Aufrufparameter

$-_{P}$ *Konfigurationsmodell*
Filtermodule benötigen als Ausgangspunkt für ihre Personalisierungsaktivitäten ein Konfigurationsmodell. Dieser Parameter ist nicht optional.

$-_{P}$ *Aktiver Kunde*
Dieser Parameter gibt an, für wen die Empfehlung zu generieren ist. Die Identifikation des *aktiven Kunden* wird insbesondere beim Nutzerprofilzugriff eingesetzt.

$-_{P}$ *Bereichsfestlegung im Konfigurationsmodell* **(optional)**
Der Handlungsbereich, in dem das Filtermodul Veränderungen im Konfigurationsmodell vornehmen darf, kann durch diesen Parameter eingeschränkt werden. In Anlehnung an den vergleichbaren Parameter des ReCoKits wird auch hier die Menge der veränderbaren Freiheitsgrade im Produktmodell durch Ein- und Ausschlussmengen bestimmt. Die Mengen bestehen aus den Produktmodellmatchern, die Abschnitt 5.2.3.2 vorgestellt hat.

$-_{P}$ *Kundenspezifische Gewichtungen der Produktbereiche* **(optional)**
Dieser Parameter hat die gleiche Bedeutung wie der gleichnamige Parameter des ReCoKits. Er dient der kundenspezifischen Priorisierung von Produktmodellbereichen. Dieser Parameter wird direkt durch das ReCoKit kontrolliert.

$-_{P}$ *Automatisierter Vervollständigungsmodus*
Die Angabe des Vervollständigungsmodus steuert das Filtermodul in seiner Methode der Wertefestlegung. Dieser Parameter hat die gleiche Semantik wie der gleichnamige Para-

meter des ReCoKits, kann jedoch für jedes im ReCoKit-Template verwendete Filtermodul separat festgelegt werden. So besteht bei der Durchführung eines Empfehlungsvorgangs mit angeschaltetem Vervollständigungsmodus die Möglichkeit, nur bestimmten Filtermodulen die Aufgabe der automatisierten Vervollständigung zukommen zu lassen. Der Empfehlungslogik-Designer spezifiziert dies bei der Erstellung des ReCoKit-Templates.

$-_P$ *Schwellwerte der Empfehlungsprediciton* **(optional)**
Filteralgorithmen schließen von den Nutzerprofilinformationen auf aktuelle Bedürfnisse und errechnen dabei Predictions für die vorhandenen Informationsobjekte. Grundsätzlich dienen Schwellwerte zur Steuerung, ab welcher Prediction Werte aus den Wertebereichen des Konfigurationsmodells auszuschließen oder den Werteselektionen hinzuzufügen sind. Abschnitt 5.2.5.2 dokumentiert das Konzept der Schwellwerte im Detail. Die Angabe des Schwellwertes ist optional, um den Empfehlungslogik-Designer zu entlasten. Bei fehlenden Schwellwerten muss das Filtermodul eigene Standardwerte nutzen

$-_P$ *Belegung der freien Parameter des Filtermoduls* **(optional)**
Die im deklarativen Teil der Schnittstelle aufgeführten freien Parameter können zur Aufrufzeit des Filtermoduls mit Werten belegt werden.

$-_P$ *Detailliertes Ablaufprotokoll erstellen*
Optionaler Bestandteil einer Empfehlung ist ein detailliertes technisches Ablaufprotokoll. Wird dieses angewählt, so soll die Filtermodulimplementierung die internen technischen Abläufe protokollieren. Dieser Parameter wird direkt durch das ReCoKit kontrolliert.

Rückgabewerte

$-_R$ *Empfehlung*
Das Ergebnis eines Personalisierungsvorgangs umfasst die in Abschnitt 5.2.2 spezifizierten Empfehlungsdaten. Das darin enthaltene Konfigurationsmodell ist eine modifizierte Version aus dem Filtermodulaufruf.

5.2.5.4. Exkurs: Beispiele von Filtermodulrealisierungen

In den Filtermodulen werden die eigentlichen Personalisierungsalgorithmen realisiert, die während des Empfehlungsvorgangs das Konfigurationsmodell personalisieren. Um eine bessere Vorstellung von den Möglichkeiten verschiedener Filtermodulrealisierungen zu bekommen, führe ich in diesem Abschnitt einige Beispiele an. Sie übertragen die in Abschnitt 2.4.3 vorgestellten allgemeinen Konzepte von Personalisierungstechniken auf den ReCoKit-Ansatz. Natürlich gibt es beliebig viele weitere Realisierungsarten jeder Technikklasse.

Filtermodule werden grundsätzlich produktspezifisch oder produktgenerisch realisiert. Produktgenerische Umsetzungen erlauben ihre Verwendung in Hybridisierungsschemata beliebiger Produktmodelle. Produktspezifische Filtermodule sind in ihrer Algorithmik auf ein spezifisches Produktmodell ausgerichtet. Ich werde im Folgenden einige produktgenerische und einige produktspezifische Filterbeispiele vorstellen.

Das Beispiel eines auf *kollaborativer Personalisierungstechnik* basierendem Filtermoduls ist produktgenerisch realisiert. Grundsätzlich personalisiert es jeden Freiheitsgrad separat. Die Mengen der zu empfehlenden Informationsobjekte, die das kollaborative Filtermodul freiheitsgradspezifisch empfehlen kann, werden durch die Wertebereiche der Freiheitsgrade aufgespannt. Die Algorithmik zur Berechnung von Vorschlägen verwendet dabei die Menge der gekauften Produktkonfigurationen und sucht über Werteselektionsvergleiche nach Kunden mit ähnlichem Geschmack. Für die Ähnlichkeitsberechnungen des kollaborativen Beispielfilters stehen drei Alternativen zur Auswahl:

- Die Kunden geben explizit Ratings zu Produktkonfigurationen ab. Diese Ratings werden direkt auf die in den Produktkonfigurationen selektierten Werte übertragen, so dass die Werte jedes Freiheitsgrads ähnlich den Artikeln in Amazon.com Bewertungen tragen. Über die bekannten Berechnungsalgorithmen werden dann freiheitsgradspezifische Neighbourhoods von Kunden berechnet, die wiederum die Grundlage für die kollaborative Empfehlung bieten.
- Implizite Produktbewertungen werden beim Stöbern durch den Katalog existierender Produktkonfigurationen gesammelt. Diese dienen dann entsprechend der in der vorigen Alternative geschilderten Methode zur Vorschlagsberechnung.
- Die im Konfigurationsmodell bereits eingestellten Werteselektionen werden als implizit positive Ratings interpretiert und sind Basis für die Neighbourhoodberechnung zwischen Produktkonfigurationen. Die Gewichtungen im Produktmodell erlauben eine genauere Berechnung der Ratings. Die vorzuschlagenden Werteselektionen des zu personalisierenden Freiheitsgrads werden dann aus den Produktkonfigurationen der Neighbourhood entnommen.

Mit diesen drei Vorschlagsalternativen, die der Empfehlungslogik-Designer über die freien Parameter des Filtermoduls steuern kann, ist das kollaborative Filtermodul unabhängig vom Produktmodellkontext einsetzbar, da die Kenntnis der Metamodellstruktur ausreicht, um auf die Wertebereiche der im Produktmodell vorhandenen Freiheitsgrade zugreifen zu können. Grundlage für die Neighbourhood-Berechnungen bilden die in der Literatur ausführlich dokumentierten Algorithmen (vgl. Abschnitt 2.4.3.1, Manouselis und Costopoulou 2008).

Das Beispiel eines *kollaborativ-inhaltsbasierten* Filtermoduls stützt sich auf die historischen Produkteinkäufe des aktiven Kunden. Dies ist etwa unter *MyMüsli* umsetzbar, da der Kunde über die Zeit hinweg häufiger Müslikonfigurationen kauft und sich so im Müslikonfigurator eine Einkaufshistorie ansammelt. Im Gegensatz zu vielen herkömmlichen Anwendungsbereichen erlaubt die bekannte Metamodellstruktur das produktgenerische Design des inhaltsbasierten Filtermoduls. Die bisher eingekauften Produktkonfigurationen interpretiert der Filter als den „Geschmack“ des Kunden und versucht, im Empfehlungsvorgang ähnliche Produkte zu empfehlen. Dafür vergleicht er die historischen Einkäufe mit Produktkonfigurationen anderer Nutzer und analysiert deren Ähnlichkeit. Das Filtermodul schlägt für die zu personalisierenden Freiheitsgrade genau die Werteselektionen vor, die am häufigsten gewählt wurden, und schränkt die Wertebereiche auf die mindestens einmal gewählten Werte ein. Die Identifizierung des eigenen Geschmacks kann aber auch über andere, produktspezifische Ansätze erfolgen wie etwa über kulturelle Templates (vgl. Tseng und Piller 2003, S. 4).

Die Beispielrealisierung eines *kontextbasierten Filters* baut auf dem fallbasierten Ansatz auf. Es nutzt eine Fallbasis, die alle gekauften Produktkonfigurationen eines Produktes enthält und extrahiert saisonal bedingte Konfigurationseinstellungen über Durchschnitt- und Varianzbildung eines jeden Freiheitsgrads (vgl. Stormer 2007). Basierend auf dieser Information und dem aktuellen zeitlichen Kontext personalisiert dieses Filtermodul die Konfigurationsmodelle mit saisonal bedingten Werteselektionen. Auch dieser Filter ist wiederum produktgenerisch.

Das Beispiel eines *wissensbasierten Filters* arbeitet mit vom Empfehlungslogik-Designer festzulegenden Aktionsregeln der Form:

Wenn <*Bedingung*> *Dann* `Setze` <*Wert*> `in` <*FHG*>

Diese Aktionsregeln werden bei der Anwendung des Filters im Hybridisierungsschema als Parameter übergeben und erlauben die manuelle, nichtalgorithmische Festlegung von Werteselektionen.

Ebenso ist eine Reihe weiterer, produktspezifischer Filtermodule denkbar. Die folgenden Optimierungsfilter sind insbesondere für den Abschluss des Empfehlungsvorgangs mit angeschaltetem Vervollständigungsmodus hilfreich, da sie eine nutzerprofilunabhängige Personalisierung des Konfigurationsmodells zulassen und somit unabhängig von der Qualität und dem Umfang der vorliegenden Profildaten arbeiten. So kann ein Filtermodul die noch unbesetzten Freiheitsgrade auf *Produktgesamtpreis*, *Produktqualität und Komponentenabstimmung*, *minimale Komponentenlieferzeit*, *gesetzliche Vorschriften* oder etwa *Produktgewicht* optimieren. Für alle diese Filtermodulrealisierungen ist produktspezifisches Expertenwissen notwendig. Andere produktgenerische Filter sind beispielsweise *Zufälligkeitsfilter* oder die Vervollständigung nach den im Produktmodell angegebenen *Freiheitsgraddefaultwerten.*

Die Liste dieser Beispiele zeigt Möglichkeiten der technischen Realisierung von Filtermodulen auf. Es wird aber auch deutlich, dass die in meinem Konzept vorgeschriebenen Aufgaben eines Filtermoduls durch eine fast unbegrenzte Anzahl an Personalisierungsstrategien umgesetzt werden können. Die Auswahl der richtigen Filtermodule und deren sinnvolle Hybridisierung ist Aufgabe des Empfehlungslogik-Designers.

5.2.6. Das Hybridisierungsschema

Das *Hybridisierungsschema* steuert den Ablauf des Empfehlungsvorgangs. Es wird durch den Empfehlungslogik-Designer in einem *Programmierungsvorgang* aus den einzelnen Ablaufsteuerungselementen zusammengestellt. Dieser Abschnitt geht auf die bereitgestellten Ablaufsteuerungselemente ein und beschreibt ihre Verwendungsmöglichkeiten im Schema sowie ihre Semantik im Empfehlungsvorgang. Die vorgestellten Konzepte werden anhand von Beispielen erläutert. Anhang E.1 zeigt ein umfangreiches Hybridisierungsschema, das im Testlauf des Prototyps Anwendung findet.

Die ablaufplanähnliche Darstellung der adaptierbaren Empfehlungslogik stand für mich im Vordergrund, um die Präsentation des Hybridisierungsschemas möglichst verständlich gestalten zu können. Ein textuelles Programm würde viele Empfehlungslogik-Designer überfordern, da diese Steuerungsmethode von Computersystemen nur professionellen Programmierern geläufig ist. Der Großteil der Computernutzer ist die Bedienung von Rechnern über visuelle Methoden gewohnt. Weiterhin war es mir beim Design der Ablaufsteuerungselemente wichtig, gängige Konzepte wie etwa „bedingte Ausführung“ oder „Schleifen“ zu verwenden, um auf eine beim Empfehlungslogik-Designer eventuell vorhandene Softwareentwicklungserfahrung zurückgreifen zu können.

In der Informatik existieren verschiedene Techniken zur Modellierung von Programmabläufen. *Petri-Netze* fokussieren dabei auf die Modellierung nebenläufiger Systeme, sind für den Empfehlungslogik-Designer in der Regel allerdings zu kompliziert, da Denken in parallelen Abläufen nicht so sehr verbreitet ist. Der Schwerpunkt der durch die Hybridisierungsschemata zu realisierenden Programmabläufe liegt auf der Sequenzialisierung mit Verzweigungen. Aus diesem Grund bieten sich als Modellierungstechnik eher *UML-Aktivitätsdiagramme* oder *Programmablaufpläne nach DIN 66001* an. Beide Ansätze erlauben aufgrund ihres sehr allgemein gehaltenen Designs eine große Freiheit in der Diagrammformulierung, die im Kontext meiner Lösung nur ansatzweise benötigt wird. Ich habe deswegen einen gegenüber den Standardmodellierungstechniken reduzierten Satz an Ablaufsteuerungselementen entworfen und dabei ihre Formalisierung an die Notwendigkeiten der Filtermodulhybridisierung angepasst.

In einem ersten Schritt werde ich nun allgemeine Anforderungen an das Hybridisierungsschema sowie die Ablaufsteuerungselemente entwerfen und einen Überblick über die spezifizierten Elemente geben. Daran schließt sich die nach Elementklasse gruppierte detaillierte Erläuterung aller Ablaufsteuerungselemente an, in der ich auf die *Motivation des Elements*, die *Elementvarianten mit Abbildungen*, die *Parameter*, den realisierten *Hybridisierungsmodus* und die *Terminierung* eingehen werde. Ein Beispiel rundet die Beschreibung jeder Elementklasse ab und zeigt deren Funktionsweise exemplarisch. Den Abschluss dieses Abschnitts bildet der Beweis zur Terminierung einer Hybridisierungsschemaauswertung und der Einhaltung der Forderung nach erlaubten Veränderungen.

5.2.6.1. Allgemeine Anmerkungen zum Hybridisierungsschema und zu den Ablaufsteuerungselementen

Die Darstellung des Hybridisierungsschemas ist grundsätzlich eine von links nach rechts zu lesende Sequenzialisierung von Ablaufsteuerungselementen. Diese Sequenzialisierung spezifiziert den Ablauf des Empfehlungsprogramms entlang dessen das zu personalisierende Konfigurationsmodell immer weiter verfeinert wird. Ein einfaches Beispiel der Darstellung einer Sequenzialisierung ist in Abbildung 5.12 (Seite 191) zu finden. Jedes Ablaufsteuerungselement ist durch ein Piktogramm illustriert und wird über eine Menge an Parametern, die teilweise in der Abbildung des Piktogramms enthalten sind, gesteuert.

Die für die Ablaufsteuerungselemente spezifischen Parameter werden bei der Erstellung des ReCoKit-Templates durch *Ausdrücke* belegt. Die Auswertung der Ausdrücke erfolgt durch das ReCoKit während des Empfehlungsvorgangs. Ihre Syntax ist an die der Java-Ausdrücke angelehnt und stellt allgemeine Operatoren sowie Werte primitiver Datentypen bereit. Auf die Inhalte der durch das ReCoKit bereitgestellten Variablenumgebung kann über Variablensymbole zugegriffen werden. Die Variablenumgebung enthält dabei alle dem ReCoKit beim Aufruf des Empfehlungsvorgangs übergebenen Parameter. Weiterhin steht ein Satz von Funktionssymbolen bereit, die den Zugriff auf die Konfigurationsmodellelemente sowie das Nutzerprofil erlauben. Die Menge und Semantik der Funktionssymbole sowie die Syntax der Ausdrücke hängt von der realen Implementierung des ReCoKits im generischen Konfigurator ab, da Nutzerprofilzugriffe sowie Konfigurationsmodellkomplexität variieren. Die in den folgenden Beispielen gegebenen Ausdrücke werde ich an Ort und Stelle erläutern. Auf die Auswertung der Ausdrücke geht Abschnitt 5.2.7.4 ein.

Klasse	*Ablaufsteuerungs-element*	*Piktogramm*	*Parameter*	*Hybrid-modus*[6]
Primitive	**Anfangselement**	●→	–	Kaskadierend o. Meta-Level
	Endelement	→◉	–	
	Sequenzialisierung	→	–	
Aufrufe	**Filtermodul**	→ [<Modulname>] →	• Filtermodulidentifikator • Parameterbelegung	–
	Anderes ReCoKit-Template	→ [*<Templatename>*] →	• ReCoKit-Template-Identifikator • Parameterbelegung für ReCoKit	
Bedingte Ausführung	**If-Elseif-…-Else**	→ [If-Elseif-Else: b_1 | $USchema_1$; b_2 | $USchema_2$; ⋮ | ⋮; b_n | $USchema_n$] →	• Bedingungen b_* • Ein Unterschema $USchema_*$ zu jeder Bedingung	Wechselnd
Schleifen	**While**	→ [While: b | *USchema*] →	• Schleifenbedingung b • Unterschema *USchema*	Kaskadierend
	Do-While	→ [Do-While: *USchema* | b] →	• Schleifenbedingung b • Unterschema *USchema*	
	For	→ [For: v in *wl*; *USchema*] →	• Variablenname v • Werteliste wl • Unterschema *USchema*	
Nebenläufigkeit	**Parallel**	→ [Parallel: $USchema_{Bahn\ 1}$; $USchema_{Bahn\ 2}$; ⋮; $USchema_{Bahn\ n}$ | Sel=∪ Dom=∩] →	• Unterschemata • Kombinationsmethoden für Veränderungen gleicher Freiheitsgrade	Gemischt o. Gewichtet

Tabelle 5.3. Die Ablaufsteuerungselemente des Hybridisierungsschemas

Ein Empfehlungsvorgang zielt auf eine reibungslose und vollständige Interpretation des Hybridisierungsschemas ab. Damit das ReCoKit dies gewährleisten kann, muss jedes vollständig definierte Hybridisierungsschema den folgenden Bedingungen genügen:

1. Es sind nur die in Tabelle 5.3 aufgeführten Ablaufsteuerungselemente erlaubt und es müssen alle darin aufgeführten Parameter angegeben werden.

2. Es gibt genau ein Anfangs- und genau ein Endelement.

3. Von jedem Element im Schema muss es einen Pfad zum Endelement geben (Vermeidung toter Enden).

4. Vom Anfangselement muss es einen Pfad zu jedem anderen Element geben (Vermeidung ungenutzer Schemabereiche).

Manche Ablaufsteuerungselemente eines Hybridisierungsschemas sind mit einem oder mehreren *Unterschemata* parametrisiert. Ein solches Unterschema stellt nichts anderes als ein neues, eigenständiges Hybridisierungsschema dar, das den obigen Konsistenzbedingungen genügen muss. *Eigenständig* bedeutet in diesem Kontext, dass die Auswertung eines Unterschemas unabhängig von dem übergeordneten Schema abläuft.

Tabelle 5.3 zeigt den Überblick aller in meinem Konzept vorhandenen Ablaufsteuerungselemente und untergliedert sie in ihre wesentlichen Funktionsklassen. Jeder Klasse ist im Folgenden jeweils ein separater Unterabschnitt gewidmet. Für den Entwurf der dargestellten Ablaufsteuerungselemente waren für mich diese Kriterien wichtig:

1. Es sollten verschiedene der in Abschnitt 2.4.3.6 vorgestellten Hybridisierungsmodi umgesetzt sein, um ein möglichst großes Potenzial zur Definition hybridisierter Empfehlungslogik anzubieten.

2. Die in Abschnitt 5.2.4.1 formulierte Terminierungsanforderung muss durch jedes Element erfüllt werden.

3. Jedes Ablaufsteuerungselement lehnt sich an ein bekanntes Konzept der prozeduralen Programmierung an, so dass auf vorhandene Programmierkenntnisse des Empfehlungslogik-Designers zurückgegriffen werden kann.

5.2.6.2. Primitive

Die einfachsten Ablaufsteuerungselemente stellen die *Primitive* dar, unter die das *Anfangselement*, das *Endelement* sowie die *Sequenzialisierung* fallen. Primitive Elemente sind Bausteine, die in jedem Hybridisierungsschema vorkommen. Sie dienen der Kontrolle des Gesamtablaufs der Empfehlung und verändern das Konfigurationsmodell nicht.

Anfangs- und *Endelement* kommen in jedem Hybridisierungsschema jeweils genau einmal vor und markieren den Beginn und das Ende für die Schemaauswertung. Ein Anfangselement hat genau einen Ausgang und keinen Eingang. Ein Endelement dagegen hat genau einen Eingang

---

[6]Siehe Abschnitt 2.4.3.6

und keinen Ausgang. Die Abarbeitung des Hybridisierungsschemas beginnt beim Anfangselement und endet im Endelement. Gelangt die Ablaufsteuerung eines Empfehlungsvorgangs zum Endelement, so stellt das dort ankommende Konfigurationsmodell die Empfehlung dar. Eine *Sequenzialisierung* ist lediglich eine gerichtete Kante zwischen zwei beliebigen Schemaelementen. Sie legt die Ausführungsreihenfolge fest. Alle drei Elemente benötigen keine weiteren Parameter. Sie sind mit folgenden Piktogrammen dargestellt:

•	⦿	→
Anfangselement	Endelement	Sequenzialisierung

Wenn die Ablaufsteuerung das vorangegangene Element V verlässt, wandert sie über die Sequenzialisierung zum nachfolgenden Element N. Die vom Element V am Konfigurationsmodell eingefügten Veränderungen finden Eingang in das Element N. Informationen zwischen sequenzialisierten Elementen können also nur indirekt über Veränderungen am Konfigurationsmodell übergeben werden, denn die einzelnen Ablaufsteuerungselemente werden durch das ReCoKit grundsätzlich unabhängig voneinander ausgewertet. Das Konzept der Sequenzialisierung von Filtermodulen motiviert sich folgendermaßen:

Abstufung der Wichtigkeit: Die von V eingeführten Veränderungen am Konfigurationsmodell können von N nicht rückgängig gemacht werden. Legt V beispielsweise den Freiheitsgrad `Fahrrad.Rahmen.Größe` mit `13` fest, so kann N dies nicht mehr verändern. N kann weitere Veränderungen am Konfigurationsmodell also nur in dem von V vorgegebenen Rahmen einfügen und ist somit *unwichtiger* als sein Vorgängerelement.

Weitergabe von übersetzten Bedürfnisinformationen: V übersetzt durch seine Veränderungen am Konfigurationsmodell Bedürfnisinformationen in Konfigurationseinstellungen. Das Wissen über diese Veränderungen steht N in Form des Konfigurationsmodells zur Verfügung. Legt V beispielsweise den Freiheitsgrad `Fahrrad.Gangschaltung.Schaltungstyp` mit `Kettenschaltung` fest, so kann N die getroffene Wahl für die spezifische Konfiguration der `Gänge` benutzen.

Die Sequenzialisierung realisiert grundsätzlich den Hybridisierungsmodus *Kaskadierend* und in speziellen Fällen auch *Meta-Level*. Die *Kaskadierung* ergibt sich aus der Hintereinanderschaltung und dem Weiterreichen des Konfigurationsmodells. Die *Meta-Level*-Hybridisierung wird durch sequenzialisierte Filtermodule folgendermaßen realisiert. Der vorangeschaltete Filter stellt aus den ihm zur Verfügung stehenden Konfigurationsmodell- und Profildaten neue Nutzerprofilinformationen bereit, die dann von einem nachgeschalteten Filter algorithmisch ausgewertet werden. Einen solchen Ansatz habe ich in den Beispielrealisierungen von Filtermodulen erläuert (vgl. Abschnitt 5.2.5.4).

Abbildung 5.11 stellt ein vollständiges Hybridisierungsschemabeispiel der kaskadierenden Sequenzialisierung eines `inhaltsbasierten` und eines `regelbasierten Filters` dar. Zur Erläuterung betrachte ich dabei die Freiheitsgrade `Fahrrad.Fahrradtyp` sowie `Fahrrad.Rahmen.Größe`, deren Wertebereiche vor Anwendung der beiden Filter denen des Ursprungsmodells entsprechen und deren Werteselektionen leer sind. Als Kunde trete der in Abschnitt 4.3.1.3 eingeführte *16-jährige Jugendliche* auf. Eine exemplarische Ausführung

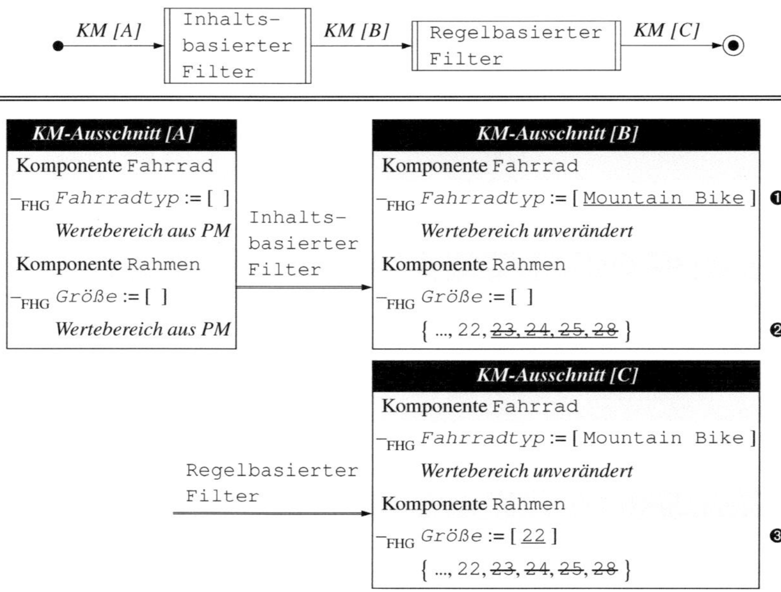

Abbildung 5.11. Beispiel einer Sequenzialisierung mit exemplarischem Durchlauf

der sequenzialisierten Filter könnte also folgendermaßen aussehen. Der `inhaltsbasierte Filter` konfiguriert im ersten Schritt den Freiheitsgrad *Fahrradtyp* mit dem Wert `Mountain Bike` (Zeile ❶), da das im Nutzerprofil hinterlegte Browsingverhalten des Kunden in der Exploringphase auf ein Interesse an `Mountain Bike`-Konfigurationen schließen lässt. Die Festlegung auf `Mountain Bike` führt aufgrund der Constraints allerdings auch zu einer automatischen Einschränkung des Wertebereichs für den Freiheitsgrad *Größe* (Zeile ❷).

Im zweiten Schritt erhält der `regelbasierte Filter` nun dieses bereits veränderte Konfigurationsmodell [B]. Der regelbasierte Filter als Implementierung einer wissensbasierten Personalisierungstechnik ist zuständig für die Übersetzung der Körpergröße in Werteselektionen des Freiheitsgrads `Fahrrad.Rahmen.`*Größe*. Die im Nutzerprofil hinterlegten Körperdaten erfordern die Verwendung eines möglichst großen Rahmens. Da die oberen vier Alternativen jedoch aufgrund der Festlegung des vorangeschalteten `inhaltsbasierten Filters` und den Produktmodellconstraints bereits ausgeschlossen sind, kann vom `regelbasierten Filter` nur noch der Wert `22` selektiert werden (Zeile ❸).

Das Beispiel zeigt ausschnittsweise, wie bei einer Sequenzialisierung die Entscheidungen vorangeschalteter Filtermodule Auswirkungen auf nachfolgende Module haben. Diese Beobachtung überträgt sich natürlich auch auf längere Filtersequenzen.

5.2.6.3. Aufrufe

Das Konzept der Modularisierung von Personalisierungslogik wird innerhalb des Hybridisierungsschemas durch *Aufrufe* genutzt. In der Auswertung von Ablaufsteuerungselementen diesen Typs werden vorhandene, bereits implementierte Personalisierungslogiken zur Generierung von Empfehlungen angewendet.

In meinem Konzept habe ich zwei wesentliche Arten von Aufrufen identifiziert. Die erste Art erlaubt die *Ausführung von Filtermodulen.* Gelangt die Ablaufsteuerung zu einem solchen Aufruf, wird das extern bereitgestellte Filtermodul über die bereits dokumentierte Schnittstelle aufgefordert, eine Empfehlung für das aktuelle Konfigurationsmodell zu errechnen. Die zweite Form des Aufrufs erlaubt die *Ausführung anderer ReCoKit-Templates.* Durch das ReCoKit ausgeführte ReCoKit-Templates berechnen nämlich ebenso Empfehlungen und ähneln damit sehr stark der Funktionsweise von Filtermodulen. Im Hybridisierungsschema sind die beiden vorgestellten Aufruftypen folgendermaßen dargestellt:

`<Modulname>`	*<Templatename>*
Filtermodulaufruf	Aufruf eines anderen ReCoKit-Templates

In meinem Hybridisierungskonzept führe ich *Verantwortlichkeiten* für die aufgerufenen Ablaufsteuerungselemente ein. Eine Verantwortlichkeit schränkt den Wirkungsbereich des aufgerufenen Elements im Konfigurationsmodell ein. So kann beispielsweise festgelegt werden, welche Freiheitsgrade durch welche Filtermodule und ReCoKit-Templates personalisiert werden sollen. Verantwortlichkeiten werden in Form von *Freiheitsgradmatchern* angegeben. Das aufgerufene Filtermodul oder ReCoKit-Template darf nur innerhalb der beim Aufruf durch den Empfehlungslogik-Designer vorgegebenen Konfigurationsmodellbereichen schreibend tätig werden.

Mittels des Konzeptes der *Rekursion* können sich ReCoKit-Templates gegenseitig aufrufen. Rekursion ist in fast jeder Programmiersprache ein gängiges Mittel, um Probleme modularisiert zu lösen, jedoch werden Terminierungsbeweise dadurch deutlich erschwert. Aus diesem Grund schränkt mein Konzept die Nutzung der Rekursion folgendermaßen ein: Der Aufrufbaum mehrerer sich rekursiv anwendender ReCoKit-Templates darf jedes ReCoKit-Template nur maximal einmal enthalten. So wird gewährleistet, dass keine unendlich fortschreitende Rekursion erfolgen kann.

Für die Ansteuerung von Filtermodulen und des ReCoKits (als Ausführungsumgebung aufgerufener ReCoKit-Templates) müssen die Parameter dieser Schnittstellen vollständig belegt werden. Davon werden einige vom ReCoKit automatisch errechnet, andere muss der Empfehlungslogik-Designer bei der Programmierung des Aufrufs im Hybridisierungsschema anhand der in Abschnitt 5.2.6.1 beschriebenen Ausdruckssprache angeben. Tabelle 5.4 gibt einen Überblick über alle Schnittstellenparameter und legt die Zuständigkeiten für ihre Belegung fest. Die für beide Schnittstellen gemeinsamen Parameter wurden in der Beschreibung zusammengefasst.

Die Verwendung von ReCoKit-Templates erlaubt, die auf eine bestimmte Aufgabe ausgerichtete Implementierung eines Hybridisierungsschemas woanders einzubinden. Im Kontext des Fahrradmodells möchte ich dies an folgendem Beispiel erläutern. Ein Kunde fordert eine Empfehlung

	ReCoKit	***EL-Designer***[7]
Spezifische Schnittstellenparameter zum Filtermodul		
• *Identifikation* Der Identifikator gibt an, welches Filtermodul aufzurufen ist.		X
• *Belegung der freien Parameter des Filtermoduls* Die Belegung der freien Parameter steuert die Filtermodulalgorithmik.		X
• *Schwellwerte der Empfehlungsprediciton* Die für das aufgerufene Filtermodul spezifischen Schwellwerte können im ReCoKit-Template spezifiziert sein. Ansonsten nutzt das Filtermodul Standardwerte.		X
Spezifische Schnittstellenparameter zum ReCoKit		
• *Identifikator des ReCoKit-Templates* Der Identifikator gibt an, welches ReCoKit-Template auszuführen ist.		X
• *Belegung der im ReCoKit-Template deklarierten freien Parameter* Die Belegung der freien Parameter wird für die Auswertung der im aufgerufenen ReCoKit-Template vorhandenen Ausdrücke benötigt.		X
In beiden Schnittstellen vorhandene Parameter		
• *Aktiver Kunde* Der aktive Kunde wird automatisch aus der Variablenumgebung übernommen.	X	
• *Konfigurationsmodell* Dies ist das Empfehlungsergebnis des direkt vorher ausgeführten Ablaufsteuerungselements.	X	
• *Bereichsfestlegung im Konfigurationsmodell* Die für den Empfehlungsvorgang global vorhandene Bereichsfestlegung kann durch aufrufspezifische *Verantwortlichkeiten* weiter eingeschränkt werden. Der für den Filtermodulaufruf endgültige Bereichsfestlegungsparameter errechnet sich durch die Kombination dieser beiden Bereichseinschränkungen, wobei die Include-Matchermengen geschnitten und die Exclude-Matchermengen vereinigt werden.	X	X
• *Kundenspezifische Gewichtungen der Produktbereiche* Die Gewichtungen werden automatisch aus der Variablenumgebung übernommen.	X	
• *Automatisierter Vervollständigungsmodus* Der Empfehlungslogik-Designer kann unabhängig von der empfehlungsvorgangsglobalen Einstellung den aufrufspezifischen Vervollständigungsmodus festlegen.		X
• *Detailliertes Ablaufprotokoll erstellen* Dies wird automatisch aus der empfehlungsvorgangsglobalen Vorgabe übernommen.	X	

Tabelle 5.4. Parameterbelegung beim Filtermodul oder ReCoKit-Template-Aufruf

mit automatisierter Vervollständigung an. Am Ende des Empfehlungsvorgangs müssen also alle Freiheitsgrade innerhalb des festgelegten Bereichs vollständig mit Werteselektionen belegt sein. Im Hybridisierungsschema sind nun verschiedene Filtermodule für die Personalisierung unterschiedlicher Produktbereiche zuständig. Sie führen Selektionen und Optimierungen für ihren Bereich durch, können aber möglicherweise aufgrund fehlender Profildaten keine komplette Konfiguration aller Freiheitsgrade durchführen. In diesem Kontext wäre also eine Art abschließender *Vervollständiger* sinnvoll, der alle noch offenen Freiheitsgrade nach vorgegebenen Kriterien wie *bester Preis* oder *beste Qualität* belegt. Da ein solcher *Vervollständiger* in verschiedenen ReCoKit-Templates Anwendung finden kann, ist es sinnvoll, seine Funktionalität in ein eigenes ReCoKit-Template auszulagern, das nach Belieben aufgerufen werden kann. Diese Kapselung erlaubt die von anderen ReCoKit-Templates unabhängige Optimierung des *Vervollständiger*. Abbildung 5.12 zeigt das Beispiel eines Hybridisierungsschemas, das zuerst verschiedene Filtermodule ausführt und dann den *Vervollständiger* nachschaltet.

Abbildung 5.12. Beispiel von Aufrufen im Hybridisierungsschema

ReCoKit-Template- und Filtermodule-Aufrufe können an beliebigen Stellen im Hybridisierungsschema eingebunden werden. Die Entscheidung darüber liegt ganz alleine beim Empfehlungslogik-Designer.

5.2.6.4. Bedingte Ausführung

Bedinge Ausführungen erlauben basierend auf einer booleschen Bedingung die Selektion eines Hybridisierungsschemateils aus einer Menge von Alternativen. So können unter Rückgriff auf Nutzerprofildaten oder anderen Informationen während der Ausführung des Empfehlungsvorgangs unterschiedliche Pfade im Hybridisierungsschema dynamisch gewählt werden. Für die Formulierung der Bedingungen steht die in Abschnitt 5.2.6.1 eingeführte Ausdruckssprache bereit.

In dieser Ablaufsteuerungsklasse steht lediglich das Element `If-Elseif-Else` bereit, das aus einer Liste von bedingten Alternativen besteht. Eine bedingte Alternative ist formal ein Tupel aus einem Bedingungsausdruck und einem Unterschema. Als Darstellungsform habe ich die folgende Struktur gewählt, die eine beliebig lange Liste von Alternativen zulässt:

If-Elseif-Else	
b_1	$USchema_1$
b_2	$USchema_2$
$\vdots$	$\vdots$
b_n	$USchema_n$

[7]EL-Designer = Empfehlungslogik-Designer

Gelangt die Ablaufsteuerung an ein solches Element, so werden die Bedingungen b_1 bis b_n in der angegebenen Reihenfolge von oben nach unten evaluiert. Die erste zu `true` evaluierende Bedingung – beispielsweise b_i – gibt die selektierte Alternative vor, deren Unterschema $USchema_i$ ausgeführt wird. Die Ausführung von $USchema_i$ geschieht vom Anfangs- bis zum Endelement, wobei die aktuelle Variablenumgebung beibehalten wird und die Ablaufsteuerungselemente des Unterschemas das dem `If-Elseif-Else`-Element übergebene Konfigurationsmodell modifizieren. Die am Endelement ankommende Empfehlung des Unterschemas $USchema_i$ ist das Empfehlungsergebnis des `If-Elseif-Else`-Elements. Evaluiert keine der angegebenen Bedinungen zu `true`, so wird auch keine der Alternativen ausgeführt und das Konfigurationsmodell bleibt unverändert. Das `If-Elseif-Else`-Element realisiert die Hybridklasse *wechselnde Kombination*, da in jedem Empfehlungsvorgang neu entschieden wird, welche Alternative für die Empfehlungsberechnung heranzuziehen ist (vgl. Abschnitt 2.4.3.6).

Eine zweite denkbare Elementvariante wäre ein *Entscheidungspunkt* (meist als Raute dargestellt), von dem aus zu einer beliebigen anderen Stelle im Schema gesprungen werden kann. Ich habe mich aus mehreren Gründen gegen den Entscheidungspunkt entschieden. Zum einen entspricht ein Entscheidungspunkt einer `goto`-Anweisung, deren Nutzung in allen Programmen verpönt ist (vgl. Dijkstra 1968). Weiterhin ist ein allgemeiner Terminierungsbeweis für Hybridisierungsschemata, die eine solche `goto`-Anweisung enthalten, unmöglich. Da auf die Verwendung der `goto`-Anweisung auch in verbreiteten Programmiersprachen verzichtet werden kann, wird ein solcher Verzicht im Kontext der Hybridisierungsschemata ebenfalls kein Problem darstellen.

Abbildung 5.13 zeigt ein Beispiel für die Anwendung des `If-Elseif-Else`-Elements mit drei Auswahlalternativen, die in ihrer Fähigkeit, spezialisierte Empfehlungen zu geben, von oben nach unten abnehmen. Die Bedingung der ersten Alternative prüft zunächst, ob der *`Fahrradtyp`* durch den Kunden oder ein voriges Filtermodul bereits auf `Racing Bike` festgelegt wurde. Falls dies der Fall ist, wird ein auf die Optimierung der Bauteile ausgerichtetes ReCoKit-Template aufgerufen, denn gerade im semi-professionellen Einsatz im Rennradsport müssen die Fahrradteile optimal zueinander passen, damit der Sportler gute Leistung bringen zu kann.

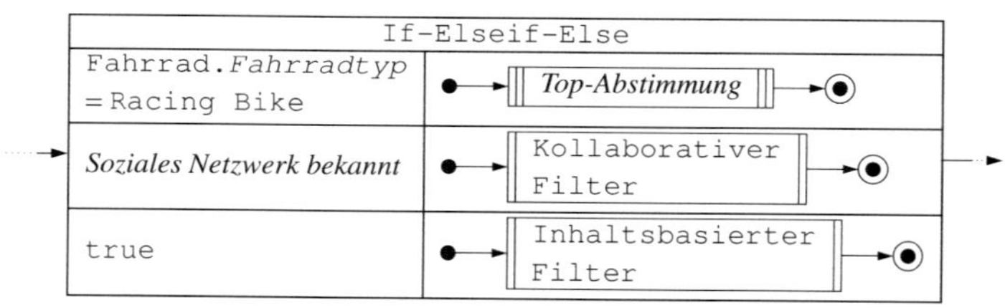

Abbildung 5.13. Beispiel einer bedingten Ausführung

In den beiden anderen Alternativen spielt die Abstimmung der Bauteile keine so große Rolle. In Alternative zwei wird zunächst geprüft, ob im Nutzerprofil ein soziales Netzwerk eingetragen ist, auf das für die Identifizierung von Freunden zurückgegriffen werden kann. Der daraufhin aufgerufene `kollaborative Filter` nutzt dieses soziale Netzwerk und konfiguriert das Fahrrad gemäß der Vorstellungen im Freundeskreis.

Die dritte Alternative stellt den *else*-Fall dar, der in jedem Fall ausgeführt wird, wenn die vorigen Bedingungen alle zu `false` evaluiert sind. In dieser Beispielalternative übersetzt ein `inhaltsbasierter Filter` lediglich früher beobachtete Bedürfnisse in die aktuelle Fahrradkonfiguration.

5.2.6.5. Schleifen

Schleifen erlauben die iterative Lösung der Empfehlungsaufgabe. Sie sind als programmiersprachliches Konstrukt Bestandteil jeder imperativen und objektorientierten Sprache und helfen bei der schrittweisen Lösung eines Problems. Im Hybridisierungsschema besteht eine Schleife immer aus einem Kontrollblock, der die Anzahl der Iterationen kontrolliert, sowie einem Unterschema, das in jeder Iteration ausgewertet wird.

Die wiederholte Iteration über das Unterschema *USchema* läuft folgendermaßen ab. Eine wiederholte Ausführung von *USchema* bedeutet eine *n*-fache Hintereinanderschaltung dieses Schemas, wobei *n* die Anzahl der Schleifeniterationen ist. Jede Iteration arbeitet auf dem Konfigurationsmodellergebnis aus der vorigen Iteration weiter. Mein Konzept enthält die folgenden drei Schleifenvarianten:

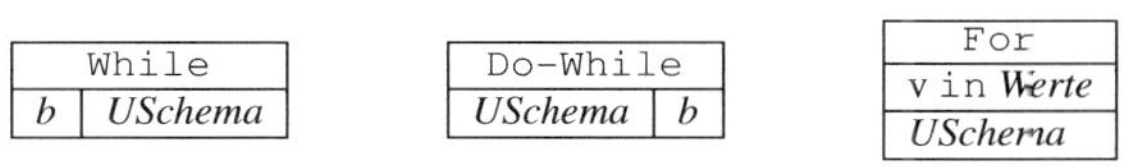

`While` `Do-While` `For`

Die Varianten `While` und `Do-While` unterscheiden sich lediglich im Auswertezeitpunkt der Bedingung *b*. Für die `While`-Schleife geschieht dies *vor* jeder Ausführung. Das Unterschema wird nur ausgeführt, wenn *b* zu `true` evaluiert. Die `Do-While`-Schleife wertet die Bedingung *b* dagegen erst am Ende einer jeden Schleifenausführung aus und entscheidet dann, ob eine weitere Iteration durchgeführt werden soll. In der `Do-While`-Schleife wird das *USchema* also mindestens einmal durchlaufen. Die Anzahl der für die `While`- und `Do-While`-Schleife notwendigen Iterationen ergibt sich dynamisch während der Ausführung des Schleifenelements. Im Gegensatz dazu erlaubt die `For`-Schleife eine detaillierte Kontrolle der Ausführungshäufigkeit. Hierfür muss eine Liste von Werten angegeben werden, über welche die Schleife iteriert. Dies können beispielsweise Werteselektionen eines Freiheitsgrads sein. In jeder Iteration wird die Variable *v* an den aktuellen Iterationswert gebunden und ist in der Variablenumgebung für die Auswertung von *USchema* sichtbar.

Schleifen ermöglichen eine *erweiterte Kaskadierung* von Filtermodulen, indem die Hintereinanderschaltung basierend auf einer Bedingung dynamisch gestaltet werden kann.

Zur Gewährleistung der Terminierung werden folgende Regeln festgelegt. Zur Auswertung der `For`-Schleife wird die angegebene Werteliste beim Starten der Schleife kopiert. Die Variable *v* iteriert über diese Kopie. Somit wirken sich Wertemengenveränderungen während des

Schleifendurchlaufs nicht mehr auf die Iterationsanzahl aus. Da die Wertemenge endlich sein muss, ist die Terminierung der `For`-Schleife gewährleistet.

Für die Beschreibung der Terminierung der `While`- und `Do-While`-Schleifen führe ich den Begriff der *signifikanten Veränderung des Konfigurationsmodells* ein. Ein Konfigurationsmodell wurde „signifikant verändert", wenn für mindestens einen Freiheitsgrad im veränderten Konfigurationsmodell eine der folgenden Bedingungen gilt:

Freiheitsgrade mit endlichen Wertebereichen

- Der Wertebereich wurde um einen Auswahlwert reduziert.
- Die Werteselektionsmenge wurde um einen Auswahlwert erweitert und die Kardinalität der Menge liegt unterhalb $Max_{Selektionen}$.

Freiheitsgrade mit unendlichen Wertebereichen

- Der Wertebereich ist ein numerisches Interval, dessen Länge um mindestens $\frac{Intervallänge\ im\ Produktmodell}{Signifikanzfaktor}$ reduziert wurde.
- Der Wertebereich ist kein numerisches Interval, wurde aber auf eine endliche Anzahl von Auswahlelementen reduziert.
- Die Werteselektionsmenge wurde um einen Auswahlwert erweitert und die Kardinalität der Menge liegt unterhalb $Max_{Selektionen}$.

Für die Auswertung dieser Bedingungen sind die folgenden Schwellwerte festzulegen. Diese Aufgabe kommt dem Learning-Relationship-Designer zu und ist spezifisch für eine ReCoKit-Installation oder für ein Produktmodell:

$Max_{Selektionen}$
Freiheitsgrade mit der Multiplizität *AnyOf* erlauben möglicherweise eine beliebige Anzahl von Werteselektionen, so dass jeder Schleifendurchlauf ein weiteres Element hinzufügen kann, ohne dass je eine produktmodellspezifische obere Grenze erreicht wird. $Max_{Selektionen}$ dient hier als künstliche obere Grenze, oberhalb derer keine weitere Werteselektion Sinn zu machen scheint. Für Freiheitsgrade mit anderen Multiplizitäten spielt $Max_{Selektionen}$ keine Rolle, da deren Selektionsmenge per Definition limitiert ist.

Signifikanzfaktor
Wertebereiche mit einer unendlichen Wertemenge erlauben den Filtermodulen, unendlich viele Wertebereichseinschränkungen durchzuführen, ohne dass jemals die leere Menge erreicht wird. Um diesen Fall auszuschließen, existiert der *Signifikanzfaktor*. Er gibt an, um welchen Bruchteil des Originalwertebereichs des Freiheitsgrads der Wertebereich im Konfigurationsmodell verändert werden muss, damit es als signifikante Veränderung gilt. Dies basiert auf der Annahme, dass Mikroveränderungen als Empfehlungen sinnlos sind.

Für die Ausführung der `While`- und `Do-While`-Schleifen fordert mein Konzept als zusätzliche Iterationsbedingung, dass in jedem Schleifendurchlauf das Konfigurationsmodell *signifikant* verändert wird. Findet keine signifikante Veränderung statt, so wird die Schleife unabhängig vom Auswertungsergebnis der Schleifenbedingung abgebrochen. Aufgrund der oben formulierten

Bedingungen führen die signifikaten Veränderungen in endlichen Schritten zu einem Konfigurationsmodell, das nicht mehr verändert werden kann, da

- mindestens ein Freiheitsgrad signifikant verändert werden muss,
- die Kardinalität der Werteselektionsmengen nun faktisch nach oben begrenzt ist und
- jeder Wertebereich in endlichen Schritten auf die leere Menge reduziert wird.

Das Beispiel in Abbildung 5.14 zeigt eine Schleife mit zwei hintereinandergeschalteten Filtermodulen: einem `wissensbasierten Filter` und `inhaltsbasierten Filter`. Darunter findet sich das Protokoll der Konfigurationsmodellveränderungen eines exemplarischen Schleifendurchlaufs mit zwei Iterationen. Das Ausgangskonfigurationsmodell ist KM [A]. Die Schleifenbedingung prüft, ob die Selektionsmenge des Freiheitsgrads *`Breite`* noch leer ist und evaluiert bei Konfigurationsmodell [A] zu `true`.

Während der ersten Schleifeniteration wird KM [A] durch den ersten Filter zu KM [B] verändert und KM [B] durch den zweiten Filter wiederum zu KM [C]. Die Ablaufkontrolle führt die Schleife nun ein zweites Mal aus, weil die Schleifenbedingung weiterhin erfüllt ist. KM [C] wird nun über KM [D] zu KM [E] modifiziert. Das Ergebnis der zweiten Iteration enthält nun endlich eine Selektion für *`Breite`*, so dass keine weitere Iteration stattfindet und KM [E] das Empfehlungsergebnis der Schleife ist.

Der technische Ablauf ist inhaltlich folgendermaßen motiviert. Der `wissensbasierte Filter` innerhalb der Schleife nutzt eine Fallbasis bereits konfigurierter Produkte und dokumentierter Best-Practices. Aufgrund des bereits eingestellten *`Fahrradtyps`* `Mountain Bike` wird der Wert `70` des Freiheitsgrads *`Durchmesser`* deaktiviert, da dieser Wert unüblich für ein `Mountain Bike` ist. Der sich anschließende `inhaltsbasierte Filter` findet aus dem Nutzerprofil heraus, dass der Kunde den *`Ventiltyp`* `Schrader` bevorzugt und stellt diese Selektion ein. Im zweiten Durchlauf ist zuerst wieder der `inhaltsbasierte Filter` am Zug und kann aufgrund der nun vorhandenen Werteselektion des *`Ventiltyps`* die Best-Practices weiter eingrenzen und schließt auf eine optimale *`Breite`* der `Felge` von `1.75`.

Dieses Beispiel zeigt, wie eine Konfigurationsmodell iterativ personalisiert werden kann. Mit jedem Schleifendurchlauf wird das Konfigurationsmodell immer weiter verfeinert.

5.2.6.6. Nebenläufigkeit

Nebenläufig ausgeführte Personalisierungslogiken generieren ihre Empfehlungen unabhängig voneinander und stehen damit im Kontrast zu den bisher eingeführten Ablaufsteuerungselementen, denn Sequenzialisierung, bedingte Ausführung und Schleifen gehen von einem unaufteilbaren Pfad durch das Hybridisierungsschema und einem einzigen Konfigurationsmodell aus. Parallel angeordnete Personalisierungslogiken dagegen arbeiten unabhängig voneinander und jeweils auf einer eigenen Kopie des Konfigurationsmodells. Als Ergebnis entsteht also eine Menge von Empfehlungen, die am Ende der nebenläufigen Abarbeitung zu einer gemeinsamen kombiniert werden müssen. Mein Hybridisierungskonzept stellt für die nebenläufige Ausführung von Personalisierungslogiken das Ablaufsteuerungselement `Parallel` bereit:

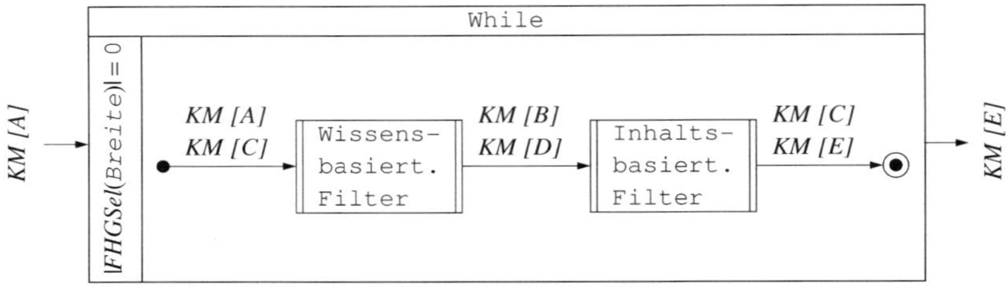

KM-Ausschnitt	KM [A]	KM [B]	KM [C]	KM [D]	KM [E]
Komponente `Fahrrad`					
$-_{FHG}$ *`Fahrradtyp`*	[`Mountain Bike`]	[`Mountain Bike`]	[`Mountain Bike`]	[`Mountain Bike`]	[`Mountain Bike`]
	Wertebereich aus PM	*Unverändert*	*Unverändert*	*Unverändert*	*Unverändert*
Komponente `Reifen`					
$-_{FHG}$ *`Durchmesser`*	[ ]	[ ]	[ ]	[ ]	[ ]
	Wertebereich aus PM	{ `50,65,`~~`70`~~ }	{ `50,65,`~~`70`~~ }	{ `50,65,`~~`70`~~ }	{ `50,65,`~~`70`~~ }
$-_{FHG}$ *`Ventiltyp`*	[ ]	[ ]	[`Schrader`]	[`Schrader`]	[`Schrader`]
	Wertebereich aus PM	*Unverändert*	*Unverändert*	*Unverändert*	*Unverändert*
Komponente `Felge`					
$-_{FHG}$ *`Breite`*	[ ]	[ ]	[ ]	[`1.75`]	[`1.75`]
	Wertebereich aus PM	*Unverändert*	*Unverändert*	*Unverändert*	*Unverändert*

Abbildung 5.14. Beispiel einer `Do-While`-Schleife mit exemplarischem Durchlauf

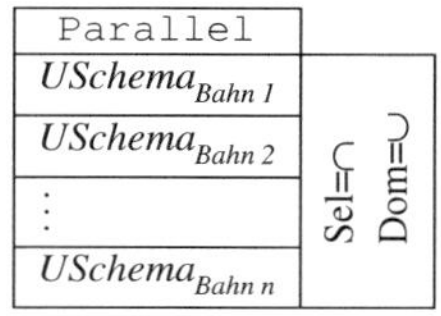

Es erlaubt die Parallelisierung einer beliebigen Anzahl von *Bahnen*. Gelangt die Ablaufsteuerung an ein solches Element, werden *n* Kopien des aktuellen Konfigurationsmodells erzeugt und jeder Bahn eine dieser Kopien zugeordnet. Alle Unterschemata werden unabhängig voneinander ausgeführt und verändern die ihrer Bahn zugeordnete Konfigurationsmodellkopie. Im Anschluss an die parallele Ausführung findet eine komplexe Kombinationsoperation der entstandenen Konfigurationsmodellempfehlungen statt, auf die ich im Folgenden näher eingehen werde. Das Ergebnis des `Parallel`-Elements ist wiederum genau eine einzelne Empfehlung.

Die rechnerische Komplexität der Kombinationsoperation hat im Wesentlichen zwei Ursachen. Zum einen muss der Empfehlungslogik-Designer detailliert festlegen können, welche Mengenoperation zur Verbindung der Wertebereiche und Werteselektionen genutzt werden sollen. Zum anderen dürfen die Konsistenzbedingungen des Produktes durch den Kombinationsprozess nicht verletzt werden. So ist beispielsweise eine Vereinigung von zwei verschiedenen Werteselektionen für einen *OneOf*-Freiheitsgrad nicht möglich. Der Empfehlungslogik-Designer kann die Kombination über die Mengenoperation *Vereinigung* und *Schnittmenge* steuern. Hinsichtlich der erlaubten Modifikationen am Konfigurationsmodell ist das Verständnis einer Wertebereichsveränderung und einer Werteselektionsveränderung mengenmäßig gegenläufig (Wertebereiche müssen verkleinert, Werteselektionen hinzugefügt werden). Aus diesem Grund kann der Empfehlungslogik-Designer die Mengenoperationen zur Kombination der Selektionen und Wertebereiche getrennt angeben.

Die Kombination einer Reihe von Konfigurationsmodellen erfolgt für jeden Freiheitsgrad separat und getrennt nach Werteselektionen und Wertebereichen. Für einen einzelnen Freiheitsgrad haben die Mengenoperationen die folgende Bedeutung:

Vereinigung $\cup$: Die Vereinigung kombiniert die Mengen der unterschiedlichen Bahnen $USchema_*$. Zur Berechnung der Vereinigung wird von der Ergebnismenge der ersten Bahn $USchema_1$ ausgegangen und diese dann schrittweise vereinigt mit den Mengen der anderen Bahnen 2 bis *n*.

Schnittmenge $\cap$: Die Schnittmenge reduziert die Ergebnismenge auf die Werte, über die sich alle Bahnen $USchema_*$ einig sind. Zur Berechnung der Schnittmenge wird von der Ergebnismenge der ersten Bahn $USchema_1$ ausgegangen und diese dann schrittweise geschnitten mit den Mengen der anderen Bahnen 2 bis *n*.

Komplexere Kombinationsoperationen bei mehr als zwei Bahnen können durch eine Schachtelung mehrerer `Parallel`-Elemente erreicht werden. Sollten unterschiedliche Kombinationsoperationen für spezifische Freiheitsgrade benötigt werden, so kann dies je Parallelschaltung über die Bereichseinschränkungen für die Filtermodule realisiert werden.

Das Ergebniskonfigurationsmodell muss nach dem Kombinationsprozess konsistent sein. Mengenvereinigungen, die zu Konflikten führen, dürfen nicht ausgeführt werden, um ein Fehlschlagen der Kombinationsoperation zu vermeiden. Damit ein Großteil der Modifikationen trotz auftretender Konflikte übernommen werden kann, habe ich die folgende Strategie zur Vereinigung der Konfigurationsmodelle entworfen:

1. Es werden nur die Freiheitsgrade verknüpft, die durch mindestens eine der parallel ausgeführten Unterschemata aktiv verändert wurden.

2. Es werden zuerst die Werteselektionsmengen aller Freiheitsgrade und dann alle Wertebereichsmengen aller Freiheitsgrade verknüpft, da Werteselektionen gemäß Abschnitt 5.2.4.2 eine deutlich höhere Priorität für die Kundenunterstützung haben.

3. Die Werteselektions- und Wertebereichsmengen werden jeweils gruppiert nach der Gewichtung des ihnen zugeordneten Freiheitsgrads. Die Kombination erfolgt gruppenweise nach absteigender Gewichtung. In jeder Gruppe erfolgt die Vereinigung für jeden Freiheitsgrad separat nach dem im nächsten Schritt beschriebenen Algorithmus.

4. Die parallel ausgeführten Bahnen sind gemäß ihrer Reihenfolge in absteigender Wichtigkeit angeordnet. Sei also M_{Bahn_i} die Werte- oder Selektionsmenge der Bahn i und $M_{Bahn_{1..i}}$ das Mengenergebnis der Kombination der Bahnen 1 bis i, so errechnet sich die kombinierte Gesamtmenge $M_{Bahn_{1..n}}$ rekursiv nach folgendem Schema:

$$M_{Bahn_{1..j}} = \begin{cases} M_{Bahn_1} & \textit{falls } j=1 \\ M_{Bahn_{1..j-1}} \overset{\cup}{\underset{\cap}{\scriptstyle oder}} M_{Bahn_j} & \textit{falls kein Konflikt auftritt} \\ M_{Bahn_{1..j-1}} & \textit{sonst} \end{cases}$$

   Im Konfliktfall wird also auf die den Konflikt auslösende Menge M_{Bahn_j} verzichtet. Dies bedeutet zwar den Verlust einiger Empfehlungsteile, jedoch bleibt die Konfigurationsmodellkonsistenz erhalten, die ich als wichtigeres Kriterium für eine Kundenunterstützungsfunktionalität erachte.

Das Ablaufsteuerungselement `Parallel` realisiert den *gemischten* oder *gewichteten* Hybridisierungsmodus, da die beteiligten Bahnen unabhängig voneinander arbeiten und die Teilergebnisse am Ende gemäß der vom Kunden vorgeschriebenen Gewichtung und der impliziten Bahnpriorisierung kombiniert werden.

Das Beispiel in Abbildung 5.15 zeigt eine parallele Verschaltung zweier Filter. Am Ende der parallelen Ausführung werden die Selektionen vereinigt und die Wertebereiche geschnitten. KM [A] stellt im Ausführungsbeispiel das Ausgangskonfigurationsmodell dar, aus dem in diesem Beispiel einige Freiheitsgrade der Komponente `Korb` betrachtet werden. Nach der Duplizierung von KM [A] werden die parallel angeordneten Unterschemata ausgeführt. Als Ergebnis kommt die obere Bahn zu KM [B] und die untere Bahn zu KM [C]. Die Ablaufsteuerung vereinigt diese zu KM [D].

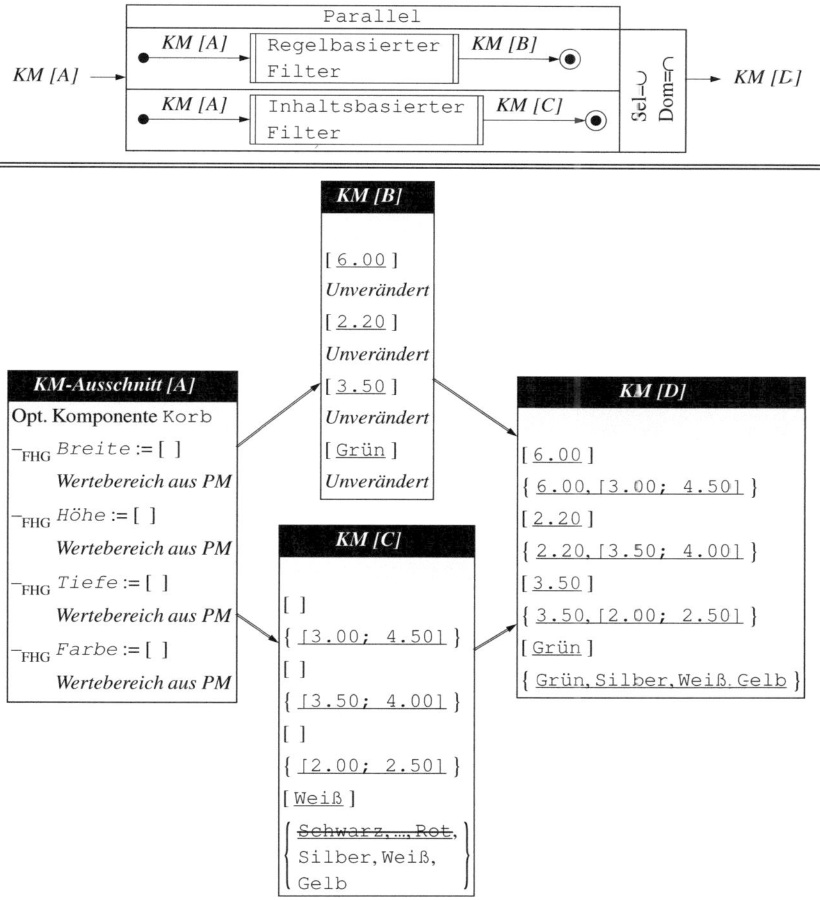

Abbildung 5.15. Beispiel einer Parallelisierung mit exemplarischem Durchlauf

Gemäß der Parametrisierung des `Parallel`-Elements werden zuerst die Werteselektionsmengen vereinigt. Kundenspezifische Gewichtungen liegen in diesem Beispiel der Einfachheit halber nicht vor. Für die Freiheitsgrade *Breite*, *Höhe* und *Tiefe* ist in KM [B] jeweils ein Wert selektiert, in KM [C] dagegen keiner, so dass sich die Vereinigung der Selektionsmengen als einfach erweist. Die Vereinigung der Selektionsmenge des Freiheitsgrads *Farbe* gestaltet sich dagegen schwieriger, da zwei unterschiedliche Werte personalisiert wurde, aber nur ein Wert erlaubt ist. In diesem Fall greift Regel 4 meiner Kombinationsstrategie und gibt der oberen Bahn mit dem Wert `Grün` den Vorrang.

Anschließend erfolgt die Schnittmengenbildung der Wertebereichsmengen. Für den Freiheitsgrad `Breite` würde eine naive Schnittmengenbildung das Intervall `[3.00; 4.50]` ergeben. Da in KM [D] aber bereits der Wert `6.00` selektiert ist, darf dieser gemäß Regel 4 meiner Kombinationsstrategie und den Konsistenzbedingungen eines Konfigurationsmodells nicht entfernt werden. Ähnlich ergeben sich die Schnittmengen für die restlichen Freiheitsgrade.

5.2.6.7. Formale Beweise

Die Ablaufsteuerung führt den Empfehlungsvorgang anhand des Hybridisierungsschemas durch und errechnet so eine Empfehlung. Gemäß Anforderung A-6 (Seite 119) und Abschnitt 5.2.4.2 sind als Veränderungen am Konfigurationsmodell lediglich Einschränkungen von Wertebereichen oder Hinzufügen von Werteselektionen *erlaubt*. Weiterhin muss die *Terminierung* des Gesamtvorgangs gewährleistet sein. Beide geforderten Bedingungen werde ich im Folgenden anhand eines strukturellen Induktionsbeweises nachweisen.

Die strukturelle Induktion orientiert sich am Schemaaufbau sowie der Verschachtelung der Unterschemata. Das Hybridisierungsschema selbst ist eine endliche Sequenz von Elementen, die wiederum eine endliche Anzahl von Unterschemata enthalten. Aufgrund der in Abschnitt 5.2.6.3 festgelegten Einschränkung des Rekursionskonzeptes können sich ReCoKit-Templates direkt oder indirekt selbst nicht rekursiv aufrufen, so dass die Unterschemata-Verschachtelung, die sich implizit aus den ReCoKit-Template-Aufrufen ergibt, ebenso endlich ist. Der Nachweis wird über die einzelnen vorgestellten Elementklassen geführt und beweist, dass ein Hybridisierungsschema als Kombination von Ablaufsteuerungselementen nur *erlaubte Veränderungen* durchführt und *terminiert*:

Primitive

Terminierung: Die Terminierung der Abarbeitung des Anfangs- und des Endelements ist gewährleistet, da gemäß der definierten Semantik keine Veränderungsprozesse am Konfigurationsmodell stattfinden, sondern nur ein Fortschritt im Hybridisierungsschema. Die Sequenzialisierung schaltet zwei oder mehr Ablaufsteuerungselemente hintereinander. Da nach Induktionsvoraussetzung all diese Elemente in der Auswertung terminieren und die Sequenzialisierungslogik selbst ebenso terminiert, wird auch die sequenzialisierte Ausführung der Ablaufsteuerungselemente terminieren.

Erlaubte Veränderungen am Konfigurationsmodell: Anfangs- und Endelemente verändern das Konfigurationsmodell nicht. Dies ist erlaubt. Die Sequenzialisierung schaltet zwei oder mehr Ablaufsteuerungselemente hintereinander. Da nach Induktionsvoraussetzung all diese Elemente lediglich erlaubte Veränderungen am Konfigurationsmodell einfügen und die Sequenzialisierungslogik selbst nichts verändert, wird auch die Summe der während der sequenzialisierten Ausführung der Ablaufsteuerungselemente eingefügten Veränderungen erlaubt sein.

Aufrufe

Terminierung: Der Aufruf eines Filtermoduls terminiert, da dieses in Abschnitt 5.2.5.1 von der Realisierung der Filtermodule gefordert wird. Der Aufruf eines anderen ReCoKit-Templates kann als Ausführung eines verschachtelten Unterschemas interpretiert werden, worauf die Induktionsvoraussetzung anwendbar ist. Also terminiert jeder Aufruf.

Erlaubte Veränderungen am Konfigurationsmodell: Filtermodule dürfen gemäß Abschnitt 5.2.5 der Anforderung A-6 (Seite 119) lediglich erlaubte Veränderungen an einem Konfigurationsmodell durchführen. Da gemäß Induktionsvoraussetzung Unterschemata ebenso nur erlaubte Veränderungen durchführen, gilt diese Bedingung also auch für den Aufruf von ReCoKit-Templates und Filtermodulen.

Bedingte Ausführung

Terminierung: Die Alternativenselektion terminiert, da die Termauswertung aufgrund der endlichen Termstruktur terminiert. Aufgrund der Induktionsvoraussetzung terminiert auch die Auswertung des ausgeführten Unterschemas.

Erlaubte Veränderungen am Konfigurationsmodell: Da die Veränderungen durch eins der Unterschemata durchführt werden, ist die Induktionsvoraussetzung anwendbar und somit enthält auch das Ergebnis der bedingten Ausführung nur erlaubte Veränderungen. Evaluiert keine Bedingung zu `true`, wird keine Alternative ausgeführt und das Konfigurationsmodell bleibt unverändert. Auch dies ist erlaubt.

Schleifen

Terminierung: Die Terminierung der `For`-Schleife ist aufgrund der endlichen, im Schleifenverlauf unveränderbaren Iterationsmenge sowie der Induktionsvoraussetzung gewährleistet. Für den Terminierungsnachweis der `While`- und `Do-While`-Schleife ist der eingeführte Begriff der *signifikanten Veränderung* ausschlaggebend. Dabei wird für die Werteselektionsmengen eine obere Kardinalitätsgrenze eingeführt, die für einen Freiheitsgrad in endlich vielen Schritten erreicht wird. Weiterhin bedeutet der Begriff der Signifikanz eine Diskretisierung der Veränderung von Wertebereichen. Durch diese Diskretisierung führen endlich viele Modifikationen eines Wertebereichs zu einer leeren Menge. Da die Anzahl der Freiheitsgrade im Konfigurationsmodell endlich ist, führen endlich viele Schleifendurchläufe mit signifikanten Veränderungen letztendlich zu einem nicht weiter änderbaren Konfigurationsmodell, so dass die `While`- und `Do-While`-Schleifen unabhängig von der Schleifenbedingung nach endlich vielen Iterationen terminieren. Nicht-signifikante Veränderungen oder die Nicht-Erfüllung der Schleifenbedingungen verringern die Iterationsanzahl lediglich.

Erlaubte Veränderungen am Konfigurationsmodell: Die Ausführung einer Schleife bedeutet eine endliche Anzahl von Iterationen durch das Unterschema. Da jede Iteration lediglich erlaubte Veränderungen durchführt und dies auch bereits für die Sequenzialisierung gezeigt wurde, führt auch jede der Schleifen erlaubte Veränderungen durch.

Nebenläufigkeit

Terminierung: Die parallele Ausführung mehrerer Unterschemata terminiert aufgrund der Induktionsvoraussetzung, da die Anzahl der Unterschemata endlich ist. Der iterative Algorithmus der Konfigurationsmodellkombination terminiert ebenso, da die Freiheitsgradanzahl endlich ist.

Erlaubte Veränderungen am Konfigurationsmodell: Aufgrund der Induktionsvoraussetzung enthalten alle personalisierten Konfigurationsmodelle der parallel ausgeführten Bahnen erlaubte Veränderungen. Zu beweisen bleibt, ob auch die Kombination dieser Konfigurationsmodelle lediglich erlaubte Änderungen enthält. Dazu werden zuerst die reinen Mengenoperationen bezüglich eines einzelnen Freiheitsgrads betrachtet. Die Werteselektionsmengen werden zuerst kombiniert und dürfen gemäß der Definition des Begriffs „erlaubte Veränderungen“ nicht verkleinert werden. Da aber die Werteselektionsmenge jeder einzelnen Bahn mindestens so groß ist wie ihre korrespondierende Menge im Ausgangskonfigurationsmodell, gilt dies auch für die geschnittenen oder vereinigten Mengenergebnisse. Ebenso sind die kombinierten Wertebereichsmengen bei Vereinigung oder Schnitt nicht größer als die Ausgangsmenge, da die kombinierten Einzelmengen alle gleich oder kleiner sind. Inkonsistenzen können aufgrund der Kombinationsstrategie nicht auftreten.

5.2.7. Der Empfehlungsvorgang

Im Folgenden werde ich den eigentlichen Empfehlungsvorgang und die dafür notwendigen Teilschritte erläutern. Im Fokus steht also nun die Spezifikation der Semantik für die Ausführungsumgebung ReCoKit. Die Erläuterung der einzelnen Schritte eines Empfehlungsvorgangs bildet den Anfang, gefolgt von einer detaillierten Betrachtung der Aspekte *Empfehlungsdatenverwaltung, automatische Vervollständigung* sowie *Variablenumgebung und Ausdrucksauswertung*.

5.2.7.1. Der technische Ablauf

Das ReCoKit kontrolliert die Ausführung des Empfehlungsvorgangs und geht dabei nach den im Folgenden dokumentierten Schritten vor. Hinsichtlich des in Abbildung 5.4 (Seite 145) vorgestellten Interaktionskonzeptes realisiert das ReCoKit die Aktion *Empfehlung generieren und integrieren* vollständig und leistet einen wesentlichen Beitrag zur Aktion *Feedback erfassen*, indem es implizit statistische Daten über die Ausführung des ReCoKit-Templates sammelt und diesem zuordnet:

Schrittweiser Ablauf

1. Nach dem Aufruf der ReCoKit-Schnittstelle wird zuerst das gewünschte ReCoKit-Template geladen und das enthaltene Hybridisierungsschema validiert. Es muss dabei die Konsistenzbedingungen aus Abschnitt 5.2.6.1 erfüllen. Das ReCoKit hat zu prüfen, ob das ReCoKit-Template vom aktiven Kunden ausgeführt werden darf. Ist dies nicht der Fall oder kann das ReCoKit-Template nicht aufgefunden werden, bricht der Empfehlungsvorgang mit einem Fehler ab.

2. Die Variablenumgebung aus den Parameterdaten sowie der Zugriff auf die Profildaten wird vorbereitet.

3. Das im ReCoKit-Template gegebene Hybridisierungsschema wird durch die Ablaufsteuerung abgearbeitet. Es beginnt beim Anfangselement. Die Ablaufsteuerung springt dabei gemäß der Sequenzialisierung des Hybridisierungsschemas von einem Ablaufsteuerungselement zum nächsten und wertet sie gemäß der in 5.2.6 beschriebenen Semantik aus. Notwendige Unterschemata werden unabhängig vom enthaltenden Schema ebenso von Anfang bis Ende durchgearbeitet. Die Ablaufsteuerung terminiert am Endelement.

Sollten aufgerufene Filtermodule und ReCoKit-Templates fehlen oder aufgrund ihres Öffentlichkeitsstatus nicht ausführbar sein, wird dieser Umstand als Fehler protokolliert und der Aufruf übersprungen.

4. Zum Schluss stellt das ReCoKit sicher, dass bei angewähltem Vervollständigungsmodus alle Freiheitsgrade innerhalb der Bereichsfestlung belegt sind. Noch offene Freiheitsgrade werden willkürlich mit Werten aus ihren Wertebereichen belegt.

Querschnittliche Aufgaben
Die querschnittlichen Aufgaben begleiten den Empfehlungsvorgang. Sie dienen entweder der Ablaufsteuerung oder unterstützen andere Recommenderaufgaben:

Fehlerbehandlung: Fehler im Empfehlungsablauf werden im technischen Protokoll dokumentiert. Weiterhin stellt das ReCoKit durch Kopieren des Konfigurationsmodells sicher, dass Veränderungen aus dem fehlerbehafteten Kontext nicht wirksam werden. So werden halb durchgeführte Personalisierungen vermieden.

Statistische Ausführungsdaten (Leistungskennzahlen) sammeln: Statistische Ausführungsdaten sind für das Konzept der Meta-Personalisierung notwendig und unterstützten die Kunden bei der Auswahl der Empfehlungslogik. Abschnitt 5.2.8 geht auf die gesammelten Informationen näher ein.

Ablauflogging einfügen: Alle Arbeitsschritte werden während des Empfehlungsvorgangs durch das ReCoKit zu Debuggingzwecken protokolliert.

5.2.7.2. Empfehlungsdatenverwaltung während des Empfehlungsvorgangs

Während des Empfehlungsvorgangs stellt das ReCoKit den Filtermodulen und Ablaufsteuerungselementen Zugriff auf eine Reihe von Daten zur Verfügung. Diese Daten umfassen die *Nutzerprofilinformationen*, die durch die Filtermodule gelesen und modifiziert werden dürfen, die *Variablenumgebung*, bestehend aus den Parameterdaten des ReCoKit-Aufrufs, und das *Konfigurationsmodell*, das durch die Filtermodule verändert wird. Der Zugriff auf die Nutzerprofilinformationen und die Variablenumgebung erfolgt weitestgehend unabhängig vom Empfehlungsablauf. Dahingegen wird das Konfigurationsmodell entlang des Ablaufpfads durchgereicht und durch jedes Filtermodul mit Protokollinformationen zu einer *Empfehlung* angereichert.

Im Wesentlichen geschehen Veränderungen am Konfigurationsmodell durch die Filtermodule sequenziell, so dass es zu keinen Konflikten nebenläufig eingeführter Änderungen kommen kann. Im Fall der parallelen Ausführung wird das Konfigurationsmodell vorab für jede Bahn dupliziert und anschließend zu einer Empfehlung zusammengeführt.

Das ReCoKit hat bei der Ausführung eines Hybridisierungsschemas die wichtige Aufgabe der *Integration aller Einzelempfehlungen zu einer einzelnen Gesamtempfehlung*, da Filtermodule, ReCoKit-Templates sowie Unterschemata zwar vollständige Empfehlungen generieren, als Eingabe jedoch lediglich ein Konfigurationsmodell *ohne* Protokollinformationen erwarten. Das Konfigurationsmodell kann also von Element zu Element durchgereicht werden, die Kombination der Protokollinformationen ist jedoch unklar. Die Lösung für dieses Problem stellt Abbildung 5.16 dar.

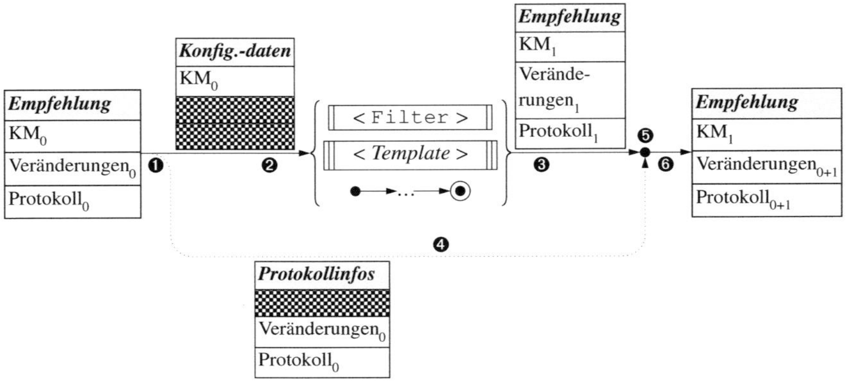

Abbildung 5.16. Details der Empfehlungsdatenverwaltung bei der Ausführung von Ablaufsteuerungselementen

Die Empfehlung an Position ❶ ist Ergebnis eines vorher ausgeführten Ablaufsteuerungselements. Sie wird zuerst in das Konfigurationsmodell und die restlichen Protokolldaten zerlegt. Das Konfigurationsmodell reicht das ReCoKit bei ❷ direkt an das nächste abzuarbeitende Element weiter und erhält als Ergebnis an Stelle ❸ eine vollständige Empfehlung. Die über den Datenfluss-Bypass ❹ durchgereichten Protokollinformationen werden nun bei ❺ zu einem gemeinsamen Empfehlungsergebnis vereinigt, wofür Veränderungs- und Protokollinformationen kombiniert werden müssen. Als Konfigurationsmodell dient natürlich die Variante KM_1, da diese bereits auf KM_0 aufbaut.

5.2.7.3. Automatisierte Vervollständigung

Aufgrund der filtermodulspezifischen Einstellmöglichkeit des Vervollständigungsmodus kann am Endelement eines ausgewerteten Hybridisierungsschemas ein personalisiertes Konfigurationsmodell eintreffen, das trotz global angewählter Vervollständigung unkonfigurierte Freiheitsgrade enthält. Aus diesem Grund besitzt das ReCoKit eine Vervollständigungsfunktionalität, die zum Abschluss eines Empfehlungsvorgangs ausgeführt wird, wenn der Kunde den Vervollständigungsmodus angewählt hat. Sie arbeitet nach folgender Strategie:

1. Deaktiviere alle optionalen Komponenten, die bisher weder an- noch abgewählt wurden.

2. Vervollständige die noch offenen Freiheitsgrade in absteigender Reihenfolge, die sich aus ihrer Gewichtung durch den Kunden ergibt. Wähle dafür für jeden Freiheitsgrad so viele Selektionswerte zufällig aus, wie zur Erfüllung der Constraints und Multiplizitäten minimal notwendig sind.

Da dieser Algorithmus unpersonalisiert arbeitet und lediglich als letzter Ausweg für die Umsetzung der Vervollständigung dient, sollte der Empfehlungslogik-Designer immer darauf achten, dass im Falle einer gewünschten automatisierten Vervollständigung gegen Ende des Hybridisierungsschemas Filtermodule positioniert sind, die dies mit hoher Wahrscheinlichkeit auch leisten können.

5.2.7.4. Variablenumgebung und die Ausdrucksauswertung

Das ReCoKit stellt für den Empfehlungsprozess eine Variablenumgebung bereit, die die Datengrundlage für die den Ablaufsteuerungselementen zugeordneten Ausdrücke bildet. Die Variablenumgebung wird beim Aufruf des ReCoKits erstellt. Die darin enthaltenen Variablen sind für alle im ausgewerteten ReCoKit-Template enthaltenen Ausdrücke sichtbar. Filtermodule haben keinen Zugriff auf diese Variablenumgebung, da die für sie relevanten Parameter über ihre Aufrufschnittstelle angegeben werden müssen. Andere aufgerufene ReCoKit-Templates werden durch das ReCoKit mit einer *eigenen, neu erstellten* Variablenumgebung ausgeführt.

Die Auswertung eines Ausdrucks erfolgt rekursiv entlang seiner syntaktischen Struktur. Die Semantik der Operatoren lehnt sich an die Java-Ausdruckssemantik an. Der Zugriff auf die Variablenumgebung, das Nutzerprofil sowie das Konfigurationsmodell erfolgt über Variablen- und Funktionssymbole. Die möglichen Wertetypen entsprechen den im Produktmetamodell erlaubten Typen für Wertebereiche einschließlich Mengen. Die Typisierung erfolgt dynamisch.

Im Falle eines Auswertungsfehlers, der aufgrund einer falschen Typisierung auftreten kann, bricht die Auswertung des Terms ab und das Ablaufsteuerungselement, dem der Term zugeordnet ist, wird nicht weiter ausgeführt. Das ReCoKit protokolliert den Fehler und überspringt das Schemaelement.

5.2.8. Realisierung der Meta-Personalisierung

In meinem Konzept des adaptiven Recommendersystems kann dem Kunden eine sehr große Menge an Empfehlungslogikalternativen (i.e. ReCoKit-Templates) bereitgestellt werden, die sich hinsichtlich ihrer Qualität und Kundenausrichtung unterscheiden. Insbesondere Standardnutzer werden dadurch im Allgemeinen überfordert sein. Eine Unterstützung bei der Auswahl der Empfehlungslogiken – sei es für den Empfehlungsvorgang oder bei der Zusammenstellung der Empfehlungslogik – ist somit notwendig. Hierfür habe ich das Konzept der *Meta-Personalisierung* eingeführt.

Basis für die Meta-Personalisierung, also die automatisierte Empfehlung von ReCoKit-Templates und Filtermodulen, bilden sogenannten *Leistungskennzahlen*, die das qualitative und quantitative Empfehlungs- und Laufzeitverhalten der Empfehlungslogikbausteine beschreiben. Für die Meta-Personalisierung sind basierend auf diesen Leistungskennzahlen kontextbasiert-kollaborativ generierte Predictions für die ReCoKit-Templates möglich.

5.2.8.1. Leistungskennzahlen

Für die Umsetzung der Meta-Personalisierung habe ich die in Tabelle 5.5 aufgeführten Leistungskennzahlen identifiziert. Jede Leistungskennzahl wird durch spezifische Informationen zur Akquise ergänzt. Der Akquisezeitraum unterscheidet im Wesentlichen zwischen dem eigentlichen Empfehlungsvorgang auf der einen und der Kunde-Konfigurator-Interaktion beim manuellen Browsen und Konfigurieren des Produktes auf der anderen Seite. Feedbackinformationen

	Leistungskennzahl	*Methode*[8]	*Typ*	*Mess-zeit-raum*[9]	*Über*[10]	*Mess-kontext*	*Auswer-tung*[11]
Quantitative Daten	**LK.1: Ausführungs-geschwindigkeit**	I	MSek	EV	T	❶, ❷, ❸, ❹, ❺	Avg
					F	❶, ❸, ❹, ❺	Avg
	LK.2: Anteil durch Werteselektionen modifizierter Freiheitsgrade	I	[0; 1]	EV	T	❶, ❷, ❸, ❹, ❺	Avg
					F	❶, ❸, ❹, ❺	Avg
	LK.3: Nutzungszähler	I	–	EV	T	❶, ❷, ❸, ❹, ❺	Sum
					F	❶, ❸, ❹, ❺	Sum
Qualitative Daten	**LK.4: Kundenzufriedenheit mit der Empfehlung mittels Ratingeingabe**	E	[0; 1]	KV-EV	T	❶, ❷, ❸, ❹, ❺	Pred
					F	❶, ❸, ❹, ❺	Pred
	LK.5: Richtig personalisierte Werte-selektionen	I	[0; 1]	KV-K	T	❶, ❷, ❸, ❹, ❺	Pred
					F	❶, ❸, ❹, ❺	Pred
	LK.6: Kommentierung eines ReCoKit-Templates oder eines Filtermoduls	E	Text	ED	T	❸, ❺	–
					F	❸, ❺	–
	LK.7: Bewertung eines Kommentars	E	0, 1	ED, KV	K	❸, ❺	Sort

Informationsbestandteile des Messkontextes
❶ Bereichsfestlegungen
❷ Vervollständigungsmodus
❸ Aktiver Kunde
❹ Produktmodellidentifikation
❺ Messzeitpunkt

Tabelle 5.5. Leistungskennzahlen zu ReCoKit-Templates und Filtermodulen

werden dabei sowohl für ReCoKit-Templates als auch für die beteiligten Filtermodule gesammelt, wobei für jedes dieser Elemente pro Empfehlungsvorgang maximal ein Datum für jede der

[8] Explizit (E) oder implizit (I) (vgl. Abschnitt 2.3.4.2)

[9] Empfehlungsvorgang (EV), Konfigurationsvorgang bis zum nächsten Empfehlungsvorgang (KV-EV), Konfigurationsvorgang bis Kaufentscheidung (KV-K), Empfehlungslogik-Designphase (ED)

[10] Kennzahl trifft Aussage über: ReCoKit-Template (T), Filtermodul (F), Kommentar (K)

[11] Durchschnittswertberechnung (Avg), Häufigkeit (Sum), kontextbasierte-kollaborative Prediction (Pred), Sortierung der Kommentare (Sort)

Kennzahlen LK.1 bis LK.5 möglich ist. Die Dokumentation und genauen Berechnungsvorschriften zu den einzelnen Leistungskennzahlen finden sich in Anhang D.

Die *quantitativen Daten* beschreiben das funktionale Verhalten der ReCoKit-Templates und Filtermodule innerhalb eines Empfehlungsvorgangs, ohne dies in Bezug zu einer Zufriedenheitsanalyse durch den Kunden zu setzen. Sie geben lediglich Auskunft über die Häufigkeit der Ausführung, der benötigten Rechenzeit sowie den relativen Modifikationseinfluss.

Die *qualitativen Daten* stellen dagegen implizite oder explizite Zufriedenheitsbekundungen des Kunden zum Empfehlungsvorgang in den Vordergrund. Diese während des Empfehlungsvorgangs erhobenen Leistungskennzahlen beziehen sich zunächst auf das genutzte ReCoKit-Template und werden auf die aufgerufenen Filtermodule anteilig heruntergebrochen. Die Anteilsberechnung richtet sich nach dem Anteil der veränderten Freiheitsgrade sowie den Freiheitsgradgewichtungen. Auch dies ist in Anhang D ausführlich dokumentiert.

Die gesammelten Kennzahlen werden durch eine Reihe von Daten, die den *Messkontext* beschreiben, ergänzt, um die Interpretation und Vergleichbarkeit der Kennzahlen zu erleichtern. Diese kontextuellen Daten umfassen im Wesentlichen einige Parameterdaten der ReCoKit-Schnittstelle. Sie unterstützen die spätere Interpretation der gesammelten Leistungskennzahlen, indem sie über Kontextvergleiche eine Gewichtung der einzelnen Kennzahldaten erlauben. Allerdings erfolgt die Berechnung der Messkontextdaten *Bereichsfestlegungen* und *Vervollständigungsmodus* für das ReCoKit-Template und jedes beteiligte Filtermodul getrennt. Für das ReCoKit-Template wird der Aufrufparameterwert des ReCoKits übernommen. Für ein spezifisches Filtermodul werden die Bereichsfestlegungen aller Aufrufe während des Empfehlungsvorgangs vereinigt. Der *Vervollständigungsmodus* wird jedoch nur für ReCoKit-Templates protokolliert, da ein Filtermodul mit verschiedenen Einstellungen mehrfach aufgerufen werden kann. In meinem Konzept wird der persönliche Kontext des Kunden, also beispielsweise die aktuellen Interessen oder die geographische Position, nicht hinterlegt, da dies für das Konzept der Meta-Personalisierung nicht relevant ist.

Die Daten zu den Kennzahlen werden im laufenden Betrieb gesammelt, meist während des Empfehlungsvorgangs oder dem anschließenden Konfigurationsprozess, jedoch nur für *öffentlich* markierte ReCoKit-Templates und *aktive* Filtermodule (vgl. Abschnitte 5.2.4.4 und 5.2.5.3). Für die Aktualität der gesammelten Daten sorgt eine Evolutionsfunktion, die den Einfluss alter Leistungsdaten mindert.

5.2.8.2. Allgemeine Anmerkungen zur Auswertung der Leistungskennzahlen

Die über die Laufzeit hinweg gesammelten Leistungsdaten finden während der Auswahl und der Darstellung von Filtermodulen und ReCoKit-Templates Anwendung. Sie dienen grundsätzlich zur Unterstützung des aktiven Kunden oder des Empfehlungslogik-Designers bei der Wahl der Empfehlungslogik. Die Auswertung der Leistungskennzahlen findet immer im Kontext eines in der linken Spalte der Tabelle 5.6 aufgeführten Nutzungsprozesses in der Kunde-Konfigurator-Interaktion statt. Die rechte Spalte zählt die dabei vorliegenden *aktuellen Kontextinformationen* auf. In der Auswertung werden die aktuellen Kontextdaten mit den Messkontextdaten der Leistungsdaten verglichen, um die Anwendbarkeit jedes Leistungsdatums für die aktuelle Meta-Personalisierungsaufgabe separat abschätzen zu können.

Nutzungsprozess in der Kunde-Konfigurator-Interaktion	***Aktuelle Kontextdaten***
Darstellung von Informationen zu Filtermodulen und ReCoKit-Templates	• Aktiver Kunde • Produktmodell
Suche nach Empfehlungslogikbausteinen beim Erstellen der Empfehlungslogik	• Aktiver Kunde • Produktmodell • Bereichsfestlegung • Vervollständigungsmodus
(Automatisierte) Suche nach ReCoKit-Templates für den Empfehlungsvorgang	• Aktiver Kunde • Produktmodell • Bereichsfestlegung • Vervollständigungsmodus

Tabelle 5.6. Aktuelle Kontextdaten für die Auswertung der Leistungsdaten

5.2.8.3. Auswertung quantitativer Leistungskennzahlen

Die Auswertung der quantitativen Kennzahlen findet bis auf LK.3 mittels Durchschnittsbildung statt. Der Anwender gewinnt anhand dieser Durchschnittswerte einen ersten Eindruck über die Leistungsfähigkeit des betrachteten Filtermoduls oder ReCoKit-Templates.

Ein *aktueller Produktmodellkontext* führt zu einer Selektion von Kennzahlen, die ausschließlich im gleichen Produktmodellkontext gemessen wurden. Hierdurch wird insbesondere bei der Bewertung von Filtermodulen gewährleistet, dass sich ihre Leistungskennzahlenauswertung immer auf genau ein Produktmodell bezieht und nicht durch andere Einsatzkontexte verwaschen wird.

Die Angabe eines *aktuellen Bereichsfestlegungskontextes* führt zu einer Relativierung des Einflusses jedes gemessenen Kennzahlenwertes, die davon abhängt, wie groß die Überdeckung zwischen der aktuellen Bereichsfestlegung und der Bereichsfestlegung im Messkontext ist. Dies begründet sich in der Annahme, dass Empfehlungstechniken in unterschiedlichen Produktbereichen auch unterschiedlich gute Empfehlungen liefern.

Ein *aktueller Vervollständigungsmoduskontext* hat wiederum selektiven Charakter. Es fließen also nur die Messwerte ein, bei denen der Vervollständigungsmodus aus dem Messkontext mit der aktuellen Modusauswahl übereinstimmt. Diese Unterscheidung ist notwendig, da ein angewählter Vervollständigungsmodus deutlich mehr Entscheidungen von einer Empfehlungslogik verlangt.

5.2.8.4. Kontextbasierte-kollaborative Predictions für ReCoKit-Templates im Empfehlungsvorgang

Zur eigentlichen Realisierung der Meta-Personalisierung werden die qualitativen Kennzahlen herangezogen, da sie die Empfehlungsgüte während des Konfigurationsvorgangs beschreiben. Hierzu dienen insbesondere die Kennzahlen LK.4 und LK.5. Aus diesen Informationen werden Predictions berechnet, die bezüglich der aktuellen Kontextinformationen die Relevanz eines ReCoKit-Templates für den Empfehlungsvorgang eines aktiven Kunden wiedergeben. Hierfür verwende ich kollaborative Empfehlungstechniken, die durch kontextbasierte Methoden ergänzt werden. Grundlage für die Berechnung der Relevanz von ReCoKit-Templates für den aktiven Nutzer sind andere Kunden, die ähnliche Konfigurationsziele verfolgen. Übertragen auf die kollaborativen Personalisierungstechniken erfordert dies eine Ähnlichkeitsberechnung zwischen Kunden. Basierend auf diesen Berechnungsergebnissen werden dann die ReCoKit-Templates ähnlicher Kunden empfohlen. Der detaillierte Ablauf des Algorithmus ist wie folgt:

1. Grundlage für die *Berechnung der Kundenähnlichkeiten* sind alle im Konfigurationssystem abgegebenen Ratings. Dies erstreckt sich insbesondere über alle ReCoKit-Templates und Produktmodelle!

2. Der Kunde kann für ein im Empfehlungsvorgang genutztes ReCoKit-Template effektiv maximal *zwei* für die Ähnlichkeitsberechnung relevante Ratings abgeben, nämlich anhand der Kennzahlen LK.4 und LK.5. Für die weiteren Berechnungen ist es allerdings sinnvoll, pro Empfehlungsvorgang und ReCoKit nur maximal *ein* Rating zu haben, um Widersprüche zu vermeiden. Deswegen werden die beiden qualitativen Kennzahlen selektiv kombiniert. Dabei hat die Kennzahl LK.5 Priorität gegenüber LK.4. Letztere wird zwar aktiv durch den Kunden abgegeben, jedoch ist die andere Kennzahl hinsichtlich der korrekten Konfiguration von Werteselektionen aussagekräftiger, da sie sich auf das real gekaufte Produkt bezieht.

3. Für jeden Kunden K_a müssen die gesammelten Ratings nun nach bewertetem ReCoKit-Template partitioniert werden. Dies bedeutet implizit also auch eine Partitionierung nach Produktmodellen. Die Partitionen werden im Folgenden mittels $Ratings_{K_a,Template_j}$ bezeichnet.

4. Jeder der vorliegenden Ratingmengen $Ratings_{K_a,Template_j}$ wird separat zu einem einzelnen Rating zusammengefasst. Dies geschieht über eine Mittellung der in der Menge enthaltenen Einzelratings, gewichtet nach der Übereinstimmung ihrer im Messkontext jeweilig zugeordneten Bereichsfestlegung mit der aktuellen Bereichsfestlegung. Nach dieser Transformation liegt also für jeden Kunden maximal ein Rating pro ReCoKit-Template vor.

5. Die Funktion Sim_{K_a,K_b} errechnet die Ähnlichkeit zwischen zwei Kunden basierend auf den im vorigen Schritt berechneten Einzelratings. Dafür verwendet sie die weit verbreitete Pearson-Korrelationsfunktion (vgl. Manouselis und Costopoulou 2008, Papagelis et al. 2005).

6. Für den aktiven Kunden K_{aktiv} wird nun zu jedem $Template_j$ eine Prediction $Pred_{K_{aktiv},Template_j}$ errechnet. Da jedoch ein $Template_j$ von mehreren Nutzern bewertet werden kann, muss zuerst der Nutzer K_b herausgesucht werden, der zum aktiven Kunden K_{aktiv} am ähnlichsten ist. Hierfür werden alle Kunden K_{rated_j} identifiziert, die $Template_j$ bewertet haben. Von diesen Kunden wird mittels Maximumbildung aus der Funktion Sim_{K_{aktiv},K_b} mit $K_b \in K_{rated_j}$ der Kunde herausgesucht, der dem aktiven Kunden am ähnlichsten ist. Die Berechnung der Prediction $Pred_{K_{aktiv},Template_j}$ erfolgt dann über eine Mittellung aller von ähnlichen Kunden abgegebenen Ratings zum $Template_j$, gewichtet nach der Übereinstimmung der dem Rating zugeordneten kontextuellen Bereichsfestlegung mit der aktuell vorgegebenen Bereichsfestlegung.

7. Die Meta-Personalisierung empfiehlt das ReCoKit-Template mit der höchsten Prediction.

Die speicherbasierten Algorithmen zur Berechnung der Ähnlichkeiten zwischen zwei Nutzern skalieren bei einer großen Anzahl von Nutzern oder ReCoKit-Templates relativ schlecht. Optimierungsansätze finden sich in der Literatur beispielsweise bei Breese et al. (1998), Sarwar et al. (2000) sowie Ungar und Foster (1998). Da diese Techniken in den Bereich der Nutzermodellierung fallen, sind sie außerhalb des Fokus dieser Arbeit und werden nicht näher betrachtet.

5.2.8.5. Ratingbasierte Predictions für Filtermodule und ReCoKit-Templates für den Empfehlungslogik-Designvorgang

Beim Designvorgang der ReCoKit-Templates benötigen die Empfehlungslogik-Designer Vorschläge für die Verwendung von Filtermodulen und ReCoKit-Templates. Allerdings tritt der Empfehlungslogik-Designer hier nicht als Kunde auf, weswegen die im vorigen Abschnitt beschriebenen Predictionberechnungen nutzlos sind, da sie sich auf die Ähnlichkeiten zwischen Nutzern in der Rolle des Kunden beziehen.

Die Berechnung verzichtet deswegen auf eine Ähnlichkeitsberechnung zwischen den Nutzern und führt lediglich eine Mittellung der Ratinginformationen durch. Dafür dienen die qualitativen Leistungsdaten der Kennzahlen LK.4 und LK.5, wobei auch hier LK.5 vorzuziehen ist. Der Algorithmus geht dabei im Einzelnen so vor:

1. Die Menge $Ratings_{Template_j}$ enthält alle Ratings zum $Template_j$ und die Menge $Ratings_{FM_i}$ alle Ratings zum Filtermodule FM_i, wobei jede Menge nur die Ratings enthält, in denen der aktuelle Produktmodellkontext mit dem Messkontext übereinstimmt.

2.a. Die Prediction zu einem $Template_j$ errechnet sich durch die Mittellung aller Ratings aus $Ratings_{Template_j}$, gewichtet durch die Übereinstimmung der dem jeweiligen Rating zugeordneten Bereichsfestlegung und der aktuellen Bereichsfestlegung.

2.b. Die Prediction zu einem Filtermodul FM_i errechnet sich durch die Mittellung aller Ratings aus $Ratings_{FM_i}$, gewichtet durch die Übereinstimmung der dem jeweiligen Rating zugeordneten Bereichsfestlegung und der aktuellen Bereichsfestlegung.

3. Dem Empfehlungslogik-Designer werden das ReCoKit-Template oder das Filtermodul mit der höchsten Prediction vorgeschlagen.

5.2.8.6. Kommentare und Ratings

Kommentare und Kommentarratings werden grundsätzlich zur Darstellung der Informationen eines Filtermoduls oder ReCoKit-Templates verwendet. Sie sind mit den Produktkommentaren, die auf Amazon.com als Kundenrezensionen eingegeben werden können, vergleichbar. Die Sortierung der eingegebenen Kommentare findet in meinem System anhand der Kommentarbewertung statt. Die Messkontextdaten spielen dabei keine Rolle.

5.3. Neue Interaktionsprozesse in der Konfiguratorschnittstelle

Dieser Abschnitt stellt die für die Umsetzung meines Empfehlungskonzeptes neuen Interaktionsprozesse vor, um welche die herkömmliche Konfiguratorschnittstelle ergänzt wird, und beschreibt, wie die technischen Konzepte des ReCoKits zur Anwendung gebracht werden. Der Fokus liegt dabei auf der Ausarbeitung der in Abbildung 5.4 (Seite 145) vorgestellten Teilprozesse „Empfehlungslogik verwalten" und „Produkt konfigurieren".

Die für die Integration des neuen Empfehlungssystems notwendigen Prozesse sind in Tabelle 5.7 aufgeführt. Sie sind nach den Teilprozessen in Abbildung 5.4 gruppiert. In jeder Gruppe existiert eine Menge von Hauptprozessen, die sich jeweils aus größeren Einzelvorgängen zusammensetzen. Die beiden Gruppen werden durch querschnittlich genutzte Teilvorgänge ergänzt, die in den Hauptprozessen durch Buchstabenkürzel gekennzeichnet sind.

Im weiteren Verlauf dieses Abschnitts stelle ich die erwähnten Prozesse vor und erläutere die internen Abläufe. Dabei werden die technischen Konzepte des ReCoKits in Beziehung zur Nutzerinteraktion gesetzt. Die Darstellung der Interaktionsprozesse erfolgt aus Sicht des Nutzers. Teilprozesse, die an mehreren Stellen Anwendung finden, dokumentiere ich in Unterabschnitten der Hauptprozesse.

5.3.1. Anwendung der Empfehlungslogik

Die Anwendung der Empfehlungslogik umfasst die im Folgenden vorgestellten Hauptprozesse P.1 und P.2, die durch den aktiven Kunden während der Produktkonfiguration ausgeführt werden.

5.3.1.1. Empfehlungsvorgang durchführen (P.1) und Empfehlung verwalten (EV)

Der Prozess P.1 beschreibt die Durchführung eines Empfehlungsvorgangs und kann aus zwei Aktivitäten des in Abbildung 5.4 (Seite 145) dargestellten schematischen Interaktionskonzeptes angestoßen werden. *Während der Auswahl des Produktmodells* hat der Kunde die Möglichkeit, sich für die sofortige Erzeugung einer vollständigen Empfehlung zu entscheiden. *Während der Selbstkonfiguration* kann der Kunde wiederholt Empfehlungsvorgänge anstoßen, um sich für Produktbereiche Vorschläge erstellen zu lassen.

Schaubild 5.17 zeigt den Prozess „Empfehlungsvorgang durchführen" im Detail und beginnt oben mit der Nutzeraktivität „Empfehlung anfordern". Grundsätzlich stehen dem Kunden dabei drei verschiedene Aktionsmodi zur Verfügung, die sich im Wesentlich darin unterscheiden, wie aktiv der Kunde im Empfehlungsvorgang selbst mitwirken muss:

Auf gut Glück!: Vollautomatisierter Modus ohne weiteren Kundeneinfluss

Mit letzten Template-Einstellungen: Halbautomatischer Modus ohne weiteren Kundeneinfluss, der die Empfehlungslogik aus dem letzten Empfehlungsvorgang übernimmt

Manuell: Manueller Modus, in dem der Kunde sämtliche Parameter für den Empfehlungsvorgang beeinflussen kann

<table>
<tr><th></th><th>Prozess mit Einzelvorgängen</th><th>Hauptnutzer</th></tr>
<tr><td rowspan="2">Anwendung der Empfehlungslogik</td><td>Prozess P.1: Empfehlungsvorgang durchführen
• Vollautomatisierte Empfehlung (EV)
• Manuelle Steuerung der Empfehlung (mit personalisierter Suche nach ReCoKit-Templates, KB, EV)</td><td>Aktiver Kunde</td></tr>
<tr><td>Prozess P.2: Während der manuellen Konfiguration
• Vorbereitung zum Empfehlungsvorgang (Bereiche festlegen, Gewichtungen festlegen, Empfehlungsvorgang anstoßen)
• Nachbereitung eines Empfehlungsvorgangs (Erklärungen ansehen, EV)
• Asynchrone Empfehlung</td><td>Aktiver Kunde</td></tr>
<tr><td rowspan="3">Verwaltung der Empfehlungslogik</td><td>Prozess P.3: Verwaltung editierbarer ReCoKit-Templates
• Erzeugen
• Editieren (mit Testen, Suche nach ReCoKit-Templates und Filtermodulen für Aufrufe, KB)
• Löschen
• [Diskussion in Kundencommunities]</td><td>Empfehlungslogik-Designer</td></tr>
<tr><td>Prozess P.4: Anzeige eigener privater sowie aller öffentlicher ReCoKit-Templates und Filtermodule
• Anzeige von Informationen zu Filtermodulen und ReCoKit-Templates (mit FMBK, RTK, KB)</td><td>Empfehlungslogik-Designer</td></tr>
<tr><td>Prozess P.5: Verwaltung der Filtermodule
• Löschen
• Hinzufügen
• (De-)Aktivieren</td><td>Learning-Relationship-Designer</td></tr>
<tr><td>Querschnitts-prozesse</td><td colspan="2">FMBK: Filtermodul bewerten und kommentieren
RTK: ReCoKit-Template kommentieren
KB: Kommentar bewerten
EV: Empfehlung verwalten (ansehen, bewerten, verwerfen)</td></tr>
</table>

Tabelle 5.7. Übersicht neuer Interaktionsprozesse zur Einbindung der adaptiven Recommender-funktionalität

Die Entscheidung über die Moduswahl trifft der Kunde selbst. Die Modi werden im Nutzerinterface durch verschiedene Auswahlmöglichkeiten kenntlich gemacht. Das schematische Integrationsschaubild zum Anstoßen der Empfehlungsfunktionalität ist in der Dokumentation zu Prozess P.2 in Abbildung 5.18 (Seite 217) dargestellt.

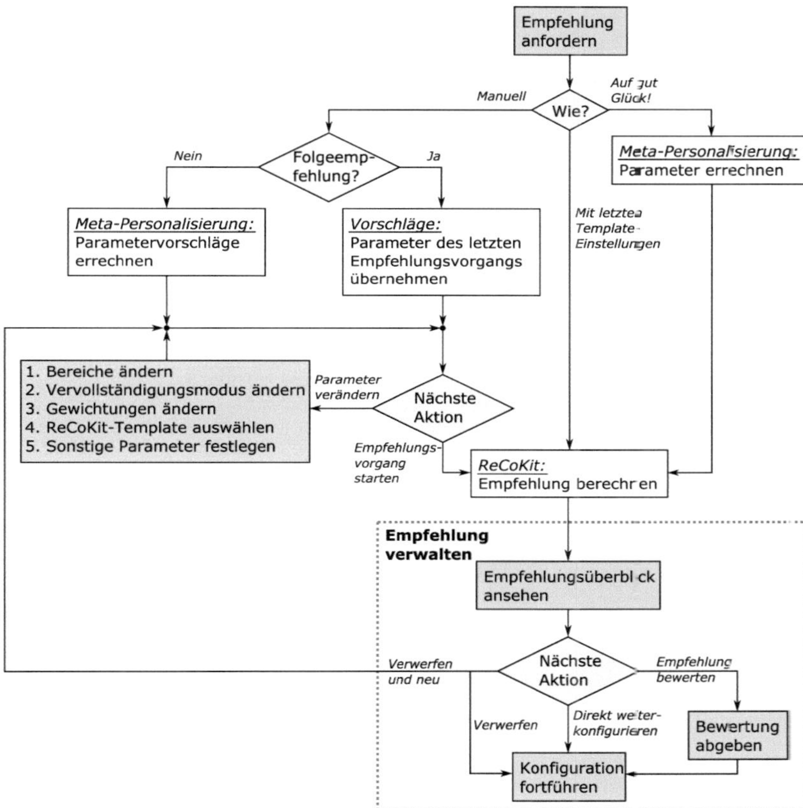

Abbildung 5.17. Prozessmodell: Empfehlungsvorgang durchführen

Die größte Unterstützung erfährt der Kunde durch die Meta-Personalisierung, also der automatisierten Auswahl eines ReCoKit-Templates (siehe Abschnitt 5.2.8.4). Diese ist im Modus *Auf gut Glück!*, wie er von der Internetsuchmaschine Google bekannt ist, verdeckt realisiert. Er entlastet den Kunden am stärksten und bietet die beste automatisierte Unterstützung. Aufgerufen aus einem Konfigurationskontext wird für den gewählten Produktmodellbereich eine Empfehlung erzeugt, die alle darin enthaltenen Freiheitsgrade vervollständigt. Sie arbeitet mit den vom Kunden während der Konfiguration festgelegten Bereichsgewichtungen. Beim Anfordern der Empfehlung wählt sich der Konfigurator mit der in Abschnitt 5.2.8.4 vorgestellten Meta-Personalisierungsmethode das beste ReCoKit-Template aus und führt dieses innerhalb des ReCoKits aus. Einfluss auf den Meta-Personalisierungsprozess haben insbesondere die festgelegten Produktmodellbereiche sowie der Vervollständigungsmodus. Alle anderen Aufrufparameter des ReCoKits werden mit ihren Standardwerten belegt.

Die Alternative *Mit letzten Template-Einstellungen* funktioniert ebenso automatisch, arbeitet aber mit den ReCoKit-Template-Einstellungen des vorangegangen Empfehlungsvorgangs. Sie ist also nur nutzbar, wenn bereits eine Empfehlung in der Konfigurationssitzung angefordert wurde. Die Übernahme der Einstellungen schließt allerdings die Bereichs- und Gewichtsfestlegungen nicht mit ein, da der Kunde diese im Laufe der letzten Konfigurationsschritte verändert haben kann. Hier zählt der aktuelle Stand der Konfiguration.

Der Modus *Manuell* gestattet dem Kunden die direkte Kontrolle über den Empfehlungsprozess. Er kann dabei nicht nur die ReCoKit-Template-spezifischen Daten ändern, sondern auch die Bereichsfestlegungen und die Gewichtungen. Nichtsdestotrotz werden auch in diesem Modus für alle notwendigen Parameter Vorschläge bereitgestellt. Der Teilvorgang der manuellen personalisierten Suche nach einem ReCoKit-Template wird im nächsten Abschnitt 5.3.1.2 detailliert beschrieben. Im Falle eines vorangegangen Empfehlungsvorgangs sind dies die Werte, die im Modus *Mit letzten Template-Einstellungen* genutzt werden. Wurde noch kein Empfehlungsvorgang durchgeführt, so werden die Parameter wie bei *Auf gut Glück!* errechnet.

Die Tabelle 5.8 fasst die vorgeschlagenen Parameter für die ReCoKit-Schnittstelle zusammen. Grau hinterlegte Zellen können vom Kunden nicht verändert werden, da entweder der Empfehlungsmodus vollautomatisiert abläuft oder der Parameter fix ist. Die weiß hinterlegten Zellen der Modusspalte *Manuell* zeigen die automatisch generierten Vorschläge an, die der Kunden vor dem Empfehlungsvorgang modifizieren kann.

Der Prozess wird durch den Teilvorgang „EV“ („Empfehlung verwalten“) abgeschlossen. In diesem Teilprozess sieht sich der Kunde eine Übersicht des Empfehlungsergebnisses an und entscheidet daraufhin, ob er den Vorschlag verwerfen oder akzeptieren möchte. Vor der Fortführung des Konfigurationsprozesses hat er die Möglichkeit, die Empfehlung zu bewerten und so Feedback über seine Zufriedenheit abzugeben. Verzichtet er auf eine Bewertung, so steht ihm diese Möglichkeit bis zum nächsten Empfehlungsvorgang zur Verfügung. Missfällt ihm die generierte Empfehlung, so kann er sie verwerfen und eine weitere Empfehlung erstellen lassen. Hierfür muss er allerdings direkten Einfluss auf die Empfehlungsparameter nehmen, da eine erneute Empfehlung über die automatisierten Modi kein besseres Ergebnis erzeugen würde.

5.3.1.2. Teilvorgang: Personalisierte Suche nach ReCoKit-Templates

Die Suche nach einem für den Kunden und den aktuellen Produktkontext passenden ReCoKit-Template zur Erstellung einer qualitativ hochwertigen Empfehlung ist aus verschiedenen Gründen sehr schwierig. Erstens ist die Menge der verfügbaren ReCoKit-Templates sehr groß, da jeder Kunde eigene, öffentliche ReCoKit-Templates entwerfen darf. Zweitens unterscheiden sich diese ReCoKit-Templates in ihrer Empfehlungsausrichtung hinsichtlich Kundengruppe und Produktmodellbereich. Letztlich variiert auch die algorithmische Qualität der ReCoKit-Templates.

Mein Konzept der Meta-Personalisierung erleichert den Suchvorgang nach dem passenden ReCoKit-Template. Einfluss auf den Meta-Personalisierungsalgorithmus haben die im aktuellen Konfigurationskontext vom Kunden festgelegten *Bereiche* und der *Vervollständigungsmodus*. Sie stellen die *aktuellen Kontextinformationen* für den automatisierten Suchprozess dar. Der Funktionsmodus der Suche hängt vom gewählten Modus des Empfehlungsvorgangs ab. Im Modus *Auf gut Glück!* findet die Suche nach einem ReCoKit-Template ohne weitere Nutzerinteraktion statt.

<table>
<tr><th rowspan="2">ReCoKit-Parameter</th><th colspan="2">Automatisiert</th><th colspan="2">Manuell</th></tr>
<tr><th>Auf gut Glück!</th><th>Mit letzten Template-Einstellungen</th><th>Erstempfehlung</th><th>Folgeempfehlung</th></tr>
<tr><td>Aktiver Kunde</td><td colspan="4">Durch Konfigurationssitzung festgelegt</td></tr>
<tr><td>Konfigurationsmodell</td><td colspan="4">Aktueller Konfigurationsmodellzustand</td></tr>
<tr><td>Kundenspezifische Gewichtungen der Produktbereiche</td><td colspan="2">Aus Konfigurationsvorgang</td><td colspan="2">Aus Konfigurationsvorgang</td></tr>
<tr><td>Bereichsfestlegung im Konfigurationsmodell</td><td colspan="2">Aus Konfigurationsvorgang</td><td colspan="2">Aus Konfigurationsvorgang</td></tr>
<tr><td>Automatisierter Vervollständigungsmodus</td><td>Ja</td><td rowspan="4">Vorige Einstellungen</td><td>Ja</td><td rowspan="4">Vorige Einstellungen</td></tr>
<tr><td>Identifikator des ReCoKit-Templates</td><td>Meta-Personalisierung</td><td>Meta-Personalisierung</td></tr>
<tr><td>Belegung der im ReCoKit-Template deklarierten freien Parameter</td><td>Standardwerte der Parameterdeklarationen</td><td>Standardwerte der Parameterdeklarationen</td></tr>
<tr><td>Detailliertes Ablaufprotokoll erstellen</td><td>Nein</td><td>Nein</td></tr>
</table>

Tabelle 5.8. Herkunft der Steuerungsinformationen für das ReCoKit im Prozess „Empfehlungsvorgang durchführen“

Mittels des in Abschnitt 5.2.8.4 beschriebenen Personalisierungsvorgangs werden Predictions für die ReCoKit-Templates errechnet. Die Wahl fällt automatisch auf das ReCoKit-Template mit der besten Prediction. Im *manuellen Empfehlungsmodus* kann der Kunde durch Eingrenzung von Attributen und Sortierung erheblichen Einfluss auf das Suchergebnis nehmen. Er kann sich dabei die Details zu jedem ReCoKit-Template anschauen und sich durch Kommentare über die Meinungen anderer Nutzer informieren.

Die folgende Liste zeigt einen Überblick der Informationsbereiche und ReCoKit-Template-Attribute, über die die interaktive Suche eingeschränkt und sortiert werden kann:

Deklarative Informationen: Die ReCoKit-Template-Informationen *Beschreibung*, *Identifikator*, *Tags*, *Standardtemplate* und *Editoren* stehen als Suchattribute bereit.

Quantitative Informationen: Die in der zu einem ReCoKit-Template ausgewerteten quantitativen Leistungskennzahldaten können durch Ober- und Untergrenzen eingeschränkt werden.

Predictions: Basierend auf dem zu personalisierenden Produktmodellbereich und dem Vervollständigungsmodus werden über den in Abschnitt 5.2.8.4 beschriebenen Meta-Personalisierungsalgorithmus zu jedem ReCoKit-Template Predictions berechnet. Diese Predictions können in der Suche durch Ober- und Untergrenzen eingeschränkt werden.

5.3.1.3. Während der manuellen Konfiguration (P.2)

Die hier geschilderten Teilvorgänge verweben den normalen, manuellen Konfigurationsprozess mit der Empfehlungsfunktionalität. Der aktive Kunde befindet sich in diesem Kontext in der herkömmlichen Konfiguratorumgebung und hat eine direkte Sicht auf die Struktur und die aktuellen Einstellungen im Konfigurationsmodell. Für die Integration der Empfehlungsfunktionalität sind nun drei Teilprozesse zu betrachten:

1. Die Vorbereitung und das Anstoßen eines neuen Empfehlungsvorgangs
2. Die Verwaltung und Darstellung der Ergebnisse des vorangegangenen Empfehlungsvorgangs
3. Eine zur Konfiguration asynchrone Unterstützung durch Empfehlungen, die aber in einem für den Kunden nicht explizit spürbaren Empfehlungsvorgang durchgeführt wird

Aufgrund der Kürze dieser Teilprozesse verzichte ich auf ein Prozessschaubild. Hier ist eher von Interesse, wie sich die Teilvorgänge in die herkömmliche Konfiguratorschnittstelle eingliedern. Abbildung 5.18 zeigt eine schematische Sicht auf die Konfigurationsschnittstelle. In dem dargestellten Beispiel werden die Freiheitsgrade der Komponente `Rahmen` mit ihren Konfigurationseinstellungen angezeigt. Das Schaubild wurde um die für die Ansteuerung der Empfehlungsfunktionalität notwendigen Schnittstellenbereiche erweitert.

Der Aufbau der erweiterten Schnittstelle liest sich wie folgt. Vor der Durchführung eines jeden Empfehlungsvorgangs kann der aktive Kunde sein Konfigurationsmodell verändern und dabei insbesondere Freiheitsgrade mit Werten belegen. Die Einschränkungen von Wertebereichen zur detaillierten Kontrolle der Empfehlungslogik integriert sich über den *Details*-Bereich. *Gewichtungen* gibt der Kunde zu jedem Freiheitsgrad oder allgemein für eine ganze Komponente ein. Die an den Freiheitsgraden angegebenen Gewichtungen überschreiben die Komponenteneinstellung. Mittels der *Fix*-Markierungen legt der Kunde die Freiheitsgrade fest, die nicht verändert werden dürfen. Dies entspricht den Ausschlüssen in den Bereichsfestlegungen. Zum Anstoßen der Empfehlungsfunktionalität existieren die bereits geschilderten Wahlmöglichkeiten, sowohl am Freiheitsgrad als auch komponentengemeinsam. Der Produktkontext, in dem die Empfehlungsfunktionalität gestartet wurde, grenzt den Empfehlungsbereich ein.

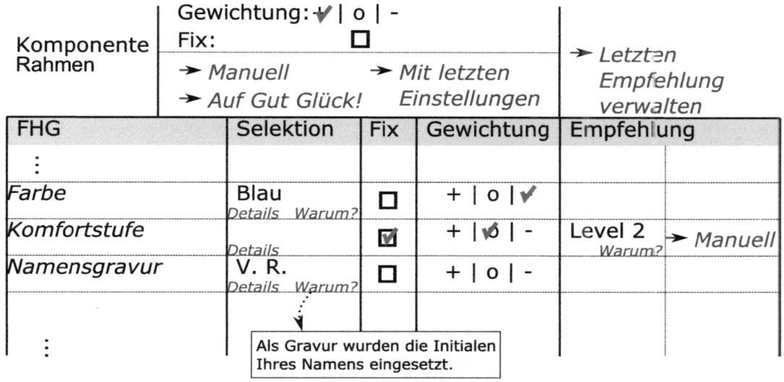

Abbildung 5.18. Integrationsschaubild zum Prozess „Während der manuellen Konfiguration"

Die Verwaltung eines Empfehlungsergebnisses erfolgt nach dem erfolgreichen Abschluss des Empfehlungsvorgangs wiederum über die dargestellte Konfigurationsschnittstelle. Dort kann der Kunde nun alle Informationen der Empfehlung abrufen. Der Verwaltungsprozess der letzten Empfehlung, den ich bereits in Prozessschaubild 5.17 (Seite 213) integriert hatte, wird über den rechten oberen Schnittstellenbereich in Abbildung 5.18 angestoßen. Weiterhin kann sich der Kunde zu jeder Werteselektion eine Begründung anzeigen lassen, die das „Warum?" für die generierten Vorschläge erläutert. Darin werden die Erklärungen dargestellt, wie es am Beispiel des Freiheitsgrads `Namensgravur` gezeigt ist. Schließlich wird zu jedem Freiheitsgrad in den bereits erwähnten *Details*-Bereichen eine Historie der Werteempfehlungen aller Empfehlungsvorgänge aufgeführt.

Asynchrone Empfehlungen, die ohne Aufforderung durch den Kunden automatisch für jeden noch offenen Freiheitsgrad berechnet werden, sind in der rechten Spalte der Freiheitsgradliste in Abbildung 5.18 dargestellt. Sie müssen vom Nutzer manuell übernommen werden. Nichtsdestotrotz erleichtern asynchrone Empfehlungen den Konfigurationsprozess, da sie automatisch bereitgestellt werden. Natürlich sind auch für die asynchron generierten Empfehlungen die „Warum?"-Informationen abrufbar. Asynchron generierte Vorschläge stellen aber keine eigenständigen Empfehlungsvorgänge dar und können somit nicht als solche *verwaltet* werden.

5.3.2. Empfehlungslogik verwalten

Die Verwaltungsprozesse der Empfehlungslogik richten sich hauptsächlich an Expertennutzer sowie Learning-Relationship-Designer. Letztere sind für die Verwaltung der Filtermodule zuständig. ReCoKit-Templates können grundsätzlich von allen Kunden erzeugt und angezeigt werden. In der folgenden Prozessdokumentation gehe ich auf die wesentlichen Verwaltungsabläufe ein. Sie realisieren das Verwaltungssystem zum ReCoKit.

5.3.2.1. Verwaltung editierbarer ReCoKit-Templates (P.3)

Dieser Prozess befasst sich mit dem *Erstellen*, *Editieren* sowie *Löschen* von ReCoKit-Templates. Jeder Nutzer darf im System eine bestimmte Menge an ReCoKit-Templates erzeugen und der Gemeinschaft zur Verfügung stellen. Der Erzeugungsvorgang erstellt ein neues ReCoKit-Template, dessen Ersteller der aktuell eingeloggte Nutzer ist. ReCoKit-Templates dürfen nur von ihrem Ersteller gelöscht werden.

Der Editierungsvorgang wird durch drei Sichtbarkeits- und Zugriffskonzepte beeinflusst. Editierbar sind lediglich *private* ReCoKit-Templates, damit es in laufenden Empfehlungsvorgängen zu keinen Konflikten kommt. Weiterhin sind nur die eingetragenen Editoren zu Änderungen berechtigt. Der Ersteller darf Editoren einladen. Der eigentliche Editierungsvorgang eines ReCoKit-Templates darf zu jeder Zeit nur von maximal einem Nutzer ausgeführt werden, um nebenläufige Änderungen und Konflikte zu vermeiden.

Die Zusammenstellung eines ReCoKit-Templates erfolgt in einer beliebigen Anzahl von Editierungsschritten. Die technische Kontrolle über den Veränderungsprozess hat das Empfehlungssystem. Parallel zu diesem Prozess hat der Nutzer die Möglichkeit, sich mit anderen Nutzern und Editoren in Diskussionsforen über die Veränderungen und Probleme auszutauschen. Diese Diskussionsforen sind vollkommen unabhängig vom Editierungsprozess und der ReCoKit-Realisierung. Sie sind Bestandteil einer separat administrierten Kundencommunity und liegen nicht im Fokus dieser Arbeit.

Das Verwaltungssystem der Empfehlungslogik unterstützt den Kunden beim Design der Empfehlungslogik. Es zeigt die statistischen Leistungsdaten zu den Filtermodulen und den ReCoKit-Templates an und erlaubt allen Anwendern, über Kommentare und Bewertungen Feedback zu geben. Über einen Hybridisierungsschemaeditor kann der Empfehlungslogik-Designer das ReCoKit-Template komfortabel zusammenstellen und dabei mittels der im nächsten Abschnitt 5.3.2.2 dokumentierten Suchfunktionalität nach geeigneten Filtermodulen und anderen ReCoKit-Templates zur Einbindung stöbern.

5.3.2.2. Teilvorgang: Suche nach ReCoKit-Templates und Filtermodulen für Aufrufe

Die Suche nach Filtermodulen und ReCoKit-Templates ist auch während der Erstellung des Hybridisierungsschemas notwendig. Sie unterscheidet sich zu dem im Empfehlungsvorgang verwendeten Suchprozess allerdings in zwei wesentlichen Punkten. So kann hier nach ReCoKit-Templates *und* Filtermodulen gesucht werden. Weiterhin fehlt der Konfigurationskontext als Grundlage für die Berechnung der Predictions. Eine automatisierte Empfehlung von Filtermodulen oder ReCoKit-Templates ist deswegen nicht möglich, so dass die Suche *manuell* stattfinden muss. Um das Konzept der Predictionberechnung zu imitieren, kann der Empfehlungslogik-Designer bei der Suche Einschränkungen für Produktmodellbereiche und den Vervollständigungsmodus angeben. Die Errechnung der Predictions erfolgt dann nach dem in Abschnitt 5.2.8.5 dokumentierten Algorithmus. Weiterhin kann die Suche durch folgende Parameter gesteuert werden:

Deklarative Informationen: Die Filtermodulschnittstelle und ReCoKit-Templates stellen Informationen wie *Beschreibung*, *Identifikator* und *Tags* bereit, die anhand von Stichwortlisten und Wildcards durchsucht werden können.

Quantitative Informationen: Die für die Filtermodule und ReCoKit-Templates ausgewerteten quantitativen Leistungsdaten können durch Ober- und Untergrenzen eingeschränkt werden.

Predictions: Basierend auf den explizit angegebenen Produktmodellbereichen und dem Vervollständigungsmodus werden über den in Abschnitt 5.2.8.5 beschriebenen Algorithmus Predictions zu jedem Filtermodul und ReCoKit-Template berechnet. Diese Predictions können in der Suche durch Ober- und Untergrenzen eingeschränkt werden.

5.3.2.3. Anzeige eigener privater sowie aller öffentlicher ReCoKit-Templates und Filtermodule (P.4)

Dieser Prozess gibt dem Empfehlungslogik-Designer die Möglichkeit, sich einen Überblick über die vorhandenen Filtermodule und ReCoKit-Templates zu verschaffen. Dazu wird ihm die in Abschnitt 5.3.2.2 beschriebene Suchfunktionalität bereitgestellt, in deren Ergebnisliste die Anwahl einer detaillierten Übersicht zu den Filtermodulen und ReCoKit-Templates angeboten wird.

Die Übersicht eines ReCoKit-Templates enthält die deklarativen Daten sowie einen Überblick über das Hybridisierungsschema. Diese Informationen werden durch eine Auswertung der während des Betriebs gesammelten Leistungsdaten ergänzt.

Die Anzeige eines Filtermoduls gibt Auskunft über die Schnittstelleninformationen. Auch hier werden diese deklarativen Daten durch eine Auswertung der während des Betriebs gesammelten Leistungsdaten ergänzt.

5.3.2.4. Verwaltung der Filtermodule (P.5)

Die Verwaltung der Filtermodule umfasst das Hinzufügen und Entfernen von Filtern, sowie die Administration ihres Aktivierungsstatus. All diese Prozesse dürfen nur durch den Learning-Relationship-Designer ausgeführt werden, damit die Integrität des Empfehlungssystems gewahrt bleibt. Im Gegensatz zum Hybridisierungsschema sind die Abläufe in den Filtermodulen keinen Einschränkungen unterworfen. Somit können Programmierfehler schnell zu Sicherheitslücken im Nutzerprofilzugriff oder zu Terminierungsproblemen führen. Es ist also die Aufgabe des Learning-Relationship-Designers, Filtermodule mit einer hohen Algorithmenqualität und -integrität bereitzustellen.

Die Verwaltungsprozesse der Filtermodule sind relativ einfach und ähneln gängigen Plugin-Verwaltungen existierender Software, wie beispielsweise *Firefox* oder *Eclipse*. Die Filtermodule sind *ReCoKit-Plugins* und können auf das System aufgespielt und vom System entfernt werden. Ihre Implementierung hängt von der Implementierung der Ausführungsumgebung ab. Ist das ReCoKit beispielsweise in C programmiert, so müssen die Filtermodule über eine gängige C Library-Schnittstelle gemäß der in Abschnitt 5.2.5.3 festgelegten Schnittstellendefinition ansprechbar sein.

Den wichtigsten Vorgang stellt die Administration des Aktivierungsstatus eines Filtermoduls dar. Nur aktivierte Filter dürfen durch das ReCoKit in Empfehlungsvorgängen ausgeführt werden.

Deaktivierte Filtermodule sind für die Öffentlichkeit und die Empfehlungslogik-Designer unsichtbar. Sie dürfen lediglich durch den Learning-Relationship-Designer getestet werden.

5.3.2.5. Teilvorgänge: Bewertungen und Kommentierung von ReCoKit-Templates und Filtermodulen (FMBK, RTK)

Diese Teilprozesse erlauben dem Nutzer, seine Meinung über ReCoKit-Templates und Filtermodule für andere Nutzer öffentlich zugänglich zu hinterlegen. Jeder Kunde darf ReCoKit-Templates und Filtermodule kommentieren, so wie es beispielsweise bei Amazon.com möglich ist. Mit den Kommentaren bewertet und beschreibt der Nutzer seinen Eindruck von den Fähigkeiten des kommentierten Elements und ermöglicht anderen Nutzern, das Element so besser einschätzen zu können. Zur Wahrung der Kommentarqualität können Kommentare wiederum durch einfache binäre Ratings („hilfreich" und „nicht hilfreich") bewertet werden.

Die abgegebenen Kommentare werden anhand der Bewertungen aufbereitet und bei der Darstellung der Filtermodule und ReCoKit-Templates angezeigt. Jeder registrierte Kunde hat auf die Kommentare und ihre Bewertungen freien Lesezugriff und kann sich so ein detailliertes Bild über die Empfehlungsfunktionalität bilden.

5.3.3. Zugriffskontrolle

Die dokumentierten Abläufe sind in der Ausführung meist auf eine bestimmte Nutzerrolle beschränkt. Tabelle 5.9 fasst diese Zugriffskontrollbedingungen der einzelnen Prozesse zusammen. Die Implementierung des ReCoKits muss unter Zuhilfenahme der Nutzerauthentifizierung und der Rollenzuordnung sicherstellen, dass Abläufe nur von berechtigten Anwendern ausgeführt werden. Im Wesentlichen sind in dieser Tabelle die in der Arbeit bereits an unterschiedlichen Stellen geschilderten Zugriffseinschränkungen zusammengefasst.

5.4. Integration in das Produktkonfigurationsumfeld

Mein Konzept des zur Kundenunterstützung entworfenen *adaptiven Recommendersystems* integriert sich in den Kontext eines existierenden, generischen Konfigurationssystems. In den bisherigen Abschnitten habe ich die vom Konfigurator unabhängigen Schnittstellen und Funktionalitäten dokumentiert. Ihre programmatische Integration in den Konfigurator wird in diesem Abschnitt erläutert. Dafür stelle ich zuerst eine allgemeine Systemarchitektur auf, die alte und neue Komponenten zueinander in Beziehung setzt. Danach folgt die Verknüpfung mit dem Konfigurationsmodell und der Nutzerverwaltung des Konfigurators. Den Abschluss bildet die Integration in die Bedienschnittstelle.

5.4.1. Eingliederung in die Systemarchitektur

Die Systemarchitektur zeigt die Sicht auf den Komponentenaufbau des Konfigurationssystems einschließlich der wichtigsten Kommunikationskanäle zwischen den Komponenten. Sie ist in Abbildung 5.19 dargestellt und trennt die Elemente nach ursprünglicher Konfiguratorfunktionalität (der Konfiguratorbasis) und den für mein Konzept notwendigen Erweiterungen. Im unteren

Aktion	*Bedingung*	*Wer hat Ausführungsrecht?*
Zugriff auf ReCoKit-Templates		
• Suchen, anzeigen, ausführen, bewerten	Öffentlich	Jeder eingeloggte Nutzer
• Suchen, anzeigen, ausführen	Privat	Editoren
• Erzeugen	–	Jeder eingeloggte Nutzer
• Löschen	–	Ersteller des ReCoKit-Templates
• Editoren einladen	–	Ersteller des ReCoKit-Templates
• Öffentlich oder privat schalten	–	Ersteller des ReCoKit-Templates, maximale Anzahl öffentlicher ReCoKit-Templates pro Ersteller evtl. begrenzt
• Modifizieren	Privat	Editoren
Zugriff auf Filtermodule		
• Suchen, anzeigen, innerhalb ReCoKit-Template ausführen, bewerten	Aktiviert	Jeder eingeloggte Nutzer
• Suchen, anzeigen, innerhalb ReCoKit-Template ausführen	Deaktiviert	Learning-Relationship-Designer
• Hinzufügen und löschen	–	Learning-Relationship-Designer
• Aktivieren und deaktivieren	–	Learning-Relationship-Designer
Kommentierung öffentlicher ReCoKit-Templates und Filtermodule		
• Anzeige	–	Jeder eingeloggte Nutzer
• Abgeben	–	Jeder eingeloggte Nutzer
• Löschen	–	Ersteller des Kommentars
Bewertungen zu Kommentaren abgeben		
• Abgeben	–	Maximal eine pro Kommentar pro eingeloggtem Nutzer
Konfigurationsvorgang		
• Durchführen	–	Aktiver Nutzer

Tabelle 5.9. Zugriffsschutz zu den Interaktionsprozessen

Teil des Bildes finden sich die eingebundenen Informationsrepositories. Die Verwendung der Informationsrepositories ist durch zwei Verbindungstypen gekennzeichnet. Eine gestrichelte Linie deutet auf lesenden Zugriff hin. Veränderungen finden nur entlang der durchgezogenen Linien statt, welche eine intensive Nutzung des jeweiligen Repositories durch die Konfiguratorkomponente kennzeichnen. Zur Vereinfachung des Schaubildes wurden die Repositoryzugriffe in der Konfiguratorbasis nicht dargestellt. Das Schaubild zeigt somit, dass die Integration ohne Veränderung der Grundarchitektur des Konfigurators auskommt.

Der *erweiterte Konfigurator* setzt sich aus der *neuen Empfehlungsfunktionalität*, der Funktionalität zur *Verwaltung von Empfehlungslogiken* sowie der alten *Konfiguratorbasis* zusammen. Die

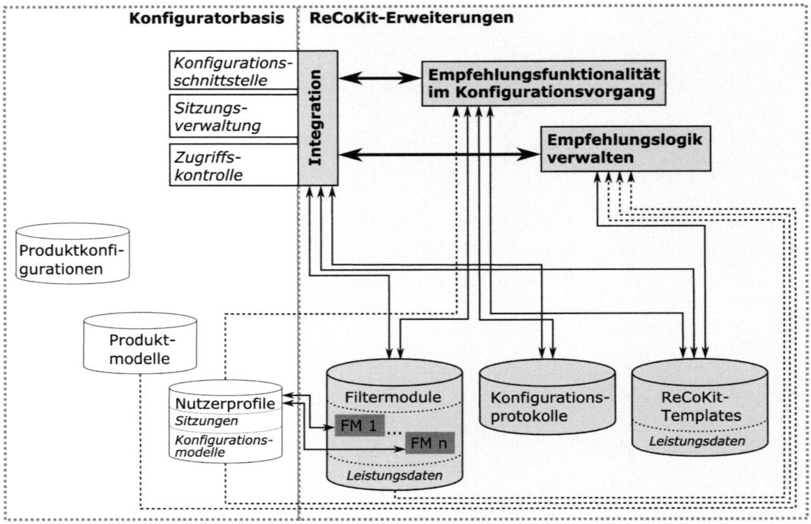

Abbildung 5.19. Architektur des erweiterten Konfigurators mit Empfehlungsunterstützung

Kommunikation zwischen den beiden neuen Komponenten und der Konfiguratorbasis erfolgt über eine *Integrationsschnittstelle*, die mit dem Konfigurator verwoben wird.

Die Informationsrepositories mit den *Produktmodellen* und den *Produktkonfigurationen* liegen weiterhin im Verantwortungsbereich des Konfigurators. Lediglich ein lesender Zugriff während der Empfehlungslogik-Designphase ist notwendig, um die Produktmodellstruktur auszulesen. Während des Konfigurationsvorgangs arbeitet die Empfehlungsfunktionalität alleine auf dem Konfigurationsmodell, das den Sitzungen im Nutzerprofil zugeordnet ist. Das *Nutzerprofil* enthält auch alle kundenspezifischen Daten, darunter abgeschlossene und laufende Einkaufssitzungen.

Die *Empfehlungsfunktionalität* interagiert als zentrale Komponente mit den Repositories der *Filtermodule*, der *ReCoKit-Templates* und der *Konfigurationsprotokolle*. Zur Durchführung des Empfehlungsvorgangs greift es auf die ReCoKit-Templates sowie die Filtermodule zu und führt diese aus. Die Filtermodule greifen lesend und möglicherweise schreibend auf die Nutzerprofildaten zu. Nach der Beendigung des Empfehlungsvorgangs werden die statistischen Kennzahlen über das Laufzeit- und Empfehlungsverhalten zu den Filtermodulen und ReCoKit-Templates hinzugefügt sowie für die Gesamtkonfigurationssitzung protokolliert. Das ReCoKit hat auf das Nutzerprofil lesenden Zugriff, um die im ReCoKit-Template innerhalb der Ausdrücke enthaltenen Profilzugriffe auswerten zu können.

Die Komponente *Empfehlungslogik verwalten* steuert den Empfehlungslogik-Designvorgang, währenddessen Empfehlungslogik-Designer neue ReCoKit-Templates entwerfen oder existierende verändern können. Diese Modifikationen werden im Repository der ReCoKit-Templates hinterlegt. Durch den lesenden Zugriff auf das Produktmodellrepository erhält die Komponente

Auskunft über die Produktmodellstruktur. Der Zugriff auf die Nutzerprofile ist ebenfalls lesend und zwar *nur auf das Profilschema*, um Unterstützung bei der Formulierung der im ReCoKit-Template integrierten Ausdrücke geben zu können. Zuletzt muss während des Designvorgangs der Empfehlungslogik natürlich auf die Filtermodulschnittstelleninformationen sowie die dort hinterlegen Leistungskennzahlen zugegriffen werden, damit der Nutzer die Qualität der Filtermodule einschätzen kann.

Die Komponente *Integration* neben der Konfiguratorbasis bindet das ReCoKit, die Empfehlungsfunktionalität und die Verwaltungsprozesse in den Gesamtkonfigurator ein. Der Hauptteil dieser Integration erstreckt sich durch die Ansteuerung der ReCoKit-Schnittstelle auf die Nutzerschnittstelle des Konfigurators. Weiterhin werden Erweiterungen zur Sitzungsverwaltung sowie Zugriffskontrolle implementiert, die weiter unten dokumentiert sind. Die zur Berechnung der Leistungskennzahlen notwendigen Konfigurationssitzungsprotokolle werden in einem eigenen Repository abgelegt.

Die folgenden Abschnitte gehen auf die notwendigen Konfiguratorerweiterungen detailliert ein.

5.4.1.1. Softwaretechnische Integration

Mein Konzept baut auf der programmatischen Erweiterung eines existierenden generischen Produktkonfigurationssystems auf. Die in den vorigen Abschnitten spezifizierte Funktionalität kann unabhängig von der Konfigurationssystemprogrammiersprache implementiert werden. Die wesentlichen implementatorischen Erweiterungen sind das *ReCoKit*, die *Verwaltung der Empfehlungslogik* und die *Filtermodule*.

Das ReCoKit und die Verwaltungsprozesse werden in das Konfigurationssystem statisch integriert, sei es durch eine eigene Softwarekomponente oder über eine Skriptingschnittstelle. Die erste Alternative erfordert die Implementierung durch den Konfiguratorhersteller, die zweite erlaubt die Integration der Empfehlungsfunktionalität durch den Produktanbieter. Grundsätzlich sind ReCoKit und Verwaltungsprozesse genau einmal zu implementieren und können dann produktunabhängig für alle Empfehlungslogiken verwendet werden.

Die Filtermodule dagegen erfordern die Existenz eines Modulsystems, da sie gemäß der beschriebenen Verwaltungsprozesse im laufenden Konfigurationssystembetrieb hinzugefügt und entfernt werden können. Für diese dynamisch orientierte Softwarekomponentenverwaltung muss eine vom Implementierungskontext des Konfigurationssystems abhängige Plugin- oder Modularchitektur bereitgestellt werden. Die technischen Details solcher Architekturen sind nicht Inhalt der Arbeit und werden an anderen Stellen ausführlich behandelt. So bieten viele der heutigen Programmpakete eine dynamische Erweiterungsschnittstelle an. Beispiele sind der Internetbrowser *Firefox*, das Mailprogramm *Thunderbird*, das *Microsoft Office-System*, der Texteditor *Notepad++*, Adobes Bildverwaltungssysteme *Photoshop* oder *Lightroom* oder aber auch die Entwicklungsumgebung *Eclipse* mit ihrer ausgeklügelten Plugin-Architektur. Dynamische Pluginarchitekturen sind mit heutigen Programmiersprachen also problemlos umsetzbar, so dass eine solche Architektur für die Filtermodulverwaltung im Konfigurationssystem vorausgesetzt werden kann.

5.4.2. Das Konfigurationsmodell und die Empfehlung

Das Konfigurationsmodell (KM) stellt die für mein Empfehlungskonzept wichtigste Datenstruktur dar, denn sie wird während der Vorschlagsgenerierung verändert. Grundsätzlich finden diese Veränderungen an den Werteselektionen statt und werden durch Einschränkungen der Wertebereiche unterstützt. Das Konfigurationsmodell wird durch die Konfiguratorbasis bereitgestellt und steht zwischen dem ursprünglichen Produktmodell (PM) und der endgültigen Produktkonfiguration (PK).

Abbildung 5.20 zeigt den schematischen Datenfluss bezüglich der Produktkonfigurationsinformationen während des Konfigurationsvorgangs. Sie zeigt, dass die manuelle Konfiguration und die Empfehlungsfunktionalität am gleichen Datenmodell arbeiten, so dass eine Erweiterung des Konfigurators um ein ReCoKit-spezifisches Konfigurationsmodell nicht notwendig ist. Die während des Empfehlungsvorgangs zusätzlich entstehenden Veränderungs- und Ablaufprotokollinformationen (PI) werden getrennt vom Konfigurationsmodell modelliert und gespeichert. Die konfiguratoreigenen Managementprozesse des Konfigurationsmodells können also unverändert beibehalten werden.

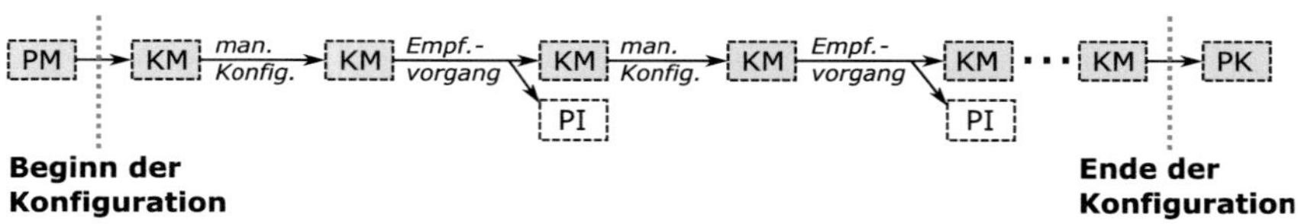

Abbildung 5.20. Produktspezifischer Datenfluss im Konfigurationsvorgang

5.4.3. Verwaltungsprozesse des Nutzers

Die neuen Empfehlungsprozesse stellen einige Anforderungen an die Verwaltung der Konfigurationssitzungsdaten, die Zugriffsmöglichkeiten auf das Nutzerprofil sowie die Authentifizierungseinheit des Konfigurationssystems.

5.4.3.1. Sitzungsmodell

Konfigurationssitzungen stellen die Modellierung von Konfigurationsvorgängen dar. Eine Sitzung umfasst alle während eines Konfigurationsvorgangs anfallenden Daten und Aktionen. Die Sitzung bildet den Konfigurationsvorgang von der Produktmodellauswahl bis zum Abschluss durch den Kauf oder den Konfigurationsabbruch ab. Der Konfigurationsvorgang kann dabei beliebig häufig beliebig lange unterbrochen und dann wieder fortgesetzt werden.

Eine Sitzung ist immer genau einem Konfigurationsvorgang eines einzelnen Nutzers zugeordnet. Ihr Datenmodell enthält sowohl den aktuellen Konfigurationsmodellzustand als auch vergangene, zwischengespeicherte Zustände. Für die Implementierung meines Recommenderansatzes sollte das Datenmodell einer Sitzung durch die Konfiguratorbasis bereitgestellt werden. Existiert ein solches Sitzungsmodell nicht, so muss die Implementierung des ReCoKits eine eigene, rudimentäre Sitzungsverwaltung einführen, um die während einer Sitzung anfallenden Protokollinformationen bis zum Ende der Sitzung im Repository ablegen zu können.

5.4.3.2. Nutzerprofil

Das Nutzerprofil stellt die informationelle Basis für die während des Empfehlungsvorgangs ausgeführten Personalisierungsalgorithmen dar. Die Existenz einer Profilverwaltung sowie der Zugriff auf die Nutzerprofile über eine einheitliche Schnittstelle muss durch den Produktanbieter gewährleistet sein. Dabei ist der lesende Zugriff obligatorisch. Schreibender Zugriff würde den Filtermodulen erlauben, synthetisierte Profildaten und aus dem aktuellen Konfigurationsmodell abgeleitete Bedürfnisinformationen in das Profil zurückzuschreiben und den Folgefiltern zur Verfügung zu stellen.

Die Wahl der Profilmodellierungstechnik wirkt sich auf die Nutzerprofilschnittstelle und die Implementierung der Filtermodule aus. Die Integration der Schnittstelle kann dabei auf zwei unterschiedlichen Wegen erfolgen. Im ersten Fall stellt der Konfiguratorhersteller für die Filtermodule eine festgelegte Profilschnittstelle zur Verfügung und passt diese Schnittstelle während der Installation des Konfigurators auf den Einsatzkontext an. Somit können produktgenerische Filtermodule über verschiedene Einsatzkontexte hinweg unverändert genutzt werden. In der zweiten Variante werden die einzelnen Filtermodule auf die Nutzerprofilschnittstelle angepasst. Dies erfordert bei der Installation des Konfigurationssystems jedoch einen erheblichen Aufwand für die Anpassung oder Neuimplementierung von Filtermodulen.

5.4.3.3. Authentifizierung und Zugriffskontrolle

Mein Ansatz reichert das Konfigurationssystem um eine Reihe von rollenspezifisch ausführbaren Prozessen an, die eines Schutzes vor unerlaubtem Zugriff bedürfen. Da die Konfiguratorbasis kundenspezifische Aufträge entgegennimmt, kann von der Existenz eines Authentifizierungskonzeptes ausgegangen werden. Das daran angegliederte Zugriffskontrollsystem muss für die Integration meines Recommenderansatzes um die in Abschnitt 5.1.2 definierten Rollen erweitert werden. Basierend auf diesen Rollen ist die Ausführung der in Tabelle 5.9 (Seite 221) dokumentierten Aktionen auf bestimmte Nutzer zu beschränken. Die Aufgabe des erweiterten Zugriffskontrollsystems ist die Verwaltung der Beziehungen zwischen den registrierten Nutzern und den recommendermodellspezifischen Rollen sowie die Umsetzung der in Tabelle 5.9 formulierten Zugriffsbeschränkungen.

5.4.4. Integration in die Nutzerschnittstelle

Die Art der Integration der Recommenderfunktionalität in die Benutzerschnittstelle beeinflusst die Akzeptanz maßgeblich. Abbildung 5.18 (Seite 217) zeigt eine denkbare Möglichkeit der Integration. Da die Nutzerschnittstellen der Konfigurationssysteme stark variieren, können keine genauen Integrationsvorgaben entwickelt werden. Als Ersatz habe ich die folgenden Richtlinien entworfen.

Beim Aufbau des Nutzerinterfaces hilft eine Unterscheidung zwischen Experten- und Standardnutzern, um die Schnittstellenkomplexität insbesondere für Standardnutzer zu reduzieren. Kunden sollten im Nutzerprofil grundsätzlich als Standardnutzer eingestuft werden und die Möglichkeit haben, in den Expertenmodus zu wechseln. Die Verwaltungsprozesse der Empfehlungslogik sind für Standardnutzer auszublenden, genauso wie die detaillierten Ablaufprotokolle und die Leistungskennzahlen.

Die Integration in den Empfehlungsvorgang sollte sich so nah wie möglich an dem Aufbau der ursprünglichen Konfigurationsschnittstelle anlehnen, um vom eigentlichen Konfigurationsprozess nicht zu sehr abzulenken. Ebenso muss gewährleistet sein, dass die Nutzung der Empfehlungsfunktionalität optional ist. Die Durchführung eines Empfehlungsvorgangs sollte grundsätzlich unkompliziert sein und Einblick in die generierten Vorschläge geben. Die für den Empfehlungsvorgang notwendigen Steuerungsinformationen wie Bereichsfestlegungen und Gewichtungen sollten bereits während der Konfiguration spezifizierbar sein oder aus dem Kontext, in dem eine Empfehlung angefordert wird, automatisch abgeleitet werden.

Während des eigentlichen Empfehlungsprozesses findet *keine Nutzerinteraktion* statt. Die Filtermodule müssen ihre Personalisierung alleine auf den im Nutzerprofil vorliegenden Daten durchführen.

5.5. Zusammenfassung

Dieses Kapitel hat die Inhalte meines Empfehlungsansatzes für generische Produktkonfiguratoren ausführlich vorgestellt und ist dabei sowohl auf die technische Realisierung als auch die Dokumentation von Interaktionsprozessen eingegangen. Die wesentlichen Neuerungen sind die *Adaptierbarkeit der Empfehlungslogik im laufenden Betrieb* sowie die *Integration des einzelnen Anwenders* in die Definition neuer Empfehlungslogiken.

Die Realisierung setzt auf einem Interpreteransatz für Hybridisierungsschemata auf und wird durch das ReCoKit umgesetzt. Für die Ausführung eines Empfehlungsvorgangs selektiert der Kunde oder der Meta-Personalisierungsprozess das gewünschte ReCoKit-Template, das den Ablauf innerhalb des ReCoKits steuert. Die für diesen Prozess notwendigen Informationsmodelle sowie die Semantik der Ablaufsteuerungselemente und Filtermodule habe ich ausführlich dokumentiert. Durch die Definition einer einheitlichen Filtermodulschnittstelle können beliebige Personalisierungsalgorithmen integriert werden und zur Ausführung kommen, so dass eine optimale Adaption des Empfehlungsvorgangs auf die kundenspezifischen Bedürfnisse möglich ist. Den Abschluss des Kapitels bildeten die Aspekte der Integration der neuen Empfehlungsfunktionalität in ein beliebiges generisches Konfigurationssystem.

Die Umsetzung des neuen Konzeptes der Meta-Personalisierung wird durch während des Konfigurationsbetriebs gesammelte Leistungskennzahlen gewährleistet. Die Leistungskennzahlen protokollieren quantitative und qualitative Informationen über das Ausführungsverhalten der ReCoKit-Templates und Filtermodule und lassen so Rückschlüsse auf die Qualität der durch sie realisierten Empfehlungsalgorithmik zu. Auf diese Weise können die jeweils bestmöglichen Empfehlungslogiken kunden- und kontextspezifisch automatisch vorgeschlagen werden.

Kapitel 6. Diskussion des Lösungsansatzes

Dieses Kapitel erfüllt die wichtige Aufgabe der Bewertung meines Lösungsansatzes. Zuerst werde ich die in der Potenzialanalyse erarbeiteten Anforderungen mit der Realisierung abgleichen und dabei zeigen, dass sie durch meinen Personalisierungsansatz zum Großteil erfüllt sind. Der zweite Teil der Diskussion befasst sich mit dem *Proof of Concept* des adaptierbaren Hybridisierungsbaukastens ReCoKit. Dies erfolgt durch eine prototypische Implementierung, in der die für das ReCoKit spezifizierte adaptierbare Hybridisierungsfunktionalität realisiert ist. Daran schließt sich eine argumentative Betrachtung der Einbindung des Kunden in den Verwaltungsvorgang der Empfehlungslogik aus Sicht des Anbieters, des Kunden sowie des Konfiguratorherstellers an. Anhand des Prototyps und der Argumentation diskutiert dieses Kapitel also sowohl die technischen als auch die konzeptionellen Aspekte des Lösungsansatzes. Den Abschluss des Kapitels bildet eine Zusammenfassung der Grenzen des Ansatzes.

6.1. Klassifikation und Anforderungsabgleich

Dieser Abschnitt stellt das entwickelte Empfehlungskonzept den in den Grundlagenkapiteln und der Potenzialanalyse erarbeiteten Klassifikationsmodellen und Anforderungen gegenüber. Die endgültige Klassifikation meines Ansatzes ermöglicht den Vergleich mit anderen Personalisierungssystemen. Der Abgleich mit den Anforderungen aus der Potenzialanalyse dagegen dient der Erfolgskontrolle. Abgerundet wird dieser Abschnitt durch eine Gegenüberstellung mit den anderen Personalisierungsansätzen für Produktkonfiguratoren.

6.1.1. Klassifikation des Empfehlungskonzeptes

Ergänzend zu den in Abschnitt 4.2.2 bereits festgelegten Charakteristiken werde ich mein Empfehlungskonzept in die in Tabelle 2.1 (Seite 29) dargestellte Klassifikation einordnen. Somit ist ein einfacher Vergleich mit anderen Personalisierungssystemen möglich. Die vorgestellte Konzeption legt im Wesentlichen die Merkmale der Gruppen *Systemkonzeption* und *Personalisierungsmethodik* fest und gewährleistet unter Beachtung der *externen Faktoren* die vollständige Spezifikation der Empfehlungsfunktionalität bei voller Anpassbarkeit auf die unternehmensspezifischen Aspekte hinsichtlich des *Informationsmodells.*

6.1.1.1. Einordnung zur Merkmalgruppe „Externe Faktoren"

Die externen Faktoren habe ich bereits in Abschnitt 4.2.2 fast vollständig festgelegt, da diese Rahmenbedingungen von außen vorgegeben sind. In der Realisierung dieses Projektes ist ein Forschungsprototyp entstanden, der den wichtigsten Teil der spezifizierten ReCoKit-Funktionen abdeckt. Von einer Implementierung in einem Produktivsystem habe ich abgesehen, da der technische Forschungsprototyp die Funktionsfähigkeit meines Konzeptes bereits ausführlich genug zeigt und der zeitliche Aufwand für die Akquise von Projektpartnern sowie die notwendige Implementierung und Nutzertests in keinem Verhältnis zum Ergebnis gestanden hätten.

6.1.1.2. Einordnung zur Merkmalgruppe „Systemkonzeption"

Die Konzeption des Gesamtsystems habe ich in Abschnitt 5.1 meiner Lösungsdokumentation ausführlich erläutert. Das darin vorgestellte Interaktionskonzept zur Nutzung des in den generischen Konfigurator eingebundenen adaptiven Recommendersystems ist in Abbildung 5.4 (Seite 145) zusammengefasst. Mit dieser Abbildung ist das Klassifikationsmerkmal *Prozessmodell* ausreichend festgelegt.

Das in Abschnitt 5.1.2 vorgestellte *Nutzerrollenmodell* spezifiziert detailliert, welche Verantwortlichkeiten für die Ausführung und Verwaltung der Recommenderfunktionalität durch die einzelnen Anwender wahrgenommen werden können. Dabei wird im Detail auf die jeweiligen Ziele sowie ihre Beziehung der Rollen zueinander eingegangen.

Ein wesentliches Merkmal personalisierter Systeme ist das *Bewertungsmodell für die Qualität der Personalisierung*. Hierdurch soll eine kontinuierliche Verbesserung des Personalisierungsprozesses stattfinden. In meinem Recommenderansatz deckt das in Abschnitt 5.1.4 eingeführte Konzept der *Meta-Personalisierung* diesen Aspekt ab. Während des laufenden Betriebs sammelt das ReCoKit Leistungskennzahlen zur qualitativen und quantitativen Performance der ReCoKit-Templates und Filtermodule. Diese Messdaten fließen sowohl bei der Definition neuer Empfehlungslogiken als auch bei der Auswahl von ReCoKit-Templates für den Empfehlungsvorgang ein. Mein Modell hat damit die in herkömmlichen Systemen vorherrschende Trennung zwischen dem Design der Personalisierungsfunktionalität und dem laufenden Betrieb aufgehoben. Damit wurde eine entscheidende Hürde in die Optimierung der Empfehlungsqualität genommen, da mit der kontinuierlichen Bewertung und zeitnahen Definition neuer Empfehlungslogiken ein wesentlicher Beitrag zur Dynamisierung des Optimierungsprozesses geleistet wurde.

6.1.1.3. Einordnung zur Merkmalgruppe „Informationsmodell"

Die Merkmale der Gruppe *Informationsmodell* werden größtenteils durch das Unternehmensumfeld, in dem der Konfigurator und die Recommenderfunktionalität eingesetzt werden, bestimmt. In jedem Einsatzumfeld wird es eigene Profilakquisemethoden sowie Ansätze zur Modellierung der Nutzerinformationen geben. Für die optimale Empfehlungsqualität sollten ein Großteil der im Unternehmen vorhandenen Kundendaten durch die Filtermodule nutzbar sein.

Mein Recommenderansatz formuliert hinsichtlich der Nutzerprofilaspekte keine Anforderungen und ist so für alle Einsatzumfelder offen. In Abschnitt 5.4.3.2 habe ich erläutert, wie die ReCoKit-Funktionalität durch die Filtermodule an spezifische Nutzermodellierungsansätze angepasst werden kann. Das dynamische Hybridisierungsmodell abstrahiert durch die Kapselung der Personalisierungsalgorithmik innerhalb der Filtermodule über die verschiedenen Ansätze und ist so in allen Unternehmensumfeldern einsetzbar. Für die Anbindung der Profilmodelle des Unternehmens an die Empfehlungsfunktionalität im Konfigurator sind also grundsätzlich die Programmierer der Filtermodule verantwortlich.

Der Schutz der Privatsphäre ist ein wichtiger Faktor zum Erfolg eines Personalisierungsansatzes. Trotz der Offenheit hinsichtlich der Profilmodellierung gewährleistet das Konzept der Filtermodule den Schutz vor unerlaubtem Zugriff auf Profilinformationen durch die Kunden, da Filtermodule einzig und alleine durch den Learning-Relationship-Designer verwaltet werden. Kunden dürfen Filtermodule zwar im ReCoKit-Template zusammenschalten, haben aber keinen Zugriff auf die Inhalte des Nutzerprofils. Das Konzept der Filtermodule realisiert also einen Teilaspekt des Merkmals *Zugriffsschutz*.

Der *Inhalt der Personalisierung* ist festgelegt auf das *Konfigurationsmodell*. Abschnitt 5.2.4.2 erläutert ausführlich, welche Veränderungen durch das ReCoKit und die beteiligten Filtermodulen durchgeführt werden dürfen.

Alle weiteren Merkmale der Gruppe *Informationsmodell* werden innerhalb meines Empfehlungsansatzes bewusst offen gelassen, um die Adaption auf den spezifischen Unternehmenskontext zu ermöglichen.

6.1.1.4. Einordnung zur Merkmalgruppe „Personalisierungsmethodik“

Die Merkmalgruppe *Personalisierungsmethodik* befasst sich mit den technischen Aspekten der Personalisierungsfunktionalität. Die Merkmale *Nutzerausrichtung* sowie *Personalisierungsmethode* habe ich bereits in der Problemanalyse festgelegt (vgl. Abschnitt 4.2.2).

Der *Ort* der Personalisierung ist der Server des Konfigurationssystems. Da ein Großteil der Konfigurationssysteme webbasiert arbeitet, wird die Aufgabe der eigentlichen Personalisierung also auf dem Webserver stattfinden. Eine lokale Personalisierung auf der Seite des Nutzers scheidet aus zwei Gründen aus. Erstens liegen die Nutzerprofildaten nur auf Unternehmensseite vor, da sie so vor unerlaubtem Zugriff geschützt sind. Weiterhin ist aufgrund der programmatischen Komplexität eine direkte Integration in den Konfigurator notwendig. Andernfalls müsste das Programmpaket ReCoKit einschließlich aller Filtermodule auf jeden Endkundenrechner übertragen, installiert und ausgeführt werden. Dies würde den Konfigurationsprozess für den Kunden deutlich schwergewichtiger gestalten und könnte ein Hinderungsgrund für die Nutzung sein.

Das Merkmal *Nutzeridentifizierungsmethode* wird durch das Konfigurationssystem bestimmt (vgl. Abschnitt 5.4.3.3). Es wird die vom Konfigurator angebotene Methode übernommen.

Eine Reihe von Merkmalen beschreibt das Erscheinungsbild der Empfehlungslogik. Die bereits in der Potenzialanalyse auf Empfehlungen festgelegte *Personalisierungsmethode* wird in meinem Konzept durch ein Erklärungsmodell ergänzt, in dem jede Veränderung am Konfigurationsmodell zur Gewährleistung der Systemtransparenz dokumentiert wird. Die *Initiative* ist zweigeteilt. Hauptsächlich ist der Kunde verantwortlich für das Anstoßen der Empfehlungsprozesse. Asynchrone Empfehlungen werden dagegen automatisch erzeugt. Die beiden Formen der Initiative übertragen sich analog auf das Merkmal *Synchronität*. Es gibt also die aktiv angeforderten, synchron zur Nutzerinteraktion generierten sowie die asynchron berechneten Empfehlungen. Hinsichtlich der *Explizitheit* der Personalisierung ordnet sich mein Realisierungskonzept gut sichtbar in die Konfigurationsschnittstelle ein. Der Kunde ist also immer gewahr, dass es eine Empfehlungsfunktionalität gibt. Personalisierungen am Konfigurationsmodell werden unter aktiver Beteiligung des Kunden ausgeführt. Bezüglich der *Dialogorientierung* realisiert mein Empfehlungskonzept einen hybriden Ansatz. Die vom Kunden angestoßenen Empfehlungsvorgänge enthalten zwar keine direkten Verfeinerungsmöglichkeiten der empfohlenen Werte, jedoch fließen Korrekturen am Konfigurationsmodell in die folgenden Empfehlungsvorgänge mit ein. Also ist der einzelne Empfehlungsvorgang selbst kein Dialog, die Summe aller Vorgänge während der Konfiguration jedoch schon.

Bei der *Personalisierungsalgorithmik* habe ich mich aufgrund der Anforderungen für einen offenen, adaptierbaren Hybriden entschieden. Die Lösung ist als *offen* zu bezeichnen, da beliebige Personalisierungsalgorithmen in Form von Filtermodulen eingebunden werden können. Die *adaptierbare Hybridisierung* erfolgt durch die in Abschnitt 5.2.6 spezifizierten Hybridisierungsmodi.

6.1.2. Anforderungsabgleich

Inhalt der Potenzialanalyse war die ausführliche Anforderungsanalyse, die als Ergebnis eine Liste von insgesamt 13 technischen und strategischen Anforderungen an ein Empfehlungssystem für Produktkonfiguratoren hatte (vgl. Tabelle 4.6, Seite 124). Die Tabelle 6.1 stellt meinen Lösungsansatz des *adaptiven Recommenders* diesen Anforderungen gegenüber. Die formulierten Anforderungen sind demgemäß im Wesentlichen erfüllt.

Die Anforderungsgruppe „Kundenseitige Einflüsse auf den Empfehlungsvorgang" umfasst insgesamt drei Aspekte, die bestimmen, auf welche Weise der Kunde Einfluss auf den Empfehlungsvorgang nehmen kann. Die Schnittstelle des ReCoKits erfüllt die Anforderungen A-2 und A-3, da alle Einflussmöglichkeiten als Parameter des ReCoKits vorhanden sind und in den Empfehlungsvorgang einfließen. Die Umsetzung von Anforderung A-1 ist dagegen von anderen Faktoren, die außerhalb der Reichweite meines Konzeptes liegen, abhängig. Mein Konzept schafft durch die Leistungskennzahlen die Voraussetzung, dass für den aktiven Kunden und seinen aktuellen Konfigurationskontext immer die beste Empfehlungslogik verwendet wird. Es unterstützt diese Anforderung also durch die leichte Adaptierbarkeit, die Arbeitsteilung zwischen Kunde und Anbieter beim Empfehlungslogik-Design und die Sammlung von Leistungskennzahlen zur automatisierten Auswahl der optimalen Empfehlungslogik. Dies sind jedoch lediglich die Voraussetzungen für eine optimale Umsetzung der Kundenbedürfnisse in Konfigurationsvorschläge. Die eigentliche Realisierung dieser Anforderung hängt stark von der Qualität der Filtermodulimplementierungen und den real vorhandenen ReCoKit-Templates ab. Diese Aspekte liegen gemäß meines Konzeptdesigns in der Hand des Kunden und des Anbieters, so dass im Endeffekt auch sie für die endgültige Umsetzung der Anforderung A-1 zuständig sind.

Mit den Anforderungen A-4 und A-5 wird die „Prozessintegration" näher spezifiziert. Diese Anforderungen sind erfüllt, da durch die in Abbildung 5.18 (Seite 217) schematisch gezeigte Integration des Empfehlungsvorgangs in den Konfigurationsprozess der Konfigurationsdialog ergänzt wird und der Nutzer sowohl bei synchronen als auch asynchronen Empfehlungen immer die volle Kontrolle über die Empfehlungsprozesse hat. Durch den Wechsel zwischen manueller Konfiguration und automatisierten Empfehlungsvorgängen bleibt der Dialogaspekt während der Konfiguration erhalten.

Die Anforderungen in der Gruppe „Resultat und Methoden des Empfehlungsvorgangs" werden alle vollständig erfüllt. Jeder Empfehlungsvorgang wird mit einem Konfigurationsmodell gestar-

Konzeptionelle Anforderungen	*Erfüllt?*
Kundenseitige Einflüsse auf den Empfehlungsvorgang	
A-1: Umsetzung der Kundenbedürfnisse	Voraussetzungen geschaffen
A-2: Steuerung des Empfehlungsvorgangs	✔
A-3: Wahl der Empfehlungslogik	✔
Prozessintegration	
A-4: Einbettung in die dialogbasierte Selbstkonfiguration	✔
A-5: Kontrolle des einzelnen Empfehlungsvorgangs	✔
Resultat und Methoden des Empfehlungsvorgangs	
A-6: Eingeschränktes Konfigurationsmodell mit Erklärungen	✔
A-7: Neue und valide Produktkonfigurationsvorschläge	✔
A-8: Asynchrone Empfehlungen	✔
Technisches Einsatzumfeld der Recommenderfunktionalität	
A-9: Produktgenerischer Konfigurator	✔
A-10: Eigenständigkeit der Empfehlungsfunktionalität	✔
Empfehlungslogik	
A-11: Hybridisierung von Empfehlungsalgorithmen	✔
A-12: Dynamische Empfehlungslogik	✔
A-13: Performance-Anforderungen	Voraussetzungen geschaffen

Tabelle 6.1. Abgleich der Anforderungen mit dem Lösungskonzept

tet und ergibt ein durch die Filtermodule verändertes Konfigurationsmodell einschließlich eines ausführlichen Protokolls der durchgeführten Veränderungen. Mein Konzept lässt den Filtermodulen den größtmöglichen Personalisierungsfreiraum, so dass auch neue, bisher nicht existente Konfigurationen empfohlen werden können. Durch die Vielzahl denkbarer Filtermodulrealisierungen sowie die freie Wahl des Produktbereichs zur Erstellung von Empfehlungen werden mit Sicherheit neue Produktkonfigurationsvorschläge generiert. Die in Anforderung A-7 angesprochene Validierung wird durch das Konfigurationsmodell selbst gewährleistet. Da die definierte Schnittstelle des ReCoKit programmatisch jederzeit aufrufbar und nicht an eine Nutzerinteraktion gebunden ist, können asynchrone Empfehlungen relativ einfach umgesetzt werden.

Ein sehr wichtiger Faktor für die Konzeption meines Ansatzes ist das „Einsatzumfeld in generischen Produktkonfiguratoren". Es durften abgesehen von der allgemeinen Meta-Produktmodellstruktur keine weitere Annahmen gemacht werden. Durch die Verwendung des allgemeinen Begriffs des Konfigurationsmodells und der dokumentierten Produktmodellstruktur werden diese Faktoren in meinem Konzept berücksichtigt. Dabei habe ich im Wesentlichen auf eine größtmögliche Trennung zwischen der bestehenden Konfiguratorarchitektur und der neuen Recommendersystemarchitektur geachtet, wobei die kritischen Faktoren das Konfigurationsmodell und die

Integration in die Nutzerschnittstelle sind. Die Übertragbarkeit auf einen beliebigen Konfiguratorkontext habe ich durch den Entwurf eines allgemeinen Konfigurationsmodells gewährleistet, das sowohl Selektions- als auch Wertebereichsmodifikationen erlaubt. Somit ist die in Anforderung A-9 beschriebene Integrierbarkeit in den generischen Produktkonfigurator gewährleistet. Anforderung A-10 findet sich in der vom eigentlichen Konfigurationsvorgang unabhängig gestaltenen Aufrufschnittstelle des ReCoKits wieder. Unterstützt durch die architekturelle Trennung zwischen Konfigurator und ReCoKit ist die Nutzung der Empfehlungsfunktionalität also losgelöst vom Konfigurationsvorgang möglich.

Die Anforderungen an die „Empfehlungslogik" sind weitestgehend erfüllt. Die Hybridisierung sowie die dynamische Zusammenstellung des Hybridisierungsschemas wird durch das ReCoKit-Template realisiert (Anforderungen A-11 und A-12). Kritisch zu sehen ist dagegen die Anforderung A-13 zur Performance der Empfehlungslogik. Obwohl eine Terminierung gewährleistet wird, hängt es von der Mächtigkeit des Hybridisierungsschemas sowie den Rechenzeitanforderungen der Filtermodule ab, ob der Konfigurationsprozess durch den Empfehlungsvorgang beeinträchtigt wird. Zwar wird mit den Leistungskennzahlen auch die Rechenperformance protokolliert, jedoch ist dies keine Garantie für die schnelle Ausführung zukünftiger Empfehlungsvorgänge.

Mein Konzept des adaptiven Recommendersystems für Produktkonfiguratoren erfüllt die formulierten Anforderungen. Für die optimale Umsetzung der Kundenbedürfnisse sowie die Performanceaspekte wurden die Voraussetzungen geschaffen. Die endgültige Realisierung dieser beiden Anforderungen hängt jedoch in besonderem Maße von den im laufenden Betrieb genutzten Filtermodulen und ReCoKit-Templates ab.

6.1.3. Vergleich mit anderen Personalisierungsbeispielen

Es folgt der Vergleich des entwickelten Lösungsansatzes mit den in Abschnitt 4.4.1 vorgestellten Personalisierungsansätzen und setzt sie zueinander in Beziehung:

Constraint- und nutzenbasierte Ansätze: Constraint- und nutzenbasierte Personalisierungstechniken können im ReCoKit durch Filtermodule realisiert werden. Die in jenen Ansätzen allerdings sporadisch vorhandene System-Kunde-Interaktion, die die Bedürfnisinformationen zur Erstellung der Constraints oder Nutzenfunktionen akquiriert, ist im vorgestellten Lösungsansatz nicht vorgesehen, da sich die Filtermodule lediglich auf die im Nutzerprofil bereits vorliegenden Daten stützen. Außerdem liegt der Fokus dieser Arbeit auf der Entwicklung eines Empfehlungskonzeptes, für das eine existierende und funktionierende Profilakquise vorausgesetzt wurde. Die Umsetzung constraint- und nutzenbasierter Personalisierungstechniken in meinem Lösungsmodell erfordert zusätzlich zur Realisierung der entsprechenden Filtermodule auch die Erstellung von Profilakquisemethoden, die die Grundlagen für die anzuwendenden Constraints und Nutzenfunktionen sammeln.

Andere statisch realisierte Personalisierungstechniken: Diese herkömmlichen Personalisierungsmethoden lassen sich durch Filtermodulimplementierungen in das ReCoKit integrieren. Der entwickelte Prototyp enthält dafür einige Beispiele.

Dynamische Hybridisierung: Im Vergleich zu dem einen in der Literatur geschilderten Ansatz der dynamischen Hybridisierung ist mein Lösungsansatz deutlich mächtiger, da beliebige Empfehlungslogiken einspiel- und verknüpfbar sind. Der in Abschnitt 4.4.1.3 geschilderte Ansatz von Blecker et al. (2004a) lässt sich in meinem System durch das Ablaufsteuerungselement `If-Elseif-Else` umsetzen.

Dialogpersonalisierung: Die Personalisierung des Empfehlungsdialogs stand bei der Entwicklung meines Lösungsansatzes nicht im Vordergrund. Nichtsdestotrotz ist die Meta-Personalisierung eine Möglichkeit der Dialoganpassung, da das für den aktuellen Produktbereich beste ReCoKit-Template automatisiert ausgesucht wird. Diese Form der Dialogpersonalisierung ist neu und in der wissenschaftlichen Literatur so nicht zu finden.

Personalisierung der Nutzerschnittstelle: Die Personalisierung der Nutzerschnittstelle war von vornherein ausgeschlossen, da als Ziel die *Erstellung von Konfigurationsmodellempfehlungen* festgesetzt war.

Kansei Engineering: Kansei Engineering setzt anders als Personalisierungstechniken an der Adaption des gesamten Produktionsprozesses an. Mein Ansatz konzentriert sich dagegen speziell auf die Unterstützung des Kunden während der Selbstkonfigurationsphase und setzt existierende und funktionierende Produktionsprozesse voraus. Aufgrund dieser Wahl des Lösungskontextes konnte eine Spezifikation für ein Personalisierungskonzept entwickelt werden, dass in beliebigen generischen Produktkonfiguratoren umsetzbar ist. Kansei Engineering erfordert dagegen jedesmal eine manuelle Adaption des Gesamtprozesses.

Im Vergleich zu den ersten drei Lösungsalternativen ist mein adaptiver Recommenderansatz deutlich allgemeiner und umfassender, da er alle dort erwähnten Personalisierungsmethoden integrieren kann. Zusätzlich notwendige Profilakquisemethoden müssen mit der Implementierung der Filtermodule umgesetzt werden. Im Kontext der Dialogpersonalisierung stellt das entwickelte Konzept der Meta-Personalisierung eine neue Adaptionsform dar. Schnittstellenpersonalisierung sowie Kansei Engineering sind mit meinem Lösungsansatz aufgrund ihres anders ausgerichteten Zielfokus schwer umsetzbar.

6.2. Prototypische Umsetzung

Der Nachweis der technischen Umsetzbarkeit des Lösungskonzeptes ist ein wichtiger Bestandteil der vorliegenden Arbeit. Dieser Nachweis wurde in Form eines Java-Prototyps gebracht, in dem ich alle wesentlichen Empfehlungsfunktionalitäten rund um das ReCoKits realisiert habe. Mit diesem Prototyp wird also gezeigt, dass die Idee einer *adaptiven Empfehlungslogik* durch *Hybridisierung* und *Modularisierung* existierender Personalisierungsalgorithmen im Kontext der Produktkonfiguration technisch machbar ist. Die Funktionsweise des Prototyps wird an einem Empfehlungsvorgang exemplarisch demonstriert. Ein weiteres Ziel der Prototypentwicklung war die Bereitstellung einer Softwarelösung für die wissenschaftliche Community, damit die Funktionsweise der hier vorgestellten Konzepte anhand einer realen Implementierung nachvollzogen werden kann.

Die Implementierung umfasst alle für die Durchführung eines Empfehlungsvorgangs notwendigen Funktionskomponenten. Dies sind das ReCoKit, die Hybridisierungsmodi sowie einige Beispielfiltermodule. Der Prototyp wird durch eine primitive Konfiguratorschnittstelle ergänzt, aus der heraus die Empfehlungsfunktionalität angestoßen werden kann.

Der Entwicklungsprozess des Prototyps wurde durch einige organisatorische Rahmenbedingungen beeinflusst. So sollte der zeitliche Aufwand möglichst minimal sein. Weiterhin stand die Integration in ein existierendes, kommerzielles Konfigurationssystem nicht im Vordergrund, da von ausführlichen Nutzertests abgesehen wurde. Schließlich sollte die Implementierung der wissenschaftlichen Community nach Fertigstellung frei zur Verfügung gestellt werden können.

6.2.1. Dokumentation des Prototyps

Im Folgenden werden die wesentlichen Eckpfeiler meiner Umsetzung vorgestellt und dabei insbesondere auf die umgesetzten Konzeptanteile eingegangen. Ein Systemarchitekturschaubild gibt den Überblick über den internen Aufbau der Software.

6.2.1.1. Implementierungsspezifika

Als Programmiersprache habe ich mich für *Java* entschieden. Java ist eine moderne, objektorientierte Sprache, die in vielen Projekten Anwendung findet und durch öffentlich vorhandene Funktionsbibliotheken sehr gut unterstützt wird. Weiterhin existiert mit *Eclipse* eine umfassende, öffentlich verfügbare Entwicklungsumgebung, die das Programmieren erheblich vereinfacht. Java bietet das Konzept der dynamisch nachladbaren Programmbibliotheken an, so dass Filtermodule auch während des Betriebs eingespielt werden können.

Das Produktmodellierungstool von *ConfigIT* dient zur Verwaltung der technischen Produkt- und Konfigurationsmodelldaten. Es stand während der Arbeit innerhalb einer Academic Research License zur Verfügung und erlaubt sowohl die Definition von Produktmodellen sowie die Durchführung von Produktkonfigurationen. Hier war die durch ConfigIT bereitgestellte Integration der Konfigurationsmodellverwaltung mit Java ein wichtiger Entscheidungsfaktor, da dadurch die Funktionalitäten zur Manipulation und Validierung der Konfigurationsdaten relativ einfach eingebunden werden konnten. Das integrierte Konfigurationsmodell unterstützt die Selektion von Freiheitsgradwerten, nicht jedoch die Einschränkung von Wertebereichen. Aufgrund der Allgemeinheit meines Lösungskonzeptes hatte diese modellspezifische Einschränkung keinen nachteiligen Einfluss auf die Implementierung. Letztendlich beweist die Integration meines Prototyps mit dem kommerziellen Produktmodellierungstool von ConfigIT die Umsetzbarkeit in einem realen Konfiguratorkontext.

Der Prototyp ist als *eigenständige Applikation* realisiert worden, da die definierten Ziele keine Integration in ein existierendes Konfiguratorsystem erforderten. Eine solche Integration hätte lediglich den Zeitaufwand für die Implementierung deutlich erhöht, nicht jedoch zu weiteren Erkenntnissen bezüglich der Umsetzbarkeit verholfen. Die entwickelte Empfehlungsfunktionalität wird auf zwei verschiedenen Wegen genutzt. Eine primitive, graphische Nutzeroberfläche erlaubt die Durchführung eines Konfigurationsprozesses, währenddessen die Empfehlungsfunktionalität angestoßen werden kann. Als zweite Alternative existiert eine Testapplikation, die den exemplarischen Empfehlungsvorgang automatisiert durchführt. Die dafür notwendigen Profil- und Konfigurationsdaten werden während der Applikationsausführung automatisiert erzeugt.

Das Nutzerprofil wird im Prototyp durch eine einfache Attribut-Wert-Paar-basierte Lösung simuliert. Eine Vorverarbeitung der Profildaten geschieht der Einfachheit halber nicht, so dass die Empfehlungsalgorithmik alle notwendigen Berechnungen online, also während des Empfehlungsvorgangs durchführen muss.

Die Speicherung aller lösungskonzeptspezifischen Daten erfolgt in der objektorientierten Datenbank *DB4o*[1], die über eine Java-Schnittstelle eingebunden wird. Diese Form der Datenhaltung ist modern und macht insbesondere die in anderen Applikationen verwendete aufwendige Anbindung an eine SQL-Datenbank überflüssig. Aus diesem Datenhaltungskonzept ausgeschlossen sind alle ConfigIT-spezifischen Produkt- und Konfigurationsmodelldaten. Sie werden durch die bereitgestellte Verwaltungsschnittstelle dateisystembasiert abgelegt.

6.2.1.2. *Softwarearchitektur*

Die Softwarearchitektur in Abbildung 6.1 zeigt die Gruppierung der Funktionalitäten im Prototyp. Die Architektur untergliedert sich dabei in drei Schichten. Unten stehen die eingebundenen Funktionalitäten, in der Mitte die Umsetzung des Lösungskonzeptes und oben die Ansteuerungsschnittstelle, über die die Empfehlungsfunktionalität angesprochen wird. Die beiden Alternativen *Konfiguratorschnittstelle* und *Testbetrieb* spiegeln die beiden Applikations-Frontends wider. Beide Varianten nutzen die in der mittleren Schicht umgesetzte Empfehlungsfunktionalität. Der für diese Arbeit entwickelte Prototyp setzt sich aus den oberen beiden Schichten zusammen.

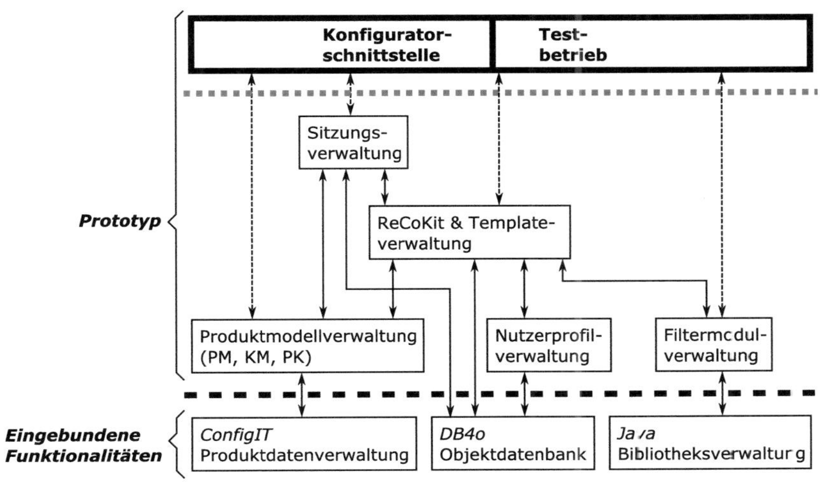

Abbildung 6.1. Die Softwarearchitektur des Prototyps

[1]http://www.db4o.com (Stand: 27.12.2009)

Die Basis für die Umsetzung bilden drei extern realisierte und in den Prototyp eingebundene Funktionalitäten. Allen voran ist dies die *Produktdatenverwaltung von ConfigIT*, die eine Anbindung an das ConfigIT-eigene Produktmodell (PM) und Konfigurationsmodell (KM) bereitstellt. Die objektorientierte Datenbank *DB4o* wird für die langfristige Speicherung von Daten eingesetzt. Die Java-eigene *Bibliotheksverwaltung* bildet schließlich die Grundlage für das dynamische Nachladen von Filtermodulen.

Die mittlere Schicht realisiert das ReCoKit sowie die für eine eigenständige Prototypapplikation notwendige Konfiguratorfunktionalität. Hierfür werden die extern bereitgestellten Funktionalitäten gekapselt und für die Realisierung der in dieser Arbeit definierten Schnittstellen und Empfehlungssteuerungsmechanismen eingesetzt.

Im Einzelnen habe ich die folgenden Anteile des Lösungskonzeptes im Prototyp umgesetzt:

ReCoKit: Die in Abschnitt 5.2.4 spezifizierte Schnittstelle zum ReCoKit wurde vollständig implementiert, so dass die Ausführung und Steuerung der Empfehlungsvorgänge über Gewichtungen, Bereichsfestlegungen sowie die Angabe des Vervollständigungsmodus möglich ist. Das Empfehlungsergebnis umfasst die definierten Inhalte (Konfigurationsmodell sowie Änderungsverfolgung und technische Protokolle). Weiterhin wurden die Konzepte der Ausdruckssprache, der Variablenumgebung sowie der freien Parameter vollständig realisiert.

ReCoKit-Template und Hybridisierungsmodi: Der Prototyp realisiert alle spezifizierten Hybridisierungsmodi einschließlich der festgelegten Semantik. Es existiert eine Formalisierung der ReCoKit-Templates in Java-Klassen, so dass beliebige ReCoKit-Templates erstellt und für die Verwendung in zukünftigen Empfehlungsvorgängen in der objektorientierten Datenbank langfristig gespeichert werden können.

Filtermodulschnittstelle: Die in Abschnitt 5.2.5 spezifizierte Filtermodulschnittstelle wird als Java-Interface bereitgestellt, so dass beliebige Implementierungen von Empfehlungsalgorithmen möglich sind. Filtermodule haben Zugriff auf sämtliche Nutzerprofildaten sowie abgeschlossene Produktkonfigurationssitzungen.

Meta-Personalisierung: Die Umsetzung der Meta-Personalisierung umfasst die Berechnung und Speicherung der Leistungskennzahlen aus Tabelle 5.5. Der Prototyp realisiert die in Anhang D definierten Berechnungsalgorithmen.

Kapselung des ConfigIT-Konfigurationsmodells: Im Prototyp wird die Produktdatenverwaltung der Firma ConfigIT in einer für die Filtermodule sinnvollen Konfigurationsmodellschnittstelle gekapselt. Auf diese Weise können andere Produktdatenverwaltungssysteme einfach integriert werden, ohne dass die Empfehlungs- und Filtermodulfunktionalität geändert werden muss. Der Prototyp realisiert weiterhin die Konzepte der Freiheitsgradmatcher sowie der qualifizierten Bezeichner von Produktmodellelementen.

Interaktionsprozesse: Zur Umsetzung der Interaktionsprozesse wurde eine einfache Sitzungsverwaltung implementiert, die die Unterbrechnung und Fortsetzung von Konfigurationssitzungen erlaubt. Im Fokus der Umsetzung der Interaktionsprozesse stand die Ansteuerung der Empfehlungsfunktionalität. Die Konfigurationsschnittstelle realisiert also im Wesentlichen die Prozesse P.1 und P.2 aus Tabelle 5.7.

Beispielimplementierungen von Filtermodulen: Für die Demonstration der Lauffähigkeit des ReCoKits habe ich eine Menge an unterschiedlichen Beispielfiltermodulen implementiert. Ein kollaborativer Filter nutzt die in der Kundencommunity gekauften Fahrradkonfigurationen, um die von anderen Kunden häufig selektierten Werte zu empfehlen. Ein historienbasierter Filter arbeitet nach dem gleichen Prinzip, stützt seine Entscheidungen jedoch auf die früheren Einkäufe des aktiven Nutzers. Ein produktspezifischer, regelbasierter Filter übersetzt Informationen aus dem Nutzerprofil wie beispielsweise den Namen oder das Geschlecht in Konfigurationseinstellungen. Zwei wissensbasierte Optimierungsfilter erlauben schlussendlich die Minimierung des Produktpreises oder die Optimierung der Gesamtqualität. Weitere Details zu den realisierten Filtermodulen finden sich in Anhang E.1.

Von der Umsetzung ausgeschlossen waren die Integration in ein reales Konfiguratorumfeld und die Empfehlung von sowie die Verwaltungsprozesse für ReCoKit-Templates.

6.2.2. Beispielempfehlungsvorgang und Auswertung

Ein exemplarischer Empfehlungsvorgang demonstriert die Funktionsweise meiner technischen Umsetzung des Lösungskonzeptes. Dabei steht das Zusammenspiel verschiedener Hybridisierungsmodi und Beispielfiltermodulimplementierungen im Vordergrund. Das Ablaufprotokoll zeigt, wie die Ablaufsteuerungselemente des Hybridisierungsschemas arbeiten und wie über die sequenzialisierte Anwendung mehrerer Filtermodule ein vollständiger Empfehlungsvorschlag schrittweise generiert wird. Das verwendete ReCoKit-Template sowie das gesamte Empfehlungsprotokoll finden sich in ausführlicher Form in Anhang E wieder.

Die Entwicklung eines „perfekten“ ReCoKit-Templates war *kein Ziel* dieses Testlaufs, ebensowenig wie die Verwendung einer realen Einsatzumgebung mit realen Nutzerprofildaten. Für die Demonstration der Funktionsweise reichen nach dem Zufallsprinzip automatisiert generierte Profildaten aus.

Im Folgenden werden die wesentlichen Aspekte der Durchführung sowie eine Zusammenfassung der Beobachtungen aus dem Testlauf vorgestellt.

6.2.2.1. Durchführung des exemplarischen Empfehlungsvorgangs

Für die Durchführung des Beispielempfehlungsvorgangs waren ein *ReCoKit-Template*, einige *Filtermodulimplementierungen*, ein Satz an *Nutzerprofildaten* und eine *exemplarische Konfigurationssituation* notwendig. Die Struktur des genutzten ReCoKit-Templates ist in Anhang E.1 ausführlich dokumentiert. Darin kommen Ablaufsteuerungselemente aller der in Abschnitt 5.2.6 vorgestellten Hybridisierungsklassen vor. Zur Umsetzung der gewünschten Empfehlungsstrategie finden Bereichseinschränkungen bei den Filtermodulaufrufen extensiv Anwendung.

Als Profildaten stehen den Filtern ein Satz an demographischen Daten (Alter, Körpergröße, Geschlecht und Lieblingsfarbe) sowie eine Menge von historischen Produktkäufen zur Verfügung. Im vorliegenden Testlauf wurden per Zufallsprinzip 20 Nutzer automatisiert generiert, die jeweils zwischen null und fünf fiktive Fahrradkonfigurationen gekauft haben. Diese wurden ebenfalls nach dem Zufallsprinzip erstellt. Insgesamt lagen 56 Produktkonfigurationen für die Filtermodule vor. Da es im Testlauf im Wesentlichen um die Demonstration der Funktionsweise des ReCoKits ging, waren diese gänzlich fiktiven Profildaten vollkommen ausreichend.

Bei der exemplarischen Konfigurationssituation wurde von einem leeren Konfigurationsmodell ausgegangen, für das eine vollständige Empfehlung erzeugt werden sollte. Als Empfehlungsbereich kam das gesamte Produkt in Frage. Der automatisierte Vervollständigungsmodus war angewählt. Der aktive Kunde war einer der generierten Beispielnutzer. Es wurden keine Freiheitsgradgewichtungen festgelegt.

6.2.2.2. Auswertung und Beobachtungen

Das Protokoll in Abschnitt E.2 zeigt die Ereignisse des gesamten Empfehlungsvorgangs. Das Layout der Einrückungen lehnt sich an die verschachtelte Ausführung der im ReCoKit-Template verwendeten Ablaufsteuerungselemente und Filtermodule an. Zu jedem Ablaufsteuerungselement werden die wichtigsten Laufzeitinformationen angegeben. Jeder Filtermodulaufruf ist einschließlich der Aufrufparameter, der verbrauchten Rechenzeit sowie algorithmenspezifischen Informationen und den am Konfigurationsmodell durchgeführten Änderungen (`CHANGE`) dokumentiert. Jede Änderung wird ergänzt durch die deutschsprachige Erklärung, die dem Kunden im Konfigurator angezeigt werden würde. Das Protokoll endet mit einer Übersicht über alle Freiheitsgradwerte des Empfehlungsergebnisses.

Die Auswertung der Laufzeitkennzahlen findet sich in Tabelle 6.2. Auf der linken Seite stehen die ausgeführten Hybridisierungsmodi sowie Filtermodule. In den Spalten rechts daneben sind die Zahlen der veränderten Freiheitsgrade sowie die verbrauchte Rechenzeit aufgeführt, beidesmal einzeln und in fortlaufender Summe. Hinsichtlich des Empfehlungsverhaltens zeigt die Auswertung, dass die aufgerufenen Filter tatsächlich sequenziell den Gesamtvorschlag gemeinsam errechnen. So sind am Ende insgesamt 43 der 53 Freiheitsgrade aktiv mit Selektionen belegt worden. Die restlichen Freiheitsgrade haben sich durch die produktinternen Konsistenzbedingungen automatisch ergeben. Interessant ist insbesondere die Parallelausführung am Anfang des Empfehlungsvorgangs. Obwohl in den beiden Bahnen insgesamt sieben Freiheitsgrade konfiguriert wurden, konnte die abschließende Konfiguration lediglich sechs davon übernehmen. Aus dem detaillierten Protokoll geht hervor, dass die Selektion für die *`Farbe`* auf Bahn 2 aufgrund der vorangegangenen Selektionskombination nicht gesetzt werden konnte. Gemäß der spezifizierten Fehlerbehandlungsstrategie protokolliert das ReCoKit dieses Problem lediglich und führt dann die restlichen Kombinationen aus. Ebenso interessant ist die dritte Schleifenausführung der `While`-Schleife, da hier keine signifikanten Modifikationen mehr stattfinden und die Schleife danach trotz `true`-Bedingung nicht weiter ausgeführt wird.

Hinsichtlich der notwendigen Rechenzeit muss zwischen den Filtermodulen auf der einen und dem ReCoKit auf der anderen Seite unterschieden werden. Das Protokoll zeigt ganz deutlich, dass die administrativen Aufgaben, die das ReCoKit sowie die Ablaufsteuerungselemente übernehmen, vernachlässigbar wenig Rechenzeit beanspruchen. Lediglich die zwei Duplikate des Konfigurationsmodells bei der Parallelausführung benötigen fast eine halbe Sekunde. Dies liegt jedoch am Produktmodellverhalten von ConfigIT. Die Kombination der Empfehlungen der parallel ausgeführten Bahnen ist dagegen vernachlässigbar kurz. Bei den Filtermodulen fällt ein hoher Rechenzeitverbrauch auf, insbesondere durch `HistoryFM`. Dies ist in den aufwendigen Berechnungen der Produktkonfigurationsähnlichkeiten sowie dem Nachladen gespeicherter

Hybridisierungsmodi und Filtermodule			***Anzahl veränderter FHG*** *Einzeln*	Σ	***Zeitverbrauch (in Millisekunden)*** *Einzeln*	Σ
`Parallel`		Vorbereitung Bahn 1	–	–	0.33 ms	0.33 ms
	Bahn 1	`ProfildatenFM`	2	–	0.03 ms	0.36 ms
		`HistoryFM`	2	–	1.17 ms	1.53 ms
		Vorbereitung Bahn 2	–	–	0.13 ms	1.66 ms
	Bahn 2	`HistoryFM`	0	–	0.62 ms	2.28 ms
		`ProfildatenFM`	3	–	0.02 ms	2.30 ms
		Kombination der Empfehlungen aus beiden Bahnen	6	6	0.04 ms	2.34 ms
`For`		12 Iterationen mit dem Filtermodul `KollaborativFM`	11	17	1.35 ms (12 * ~0.11 ms)	3.69 ms
`While`	Loop 1	`HistoryFM`	4	21	0.64 ms	4.33 ms
		`KollaborativFM`	3	24	0.12 ms	4.45 ms
	Loop 2	`HistoryFM`	3	27	0.63 ms	5.08 ms
		`KollaborativFM`	0	27	0.11 ms	5.19 ms
	Loop 3	`HistoryFM`	0	27	0.65 ms	5.84 ms
		`KollaborativFM`	0	27	0.11 ms	5.95 ms
`If`		2. Alternative: `PreisminimiererFM`	4	31	0.16 ms	6.11 ms
`KollaborativFM`			12	43	0.17 ms	6.28 ms

Tabelle 6.2. Auswertung des Testlaufs

Profildaten begründet. Die Summe von gut sechs Sekunden Rechenzeit für einen Empfehlungsvorgang entspricht leider nicht der Anforderung A-13 (Seite 122). Ein Großteil dieser Zeit wird von den Filtermodulalgorithmen benötigt. Für eine reale Einsatzumgebung bedeutet dies also, dass die Profildaten bereits in einer offline-Phase vorzuverarbeiten und die in den Filtermodulen implementierten Algorithmen zu optimieren sind.

Während der Vorbereitung und Durchführung des Testlaufs habe ich hinsichtlich der Handhabbarkeit des vorgestellten Lösungskonzeptes folgende Beobachtungen gemacht:

- Das vorgestellte Hybridisierungs- und Empfehlungslogikmodularisierungskonzept ist technisch realisierbar.
- Während des eigentlichen Empfehlungsvorgangs fällt die Rechenzeit, die das ReCoKit für sich und die Ablaufsteuerungselemente benötigt, kaum ins Gewicht.
- In den vorgegebenen Schnittstellengrenzen sowie definierten Modifikationsmethoden für das Konfigurationsmodell lassen sich beliebige Empfehlungsalgorithmen implementieren, ohne dass das Hybridisierungskonzept modifiziert werden muss.
- Der verwendete Prototyp konnte mit dem vorliegenden Lösungskonzept innerhalb sehr kurzer Zeit (zwei Wochen) implementiert werden.
- Das Konzept der ReCoKit-Templates erlaubt eine sehr einfache Anpassung der Empfehlungslogik, ohne dabei die Implementierung des ReCoKits oder der Filtermodule modifizieren zu müssen. Weiterhin können unterschiedliche Hybridisierungsvarianten sehr einfach getestet und in ihrem Empfehlungsverhalten verglichen werden.

Alles in allem zeigt der Prototyp und der Testlauf die Umsetzbarkeit des Gesamtkonzeptes. Die vorgestellten Steuerungsmöglichkeiten wie Bereichsfestlegungen oder Vervollständigungsmodi lassen sich ohne Probleme in das Hybridisierungskonzept integrieren. Lediglich die für die Filtermodulausführungen notwendige Rechenzeit bedarf im realen Einsatz einer deutlichen Optimierung.

6.3. Der Kunde als Empfehlungslogik-Designer – Ein kritischer Erfolgsfaktor

Die wesentliche konzeptionelle Neuerung meines Lösungsansatzes ist die *Einbindung des Kunden in die Verwaltungs- und Steuerungsvorgänge des Empfehlungsprozesses.* Im Folgenden werde ich die Vor- und Nachteile dieser Idee aus Sicht des Anbieters, des Kunden sowie des Konfiguratorherstellers diskutieren. Das Ziel ist die Erläuterung von Motivatoren und Hinderungsgründen, die die Umsetzung meines Konzeptes betreffen. Eine abschließendes Urteil kann nicht getroffen werden, da der eigentliche Erfolg von vielen Realisierungsspezifika abhängt, die außerhalb der Reichweite meines Konzeptes liegen. Von dieser Diskussion sind allgemeine Fragen zu Personalisierungsansätzen in Produktkonfiguratoren ausgeschlossen, da diese bereits in Kapitel 4.1 ausführlich betrachtet wurde.

6.3.1. Wirtschaftlichkeitsaspekte auf Anbieterseite

Für den Anbieter stellt sich insbesondere die Frage, wie er die in meinem Modell vorgestellten Personalisierungskonzepte gewinnbringend in seine Wertschöpfungskette einsetzen kann. Als Aufwand schlagen im Wesentlichen die Implementierung des ReCoKits, die Anpassung der Kundenprofile sowie die Bereitstellung von Filtermodulen und Standardtemplates zu Buche. Auf der anderen Seite versprechen Empfehlungsansätze in Produktkonfiguratoren bessere Verkaufszahlen, da sie als Vermittler zwischen dem Kunden und dem Produkt stehen und die individuellen Bedürfnisse automatisch umsetzen.

Spezifisch für mein Recommendermodell ist der starke Einfluss des Kunden auf die Form und Qualität der Empfehlungslogik. Dieser Einfluss kann sich sowohl positiv als auch negativ auswirken. So bedeutet die Möglichkeit des direkten Eingriffs in den Empfehlungsvorgang durch den Kunden eine sehr starke technische Öffnung des Produktkonfigurators, die möglicherweise von Kunden missbraucht wird. Insgesamt läuft das Unternehmen also immer Gefahr, eine schlechte Personalisierungsalgorithmik bereitzustellen, ohne direkten Einfluss darauf zu haben. Zwar erlauben die entwickelten Meta-Personalisierungsansätze die automatisierte Selektion der optimalen Empfehlungslogik, aber auch dies ist an den Einfluss des Kunden gebunden. Im Folgenden möchte ich also diskutieren, warum es sich trotz dieser Gefahren für das Unternehmen lohnen kann, dem Kunden stärkeren Einfluss auf das Design der Empfehlungslogik zu gewähren.

6.3.1.1. Interaktive Wertschöpfung und Open Innovation

Der wesentliche Aspekt der Integration des Kunden in den Wertschöpfungsprozess wird unter dem Begriff der *interaktiven Wertschöpfung* oder – speziell für den Entwicklungsprozess neuer Lösungen – auch *Open Innovation* zusammengefasst. Im Folgenden möchte ich die dort entwickelten Gedanken auf die Realisierung meiner Lösung hinsichtlich der Wirtschaftlichkeit übertragen und aufzeigen, welche positiven und negativen Effekte auftreten können. Die technische Absicherung gegen Missbrauch geht über den Rahmen dieser Arbeit hinaus und wird aus der Diskussion ausgeklammert.

Die interaktive Wertschöpfung als Basis für gemeinsame Problemlösungsmechanismen beruht auf einem freiwilligen Interaktionsprozess zwischen dem Unternehmen und dem Kunden (vgl. Reichwald und Piller 2009, S. 45ff). Im Wesentlichen werden dabei die knappen Ressourcen *Wissen* und *Zeit* ausgetauscht und investiert. Das Unternehmen greift zur Lösung eigener Entwicklungsprobleme so auf die Ressourcen der Kundschaft zu und verfolgt dabei das Ziel, marktfähige Produkte und Leistungen – im Kontext dieser Arbeit *Personalisierungsdienstleistungen* genannt – zu entwickeln. Die in meinem Konzept spezifizierten *Verwaltungsprozesse der Empfehlungslogik* funktionieren nach dem Prinzip der *interaktiven Wertschöpfung*: Der einzelne Kunde definiert Empfehlungslogiken in Form von ReCoKit-Templates und stellt sie der Gesamtkundengruppe zur Verfügung. Dieser Prozess nimmt dem Unternehmen die Aufgabe ab, sich intensiv mit der Entwicklung von Personalisierungslogiken für den Konfigurator beschäftigen zu müssen. Der *Open Source*-Gedanke überträgt sich also auf die Wertschöpfungskette. Im Kontext meiner Lösung stellen die von den Kunden öffentlich bereitgestellten ReCoKit-Templates *Prozessinnovationen* dar, da sie den Prozess der Produktkonfiguration unterstützen. Die Realisierung des ReCoKits gewährleistet die Austauschbarkeit von Empfehlungslogiken, ohne dass eine Adaption der Implementierung notwendig wäre. So erfordert ein neues ReCoKit-Template eben keine Veränderungen in den Verkaufs-, Marketing- und Produktionsprozessen, sondern kann im Konfigurationsvorgang durch die Kunden direkt verwendet werden.

Im Sinne der Open Innovation ist die Entscheidung, die Prozesse zur Definition von Empfehlungslogiken auf die gesamte Kundencommunity auszulagern, sinnvoll, um dem Problem der *lokalen Suche* aus dem Wege zu gehen. Individuen neigen nämlich dazu, für die Lösung von Aufgaben nur auf bestehende Erfahrungen und ihnen bekannte Informationen zurückzugreifen (vgl. Katila und Ahuja 2002, Stuart und Podolny 1996). Der Einzelne wird somit immer nur einen Teil des für die Definition der Empfehlungslogik notwendigen Wissens mitbringen. Da nun jedoch die gesamte Kundencommunity über Diskussionsforen und indirekt auch über die gesammelten Leistungskennzahlen integriert ist, werden weitaus mehr Erfahrungen und Informationen für die Definition der Empfehlungslogik herangezogen als es bisher der Fall war, so dass die Erfolgsaussichten für ein optimales Ergebnis deutlich höher sind.

Diese Form der Auslagerung von Innovationsarbeit wird in der Literatur mit dem Begriff des *Crowdsourings* beschrieben, einer Wortschöpfung aus *Crowd* (der Menge) und *Outsourcing.* Im Gegensatz zum herkömmlichen Outsourcing gibt das Unternehmen für die Festlegung der Empfehlungslogik allerdings keinen vergüteten Auftrag an andere Dienstleister, wie es im Outsourcing der Fall ist, sondern lässt die Menge der Kundschaft das Problem lösen. Die Aufgabe des Empfehlungslogik-Designs wird also auf die Kundencommunity ausgelagert. Beispiele von Crowdsourcing sind *SETI@Home*, *Wikipedia* oder auch *Amazon Mechanical Turk*. Letzteres ist eine Plattform, in die Unternehmen Aufgaben einstellen können, die von der Nutzerschaft des Internets gelöst werden sollen. Erfahrungen dieser Projekte zeigen, dass die Einbindung des Einzelnen den Wertschöpfungsprozess unterstützt.

6.3.1.2. Ressourcenbilanz im Wertschöpfungsprozess

Für das Unternehmen ergeben sich durch mein Modell des adaptiven Recommendersystems eine Reihe von Vorteilen. Die Reduzierung des *Time-To-Market* wird durch eine beschleunigte Reaktionsfähigkeit auf Veränderungen in den Personalisierungsbedürfnissen der Kunden gewährleistet. Diese können anhand der gesammelten Leistungskennzahlen schneller ausgewertet und durch die Auswahl der passenden ReCoKit-Templates besser umgesetzt werden. So ist eben keine langfristige Neuimplementierung der Empfehlungslogik mehr notwendig. Die Reduzierung des *Cost-To-Market* erreicht das Unternehmen, indem es einen wesentlichen Teil der Arbeit für die Definition neuer Empfehlungslogiken an den Kunden auslagert. Der Produktanbieter selbst muss lediglich ein Standardtemplate für jedes Produktmodell bereitstellen, den restlichen Teil der Arbeit leisten die Kunden. Der Anbieter kann sich so mehr auf den eigentlichen Produktentwicklungsprozess konzentrieren. Das *Fit-To-Market* wird ebenfalls gesteigert, da nun besser passende Empfehlungstechniken vorliegen. So ergibt sich ein schnellerer Konfigurationsvorgang durch die (automatisierte) Auswahl der richtigen Empfehlungstechniken. Der Konfigurationsprozess passt sich also den Kundenbedürfnissen besser an. Zuletzt wird durch die Bereitstellung einer beeinflussbaren Personalisierungstechnik auch ein innovatives Firmenimage aufgebaut, welches unter dem Gesichtspunkt des *New-To-Market* einzuordnen ist. Dieses Image verschafft dem Unternehmen in seinem Marktsegment mehr Aufmerksamkeit und mehr Kundschaft.

Auf der Gegenseite stehen die Kosten, die aus der Integration der Prozesse meines Lösungsansatzes entstehen. Aus Sicht des Hersteller spaltet sich dies im Wesentlichen in Kosten der *Umsetzung*, der *Missbrauchsvorbeugung* und *der öffentlichen Bereitstellung von Methodenwissen* auf. *Umsetzungskosten* ergeben sich aus der Implementierung und Wartung des Systems einschließlich der notwendigen Kundenbetreuung. Die Implementierung kann zwar der Produktkonfiguratorhersteller vornehmen, jedoch fallen dann natürlich höhere Kosten für den generischen Konfigurator an.

Der andere Teil der Kosten ergibt sich aus der Tatsache, dass Wissen über die Empfehlungslogik nun öffentlich ist und jeder Einfluss nehmen kann. Der Innovationsprozess für die Empfehlungslogik wird im Wesentlichen durch in ReCoKit-Templates kodiertes Wissen gesteuert. Zwar sind die Profilinformationen durch die Filtermodule geschützt, jedoch erhält jeder Kunde Einblick in die eigentlichen Empfehlungslogik sowie deren Leistungskennzahlen. Von der Kundenseite kann der Konfigurationsprozess anderer Kunden durch *Missbrauch* oder bewusst falsch konfigurierte ReCoKit-Templates deutlich erschwert werden. Das Unternehmen muss diesen Problemen entgegenwirken, beispielsweise mittels der Umsetzung eines Review-Prozesses für alle öffentlich gestellten ReCoKit-Templates.

Weiterhin verteilt sich das *Methodenwissen zur Definition von Empfehlungslogiken nun öffentlich.* Da ReCoKit-Templates mit ihrer Hybridisierungsstruktur für jeden registrierten Kunden einsehbar sind, können nun de facto auch konkurrierende Anbieter darauf zurückgreifen und dieses Wissen in ihre eigenen Konfiguratoren einbauen. Das Unternehmen kann sich hier beispielsweise schützen, indem es die Logik der unternehmenseigenen Standardtemplates geheim hält. Allerdings leidet dann wiederum die Transparenz des Systems, was sich in einem kundenseitgen Vertrauensrückgang in den personalisierten Konfigurationsprozess äußert.

6.3.1.3. Die Lead-User-Methode und Communities für Open Innovation

Personalisierung ist eine Businessstrategie und keine reine Technik (vg. Kasanoff 2001, S. 30). Eine Open Innovation-Strategie, die durch meinen Lösungsansatz technisch unterstützt wird, bedeutet für den Anbieter im Endeffekt einen vollständigen strategischen Wechsel von einem reinen *Manufacturer-Active-* zu einem *Customer-Active-Paradigm.* Reichwald und Piller (2009) verweisen hier im Wesentlichen auf die *Lead-User-Methode* sowie *Communities für Open Innovation.* Der Kunde erhält darin eine neue Rolle und ist in die Produktionskette integriert (vgl. Piller und Stotko 2003, S. 43ff).

Nach von Hippel (1986) sind etwa 10% bis 40% der Kunden *Lead-User*. Im Vergleich zu den Standardkunden verfügen Lead-User über detaillierte Informationen zu ihren Bedürfnissen und wissen diese zu formulieren. Sie sind in der Lage, die Faktoren zu benennen, die bezüglich der angebotenen Leistungen Unzufriedenheit bei ihnen hervorrufen. Weiterhin bringen sie die Motivation mit, eigenständig innovative Lösungen zu entwickeln. Lead-User bündeln in sich damit sowohl Bedürfnis- als auch Lösungsinformationen und stellen deswegen eine wertvolle, potenzielle Ressource für das Unternehmen dar.

In Bezug auf die Community aller Kunden haben sie mit ihrer Meinung starken Einfluss auf die anderen Verbraucher. Dies ist beispielsweise in Diskussionen zu beobachten, in denen sie ihr ausgezeichnetes Fachwissen weitergeben. Hinsichtlich neuer Produkte und Dienstleistungen stellen sich Lead-User als Early Adopter heraus. Sie zeigen im Vergleich zum sozialen Umfeld eine hohe Bereitschaft, Neueinführungen als „Pioniere" auszutesten. Im Hinblick auf den Innovationsprozess sind ihre Produktkonfigurationssitzungen von hohem Involvement gekennzeichnet.

Für meinen Ansatz sind die Lead-User der Rolle des Expertenkunden zuzuordnen. Das Unternehmen kann durch *Communities* eine gemeinsame Plattform für diese Lead-User schaffen, um ihnen ein Forum zur Diskussion über Empfehlungslogiken bereitzustellen. Existiert eine solche Kundencommunity bereits, so kann diese Plattform um ein weiteres Forum, welches speziell auf die Entwicklung der Empfehlungslogiken ausgerichtet ist, erweitert werden.

Das Konzept der (Kunden-)Community wird in der Literatur ausführlich diskutiert (z. B. Hagel und Armstrong 1997, Reichwald und Piller 2009). Eine für die Umsetzung meines Konzeptes sinnvolle Community bildet ein Forum, in dem Empfehlungslogik-Designer kommunizieren und kooperieren können. Das kollektive Wissen der Community zum Kontext *Empfehlungslogik-Design* vermehrt sich durch die Interaktion. Technische Unterstützung erfährt dieses Konzept durch Diskussionsforen, Wikis, Blogs und soziale Netzwerke. Letztere können als übergeordnete Organisationsstruktur gesehen werden. Die Motivatoren und Hinderungsgründe der Einzelmitglieder diskutiere ich im Folgeabschnitt. Die Aufgabe des Unternehmens ist die Förderung solcher Communities.

In der wissenschaftlichen Literatur gibt es also verschiedene, sich gegenseitig unterstützende Konzepte, die bei der Umsetzung einer Open Innovation-Strategie hilfreich sind. Ihre Umsetzbarkeit hat sich an realen Beispielen bestätigt, so dass die von mir konzipierten, auf der Kundenintegration basierenden Verwaltungsprozesse der Empfehlungslogik ebenso erfolgsversprechend erscheinen.

6.3.1.4. Kosten der technischen Realisierung

Die technische Realisierung meines Lösungsansatzes zielt im Wesentlichen auf die Integration von Empfehlungsfunktionalität in generische Produktkonfiguratoren ab. Die eigentliche Realisierbarkeit wurde durch den implementierten Prototyp gezeigt. Die Implementierung der Filtermodule sowie des Gesamtansatzes ist unabhängig von der realen Komplexität des personalisierten Produktes.

Die Spezifikation des Lösungsansatzes ist bewusst programmiersprachenunabhängig gehalten, so dass eine Umsetzung in den meisten generischen Produktkonfigurationsumgebungen möglich sein wird. Dies erspart Konfiguratorentwicklern also zuerst einmal den Aufwand, ein umfassendes Empfehlungskonzept entwickeln zu müssen. Allerdings ist der Anbieter oder Konfiguratorhersteller für die Bereitstellung von Filtermodulen zuständig, die auf die Systemumgebung des Produktanbieters und insbesondere der dort vorliegenden Profildaten abgestimmt sein müssen. Möglicherweise sind also für jede Installation des ReCoKit-Systems spezifische Anpassungen oder Neuentwicklungen von Filtermodulen notwendig. Nichtsdestotrotz ergibt sich eine Reduktion der Implementierungskosten, da nur die reine Empfehlungsalgorithmik in Form von Filtermodulen mit der Anbindung an die Profile zu realisieren ist.

Ein weiterer wichtiger Punkt stellt die Testbarkeit von Empfehlungstechniken im Produktkonfigurationskontext dar. Wie im Vorangegangenen ausführlich erläutert wurde, ist die Empfehlungslogik abhängig von Produkt- und Nutzerkontext. Über das vorgestellte Baukastenkonzept können der Anbieter sowie der Konfiguratorhersteller nun relativ einfach neue Empfehlungstechniken integrieren und beispielsweise durch Regressionstests testen. So lassen sich die Fähigkeiten der verschiedenen Empfehlungslogiken hinsichtlich ihrer Eignung auf Kunden- und Produkttypen automatisiert evaluieren.

Performance und Skalierbarkeit hängen trotz der gewährleisteten Terminierung eines Empfehlungsvorgangs immer von der Qualität der ReCoKit-Templates und den Filtermodulen ab. Hier besteht also bei der serverseitigen Personalisierung die Gefahr der Überlastung des Konfigurationssystems, insbesondere wenn relativ viele Kunden gleichzeitig Empfehlungen anfordern. Eine formale Lösung dieses Problems ist außer einer deutlichen Einschränkung der Filtermodullogiken schlecht möglich. Eine pragmatische Lösung wäre die Begrenzung der absoluten Rechenzeit eines Empfehlungsvorgangs.

Das Modularisierungskonzept erlaubt weiterhin eine weitestgehende Trennung von Konfigurator- und Empfehlungssysteminformationen sowie -funktionalitäten. Alles in allem sind die softwaretechnischen Voraussetzungen für die modulare Implementierung optimal und richten sich damit nach derzeit gängigen Entwicklungspraktiken.

6.3.2. Nutzerakzeptanz

Die Beteiligung des Kunden an der Umsetzung des vorgestellten Lösungsansatzes ist ein wesentlicher Faktor zum Gesamterfolg, da ihm ein Großteil der Aufgaben zur Verwaltung der Empfehlungslogik zukommt. Im Folgenden möchte ich auf die Motivatoren und Hinderungsgründe zur Nutzung des Konzeptes eingehen. Dabei unterscheide ich zwischen den zwei wesentlichen Hauptprozessen „Empfehlungsvorgang durchführen“ und „Empfehlungslogik verwalten“.

6.3.2.1. Empfehlungsvorgang durchführen

Einen Großteil der Argumente für die Integration eines Empfehlungssystems habe ich bereits in der Anforderungsanalyse vorgestellt, weswegen dieser Abschnitt lediglich auf konzeptspezifische Aspekte eingehen wird. Dabei unterscheidet die Argumentation zwischen dem Experten- und dem Standardkunden, da sie aufgrund ihres unterschiedlichen Produkt-Know-Hows und Involvement-Levels im Konfigurationsprozess jeweils gesondert zu behandeln sind.

Die *technische Überforderung* des Kunden stellt bei der Anwendung der Empfehlungslogik die größte Gefahr dar, da der Kunde sich in den vielen Steuerungsmöglichkeiten eines Empfehlungsvorgangs schnell verlieren kann. Um dieser Gefahr entgegenzuwirken, schlägt sich die Unterscheidung zwischen Standard- und Expertenkunde auch in der Komplexität der bereitgestellten Ansteuerungsschnittstelle nieder. Standardkunden erhalten weniger detaillierte Informationen zum Empfehlungsvorgang und können sich so auf die inhaltlichen Aspekte des Konfigurationsvorgangs konzentrieren. Durch die asynchronen Empfehlungen und den Modus *Auf gut Glück!* werden alle technischen Details des Konzeptes versteckt. Bei Expertenkunden ist die Gefahr der technischen Überforderung relativ gering, da sie aufgrund ihres hohen Involvements und Wissensvorsprungs mit den unzähligen Steuerungsmöglichkeiten zurechtkommen werden.

Für Aggarwal und Mazumdar (2008) sind die Faktoren *Expertisenunterschied* und das *Ablegen von Rechenschaft* über den Empfehlungsprozess wesentliche Faktoren für die Akzeptanz. Der *Expertisenunterschied* wird durch den Vergleich der Sachkompetenz bezüglich der richtigen Umsetzung der Bedürfnisse zwischen Kunde und Empfehlungsfunktionalität gemessen. Er wird in meinem Konzept bereits durch die Leistungskennzahlen erhoben, die eine Aussage über die Güte, bzw. Expertise von ReCoKit-Templates und Filtermodulen treffen. Ergänzt werden diese technische Daten durch die Nutzerkommentare sowie die deklarativen Informationen, die die Stärken und Schwächen der Empfehlungslogiken dokumentieren. Ein positiver Expertisenunterschied wird in meinem Konzept also hauptsächlich durch die Meta-Personalisierung erreicht, die für den aktuellen Konfigurationskontext die beste Empfehlungslogik heraussucht.

Weiterhin legt das ReCoKit dem Kunden *Rechenschaft* über die Protokollierung der Veränderung und des technischen Ablaufs ab. Je nach Interesse des Kunden können hier die Details eines jeden Empfehlungsvorgangs nachvollzogen werden. Der Lösungsansatz erlaubt also weitestgehende Kontrolle über den Empfehlungsvorgang, sowohl in der Ausführung als auch in der Ergebnisdarstellung.

Ein Kunde wird die Empfehlungseinheit nur nutzen, wenn er darauf vertrauen kann, dass ihm wirklich die für ihn relevanten Einstellungen empfohlen werden und keine unterschwellige Manipulation durch den Anbieter geschieht. Transparenz ist ein wesentlicher Faktor zur Steigerung dieses *Vertrauens*. Die Transparenz wird in meinem Lösungsansatz insbesondere durch die *Leistungskennzahlen* und die *öffentliche Einsehbarkeit der Hybridisierungsstruktur* aber auch die detaillierten *Steuerungs-* und *Nachverfolgungsmöglichkeiten* des Empfehlungsvorgangs gewährleistet. Diesem transparenten Design steht leider die Black Box-artige Implementierung der Filtermodule gegenüber, deren Realisierung für den Kunden nicht einsehbar ist. In der Summe ist die technische Transparenz jedoch größtenteils gesichert. Zusätzlich wird die Glaubwürdigkeit der Empfehlungslogik durch die Integration anderer Kunden in den Designprozess der Empfehlungslogik gesteigert, da auf diese Weise die Objektivität der entworfenen ReCoKit-Templates unbeeinflusst von der Verkaufsstrategie des Unternehmens bleibt (vgl. Zanker et al. 2006b).

Ein letzter wichtiger Akzeptanzfaktor ist die *Wahrung der Privatsphäre*, die in meinem Lösungsansatz durch die gekapselte Implementierung der Filtermodule gewährleistet wird. Alle Interaktionsprozesse erlauben lediglich einen Zugriff auf die Meta-Struktur des Nutzermodells, nicht jedoch die Anzeige und Veränderung von Profileinträgen anderer Kunden. Da die Verwaltung der Filtermodule allein in der Hand des Anbieters liegt, besteht also eine konzeptionelle und technische Barriere zwischen den Profilen der Kundengemeinschaft und dem einzelnen Empfehlungslogik-Designer, so dass die Privatsphäre jedes Einzelnen gesichert ist.

6.3.2.2. Empfehlungslogik verwalten

Der weitaus kritischere Aspekt hinsichtlich der Umsetzbarkeit des Lösungsansatzes ist die Verwaltung der Empfehlungslogik durch den Kunden. Hier möchte ich die Argumentation auf Lead-User-Kunden beschränken, da Standardkunden wegen des fehlenden Know-Hows und des niedrigeren Involvements höchst selten Empfehlungslogiken selbst definieren werden. Ich werde im Folgenden auf die für den Kunden entstehenden *Kosten*, *Motivatoren* und den resultierenden *Nutzen* eingehen. Da aufgrund der Theorielastigkeit der Argumentation eine reale Schlussfolgerung nicht möglich ist, schließt die Argumentation mit Beispielen, in denen Kunden zur Optimierung von Applikationen durch technische Entwicklung beitragen.

Die für den Kunden entstehenden *Kosten* unterscheiden Reichwald und Piller (2009, S. 170f) in *Interaktionskosten* und *psychologische Kosten*. *Interaktionskosten* entstehen, wenn der Kunde Empfehlungslogiken definiert und verwaltet. Der zeitliche Aufwand steht dabei im Vordergrund. Der Kunde als Empfehlungslogik-Designer muss sich in die Produktmodellstruktur und den Vorgang des Empfehlungslogik-Designs einarbeiten und sich die notwendigen Fähigkeiten zur Zusammenstellung der Empfehlungslogiken überhaupt erst einmal aneignen. Diese zeitlichen Investitionen konkurrieren mit anderen Freizeitaktivitäten des Kunden und sind deswegen als Kosten zu interpretieren. Im Wesentlichen leistet der Anbieter auch keine Entschädigungen, so dass der Kunde der alleinige Träger dieser Kosten ist.

Die *psychologischen Kosten* äußern sich in *Ängsten* und *Befürchtungen*. Beim Kunden existiert immer die berechtigte Sorge, trotz des hohen investierten Aufwands keinen Innovationsbeitrag leisten zu können, da möglicherweise bereits genug oder bessere Empfehlungslogiken definiert wurden oder an der eigenen Logik kein Interesse besteht. Weiterhin legen die Leistungskennzahlen das Verhalten eines jeden ReCoKit-Templates offen, so dass der Kunde direkt nachvollziehen kann, wie gut seine Innovation akzeptiert wird. Schlechte Kennzahlen können verletzen und demotivieren. Die textuellen Kommentare bergen weiterhin die Gefahr der öffentlichen Blamage. In öffentlichen Communities ist immer wieder zu beobachten, wie schnell eine Diskussion in unterschwellig kommunizierten Beleidigungen endet. Ein Empfehlungslogik-Designer setzt sich dieser Gefahr natürlich auch aus. So entsteht negativer Stress und das Gefühl, Zeit zu verschwenden. All diese Befürchtungen und Ängste können einen Kunden davon abhalten, sich mit der Verwaltung der Empfehlungslogik auseinanderzusetzen.

Demgegenüber stehen die *Motivatoren* und der *Nutzen*, den Kunden trotz fehlender Zahlungen durch den Anbieter erfahren. Die wichtigste Motivation ist die *Unzufriedenheit mit der aktuellen Situation* (vgl. von Hippel 1986). Im Kontext meines Empfehlungskonzeptes sind dies unzulängliche Empfehlungslogiken, deren Empfehlungsqualität den Kunden nicht zufriedenstellt. Über die Definition neuer Empfehlungslogiken wird dem Kunden also ein Gefühl der Kontrolle vermittelt. Es wird ihm ermöglicht, die empfundenen Mängel zu beheben. Auf der Seite des Kunden motiviert dies das sogenannte *Free Revealing*, bei dem der Kunde ohne Erwartung von Gegenleistungen zur Verbesserung der Empfehlungsdienstleistungen beiträgt (vgl. Harhoff et al. 2003).

Der aus der Beteiligung resultierende Nutzen lässt sich in *intrinsischen* und *extrinsischen* Nutzen klassifizieren. Der *extrinsische Nutzen* äußert sich im Wesentlichen durch die fühlbaren Verbesserungen im Empfehlungsvorgang, aber auch Boni durch den Anbieter, wie beispielsweise Rabatte oder monetäre Belohnungen. Ich werde im nächsten Unterabschnitt genauer darauf eingehen, wie der Anbieter die Nutzerakzeptanz fördern kann.

Der *intrinsische Nutzen* steht den psychologischen Kosten gegenüber. So zeigen Lead-User einfach Freude an der Tätigkeit des Empfehlungslogik-Designs, genauso wie Softwareentwickler in Open Source-Projekten. Die Aufgabe wird um ihrer selbst Willen ausgeführt. Weiterhin findet der Empfehlungslogik-Designer soziale Bestätigung und externe Anerkennung, wenn sein Beitrag in der Kundschaft akzeptiert wird. Er steigert damit seine Reputation in der Kundencommunity, was sich in Diskussionen zu einer höheren Akzeptanz seiner Meinung äußert.

Das Für und Wider des freien Engagements von Kunden im Innovationsprozess lässt kein eindeutiges Urteil über die Akzeptanz der vorgestellten Lösungsprozesse in der Kundschaft zu. Zu viele psychologische Faktoren spielen dabei eine Rolle. Nichtsdestotrotz haben andere Applikationen gezeigt, dass sich Kunden trotz eines hohen technischen Einarbeitungsaufwands für die Gemeinschaft einbringen. So stellen verschiedene Softwaresysteme Plugin-Schnittstellen bereit, über die Kunden Softwareerweiterungen hinzufügen können. Diese Erweiterungen liegen dann meist auf den Webservern des Applikationsanbieters und stehen allen Nutzern zur freien Verfügung. Die Qualitätskontrolle erfolgt meist durch ein Bewertungssystem, das die Meinung der Nutzerschaft zu den Erweiterungen wiedergibt. Beispiele solcher Applikationen sind *Firefox*, *Adobe Lightroom* oder *Microsoft Office*.

6.3.2.3. Unternehmensseitige Einflussgrößen auf die Nutzerakzeptanz

Der eigentliche Erfolg einer Open Innovation-Strategie hängt von der Fähigkeit des Anbieters ab, die Bereitschaft der Kunden, sich einbringen zu wollen, positiv zu beeinflussen. Mögliche Einflussfaktoren auf die Aktivierung des Kunden zur Definition der Empfehlungslogik möchte ich hier zusammenfassen.

Ein *Belohnungssystem* durch den Anbieter würde Kunden für die Entwicklung guter ReCoKit-Templates entschädigen. Google erlaubt beispielsweise die Integration eigener Werbungsblöcke auf fremde Webseiten und belohnt den Webseiteninhaber, falls die dort plazierten Links vom Besucher ausgewählt werden. Erfolgreiche ReCoKit-Templates führen im Endeffekt zu einer Steigerung der Absatzzahlen des Anbieters. Warum soll der Empfehlungslogik-Designer dafür nicht belohnt werden?

Die *Bereitstellung einer Kundencommunity* trägt zum Erfolg einer Open Innovation-Strategie bei. Sie bietet den Kunden eine Plattform zum Wissensaustausch und zur kollektiven Verbesserung der Empfehlungslogik. Der einzelne Empfehlungslogik-Designer erhält so noch mehr Feedback zu seinen Ansätzen als es durch die Leistungskennzahlen der Fall ist. Selbst der Anbieter kann auf diesem Weg von den dortigen Diskussionen profitieren und Lead-User für ihre Aufgaben „ausbilden", beispielsweise durch die Bereitstellung von Tutorials oder eines Hilfesystems (vgl. Bolton und Saxena-Iyera 2009). Weitere Literatur, wie Kundencommunities zu unterstützen sind, finden sich in Leimeister et al. (2006), Schoberth et al. (2006) oder Ginsburg und Weisband (2006).

Im Endeffekt hängt die Open Innovation-Strategie eines Unternehmens von der realen Umsetzung ab. Nur wenn ein Unternehmen sich und seine Prozesse darauf ausrichtet, wird es insgesamt Erfolg haben (vgl. Kaplan et al. 2007).

6.3.3. Wirtschaftlichkeitsaspekte auf Konfiguratorherstellerseite

Grundsätzlich profitiert der Konfiguratorhersteller von einer Bereitstellung der Empfehlungsfunktionalität nach dem vorgestellten Muster, da seine Kunden das Konfigurationssystem nun nicht mehr selbständig um eine solche erweitern müssen. Weiterhin kann er durch eigene Filtermodule, die eingefasst in Dienstleistungsverträgen an das Einsatzumfeld angepasst werden, weitere, längerfristige Zusatzaufträge sichern. Dabei erlaubt ihm die Wiederverwendung von Filtermodulen die Entwicklung von Know-How hinsichtlich des Einsatzes von Empfehlungsalgorithmen im Konfigurationsumfeld, das unabhängig vom spezifischen Einsatzkontext des Konfigurationssystems ist.

6.4. Grenzen des Recommendermodells

In der vorangegangenen Diskussion wurden einige Grenzen des Lösungsansatzes aufgezeigt, die ich hier zusammenfassen möchte. Das strategische Ziel der Umsetzung der Kundenbedürfnisse in optimale Konfigurationseinstellungen sowie die rechnerische Skalierbarkeit des Gesamtsystems hängen von der Implementierung der Filtermodule sowie der Definition der ReCoKit-Templates ab. Mein Konzept liefert zwar die Voraussetzung für ein optimales Systemverhalten, kann dieses jedoch nicht in vollem Umfang garantieren. Die *endültige Leistungsfähigkeit* der definierten Empfehlungslogiken liegt in der Hand des Anbieters und des Kunden.

Aufgrund der Komplexität des Produktmodells sind die erstellten ReCoKit-Templates leider immer an eine Version eines Produktmodells gebunden und müssen auf jede neue Produktmodellversion übertragen werden. Ein geeignetes Versionierungsmodell hätte den Umfang dieser Arbeit jedoch bei weitem überschritten. Mit ähnlichen Problemen kämpfen allerdings auch andere Applikationen, deren Plugin-Systeme einer Versionierung unterliegen.

Die endgültige Einsatzfähigkeit habe ich hinsichtlich der Interaktionsprozesse argumentativ und hinsichtlich der technischen Umsetzbarkeit durch einen Prototyp gezeigt. Auf die Integration in ein reales Konfigurationssystem und den Einsatz in einem kommerziellen Umfeld wurde aus Zeitgründen verzichtet.

6.5. Zusammenfassung

Dieses Kapitel hat die inhaltliche Vorstellung des *adaptiven Recommendersystems zur Kundenunterstützung in Produktkonfiguratoren* mit einer Diskussion abgeschlossen. Darin habe ich gezeigt, dass die in der Potenzialanalyse entwickelten Anforderungen an ein Empfehlungskonzept durch meine Lösung zum Großteil erfüllt sind. In Ergänzung dazu habe ich mein Konzept in die entwickelte Klassifikation personalisierter Systeme eingegliedert und ermögliche der wissenschaftlichen Community auf diese Weise, ihre Ansätze mit meinem zu vergleichen.

Das eigentliche Konzeptdesign wurde in der Diskussion aus zwei Blickwinkeln betrachtet. Die *technische Umsetzung* der ReCoKit-Funktionalität ist in Form eines Prototyps geschehen, der die Adaptierbarkeit der Empfehlungslogik beweist und dessen Funktionsweise anhand eines beispielhaften ReCoKit-Templates und des Protokolls eines Empfehlungsvorgangs dokumentiert wurde. Die *prozessorientierte Umsetzbarkeit* wurde dagegen getrennt nach Produktanbieter, Kunde sowie Konfiguratorhersteller argumentativ diskutiert. Insbesondere die aus der Open Innovation bekannten Kundenintegrationskonzepte des *Lead-Users* sowie der *Kundencommunities* bilden die Grundlage für eine realistische Umsetzung der Steuerungs- und Verwaltungsprozesse des Lösungsansatzes. Die Nutzen-Kosten-Analyse für den Kunden hat dafür sowohl Vor- als auch Nachteile aufgezeigt und basierend auf der Realität anderer Kundenintegrationskontexte geschlussfolgert, dass eine Umsetzung möglich ist. Über den wirtschaftlichen Erfolg einer Umsetzung meines Konzeptes kann dagegen derzeit noch kein klares Urteil gefällt werden.

Alles in allem haben also die von mir in den Grundlagenkapiteln eingeführten technischen Inhalte sowie die entwickelten Anforderungen in der Potenzialanalyse vollständig Eingang in den Lösungsansatz gefunden.

Kapitel 7. Ausblick

Dieses Kapitel bildet den Abschluss der Arbeit. Es fasst die Ergebnisse knapp zusammen und gibt einen Ausblick auf Themen, die den vorgestellten Ansatz erweitern. Die wesentlichen Ergebnisse wurden bereits im Einleitungskapitel 1 ausführlich dargelegt, ebenso wie die verwendete Methodik sowie die Ziele der Arbeit.

Das Ziel der Arbeit, also die *Entwicklung eines Empfehlungskonzeptes zur Kundenunterstützung für modellbasierte, generische Produktkonfiguratoren im E-Commerce-Umfeld*, wurde erreicht. Die Potenzialanalyse hat dafür die Grundlagen in Form von 13 wichtigen Anforderungen an ein solches System geschaffen. Die Konzeption der Lösung verfolgte das Ziel, die Verantwortung zur Definition von Empfehlungslogiken vom Anbieter in die Kundencommunity teilweise zu verschieben und so den einzelnen Kunden stärker zu integrieren. Technisch wurde dies durch einen Interpreteransatz für die eigentliche Empfehlungsfunktionalität gelöst. Die Hybridisierungsschemata (i.e. ReCoKit-Templates) der modularisierten Empfehlungsalgorithmen (i.e. Filtermodule) wurden unabhängig von der Ausführungsumgebung des Empfehlungsvorgangs (i.e. ReCoKit) gespeichert, so dass es beliebig viele Empfehlungslogikvarianten geben kann. Das Konzept der Meta-Personalisierung rundete die Lösung ab, indem es durch kontextbasiert-kollaborative Methoden automatisiert die für den aktuellen Konfigurationszustand optimale Empfehlungslogik aussucht.

7.1. Evaluation des Konzeptes

Der nächste Schritt zur Evaluation des vorgestellten Konzeptes ist der Einsatz in einem kommerziellen Umfeld. Insbesondere die argumentativ verteidigte Wirschaftlichkeit würde dort unter Beweis gestellt werden. Dafür ist zuerst die Implementierung des Gesamtkonzeptes in einem modellbasierten, generischen Konfigurator notwendig. Dieser muss um die neuen Interaktionsprozesse erweitert werden. Im Anschluss wird dieses System bei ausgewählten Produktanbietern installiert und die Empfehlungsfunktionalität freigeschaltet. Dafür ist natürlich auch die Implementierung einer Menge von Filtermodulen notwendig, die mit den anbieterspezifischen CRM-Systemen interagieren und Zugriff auf die Nutzerprofildaten haben. Im laufenden Betrieb sind dann Anbieter *und* Kunde zuständig, geeignete Empfehlungslogiken zu implementieren. Die Evaluation würde die folgenden Fragen beantworten: Werden die Lead-User die bereitgestellte Möglichkeit zur Definition eigener Empfehlungslogiken nutzen? Ist das Konzept der Meta-Personalisierung im realen Einsatz ausreichend, um die optimale Empfehlungslogik zu selektieren oder muss die Auswahlalgorithmik verbessert werden? Trifft die in dieser Arbeit abgeleitete Annahme, ob kunden- und produktspezifische Empfehlungslogiken bessere Empfehlungen generieren als eine Standardlogik, zu?

7.2. Unterstützungsmethoden zur Erstellung von ReCoKit-Templates

Die Erstellung eines ReCoKit-Templates ist ein zeitlich aufwendiger Prozess, der Know-How in der Programmierung voraussetzt. In dieser Arbeit wurden lediglich die Struktur, die erlaubten Ablaufsteuerungselemente sowie ihre Semantik und die Verknüpfungsmodi beschrieben. Für den realen Einsatz wäre die Entwicklung eines *graphischen Editors* notwendig, um die Eingabe solcher ReCoKit-Templates ergonomisch sinnvoll gestalten zu können. Hier sind Techniken wie die *automatische Ergänzung* in der Entwicklungsumgebung Eclipse denkbar. Weiterhin ist die Entwicklung eines *Hilfesystems* für die Bedienung eines solchen Editors notwendig, um den Empfehlungslogik-Designer an den Erstellungsprozess heranzuführen.

Versionierungsaspekte von Produktmodellen stellen ein weiteres interessantes Thema für die ReCoKit-Template-Erstellung dar. In dem vorgestellten Lösungskonzept sind ReCoKit-Templates an eine einzelne Version eines Produktmodells gebunden. Zur Unterstützung des Empfehlungslogik-Designers wären hier Methoden sinnvoll, die den Austausch von ReCoKit-Templates zwischen Produktmodellen gleichen Produkttyps erlauben sowie die Übertragung von einer Produktmodellversion zur anderen. Der Definitionsaufwand für neue ReCoKit-Templates könnte so deutlich minimiert werden.

Die Qualitätssicherung der definierten Empfehlungslogik ist ein ebenso interessanter Aspekt. In dem vorgestellten Konzept werden die Leistungsdaten erst während des Konfigurationsbetriebs gesammelt. Für den Empfehlungslogik-Designer ist allerdings schon während der Definitionsphase der Empfehlungslogik interessant, wie gut diese wohl funktionieren wird. Hier können automatisierte Regressionstests helfen, die Qualität der Empfehlungslogik zu bewerten. Solche Regressionstests würden das erstellte ReCoKit-Template auf einer Reihe von Musternutzerprofilen ausführen und die generierten Empfehlungen mit den erwarteten Empfehlungen vergleichen.

7.3. Baukastensystem zur Definition der Filtermodule

Ein Baukastensystem für Filtermodule erlaubt dem Empfehlungslogik-Designer, neue Empfehlungsalgorithmen zu konzipieren. Im Gegensatz zu meinem Konzept, das die Beeinflussung der Hybridisierung verschiedener fest implementierter Filtermodule erlaubt, hätte der Nutzer damit die Möglichkeit, die Filtermodule selbst zusammenzustellen. Dies ist ein bisher nicht betrachtetes Forschungsfeld, obwohl es meiner Meinung nach vielversprechend erscheint, da die existierenden Personalisierungstechnikklassen begrenzt sowie die darin verwendeten Algorithmen zur Berechnung des Neighbourhoods, der Distanzmetriken und der Empfehlungen weitestgehend bekannt sind. In Verbindung mit den verschiedenen Nutzermodellierungstechniken würde ein solches Baukastensystem für Filtermodule die Entwicklung von Empfehlungsalgorithmen deutlich vereinfachen, da existierende Bauteile wiederverwendet und durch Standardmethoden lediglich verknüpft werden müssten.

7.4. Übertragung des Empfehlungskonzeptes auf andere Anwendungskontexte

Die entwickelte Lösung ist ein Personalisierungskonzept für die Empfehlung neuer, komplex strukturierter Daten, nämlich den Konfigurationsmodellen. Jedoch gibt es in anderen Anwendungskontexten verwandte Probleme mit ähnlich strukturierten Daten. So sind Lehrplänge für E-Learning, Webseiten, Musiklisten, Softwarekonfigurationen oder Reiseplanungen nichts weiter als Produkte, die einen Satz von veränderbaren Freiheitsgraden enthalten, die wiederum einigen Konsistenzregeln unterliegen. Die Übertragung des vorgestellten Empfehlungskonzeptes auf diese Anwendungskontexte könnte entweder durch ein verallgemeinertes Produktmodellverständnis oder die manuelle Adaption erfolgen.

Anhang A. Arbeitsrelevante Recommendersysteme

Tabelle A.1 gibt einen Überblick über die in dieser Arbeit verwendeten Recommendersysteme. Jedes System realisiert unterschiedliche Filtertechniken und besitzt einen eigenen Schwerpunkt. Zur Erstellung dieser Tabelle wurden neben den darin angegebenen Quellen noch folgende herangezogen: Qu et al. (2000), Montaner et al. (2003), Gauch et al. (2003), Keenoy und Levene (2005), Resnick und Varian (1997), Perugini et al. (2004) und Wikipedia[1].

Bezeichnung **(Literatur)** **Kurzbeschreibung**
Adaptive Place Advisor (Thompson et al. 2001) Recommender für Restaurants, etc.
Amalthaea (Moukas und Maes 1998) Webseitenempfehlungssystem (WWW)
Amazon.com[2] (Spector 2000, Leino und Räihä 2007) E-Commerce; ursprünglich Bücher, dann verschiedene multimediale Produkte; nun uneingeschränktes Produktangebot; grundsätzlich kollaboratives und historienbasiertes Empfehlungssystem
Anatagonomy (Bull et al. 1997) Personalisierte Onlinetageszeitung
Bibster (Haase et al. 2006) Personalisierter Zugang zu Informationen in einem Peer-to-Peer System für Bibliographien
BROWSE (Jennings und Higuchi 1992) Personalisierter News-Zugang
CDNow[3] Personalisierter CD-Onlineshop (übernommen durch Amazon.com)
CinemaScreen (Salter und Antonopoulos 2006) Hybrider Recommender für Filmempfehlungen
CityGuide (Karacapilidis und Hatzieleftheriou 2003) Recommender für Tourismusaktivitäten in fremden Städten
COHAVE-Projekt (Felfernig und Gula 2006) Beratungssystem für die Produktauswahl

[1] http://en.wikipedia.org/wiki/Recommender_system (Stand: 10.12.2009)

[2] http://www.amazon.com (Stand: 10.12.2009)

[3] http://www.cdnow.com (Stand: 10.12.2009)

Bezeichnung **(Literatur)** *(Fortsetzung)* **Kurzbeschreibung**
Cyberdesk (Dey et al. 1998) Personalisierung selbstintegrierender Services
Daily Learner (Billsus et al. 2000) Personalisierter, mobiler Newsrecommender
DieToRecs (Fesenmaier 2003) Recommender für individuelle Reisen
ELSABer – Effective Large Scale Annotation Browser (Li et al. 2007) Personalisierter Browser für nutzerannotierte Objekte in sozialen Netzwerken
Entree, EntreeC (Burke 2002, Burke 2005, Burke 2007) Restaurantempfehlungssystem
ePaper (Shapira et al. 2008) Personalisierte mobile Zeitung
Expertclear (Shimazu 2003) Tool zur Entwicklung dialogbasierter Recommendersysteme für E-Commerce-Webseiten
Fab (Balabanović und Shoham 1997) Webseitenempfehlungssytem;hybrider Recommender mit kollaborativen und inhaltsbasierten Filtern
Firefly/BigNote (Oakes 1999) Kollaborativer Musikrecommender
First Case (McSherry 2003) Personalisiertes CBR-System
GUIDE (Cheverst et al. 2002) Kontextbasierter Touristenführer
GroupLens[4] (Konstan et al. 1997, Resnick et al. 1994) Kollaboratives Filtern von Newsartikeln
iTunes Genius[5] Persönliche Jukebox
HITS – Hyperlink-Induced Topic Search (Chakrabarti et al. 1999) Personalisierte Suche im WWW
Krakatoa (Kamba et al. 1995, Bharat et al. 1998) Personalisierte Onlinetageszeitung
Last.fm[6] Personalisiertes Internetradio

[4]http://www.grouplens.org (Stand: 10.12.2009)

[5]http://www.apple.com/de/itunes/ (Stand: 20.5.2009)

[6]http://www.lastfm.de (Stand: 31.5.2009)

Bezeichnung (Literatur) Kurzbeschreibung	*(Fortsetzung)*
Letizia (Lieberman 1995, Lieberman et al. 2001) Personalisiertes Browsen im WWW; implizites Feedback durch besuchte Seiten oder Bookmarks	
Libra – Learning Intelligent Book Recommending Agent (Mooney und Roy 2000) Bücherempfehlungen	
MarCol (Melamed et al. 2007) Kollaboratives Empfehlungssystem für E-Commerce-Portale	
MediaScout (Shani et al. 2007) Empfehlungssystem für Mediendaten auf Mobiltelefonen	
MovieLens[7] (Miller et al. 2003, Drenner et al. 2006, Good et al. 1999) Kinofilmempfehlungssystem; kollaborativer Filter mit explizitem Nutzerfeedback	
Mein Yahoo![8] Personalisiertes Informationsportal	
NetFlix[9] Personalisierter Filmrecommender	
OBIWAN – Ontology Based Informing Web Agent Navigation (Gauch et al. 2003) Personalisiertes Browsen und Suchen im WWW; basierend auf automatisch erstellten, ontologiebasierten Nutzerprofilen	
Outride (Pitkow et al. 2002) Personalisierte Suche im WWW	
PEA – Personable Evolvable Advisor (Montebello et al. 1998) Personalisierte Suchunterstützung	
Personalized Advisory System (Blecker et al. 2004a, Blecker et al. 2004b) Personalisierte Produktkonfiguration	
PHOAKS – People Helping One Another Know Stuff (Terveen et al. 1997) Personalisiertes Filtersystem für Webressourcenempfehlungen	
PolyLens (O'Connor et al. 2001) Kollaboratives Personalisierungssystem	
PowerScout (Lieberman et al. 2001) Reconnaissance Agent als Browsingunterstützung	
PRES – Personalized Recommender System (van Meteren und van Someren 2000) Adaption von Webseiten im Do-It-Yourself-Anwendungskontext	
PResTo! – Personalized Results Tool (Keenoy und Levene 2005) Personalisierte Suche im WWW	

[7] http://www.movielens.org (Stand: 10.12.2009)

[8] http://de.my.yahoo.com (Stand: 10.12.2009)

[9] http://www.netflix.com (Stand: 10.12.2009)

Bezeichnung **(Literatur)** *(Fortsetzung)* **Kurzbeschreibung**
PSUN – Profiling System for Usenet News (Sorensen und McElligott 1995) Filtern von Usenet News
PTV – Personalized Televion (Smyth und Cotter 2000) Hybrides Recommendersystem für TV-Austrahlungen
ReferralWeb (Kautz et al. 1997) Suchergebnispersonalisierung im WWW basierend auf sozialen Netzwerken
Re:Agent (Boone 1998) Agentenbasiertes Filtersystem für E-Mails
Ringo (Shardanand und Maes 1995) Kollaborativer Musikrecommender
Ripper (Cohen 1996) Kinofilmempfehlungssystem
SeEBrowser – Semantically Enhanced Browser (Salampasis et al. 2005, Michail und Christos 2007) Personalisiertes Browserinterface für Blinde
SETA (Ardissono und Goy 2000, Goy et al. 2007) Toolkit zur Erstellung adaptiver Web-Stores
SiteIF (Stefani und Strapparava 1998) Personalisiertes Browsen im WWW
SiteSeer (Rucker und Polanco 1997) Personalisiertes Browsen im WWW
SmartPush (Kurki et al. 1995) Personalisierter News-Service
Smart Prediction Assistant (Gonzàlez et al. 2006, Gonzàlez et al. 2007) Recommender; basierend auf emotionalem Kontext für E-Commerce-Applikationen
Syskill & Webert (Pazzani et al. 1996) Webseitenempfehlungssystem; basierend auf explizitem Nutzerfeedback
Tapestry (Goldberg et al. 1992) Personalisiertes Filtern von E-Mails
TechLens (Kapoor et al. 2007) Literaturempfehlungssystem
WAWA – Wisconsin Adaptive Web Assistant (Shavlik et al. 1998) Navigationsunterstützung im WWW; basierend auf neuronalen Netzwerken, verstärkungsbasiertem Lernen und explizitem Webseitenrating
WBI – Web Browser Intelligence (Barrett et al. 1997) Personalisierte Browsingunterstützung für das WWW
WebMate (Chen und Sycara 1998) Proxybasiertes Webseitenempfehlungssystem; zum Vorschlagen ähnlicher Webseiten

***Bezeichnung* (Literatur)** **Kurzbeschreibung**	*(Fortsetzung)*
WebWatcher, Personal WebWatcher (Armstrong et al. 1995, Mladenic 1996) Webseitenempfehlungssystem; passive Beobachtung des Nutzernavigationsverhaltens im WWW	
WikiLens (Frankowski et al. 2007) Kollaborativer Recommender für Wiki-Umgebungen	
Yahoo! Music[10] Personalisiertes Internetradio	

Tabelle A.1. Arbeitsrelevante Recommendersysteme

[10]http://new.music.yahoo.com (Stand: 14.9.2009)

Anhang B. Arbeitsrelevante Produktkonfiguratoren

Die in dieser Arbeit verwendeten Produktkonfiguratorbeispiele sind in Tabelle B.1 zusammengefasst. Sie ist nur ein kleiner Ausschnitt aus der Menge aller existierenden Konfiguratoren. Ausführlichere Übersichten finden sich beispielsweise in Rogoll und Piller (2003), Reichwald et al. (2006b, S. 33) und der Konfiguratordatenbank[1]. In Tabelle B.2 sind einige Beispiele für generische Produktkonfiguratoren aufgeführt.

***Produktkontext:* Anbieter** **URL, Literatur**
Automobile: Audi http://konfigurator.audi.de/entry (Stand: 14.4.2009)
Automobile: BMW http://www.bmw.de/de/de/general/configurations_center/configurator.html (Stand: 14.4.2009)
Automobile: Mercedes-Benz http://www.mercedes-benz.de/content/germany/mpc/mpc_germany_website/de/home_mpc/passengercars/home/new_cars/configurator_showroom.flash.html (Stand: 14.4.2009)
Automobile: Mini http://www.mini.de/de/de/ecom/index.jsp?process=vco (Stand: 20.4.2009)
Bekleidung, Sportschuhe: Nike http://nikeid.nike.com/nikeid/index.jhtml?sitesrc=DELP (Stand: 20.4.2009)
Bekleidung, T-Shirts: Spreadshirt http://www.spreadshirt.net (Stand: 17.11.2009)
Bekleidung, T-Shirts: Bivolino http://www.bivolino.com (Stand: 14.4.2009)
Bekleidung: Lands' End http://www.landsend.de (Stand: 17.11.2009)
Bekleidung, Hemden: Campe-Ohff http://www.campe-ohff.com (Stand: 14.4.2009)
Bekleidung, Armbanduhren: 121Time http://www.121time.com (Stand: 14.4.2009)

[1] http://www.configurator-database.com (Stand: 14.4.2009)

***Produktkontext:* Anbieter** *(Fortsetzung)* **URL, Literatur**
Bekleidung, Sportschuhe: mi adidas http://www.adidas.com/campaigns/miadidas_teaser/content/ (Stand: 21.4.2009) index.asp?strCountry_adidascom=de
Bekleidung, Hemden: Dolzer http://www.dolzershop.de/online/shop/index2.php (Stand: 20.4.2009)
Computer, Server & Storage: Aberdeen Inc. http://www.aberdeeninc.com/abcatg/servers.htm (Stand: 14.4.2009)
Computer: DELL Inc. http://www.dell.com/home/desktops (Stand: 14.4.2009)
Computer: Alternate PC-Builder http://www.alternate.de/html/pcbuilder/circleView.html?cn=1 (Stand: 20.4.2009)
Computer: HD-Computer http://www.hd-computer.de/expert_configurator.aspx (Stand: 20.4.2009)
Computer: Atelco http://www2.atelco.de/2AlAnvIhfCVV2n/idxconfigurator.jsp (Stand: 20.4.2009)
Computer: CS PC-Configurator http://www.cs-buchholz.de/pck/ (Stand: 20.4.2009)
Computer: RIND Cöster et al. (2002)
Einrichtung, Badeteppiche: Kleine Wolke http://www.creativo-design.de/index2.html (Stand: 14.4.2009)
Einrichtung, Fensterrollos: Raumtextilienshop http://www.raumtextilienshop.de/rollos/rollo-konfigurator.asp (Stand: 20.4.2009)
Einreichtung: IKEA Raumplaner http://www.ikea.com/ms/de_DE/rooms_ideas/splashplanners.html (Stand: 14.4.2009)
Einrichtung, Küchen: Marquardt Küchenkonfigurator http://www.marquardt-kuechen.de/Frameset/ (Stand: 20.4.2009)
Einrichtung, Büroküchen: WELCOME 24/7 Officekitchen http://ok.wysiwyg.de/html/konfigurator/konfigurator.html (Stand: 20.4.2009)
Fotobücher: Cewe Fotobuch http://www.cewe-fotobuch.de (Stand: 22.8.2009)
Gartenhäuser: Karibu http://www.karibu-gartenhaus.de/gartenhaus_konfigurator/ (Stand: 20.4.2009)
Literatur, Romane: Personal Novel http://www.personalnovel.de (Stand: 14.4.2009)
Nahrungsmittel, Müsli: MyMüsli http://www.mymuesli.com (Stand: 14.4.2009)

Produktkontext: **Anbieter** **URL, Literatur** *(Fortsetzung)*
Yachten: Hanse http://system.hanseyachts.de/configurator/index.php (Stand: 20.4.2009)

Tabelle B.1. Arbeitsrelevante Produktkonfiguratoren

Produktname: **Hersteller** **URL, Literatur**
ConfigIT Product Modeler: ConfigIT Møller et al. (2001), http://www.configit-software.com (Stand: 14.4.2009)
Configura: Configura http://www.configura.com/configura/about-configura (Stand: 14.4.2009)
e:c:car, GCL: e:c:logic http://www.ec-logic.com (Stand: 21.4.2009)
ILOG Configurator: ILOG http://www.ilog.com.sg/products/configurator/ (Stand: 20.4.2009)
ProductCart Build To Order: EarlyImpact http://www.earlyimpact.com/productcart/build_to_order (Stand: 15.4.2009)
VirtuBUILD: 3Dfacto http://www.3dfacto.dk (Stand: 14.4.2009)

Tabelle B.2. Beispiele generischer Produktkonfiguratoren

Anhang C. Das Fahrradproduktmodell

Dieser Anhang beschreibt das in der Arbeit genutzte Fahrradproduktmodell. Insbesondere im Kapitel 5, das den Lösungsansatz des adaptiven Recommendersystems dokumentiert, wird dieses Produktmodell zur Erläuterung der Lösungsalternativen herangezogen. Meist sind dabei nur Auszüge interessant, um die Auswirkungen von Konfigurations- und Empfehlungsentscheidungen im Produktmodell zu erläutern. Die Motivation für die Wahl dieses Beispiels erläutert Abschnitt 5.1.7.

Der weitere Aufbau des Anhangs ist wie folgt. Zuerst wird die Produktmetamodellstruktur eingeführt. Dies schließt die über die Arbeit hinweg einheitlichen Formalismen und Schrifttypen ein. Danach folgt die Beschreibung der Produktmodellstruktur sowie der einzelnen Produktmodellbereiche.

C.1. Metamodellstruktur

Ein Produktmodell besteht aus den drei Bereichen *Produktstruktur*, *Freiheitsgrade* und *Constraints*. Die *Produktstruktur* wird hier mittels eines Baums von *Komponenten* dargestellt. Jede optionale Komponente besitzt einen booleschen Freiheitsgrad `Selektiert`. Ist dieser Freiheitsgrad in einer endgültigen Produktkonfiguration auf `true` gesetzt, so ist die Komponente Bestandteil des herzustellenden Produktes. Im Falle eines `false`-Wertes wird die Komponente nicht in das herzustellende Produkt integriert.

Die Beschreibung einer *Komponente* umfasst drei Teilbereiche. Zuerst werden die *Namen der Unterkomponenten* aufgeführt. Daran schließt sich die Auflistung der zu dieser Komponente gehörigen *Freiheitsgrade* an. Den Abschluss bilden die sogenannten Constraints, die mittels *Regeln* und *Relationen* formuliert werden können. Im Folgenden werden die im Produktmodell vorhandenen *Komponenten*, *Freiheitsgrade*, *Regeln* und *Relationen* unter dem Begriff der *Produktmodellelemente* zusammengefasst. Die verschiedenen Modellelemente sind in der Komponentendokumentation durch ein eindeutiges Präfix gekennzeichnet:

Präfix	***Bedeutung***
$-_{\text{UKomp}}$	Eine Unterkomponente
$-_{\text{FHG}}$	Ein Freiheitsgrad
$-_{\text{Rel}}$	Ein Constraint in Form einer Relation
$-_{\text{Regel}}$	Ein Constraint in Form einer Regel

C.1.1. Freiheitsgrade

Deklarationen von *Freiheitsgraden* setzen sich aus vier Informationsteilen zusammen. Der *Name* identifiziert den Freiheitsgrad eindeutig innerhalb der zugehörigen Komponente. Der *Wertetyp* benennt den Wertebereich, aus dem der Nutzer oder das Empfehlungssystem Werte für den Freiheitsgrad auswählen kann. Im vorliegenden Modell stehen hier die Varianten *Enum*, *String*, *Boolean*, *Integer* und *Decimal* zur Verfügung. Schließlich legt die *Multiplizität* fest, wie viele Werte für einen Freiheitsgrad aus dem Wertebereich ausgewählt werden dürfen. Die vier Varianten *OneOf*, *Optional*, *AtMostOne* und *AnyOf* werden in Abschnitt 3.3.1 genau erläutert. Die Multiplizität *Optional* wird in diesem Beispiel nicht verwendet, da sie über die Multiplizität *OneOf* mit dem Wertetyp *Boolean* semantisch äquivalent ausgedrückt werden kann. Zusätzlich kann zu jedem Freiheitsgrad über eine *enumerierte Auswahlmenge* oder ein *Intervall* eine Einschränkung des Wertebereichs angegeben und so die selektierbaren Werte des Wertetyps eingeschränkt werden. Wird keine Auswahlmenge oder kein Werteintervall vorgegeben, so können alle Werte des angegebenen Wertebereichs selektiert werden. Ein Beispiel einer Freiheitsgraddeklaration sieht nun folgendermaßen aus:

$$-_{\text{FHG}}\ \texttt{\textit{Durchmesser}}$$
$$\textit{OneOf} : \textit{Integer}\ \{\ \texttt{50,65,70}\ \}$$

Für den Freiheitsgrad mit dem Namen `Durchmesser` darf in der endgültigen Produktkonfiguration genau ein Wert ausgewählt werden (wegen *OneOf*). Als mögliche Menge stehen genau drei Werte des Typs *Integer* zur Verfügung.

C.1.2. Bezeichner

Für die Referenzierung von Freiheitsgraden und Komponenten werden *relative* und *qualifizierte* Bezeichner verwendet. Ein *relativer Bezeichner* ist lediglich der Namen der Komponente oder des Freiheitsgrads und ist innerhalb des korrespondierenden Komponentenkontextes gültig. Zur globalen Identifizierung der Produktmodellelemente werden *qualifizierte Bezeichner* verwendet. Ein solcher Bezeichner besteht aus dem Namen der Wurzelkomponente des Produktmodells, aller im Komponentenbaum dazwischenliegenden Komponentennamen sowie dem Namen der Zielkomponente oder des Zielfreiheitsgrads. Die einzelnen Namenselemente werden über einen Punkt („.“) getrennt. Tabelle C.1 gibt einige Beispiele für voll qualifizierte Komponenten- und Freiheitsgradbezeichner sowie deren Schriftkonventionen an.

C.1.3. Regeln

Regeln sind beliebige boolesche Ausdrücke, die mit bekannten unären sowie binären Operatoren auf den Freiheitsgraden formuliert werden können. Die Syntax entspricht der gängigen Praxis für Ausdruckssprachen. Ein Regelausdruck muss immer zu einem Wahrheitswert evaluieren und ist durch die Belegung der Produktkonfiguration erfüllt, wenn er zu `true` evaluiert. Folgendes Beispiel verdeutlicht den Aufbau der in den Komponenten verwendeten Regeln:

$$-_{\text{Regel}}\ \texttt{Fahrrad.Reifen.}\texttt{\textit{Durchmesser}} = \texttt{50} \rightarrow$$
$$\texttt{15} \leq \texttt{Fahrrad.Rahmen.}\texttt{\textit{Größe}} \leq \texttt{22}$$

Bezeichner	***Referenziertes Element***
`Fahrrad`	Bezeichnet die Wurzelkomponente für das Fahrradproduktmodell
`Fahrrad.Rahmen.Flasche`	Identifiziert die Komponente `Flasche` als Unterkomponente von `Rahmen`, die wiederum Unterkomponente von `Fahrrad` ist
`Fahrrad.Pedale.`*`Pedalenbauteil`*	Verweist auf den Freiheitsgrad *`Pedalenbauteil`* in der Komponente `Pedale`, die Unterkomponente von `Fahrrad` ist

Tabelle C.1. Schriftkonventionen für Produktmodellelementbezeichner

Diese Regel gibt einen logischen Zusammenhang zwischen den Werten der Freiheitsgrade *`Durchmesser`* und *`Größe`* wieder. Wenn der Reifendurchmesser auf den Wert `50` festgelegt wurde, so muss die Rahmengröße zwischen `15` und `22` liegen.

C.1.4. Relationen

Für Freiheitsgrade mit diskreten Wertebereichen können Konsistenzbedingungen auch mittels Relationen beschrieben werden. Im Fahrradproduktmodell werden nur zweistellige Relationen verwendet, obwohl auch höherstellige Relationen möglich sind.

In den folgenden Komponentendeklarationen werden Relationen lediglich über die beteiligten Freiheitsgrade angegeben, da die tabellarische Auflistung aller erlaubten Wertekombinationen zu viel Platz einnehmen würde. Folgendes Beispiel einer Relation formuliert einen Zusammenhang zwischen den Werten des Freiheitsgrads *`Durchmesser`* und den Werten des Freiheitsgrads *`Größe`*:

$-_{\text{Rel}}$ `Fahrrad.Reifen.`*`Durchmesser`* $\otimes$ `Fahrrad.Rahmen.`*`Größe`*

In manchen Fällen, insbesondere bei optionalen Komponenten, ist die bedingte Anwendung einer Relation notwendig. Dies wird dann wie folgt notiert:

$-_{\text{Rel}}$ `Fahrrad.Rahmen.Ständer.`*`Selektiert`*
$\rightarrow$ `Fahrrad.Rahmen.Ständer.`*`Art`* $\otimes$
`Fahrrad.Rahmen.`*`Rahmenbauteil`*

C.2. Produktmodellstruktur des Fahrrads

Das Fahrradproduktmodell untergliedert sich in die in Abbildung C.1 gezeigten Komponenten. Die dortige Baumstruktur gibt die *ist-Element-von*-Beziehungen zwischen den jeweiligen Komponenten und ihren Unterkomponenten wieder, wobei die Wurzel des Produktmodells den Namen `Fahrrad` trägt. Jede in der Graphik erwähnte Komponente enthält ihren Bezeichner sowie die Nummer der Abbildung, die ihren genauen Aufbau beschreibt.

Das dargestellte Produktmodell ist an ein Beispiel des Konfiguratorherstellers *ConfigIT* angelehnt. Dabei wurden die Komponentendefinitionen größtenteils beibehalten, jedoch für eine bessere Lesbarkeit im Komponentenbaum reorganisiert. Weiterhin habe ich kompliziert definierte Constraints unter Beibehaltung der logischen Abhängigkeiten strukturell vereinfacht. Um die Anwendung meines adaptiven Empfehlungskonzeptes hinreichend demonstrieren zu können, habe ich das Produktmodell innerhalb einiger optionaler Komponenten um Freiheitsgrade mit unterschiedlichen Typen sowie Multiplizitäten erweitert.

Das Fahrrad setzt sich unter der Wurzelkomponente aus den sechs Hauptgruppen `Rahmen`, `Gangschaltung`, `Pedale`, `Reifen`, `Sattel` und `Lichtsystem` zusammen. Vier dieser Komponenten besitzen wiederum eigene Unterkomponenten.

C.3. Komponentendeklarationen

Im Folgenden werden die einzelnen Komponenten des Fahrradproduktmodells schematisch beschrieben. Dazu findet sich neben einer Abbildung mit den Komponentendaten (Komponentenbezeichner, Unterkomponenten, Freiheitsgrade, Relationen und Regeln) ein kurzer Begleittext, der den Aufbau erläutert.

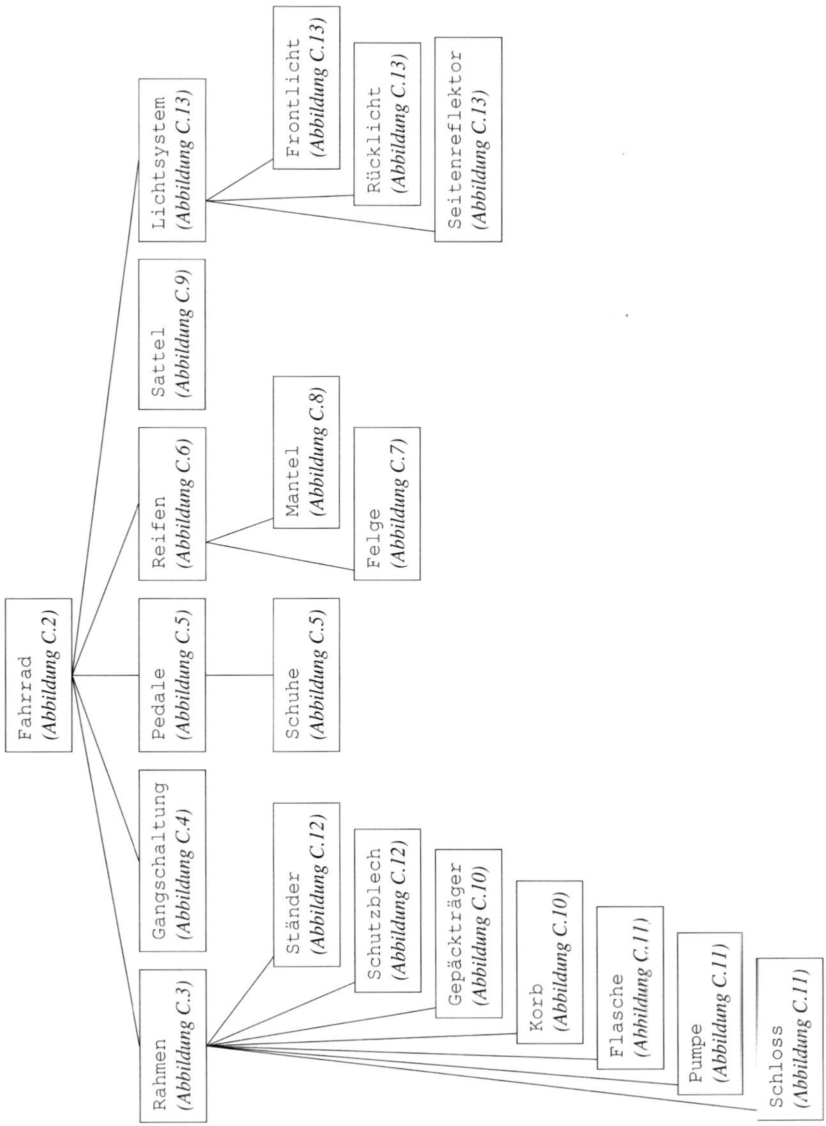

Abbildung C.1. Übersicht über die Komponentenstruktur des Fahrradproduktmodells

Den Kopf des Produktmodells bildet die Komponente `Fahrrad`, deren Aufbau Abbildung C.2 darstellt. Sie enthält die bereits genannten Unterkomponenten sowie einige Freiheitsgrad- und Relationendeklarationen. Die in dieser Komponente erwähnten Freiheitsgrade sind global für das gesamte Fahrrad zu sehen. Ihre Wertefestlegungen haben Auswirkungen auf die unterschiedlichen Fahrradkomponenten, wie in den Constraints der anderen Komponenten zu sehen sein wird. Über die Freiheitsgrade *Geschlecht*, *Fahrergröße* und *Auftraggeber* werden Daten des Kunden erhoben, um die Funktionalität und Dimension des Fahrrads auf seine Eigenschaften grob eingrenzen zu können. Mit dem *Fahrradtyp* legt der Kunde den Nutzungskontext für das individualisierte Fahrrad fest. Die zu dieser Komponente zugehörigen Relationen legen Einschränkungen bezüglich der Selektion anderer optionaler Komponenten fest, die sich aus dem Konfigurationswert für den Freiheitsgrad *Fahrradtyp* ergeben.

Komponente `Fahrrad`	
$\neg_{\text{UKomp}}$ `Rahmen`	$\neg_{\text{UKomp}}$ `Gangschaltung`
$\neg_{\text{UKomp}}$ `Pedale`	$\neg_{\text{UKomp}}$ `Reifen`
$\neg_{\text{UKomp}}$ `Sattel`	$\neg_{\text{UKomp}}$ `Lichtsystem`
$\neg_{\text{FHG}}$ *Geschlecht* ***OneOf*** : ***Enum*** { `M`, `W` }	
$\neg_{\text{FHG}}$ *Fahrradtyp* ***OneOf*** : ***Enum*** { `City Bike`, `Grandma Bike`, `Mountain Bike`, `Racing Bike` }	
$\neg_{\text{FHG}}$ *Fahrergröße* ***OneOf*** : ***Enum*** { `150-160cm`, `160-170cm`, `170-180cm`, `180-190cm`, `190-200cm` }	
$\neg_{\text{FHG}}$ *Auftraggeber* ***OneOf*** : ***String***	
$\neg_{\text{Rel}}$ *Fahrradtyp* $\otimes$ `Fahrrad.Rahmen.Schutzblech.`*Selektiert*	
$\neg_{\text{Rel}}$ *Fahrradtyp* $\otimes$ `Fahrrad.Rahmen.Gepäckträger.`*Selektiert*	
$\neg_{\text{Rel}}$ *Fahrradtyp* $\otimes$ `Fahrrad.Rahmen.Korb.`*Selektiert*	
$\neg_{\text{Rel}}$ *Fahrradtyp* $\otimes$ `Fahrrad.Rahmen.Ständer.`*Selektiert*	

Abbildung C.2. Komponente `Fahrrad` des Fahrradproduktmodells

Abbildung C.3 zeigt die Komponente `Rahmen`. An ihm können eine Reihe von anderen Bauteilen wie beispielsweise ein `Ständer` oder ein `Schutzblech` montiert werden. Die im Freiheitsgrad *Rahmenbauteil* aufgelisteten Bauteilvarianten unterscheiden sich in *Farbe*, *Komfortstufe* (die Bequemlichkeit des Rahmens für den Fahrer) und *Größe*. Die ***Integer***-Werte des Freiheitsgrads *Größe* sind als Zollangaben zu interpretieren. Sie entsprechen den auf dem Markt gängigen Größenangaben für Fahrradrahmen. Die Zusammenhänge zwischen diesen drei Freiheitsgraden und dem eigentlichen Rahmenbauteil definieren die ersten drei Relationen der Komponente. Die drei anderen Relationen spezifizieren Konsistenzbeziehungen zu Freiheitsgraden anderer Fahrradkomponenten. Die erste dem `Rahmen` zugeordnete Regel legt fest, dass die optionalen Komponenten `Pumpe` und `Flasche` aus Platzgründen nicht gleichzeitig selektiert sein dürfen.

Der Freiheitsgrad `Namensgravur` stellt eine Besonderheit in diesem Produktmodell dar, da er dem Nutzer erlaubt, die Beschriftung des Fahrrads frei zu bestimmen. Mittels der `Namensgravur` hat der Kunde die Möglichkeit, einen Text auf dem Rahmen des Fahrrads gravieren zu lassen, beispielsweise seine Initialen. Wohlgemerkt ist er durch die Multiplizität *AtMostOne* nicht gezwungen, eine solche Gravur anfertigen zu lassen.

Komponente `Rahmen`	
$-_{\text{UKomp}}$ `Ständer`	$-_{\text{UKomp}}$ `Schutzblech`
$-_{\text{UKomp}}$ `Gepäckträger`	$-_{\text{UKomp}}$ `Korb`
$-_{\text{UKomp}}$ `Pumpe`	$-_{\text{UKomp}}$ `Flasche`
$-_{\text{UKomp}}$ `Schloss`	
$-_{\text{FHG}}$ *Rahmenbauteil* ***OneOf*** : ***Enum*** { BFL-CLA, CEN-BAS, CEN-BASF, CEN-BASFM, CEN-BASL, CEN-BASLM, CEN-BASM, CEN-BLV, CEN-CHA, CEN-CHAL, CEN-CRP, CEN-CRPL, CEN-DIS, CEN-DISL, CEN-DKI, CEN-ETY, CEN-ETYL, CEN-FAR, CEN-HEL, CEN-INV, CEN-NIT, CEN-OFD, CEN-OXY, CEN-OXYM, CEN-ULT, COL-SBP, FAG-7005, FAG-7020, FAG-EAS, JUP-CRU, JUP-INS, JUP-MIL, JUP-STR, KIL-L32, KIL-PRI, SCH-MES, SCH-MOA }	
$-_{\text{FHG}}$ *Farbe* ***OneOf*** : ***Enum*** { Schwarz, Dunkelviolett, Blau, Braun, Creme, Grün, Grau, Hellblau, Hellgrün, Violett, Rot, Silber, Weiß, Gelb }	
$-_{\text{FHG}}$ *Komfortstufe* ***OneOf*** : ***Enum*** { Level 1, Level 2, Level 3 }	
$-_{\text{FHG}}$ *Größe* ***OneOf*** : ***Integer*** { 13, 14, 15, 16, 17, 18, 19, 20, 21, 22, 23, 24, 25, 28 }	
$-_{\text{FHG}}$ *Namensgravur* ***AtMostOne*** : ***String***	
$-_{\text{Rel}}$ *Rahmenbauteil* ⊗ *Größe*	
$-_{\text{Rel}}$ *Rahmenbauteil* ⊗ *Farbe*	
$-_{\text{Rel}}$ *Rahmenbauteil* ⊗ *Komfortstufe*	
$-_{\text{Rel}}$ *Rahmenbauteil* ⊗ Fahrrad.*Fahrradtyp*	
$-_{\text{Rel}}$ *Rahmenbauteil* ⊗ Fahrrad.*Geschlecht*	
$-_{\text{Rel}}$ *Rahmenbauteil* ⊗ Fahrrad.Gangschaltung.*Schaltungstyp*	
$-_{\text{Regel}}$ *nicht* (Fahrrad.Rahmen.Pumpe.*Selektiert* *und* Fahrrad.Rahmen.Flasche.*Selektiert*)	

Abbildung C.3. Komponente `Rahmen` des Fahrradproduktmodells

Die in Abbildung C.4 gezeigte Komponente `Gangschaltung` unterscheidet grundsätzlich zwischen Ketten- und Narbenschaltung (Freiheitsgrad *Schaltungstyp*). Die der Komponente beigefügten Relationen stellen die Beziehungen zwischen dem *Schaltungsbauteil* und den möglichen Werten für die Freiheitsgrade *Schaltungstyp* und *Gänge* dar. Ebenso existieren bautechnisch bedingte Einschränkungen zwischen der `Gangschaltung` und dem *Fahrradtyp* sowie der Möglichkeit, einen `Ständer` einbauen zu können.

Komponente `Gangschaltung`
$\neg_{\text{FHG}}$ *Schaltungsbauteil* ***OneOf*** : ***Enum*** { ACE, CAM-AVA, CAM-MIR, CAM-VEL, SHI-105STI, SHI-ACE, SHI-DEO, SHI-DUR, SHI-NEX, SHI-RSX, SORA, TIAG, TORP, ULTR }
$\neg_{\text{FHG}}$ *Schaltungstyp* ***OneOf*** : ***Enum*** { Kettenschaltung, Narbenschaltung }
$\neg_{\text{FHG}}$ *Gänge* ***OneOf*** : ***Integer*** { 3, 4, 5, 7, 16, 18, 21, 24, 27 }
$\neg_{\text{Rel}}$ *Schaltungsbauteil* ⊗ *Schaltungstyp*
$\neg_{\text{Rel}}$ *Schaltungsbauteil* ⊗ *Gänge*
$\neg_{\text{Rel}}$ *Schaltungsbauteil* ⊗ Fahrrad.*Fahrradtyp*
$\neg_{\text{Rel}}$ *Schaltungstyp* ⊗ Fahrrad.Rahmen.Ständer.*Selektiert*

Abbildung C.4. Komponente `Gangschaltung` des Fahrradproduktmodells

Die Komponenten `Pedale` und `Schuhe` sind in der Abbildung C.5 zusammengefasst. Mittels ihrer Freiheitsgrade werden die Bauteile für den Tretantrieb spezifiziert. Während die Komponente `Pedale` zwingend erforderlich ist, kann der Nutzer die `Schuhe` auch abwählen. Die Auswahlmöglichkeiten für den Freiheitsgrad *Pedalentyp* unterscheiden zwischen den verschiedenen auf dem Markt vorhandenen Pedaltypen. `Clip` bezeichnet Pedale, die mittels eines montierten Korbs den Fuss auf der Pedale festhalten. `SPD` verweist auf Pedale, auf denen speziell gefertigte Fahrradschuhe einrasten können. `Std`-Pedale weisen keine besonderen Haltemerkmale für den Schuh auf. Die erste Relation verbindet die Werte des Freiheitsgrads *Pedalenbauteil* mit denen des Freiheitsgrads *Pedalentyp*. Die zweite Relation stellt eine Beziehung zwischen dem *Pedalentyp* und dem *Fahrradtyp* her. Es kann also nicht jeder *Pedalentyp* in jedem Fahrrad verbaut werden. Beispielsweise ist der rennradorientierte *Pedalentyp* `SPD` an einem `Grandma Bike` nicht vorstellbar. Ist die optionale Komponente `Schuhe` angewählt, so wird über die darin befindliche Relation sichergestellt, dass der Kunde auch nur die Schuhe anwählen kann, die zu dem gewünschten *Pedalentyp* passen.

Komponente `Pedale`
$-_{\text{UKomp}}$ `Schuhe`
$-_{\text{FHG}}$ *Pedalenbauteil* ***OneOf*** : ***Enum*** { BPLA, CAM-CHO, CAM-REC, PD5500, PD6600, PDC101, PDC105, PDM434, PDM545 } $-_{\text{FHG}}$ *Pedalentyp* ***OneOf*** : ***Enum*** { Clip, SPD, Std }
$-_{\text{Rel}}$ *Pedalenbauteil* ⊗ *Pedalentyp* $-_{\text{Rel}}$ *Pedalentyp* ⊗ Fahrrad.*Fahrradtyp*

Optionale Komponente `Schuhe`
$-_{\text{FHG}}$ *Selektiert* ***OneOf*** : ***Boolean*** $-_{\text{FHG}}$ *Schuhtyp* ***OneOf*** : ***Enum*** { SHR072, SHR090, SHR150, SHR212 }
$-_{\text{Rel}}$ *Selektiert* → *Schuhtyp* ⊗ Fahrrad.Pedale.*Pedalentyp*

Abbildung C.5. Komponenten `Pedale` und `Schuhe` des Fahrradproduktmodells

Der nächste Block zusammengehöriger Komponenten sind `Reifen` (Abbildung C.6), `Felge` (Abbildung C.7) und `Mantel` (Abbildung C.8). Sie beschreiben die Eigenschaften der Räder. Da für Vorder- und Rückreifen grundsätzlich die gleiche Bereifung gewählt wird, ist eine getrennte Spezifikation beider Räder überflüssig.

Komponente `Reifen`
$-_{\text{UKomp}}$ `Felge` $-_{\text{UKomp}}$ `Mantel`
$-_{\text{FHG}}$ *Durchmesser* ***OneOf*** : ***Integer*** { 50, 65, 70 } $-_{\text{FHG}}$ *Ventiltyp* ***OneOf*** : ***Enum*** { Dunlop, Sclaverand, Schrader }
$-_{\text{Rel}}$ *Ventiltyp* ⊗ Fahrrad.Reifen.Felge.*Breite*
$-_{\text{Regel}}$ *Durchmesser* = 50 → 15 ≤ Fahrrad.Rahmen.*Größe* ≤ 22 $-_{\text{Regel}}$ *Durchmesser* = 65 → 17 ≤ Fahrrad.Rahmen.*Größe* ≤ 28 $-_{\text{Regel}}$ *Durchmesser* = 70 → 19 ≤ Fahrrad.Rahmen.*Größe* ≤ 28

Abbildung C.6. Komponente `Reifen` des Fahrradproduktmodells

Der `Reifen` enthält Freiheitsgrade, deren Wertebelegungen sich auf die beiden Unterkomponenten `Felge` und `Mantel` auswirken. Der Kunde kann sich für den Freiheitsgrad *Durchmesser* einen der drei ganzzahligen Werte auswählen. Diese Werte sind als `cm`-Angaben zu interpretieren und geben die marktüblichen Durchmesservarianten für Fahrradreifen an. Der

`Ventiltyp` lässt den Kunden zwischen den drei verbreiteten Ventilalternativen auswählen, die auch unter den Namen *Fahrradventil*, *französisches Ventil* und *Autoventil* bekannt sind. Durch die Relation wird gewährleistet, dass der Schlauch mit dem gewünschten `Ventiltyp` in das `Felgenbauteil` passt. Die drei ersten Regeln legen baubedingte Beziehungen zwischen dem `Durchmesser` und dem Freiheitsgrad `Fahrrad.Rahmen.Größe` fest. So kann beispielsweise ein Reifen mit dem `Durchmesser 70` nicht bei einem Kinderfahrrad mit `Größe 15` Zoll montiert werden.

Die Komponente `Felge` in Abbildung C.7 beschreibt das Bauteil, das den Mantel trägt und als drehendes Teil mit dem Fahrradrahmen verbunden ist. Die möglichen Bauteilvarianten sind im Freiheitsgrad `Felgenbauteil` aufgeführt. Wie bereits von vorigen Komponentendeklarationen bekannt, werden auch hier die Kerneigenschaften der Felgenbauteile als eigene Freiheitsgrade aufgeführt. Beim `Material` kann der Kunde zwischen vier verschiedenen Aluminiumgüteklassen und der Stahlvariante auswählen. Die `Breite` der Felge ist das zweite Charakteristikum, nach dem sich die verbaubaren Felgenbauteile klassifizieren lassen. Hier bietet das Produktmodell dem Kunden einen Satz von Dezimalzahlen, die die Felgenbreite in mm angeben. Die ersten beiden Relationen dieser Komponente setzen die Bauteilalternativen mit den Materialklassen und den Breitevarianten in Beziehung. Da die Felgenbauteile immer nur für einen einzelnen oder einen bestimmten Satz von Reifendurchmessern konzipiert sind, ist die dritte Relation notwendig. Die Beziehung des Felgenbauteils zum `Fahrradtyp` wird über andere Relationen in den Komponenten `Reifen` und `Mantel` gewährleistet.

Komponente `Felge`
$\neg_{FHG}$ *Felgenbauteil* *OneOf* : *Enum* { CAM-ATL, CAM-MEX, CAM-MOS, CAM-PRO, COSM, CROS, CXP33, HEL, MA3, OPEN-PRO, T519, X221 }
$\neg_{FHG}$ *Material* *OneOf* : *Enum* { Alu-1, Alu-2, Alu-3, Alu-4, Stahl }
$\neg_{FHG}$ *Breite* *OneOf* : *Decimal* { 0.85, 1.00, 1.25, 1.50, 1.75 }
$\neg_{Rel}$ *Felgenbauteil* ⊗ *Material*
$\neg_{Rel}$ *Felgenbauteil* ⊗ *Breite*
$\neg_{Rel}$ *Felgenbauteil* ⊗ Fahrrad.Reifen.*Durchmesser*

Abbildung C.7. Komponente `Felge` des Fahrradproduktmodells

Abbildung C.8 zeigt die dritte Komponente aus dem Bund der Bereifungsbauteile, nämlich den `Mantel`. Dieser besitzt mehrere Freiheitsgrade, mittels dessen der Kunde die Eigenschaften des `Mantelbauteils` genauer bestimmen kann. Die ersten vier Relationen setzen diese Eigenschaften wiederum zum `Mantelbauteil` in Beziehung, wohingegen die letzten beiden Relationen die technische Umsetzbarkeit in Bezug auf das Gesamtfahrrad gewährleisten. Die Regeln spezifizieren detailliert, welche Profiltiefe für die unterschiedlichen `Fahrradtyp`en erlaubt sind. Die Freiheitsgrade `Trockengrip` sowie `Nassgrip` erlauben dem Kunden die Auswahl zwischen jeweils drei verschiedenen Haftungsgüteklassen, sowohl für trockenen als auch für nassen Untergrund. Die ganzzahligen Werte der `Profiltiefe` sind als mm-Angaben zu verstehen.

Komponente `Mantel`

$\neg_{\text{FHG}}$ *Mantelbauteil*
OneOf : *Enum* { ALW, ATL, BEAUM, COUR, EXTR,KEND, LIZZ, PAN-AVV, PAN-CAT, PAN-EVE, PAN-STR, PAN-TOU, ROMA, TECH, TRAC, TRIA }

$\neg_{\text{FHG}}$ *Trockengrip*
OneOf : *Enum* { TGrip-1, TGrip-2, TGrip-3 }

$\neg_{\text{FHG}}$ *Nassgrip*
OneOf : *Enum* { NGrip-1, NGrip-2, NGrip-3 }

$\neg_{\text{FHG}}$ *Profiltiefe*
OneOf : *Integer* { 19, 20, 21, 22, 23, 25, 28, 30, 32, 35 }

$\neg_{\text{FHG}}$ *Seitenreflektorstreifen*
OneOf : *Boolean*

$\neg_{\text{Rel}}$ *Mantelbauteil* ⊗ *Trockengrip*

$\neg_{\text{Rel}}$ *Mantelbauteil* ⊗ *Nassgrip*

$\neg_{\text{Rel}}$ *Mantelbauteil* ⊗ *Profiltiefe*

$\neg_{\text{Rel}}$ *Mantelbauteil* ⊗ *Seitenreflektorstreifen*

$\neg_{\text{Rel}}$ *Mantelbauteil* ⊗ Fahrrad.Reifen.*Durchmesser*

$\neg_{\text{Rel}}$ *Mantelbauteil* ⊗ Fahrrad.Reifen.Felge.*Breite*

$\neg_{\text{Regel}}$ Fahrrad.*Fahrradtyp* = Racing Bike →
19 <= *Profiltiefe* <= 28

$\neg_{\text{Regel}}$ Fahrrad.*Fahrradtyp* = Mountain Bike →
30 <= *Profiltiefe* <= 35

$\neg_{\text{Regel}}$ Fahrrad.*Fahrradtyp* = City Bike →
22 <= *Profiltiefe* <= 35

$\neg_{\text{Regel}}$ Fahrrad.*Fahrradtyp* = Grandma Bike →
25 <= *Profiltiefe* <= 35

Abbildung C.8. Komponente `Mantel` des Fahrradproduktmodells

Die Sitzmöglichkeit des Fahrrads wird über die `Sattel`-Komponente konfiguriert (Abbildung C.9). Der Kunde hat hier neben der direkten Auswahl des *Sattelbauteils* die Möglichkeit, diesen über einige Eigenschaften einzuschränken. Der *Typ*, der über eine Relation mit dem *Fahrradtyp* verknüpft ist, klassifiziert die möglichen Bauteile aufgrund ihrer Einsatzausrichtung. Der Freiheitsgrad *Polsterung* lässt die Auswahl zwischen mehreren Polstervarianten zu, die sich im Fahrkomfort unterscheiden. Mit dem *Bezug* kann der Kunde Einfluss auf die Haltbarkeit der Satteloberfläche nehmen. Die ersten drei Relationen setzen das *Sattelbauteil* zu seinen Eigenschaftsfreiheitsgraden in Bezug. Da nicht jedes *Sattelbauteil* für beide Geschlechter geeignet ist, muss die richtige Wahl durch eine weitere Relation zum Freiheitsgrad *Geschlecht* sichergestellt werden. Ebenso ist die Montage eines `Trekking`-Sattels auf einem `Racing Bike` wenig sinnvoll. Die letzte Relation stellt also sicher, dass nur die für den *`Fahrradtyp`* geeigneten Satteltypen akzeptiert werden.

Komponente `Sattel`
$\neg_{\text{FHG}}$ *`Sattelbauteil`* ***OneOf*** : ***Enum*** { `Fizik-Free`, `Fizik-Zeak`, `Garda-Women`, `Dragon`, `Garda-Men`, `XLC SA-C02`, `Yutaak-XC`, `Yutaak-XC-Gel`, `Fizik-Tundra`, `Scrott-Racing`, `Thoork`, `CX-Zero`, `Optima-Tek`, `SLR T1`, `Tri-Stryke` }
$\neg_{\text{FHG}}$ *`Typ`* ***OneOf*** : ***Enum*** { `Downhill`, `Trekking`, `Mountain`, `Rennrad`, `Triathlon` }
$\neg_{\text{FHG}}$ *`Polsterung`* ***OneOf*** : ***Enum*** { `Gel`, `Schaumstoff`, `Keine` }
$\neg_{\text{FHG}}$ *`Bezug`* ***OneOf*** : ***Enum*** { `Gummi`, `Kevlar`, `SynthLeder` }
$\neg_{\text{Rel}}$ *`Sattelbauteil`* $\otimes$ *`Typ`*
$\neg_{\text{Rel}}$ *`Sattelbauteil`* $\otimes$ *`Polsterung`*
$\neg_{\text{Rel}}$ *`Sattelbauteil`* $\otimes$ *`Bezug`*
$\neg_{\text{Rel}}$ *`Sattelbauteil`* $\otimes$ `Fahrrad.`*`Geschlecht`*
$\neg_{\text{Rel}}$ *`Typ`* $\otimes$ `Fahrrad.`*`Fahrradtyp`*

Abbildung C.9. Komponente `Sattel` des Fahrradproduktmodells

Die Komponenten `Gepäckträger` und `Korb` in Abbildung C.10 spezifizieren die Individualisierungsoptionen für das Tragesystem des Fahrrads. Beide Komponenten sind optional, jedoch kann der `Korb` nur selektiert werden, wenn auch ein `Gepäckträger` angewählt wurde. Dies wird über die erste Regel der Komponente `Korb` sichergestellt. Die Komponente `Gepäckträger` bietet neben der einfachen An- und Abwahlmöglichkeit keine weiteren Freiheitsgrade. Die enthaltene Regel stellt sicher, dass bei einem installierten `Gepäckträger` auch das `Schutzblech` montiert wird, damit die transportierten Lasten durch das durch die Reifen aufgewirbelte Schmutzwasser nicht verdreckt werden.

Der `Korb` als Zusatzausstattung kann dagegen durch den Kunden sehr detailliert spezifiziert werden. Hier habe ich das Produktmodell gegenüber dem Beispiel von *ConfigIT* deutlich erweitert, um die in anderen Anwendungskontexten vorhandenen Individualisierungsmöglichkeiten zu demonstrieren. Im Kontext dieses Beispiels hat der Fahrradanbieter die Möglichkeit, maßgeschneiderte Fahrradkörbe produzieren zu lassen. Diese können durch *`Breite`*, *`Höhe`* und *`Tiefe`* genau dimensioniert werden. Die Maßangaben erfolgen in `dm`. Ebenso ist die *`Farbe`* frei wählbar. Die erste Regel stellt das Vorhandensein eines `Gepäckträgers` sicher. Die zweite Regel legt die minimale sowie die maximale Korbgröße fest. Da die Dimensionsmaßangaben in `dm` erfolgen, entsprechen das minimale und das maximale Korbvolumen dem Fassungsvermögen in Litern.

Optionale Komponente Gepäckträger
$\neg_{\text{FHG}}$ *Selektiert* *OneOf* : *Boolean*
$\neg_{\text{Regel}}$ *Selektiert* → Fahrrad.Rahmen.Schutzblech.*Selektiert*

Optionale Komponente Korb
$\neg_{\text{FHG}}$ *Selektiert* *OneOf* : *Boolean* $\neg_{\text{FHG}}$ *Breite* *OneOf* : *Decimal* { [3.00; 6.00] } $\neg_{\text{FHG}}$ *Höhe* *OneOf* : *Decimal* { [2.00; 4.00] } $\neg_{\text{FHG}}$ *Tiefe* *OneOf* : *Decimal* { [2.00; 3.50] } $\neg_{\text{FHG}}$ *Farbe* *OneOf* : *Enum* { Schwarz, Dunkelviolett, Blau, Braun, Creme, Grün, Grau, Hellblau, Hellgrün, Violett, Rot, Silber, Weiß, Gelb }
$\neg_{\text{Regel}}$ *Selektiert* → Fahrrad.Rahmen.Gepäckträger.*Selektiert* $\neg_{\text{Regel}}$ 20 ≤ *Breite* * *Höhe* * *Tiefe* ≤ 50

Abbildung C.10. Komponenten Gepäckträger und Korb des Fahrradproduktmodells

Weitere optionale Zusatzkomponenten sind die Flasche, die Pumpe sowie das Schloss (Abbildung C.11). Die ersten beiden Komponenten lassen sich durch wenige Freiheitsgrade beeinflussen. So kann etwa das *Material* der Flasche ausgewählt werden. Bei der Pumpe kann sich der Kunde durch den Freiheitsgrad *Variante* zwischen einer kurzen sowie einer langen Ausführung entscheiden. Die lange Variante wiederum bietet einen Einzel- sowie einen Doppelventilkopf. Da nicht jede Pumpe jedes Reifenventil unterstützt, sichert die beigefügte Relation die Übereinstimmung zwischen dem durch die Pumpe bedienbaren Ventiltyp und dem Freiheitsgrad Fahrrad.Reifen.*Ventiltyp*.

Das Schloss als weitere optionale Komponente bietet dem Kunden dahingegen mehr Einflussmöglichkeiten. Er kann sowohl die *Länge* also auch das *Material* und dessen *Dicke* spezifizieren. Die Maßangaben der Freiheitsgrade *Länge* sowie *Dicke* sind in cm anzugeben. Während die *Länge* einen beliebigen Wert innerhalb des Intervalls [40; 200] akzeptiert, ist für die *Dicke* des Materials (betrifft sowohl die Glieder der Kette als auch das Stahlseil) lediglich ein Wert aus einer fest vorgegebenen Auswahlmenge erlaubt.

Der Ständer sowie das Schutzblech sind zwei weitere am Rahmen optional zu montierende Bauteile (Abbildung C.12). Beim Ständer kann der Kunde durch den Freiheitsgrad *Art*

Optionale Komponente `Flasche`
$^{-}_{\mathrm{FHG}}$ *Selektiert*   *OneOf* : *Boolean* $^{-}_{\mathrm{FHG}}$ *Material*   *OneOf* : *Enum* { `Kunststoff`, `Aluminium` }

Optionale Komponente `Pumpe`
$^{-}_{\mathrm{FHG}}$ *Selektiert*   *OneOf* : *Boolean* $^{-}_{\mathrm{FHG}}$ *Variante*   *OneOf* : *Enum* { `Kurz`, `LangEinzel`, `LangDoppel` }
$^{-}_{\mathrm{Rel}}$ *Selektiert* → *Variante* ⊗ `Fahrrad.Reifen.`*Ventiltyp*

Optionale Komponente `Schloss`
$^{-}_{\mathrm{FHG}}$ *Selektiert*   *OneOf* : *Boolean* $^{-}_{\mathrm{FHG}}$ *Länge*   *OneOf* : *Decimal* { `[40; 200]` } $^{-}_{\mathrm{FHG}}$ *Material*   *OneOf* : *Enum* { `Kette`, `Stahlseil` } $^{-}_{\mathrm{FHG}}$ *Dicke*   *OneOf* : *Decimal* { `1.00`, `1.20`, `1.40`, `1.80`, `2.00` }

Abbildung C.11. Komponenten `Flasche`, `Pumpe` und `Schloss` des Fahrradproduktmodells

zwischen zwei Ausführungen auswählen. Die der Komponente beigefügte Relation sichert die Eignung des `Ständers` für den gewählten *`Fahrradtyp`*en. Die Komponente `Schutzblech` ist sehr einfach gestaltet und gibt dem Kunden keine Anpassungsmöglichkeiten.

Optionale Komponente `Ständer`
$^{-}_{\mathrm{FHG}}$ *Selektiert*   *OneOf* : *Boolean* $^{-}_{\mathrm{FHG}}$ *Art*   *OneOf* : *Enum* { `Mittelständer`, `Seitenständer` }
$^{-}_{\mathrm{Rel}}$ *Selektiert* → *Art* ⊗ `Fahrrad.`*Fahrradtyp*

Optionale Komponente `Schutzblech`
$^{-}_{\mathrm{FHG}}$ *Selektiert*   *OneOf* : *Boolean*

Abbildung C.12. Komponenten `Ständer` und `Schutzblech` des Fahrradproduktmodells

Den Abschluss der Fahrradproduktmodellbeschreibung bildet das `Lichtsystem` mit seinen drei optionalen Unterkomponenten `Frontlicht`, `Rücklicht` und `Seitenreflektor` (Abbildung C.13). Die Komponente `Lichtsystem` ist nicht optional, findet sich aber auch physisch in keinem Bauteil des Fahrradproduktes wieder. Vielmehr fasst sie die am `Lichtsystem` beteiligten Einzelkomponenten zusammen. Interessant ist hier der Freiheitsgrad *`Betriebsmodus`*, über den der Kunde zwischen `Dynamo`- und `Batterie`-Betrieb auswählen kann. Aufgrund der Multiplizität *AtMostOne* kann auf die Angabe des Wertes verzichtet werden, wodurch kein Licht montiert wird. Unabhängig vom gewählten *`Betriebsmodus`* der aktiven Beleuchtung, stellt die der Komponente `Lichtsystem` zugeordnete Regel eine minimale Verkehrssicherheit sicher, indem sie entweder die Montage eines `Seitenreflektors` oder die Wahl eines `Mantels` mit *`Seitenreflektorstreifen`* garantiert. Die Komponente `Seitenreflektor` selbst ist nicht weiter individualisierbar.

Die optionale Komponente `Frontlicht`, die aufgrund der beigefügten Regeln im *`Betriebsmodus`* `Dynamo` angewählt sein muss, erlaubt die Wahl zwischen dem Lichtquellentyp im Freiheitsgrad *`Frontlichttyp`*.

Das optionale `Rücklicht`, das wie das `Frontlicht` im `Dynamo`-Betrieb angewählt sein muss, erlaubt die Selektion des *`Rücklichttyp`*s. Um das Auffallen im Verkehr zu unterstützen, kann hier die Zusatzfunktion eines *`Blinkmodus`* hinzugeschaltet werden. Dies wird durch die verbaute Elektronik realisiert.

Komponente `Lichtsystem`
$-_{\text{UKomp}}$ `Rücklicht` $-_{\text{UKomp}}$ `Frontlicht`
$-_{\text{UKomp}}$ `Seitenreflektor`
$-_{\text{FHG}}$ *`Betriebsmodus`*
AtMostOne : *Enum* { `Dynamo`, `Batterie` }
$-_{\text{Regel}}$ `Fahrrad.Reifen.Mantel.`*`Seitenreflektorstreifen`* *oder*
`Fahrrad.Lichtsystem.Seitenreflektor.`*`Selektiert`*

Optionale Komponente `Frontlicht`
$-_{\text{FHG}}$ *`Selektiert`*
OneOf : *Boolean*
$-_{\text{FHG}}$ *`Frontlichttyp`*
OneOf : *Enum* { `Standard`, `Halogen`, `LED` }
$-_{\text{Regel}}$ |*FHGSel*(`Fahrrad.Lichtsystem.`*`Betriebsmodus`*)| = 1 →
`Selektiert`

Optionale Komponente `Rücklicht`
$-_{\text{FHG}}$ *`Selektiert`*
OneOf : *Boolean*
$-_{\text{FHG}}$ *`Rücklichttyp`*
OneOf : *Enum* { `Standard`, `LED` }
$-_{\text{FHG}}$ *`Blinkmodus`*
OneOf : *Boolean*
$-_{\text{Regel}}$ |*FHGSel*(`Fahrrad.Lichtsystem.`*`Betriebsmodus`*)| = 1 →
`Selektiert`

Optionale Komponente `Seitenreflektor`
$-_{\text{FHG}}$ *`Selektiert`*
OneOf : *Boolean*

Abbildung C.13. Komponenten `Lichtsystem`, `Frontlicht`, `Rücklicht` und `Seitenreflektor` des Fahrradproduktmodells

Anhang D. Berechnung der Leistungskennzahlen

Zur Realisierung der Meta-Personalisierung sammelt das ReCoKit während des Konfigurationsvorgangs Daten zu den Leistungskennzahlen, die das Ausführungsverhalten der verwendeten ReCoKit-Templates und Filtermodule beschreiben (vgl. Abschnitt 5.2.8.1). In den folgenden Abschnitten werden zu den in Tabelle 5.5 (Seite 206) aufgeführten Leistungskennzahlen die detaillierten Berechnungsvorschriften angegeben.

D.1. Ausführungsgeschwindigkeit (LK.1)

Das ReCoKit misst die Ausführungsgeschwindigkeit in Millisekunden. Es wird jeweils genau ein Wert pro Empfehlungsvorgang für das ReCoKit-Template sowie jedes ausgeführte Filtermodul FM_i berechnet. Die gemessene Zeit wird anhand der Anzahl veränderter Freiheitsgrade relativiert:

$$Perf_{Template} = \frac{\text{Rechenzeit für den Empfehlungsvorgang in Millisekunden}}{\text{Anzahl der veränderten Freiheitsgrade}} \quad (D.1.1)$$

$$Perf_{FM_i} = \frac{\text{Gesamtrechenzeit aller Aufrufe des Filtermoduls } FM_i \text{ in Millisekunden}}{\text{Anzahl der veränderten Freiheitsgrade durch } FM_i} \quad (D.1.2)$$

D.2. Anteil durch Werteselektionen modifizierter Freiheitsgrade (LK.2)

Mit diesem Wert wird gemessen, wieviel Einfluss ein ReCoKit-Template oder ein Filtermodul in dem ihm vorgegebenen Grenzen auf das Konfigurationsmodell genommen hat. Dabei sind nur Veränderungen der Werteselektionsmengen von Interesse. Die Kennzahl stellt die Anzahl der veränderten Freiheitsgrade den änderbaren Freiheitsgraden gegenüber. Die Menge der änderbaren Freiheitsgrade ergibt sich aus den Produktmodellfreiheitsgraden, die innerhalb der Bereichsfestlegungen liegen und noch um mindestens eine Werteselektion erweitert werden können. Es wird jeweils genau ein Wert pro Empfehlungsvorgang für das ReCoKit-Template sowie jedes einzelne Filtermodul FM_i berechnet.

Die Menge der änderbaren Freiheitsgrade[1] ergibt sich für das ReCoKit-Template und jedes Filtermodul FM_i folgendermaßen:

$$FHG_{SÄ,Template} = \begin{array}{l}\text{Menge der Freiheitsgrade, die vor dem Empfehlungsvorgang}\\ \text{zu belegen waren und innerhalb der Bereichsfestlegung lagen}\end{array} \tag{D.2.1}$$

$$FHG_{SÄ,FM_i} = \begin{array}{l}\text{Menge der Freiheitsgrade, die vor mindestens einem Aufruf von } FM_i\\ \text{noch offen waren und die innerhalb der dem Aufruf zugehörigen}\\ \text{Bereichsfestlegung von } FM_i \text{ aufgeführt waren}\end{array} \tag{D.2.2}$$

Auf der Basis dieser Grundmengen errechnen sich die Kennzahlen nun wie folgt:

$$SelÄnd_{Template} = \frac{\begin{array}{l}\text{Anzahl der Freiheitsgrade aus } FHG_{SÄ,Template}\text{,}\\ \text{deren Selektionsmenge im Empfehlungsvorgang verändert wurde}\end{array}}{\text{Anzahl der Freiheitsgrade in } FHG_{SÄ,Template}} \tag{D.2.3}$$

$$SelÄnd_{FM_i} = \frac{\begin{array}{l}\text{Anzahl der Freiheitsgrade aus } FHG_{SÄ,FM_i}\text{,}\\ \text{deren Selektionsmenge durch } FM_i \text{ im Empfehlungsvorgang}\\ \text{verändert wurde}\end{array}}{\text{Anzahl der Freiheitsgrade in } FHG_{SÄ,FM_i}} \tag{D.2.4}$$

D.3. Nutzungszähler (LK.3)

Der Nutzungszähler gibt an, wie häufig ein ReCoKit-Template oder ein Filtermodul ausgeführt wurde. Jedem ReCoKit-Template und jedem Filtermodul ist genau ein Zähler zugeordnet. Pro Empfehlungsvorgang wird dieser Zähler für das genutzte ReCoKit-Template sowie alle aufgerufenen Filtermodule um eins erhöht. Filtermodule, die zwar Bestandteil des ReCoKit-Templates waren, aber nicht aufgerufen wurden, werden nicht berücksichtigt. Mehrfache Aufrufe innerhalb eines Empfehlungsvorgangs werden nur einmal gewertet.

D.4. Kundenzufriedenheit mit der Empfehlung mittels Ratingeingabe (LK.4)

Die Kundenzufriedenheit als qualitative Bewertung des einzelnen Empfehlungsvorgangs wird explizit erhoben. Der Kunde bewertet dabei auf einer stetigen Skala von „0“ bis „1“, wie gut

[1] SÄ = Selektion änderbar

ihm die Empfehlung gefallen hat. Pro Empfehlungsvorgang kann er höchstens ein solches Rating abgeben. Der Kunde kann einen ausgeführten Empfehlungsvorgang bewerten, solange kein neuer gestartet wurde. Über die Zeit hinweg fallen auf diese Weise pro Kunde mehrere Ratings für ein ReCoKit-Template an.

Eine solche Bewertung bezieht sich unmittelbar auf das ausgewertete ReCoKit-Template und wird implizit auf die darin verwendeten Filtermodule übertragen. Die Übertragung auf die Filtermodule erfolgt unter Berücksichtigung eines Einflussanteils. Die Berechnung dieses Anteils ergänzt die auf die Filtermodule übertragene Leistungskennzahl und wird nach folgendem Schema berechnet. Als Grundlage für die Berechnung dienen die folgenden Mengen:

$$FHG_{verändert} = \begin{array}{l}\text{Alle Freiheitsgrade, deren Werteselektionen}\\ \text{im Empfehlungsvorgang verändert wurden}\end{array} \tag{D.4.1}$$

$$FHG_{verändert,FM_i} = \begin{array}{l}\text{Alle Freiheitsgrade aus } FHG_{verändert}\text{, deren Werteselektionen}\\ \text{durch das Filtermodul } FM_i \text{ verändert wurden}\end{array} \tag{D.4.2}$$

Zur Berechnung des Einflussanteils eines Filtermoduls FM_i werden auch die kundenseitig spezifizierten Gewichtungen herangezogen. Für die Übersetzung eines Freiheitsgrads in seinen Gewichtungswert dient folgende Funktion:

$$Gewichtungswert(fhg) = \begin{cases} 1 & \textit{falls fhg mit } \texttt{Unwichtig} \textit{ gewichtet wurde} \\ 2 & \textit{falls fhg mit } \texttt{Weniger wichtig} \textit{ gewichtet wurde} \\ 3 & \textit{falls fhg mit } \texttt{Sehr wichtig} \textit{ gewichtet wurde} \end{cases} \tag{D.4.3}$$

So berechnet sich nun der Einflussanteil eines Filtermoduls FM_i auf die Zufriedenheit des Nutzers durch:

$$AnteilZufriedenheit_{FM_i} = \frac{\begin{array}{c}\text{Summe über die } \textit{Gewichtungswerte}\\ \text{aller Freiheitsgrade aus } FHG_{verändert,FM_i}\end{array}}{\begin{array}{c}\text{Summe über die } \textit{Gewichtungswerte}\\ \text{aller Freiheitsgrade aus } FHG_{verändert}\end{array}} \tag{D.4.4}$$

D.5. Richtig personalisierte Werteselektionen (LK.5)

Diese Kennzahl wird für alle Filtermodule und ReCoKit-Templates erstellt, die an einem gesamten Konfigurationsablauf beteiligt waren. Auslöser für die Berechnung dieser Kennzahl ist die Kaufentscheidung des Kunden. Die Kaufentscheidung wird implizit als Indikator für eine hohe Zufriedenheit mit dem konfigurierten Produkt verstanden.

Diese Kennzahl misst grundsätzlich, inwiefern die von den Filtermodulen und ReCoKit-Templates vorgenommenen Werteselektionseinstellungen am Ende auch wirklich durch den Kunden akzeptiert wurden. Dabei ist es egal, ob eine empfohlene Selektion während des Ablaufs zwischenzeitlich entfernt, dann aber wieder eingefügt wurde.

Die Kennzahl wird basierend auf dem Veränderungsprotokoll des gesamten Konfigurationsvorgangs errechnet. Dabei wird für jede einzelne Ausführung eines Empfehlungsvorgangs eine eigene Kennzahl für das verantwortliche ReCoKit-Template sowie die beteiligten Filtermodule errechnet. Seien in einem Konfigurationsvorhaben eines Produktes also eine bestimmte Anzahl von Empfehlungsvorgängen EV durchgeführt worden, so errechnet sich die Kennzahl für das ReCoKit-Template im Empfehlungsvorgang EV_k folgendermaßen:

$$RichtigeSelektionen_{Template_{EV_k}} = \frac{\begin{array}{l}\text{Anzahl der im Empfehlungsvorgang } EV_k \\ \text{eingefügten Werteselektionen, die Bestandteil} \\ \text{des gekauften Produkt sind}\end{array}}{\begin{array}{l}\text{Anzahl aller im Empfehlungsvorgang } EV_k \\ \text{eingefügten Werteselektionen}\end{array}} \quad \text{(D.5.1)}$$

Für das im Empfehlungsvorgang EV_k beteiligte Filtermodul $FM_{EV_k,i}$ erfolgt die Berechnung in ähnlicher Art und Weise:

$$RichtigeSelektionen_{FM_{EV_k,i}} = \frac{\begin{array}{l}\text{Anzahl der im Empfehlungsvorgang } EV_k \text{ durch } FM_i \\ \text{eingefügten Werteselektionen,} \\ \text{die Bestandteil des gekauften Produkt sind}\end{array}}{\begin{array}{l}\text{Anzahl der im Empfehlungsvorgang } EV_k \text{ durch } FM_i \\ \text{eingefügten Werteselektionen}\end{array}} \quad \text{(D.5.2)}$$

D.6. Kommentierung eines ReCoKit-Templates oder eines Filtermoduls (LK.6)

In einem Kommentar zu einem ReCoKit-Template hinterlegt der Kunde seine ausführliche Meinung und persönlichen Eindrücke über die darin realisierte Empfehlungsfunktionalität. Jeder Kunde kann beliebig viele Kommentare zu einem ReCoKit-Template abgeben. Abgegebene Kommentare dürfen lediglich durch den Autor gelöscht werden.

Ebenso hat ein Empfehlungslogik-Designer die Möglichkeit, Filtermodule zu kommentieren. Diese Kommentare sind als Auswahlunterstützung von Filtermodulen für die Empfehlungslogik-Designer gedacht.

D.7. Bewertung eines Kommentars (LK.7)

Kommentarbewertungen dürfen durch jeden Kunden eingefügt werden. Die Summe aller Bewertungen eines Kommentars gilt als Qualitätsbewertung und beeinflusst die Kommentarsortierung.

Anhang E. ReCoKit-Template-Beispiel mit exemplarischem Empfehlungsvorgang

Die in diesem Anhang vorgestellten Inhalte bilden die technische Grundlage für die Diskussion in Abschnitt 6.2.2. Für den exemplarischen Testlauf des Prototyps werden das verwendete ReCoKit-Template sowie das Empfehlungsergebnis vorgestellt.

E.1. Beispiel eines ReCoKit-Templates

Abbildung E.1 zeigt das für den Testlauf verwendete ReCoKit-Template. Die Graphik gibt über die eingesetzten Ablaufsteuerungselemente des Hybridisierungsschemas sowie die eingebundenen Filtermodule Aufschluss. Die für die einzelnen Elemente spezifischen Aufrufargumente sind weiter unten im Text dokumentiert. Die hochgestellten, eingekreisten Zahlen in der Abbildung dienen als Referenzschlüssel.

Mit dem dargestellten ReCoKit-Template werden die Kombinationsmöglichkeiten der zur Verfügung stehenden Ablaufsteuerungselemente und Filtermodule demonstriert. Wohlgemerkt ist dies nur *eine* Möglichkeit einer Empfehlungslogik neben vielen anderen und ist nicht notwendigerweise optimal. Ein erster Blick auf das ReCoKit-Template zeigt, dass ganz unterschiedliche Hybridisierungsmodi Anwendung finden und dabei insbesondere die Filtermodule `HistoryFM` und `KollaborativFM` mehrmals aufgerufen werden. Die folgende Aufzählung gibt einen Überblick über die Semantik aller eingebundenen Filtermodule:

- `HistoryFM`: Der historienbasierte Empfehlungsalgorithmus stützt seine Vorschläge auf die früheren Produktkäufe des aktiven Kunden. Dazu errechnet er für jeden veränderbaren Freiheitsgrad, welcher Wert wie häufig selektiert wurde. Die am häufigsten selektierten Werte werden vorgeschlagen. Zusätzlich zur Bereichsfestlegung kann diesem Filtermodul eine Höchstgrenze der während eines Aufrufs zu verändernden Freiheitsgrade auferlegt werden, damit auch andere Filtermodule die Möglichkeit zur Konfiguration haben.

- `KollaborativFM`: Der kollaborative Empfehlungsalgorithmus stützt seine Vorschläge auf der Menge aller Produktkäufe der gesamten Kundencommunity. Dazu berechnet er zuerst die Ähnlichkeit zwischen dem aktuellen Konfigurationsmodell und jeder einzelnen gekauften Produktkonfiguration. Danach wird für jeden im aktuellen Empfehlungskontext veränderbaren Freiheitsgrad die Auswahlhäufigkeit der selektierbaren Werte kalkuliert. Alle Auswahlhäufigkeiten der verschiedenen Produktkonfigurationen eines Freiheitsgrads werden dann mit dem Ähnlichkeitswert gewichtet und anschließend kombiniert. Auf diese Weise ergibt sich für jeden selektierbaren Wert des Konfigurationsmodells ein Konfidenzwert. Das Filtermodul schlägt all die Werte vor, deren Selektionskonfidenz größer als der vorgegebene

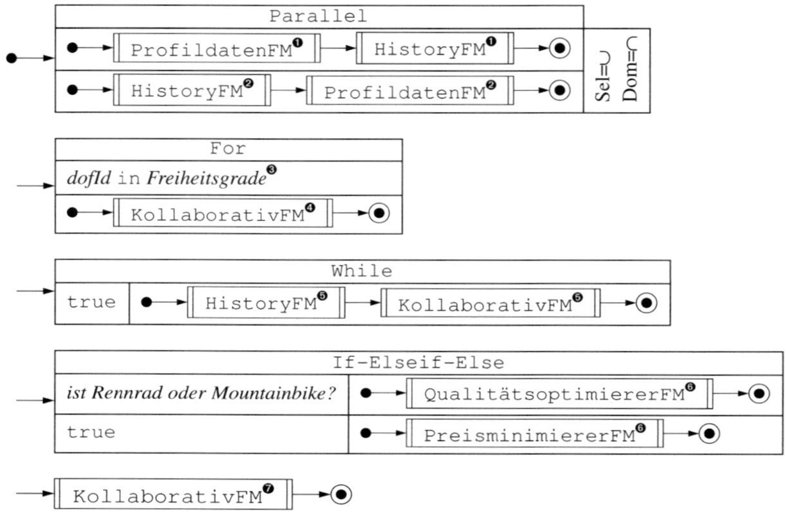

Abbildung E.1. Beispiel eines ReCoKit-Templates für das Fahrradproduktmodell

Schwellwert ist. Auch dem kollaborativen Filter kann eine Höchstgrenze der während eines Aufrufs zu verändernden Freiheitsgrade auferlegt werden, damit auch andere Filtermodule die Möglichkeit zur Konfiguration haben.

- `ProfildatenFM`: Dieses fahrradproduktmodellspezifische Filtermodul nutzt Informationen aus dem Nutzerprofil, um die Freiheitsgrade `Fahrrad.`*`Auftraggeber`*, `Fahrrad.Rahmen.`*`Namensgravur`*, `Fahrrad.`*`Geschlecht`*, `Fahrrad.`*`Fahrergröße`*, `Fahrrad.Rahmen.`*`Farbe`* und `Fahrrad.Rahmen.Korb.`*`Farbe`* zu konfigurieren.

- `QualitätsoptimiererFM`: Dieses Filtermodul simuliert einen wissensbasierten Empfehlungsalgorithmus, der die Qualität der unterschiedlichen Fahrradbauteile optimal aufeinander abstimmt. Als Wissensbasis stehen fiktive Qualitätsinformationen zu den Werten der Freiheitsgrade *`Pedalenbauteil`*, *`Mantelbauteil`*, *`Rahmenbauteil`*, *`Felgenbauteil`*, *`Sattelbauteil`* und *`Schaltungsbauteil`* zur Verfügung.

- `PreisminimiererFM`: Dieses Filtermodul simuliert einen wissensbasierten Empfehlungsalgorithmus, der die Fahrradbauteile so aufeinander abstimmt, dass der Preis des resultierenden Produktes minimal ist. Als Wissensbasis stehen fiktive Komponentenpreise zu den Werten der Freiheitsgrade *`Pedalenbauteil`*, *`Mantelbauteil`*, *`Rahmenbauteil`*, *`Felgenbauteil`*, *`Sattelbauteil`* und *`Schaltungsbauteil`* zur Verfügung.

Das ReCoKit-Template aus Abbildung E.1 arbeitet sich schrittweise durch die einzelnen Produktbereiche hindurch und konfiguriert diese nacheinander. Über die Bereichsfestlegungen wird gesteuert, welche Produktbereiche durch die einzelnen Aufrufe verändert werden dürfen. Die in diesem ReCoKit-Template realisierte Algorithmik arbeitet dabei nach der folgenden Strategie:

Persönliche Daten setzen
Im ersten Schritt konfiguriert das ReCoKit-Template wichtige und persönliche Daten im Konfigurationsmodell. Dazu werden zwei parallel angeordnete Bahnen ausgeführt, die unabhängig voneinander die folgenden Produkteigenschaften festlegen:

❶ Aufruf von `ProfildatenFM` und `HistoryFM` auf der ersten Bahn

Bereich	`Fahrrad.`*`Fahrradtyp`*, `Fahrrad.`*`Fahrergröße`*, `Fahrrad.`*`Geschlecht`*, `Fahrrad.`*`Auftraggeber`*

❷ Aufruf von `HistoryFM` und `ProfildatenFM` auf der zweiten Bahn

Bereich	`Fahrrad.Rahmen.`*`Farbe`*, `Fahrrad.Rahmen.Korb.`*`Farbe`*, `Fahrrad.Rahmen.`*`Namensgravur`*

Für die durch die erste Bahn konfigurierten Freiheitsgrade findet zuerst das Filtermodul `ProfildatenFM` Anwendung. Das Filtermodul `HistoryFM` kann anschließend die noch offenen Freiheitsgrade festlegen. Diese Reihenfolge gibt also den im Nutzerprofil gespeicherten Daten Vorrang gegenüber den früheren Produktkäufen. Die zweite Bahn wendet die beiden Filtermodule dagegen in umgekehrter Reihenfolge an, denn es wird angenommen, dass beispielsweise die Farbinformationen eher aus früheren Produktäufen als aus den Profildaten korrekt abgeleitet werden können.

Optionale Komponenten an- oder abwählen
Im zweiten Schritt werden die optionalen Komponenten an- oder abgewählt. Dafür iteriert eine `For`-Schleife über eine Freiheitsgradliste, denn damit kann die Reihenfolge der Freiheitsgrade fest vorgegeben werden. So wird also das Lichtsystem immer vor allen anderen optionalen Komponenten an- oder abgewählt:

❸ Iterationsliste der `For`-Schleife

Freiheits-gradliste	`Fahrrad.Lichtsystem.`*`Betriebsmodus`*, `Fahrrad.Lichtsystem.Frontlicht.`*`Selektiert`*, `Fahrrad.Lichtsystem.Rücklicht.`*`Selektiert`*, `Fahrrad.Lichtsystem.Seitenreflektor.`*`Selektiert`*, `Fahrrad.Rahmen.Schutzblech.`*`Selektiert`*, `Fahrrad.Rahmen.Ständer.`*`Selektiert`*, `Fahrrad.Pedale.Schuhe.`*`Selektiert`*, `Fahrrad.Rahmen.Gepäckträger.`*`Selektiert`*, `Fahrrad.Rahmen.Korb.`*`Selektiert`*, `Fahrrad.Rahmen.Pumpe.`*`Selektiert`*, `Fahrrad.Rahmen.Flasche.`*`Selektiert`*, `Fahrrad.Rahmen.Schloss.`*`Selektiert`*

❹ Aufruf von `KollaborativFM` innerhalb der `For`-Schleife

Bereich	Freiheitsgrad, der in der aktuellen `For`-Schleifeniteration an die Variable *dofId* gebunden ist

Dabei iteriert die Schleifenvariable *dofId* über die vorgegebene Freiheitsgradliste. In jeder Iteration wird der Empfehlungsbereich des aufgerufenen Filtermoduls `KollaborativFM` genau auf den Freiheitsgrad eingeschränkt, der an die Schleifenvariable gebunden ist. Die weitere Konfiguration der übrigen Eigenschaften der angewählten optionalen Komponenten erfolgt in den nächsten Schritten.

Fahrradeigenschaften konfigurieren

Im dritten Schritt werden die Eigenschaften der Hauptkomponenten des Fahrradproduktmodells festgelegt. Dabei finden abwechselnd zwei Filtermodule Anwendung, damit die Freiheitsgrade aus verschiedenen Profildaten heraus konfiguriert werden. Um die alternierende Anwendung der beiden Module zu gewährleisten, wird die maximale Anzahl der während eines Aufrufs zu verändernden Freiheitsgrade auf `4` festgelegt. Die Bauteilfreiheitsgrade sind von der Konfiguration ausgeschlossen, da sie erst im nächsten Schritt optimal festgelegt werden:

❺ Aufruf von `HistoryFM` und `KollaborativFM` innerhalb der `While`-Schleife

Bereich	`Fahrrad.Rahmen.*,Fahrrad.Gangschaltung.*,`
	`Fahrrad.Sattel.*,Fahrrad.Pedale.**.*,`
	`Fahrrad.Reifen.**.*`

Bereichsausschluss	`Fahrrad.Pedale.`*`Pedalenbauteil`*, `Fahrrad.Reifen.Mantel.`*`Mantelbauteil`*, `Fahrrad.Rahmen.`*`Rahmenbauteil`*, `Fahrrad.Reifen.Felge.`*`Felgenbauteil`*, `Fahrrad.Sattel.`*`Sattelbauteil`*, `Fahrrad.Gangschaltung.`*`Schaltungsbauteil`*
Anzahl veränderbarer Freiheitsgrade	`4`

Die `While`-Schleife wird aufgrund der Schleifenbedingungen nun so lange ausgeführt, bis keines der beiden beteiligten Filtermodule weitere signifikante Veränderungen einfügen kann. Das Empfehlungsergebnis ist also ein Konfigurationsmodellfixpunkt bezüglich der innerhalb der `While`-Schleife kombinierten Empfehlungsalgorithmik und der vorgegebenen Bereichsfestlegung.

Optimierung der Produktbauteile
Die noch unkonfigurierten Bauteilfreiheitsgrade werden nun entweder preislich oder qualitativ optimiert:

❻ Aufruf von `QualitätsoptimiererFM` oder `PreisminimiererFM`

Bereich	`Fahrrad.Pedale.`*`Pedalenbauteil`*, `Fahrrad.Reifen.Mantel.`*`Mantelbauteil`*, `Fahrrad.Rahmen.`*`Rahmenbauteil`*, `Fahrrad.Reifen.Felge.`*`Felgenbauteil`*, `Fahrrad.Sattel.`*`Sattelbauteil`*, `Fahrrad.Gangschaltung.`*`Schaltungsbauteil`*

In diesem Template werden lediglich Rennräder oder Mountainbikes qualitativ optimiert, bei allen anderen Fahrradtypen werden die noch wählbaren Bauteile so konfiguriert, dass der Produktgesamtpreis minimal ist.

Abschließendes Füllen offener Freiheitsgrade
Den Abschluss bildet der kollaborative Filter, der alle im Empfehlungsbereich liegenden, noch offenen Freiheitsgrade mit Werten zu belegen versucht. Die Besonderheit ist hier, dass bei angewähltem Vervollständigungsmodus der Schwellwert für Werteselektionen auf `0.0` heruntergesetzt wird, damit jeder Freiheitsgrad konfiguriert werden kann:

❼ Aufruf von `KollaborativFM` am Ende des Schemas

Bereich	`Fahrrad.**.*`
Werteselektionsschwellwert	*Wenn automatisierte_Vervollständigung Dann* `0.0` *Sonst Standardschwellwert*

Die dokumentierte Strategie hat alle für die Aufrufe notwendige Bereichseinschränkungen sowie freien Parameter der Filtermodule bestimmt. Dagegen sind die in Tabelle 5.4 (Seite 190) aufgeführten beiden anderen Steuerungsmöglichkeiten *Automatisierter Vervollständigungsmodus* und *Schwellwerte der Empfehlungsprediciton* zum Großteil noch offen. In diesem ReCoKit-Template werden unabhängig vom Nutzerwunsch alle Filtermodule ohne Vervollständigungszwang ausgeführt, da die Empfehlungsstrategie eine eigene Umsetzung des Vervollständigungswunsches im letzten Schritt realisiert hat. Dort, wo die Selektions- und Restriktionsschwellwerte zu den Filtermodulaufrufen fehlen, werden die Standardwerte des jeweiligen Filtermoduls verwendet.

Die dokumentierte Strategie ist grundsätzlich auf unkonfigurierte Konfigurationsmodelle ausgerichtet. Nichtsdestotrotz kann das vorgestellte ReCoKit-Template natürlich auch auf bereits partiell vorkonfigurierten Fahrradmodellen angewendet werden. Dabei haben die Filtermodule innerhalb ihrer Bereichsfestlegungen einfach weniger Einfluss, da sie die schon festgelegten Freiheitsgradselektionen nicht mehr verändern dürfen.

E.2. Protokoll eines exemplarischen Empfehlungsvorgangs

Die folgenden Seiten zeigen das technische Protokoll eines exemplarischen Empfehlungsvorgangs, der basierend auf dem im vorigen Abschnitt vorgestellten ReCoKit-Template durchgeführt wird. Das technische Protokoll enthält Informationen zu den ausgeführten Ablaufsteuerungselementen und Filtermodulen sowie den eingefügten Werteselektionen. Die Auswertung des Protokolls findet in Abschnitt 6.2.2 statt. An das Gesamtprotokoll schließt sich eine Übersicht über die empfohlenen Konfigurationseinstellungen an. Der Empfehlungsvorgang wurde mit einem vollständig unkonfigurierten Konfigurationsmodell gestartet.

```
| User                         = user1
| Included area                = Any degree of freedom
| Excluded area                = []
| Completion mode              = true
| Weighting                    = []
| Free variables               = []
| OVERALL BEGIN TIME STAMP     = 0
+------------
  Sequence (5 sequentialized element(s))
    Parallel (with 2 parallel lane(s))
      Doing lane '1'.
          Sequence (2 sequentialized element(s))
            FilterModuleCall (called element: 'ProfildatenFM')
              Call to filter module 'ProfildatenFM'.
              | Completion mode       = false
              | Included area         = [Fahrrad.Fahrergroesse, Fahrrad.Fahrradtyp, Fahrrad.Geschlecht,
                                         Fahrrad.Auftraggeber]
              | Excluded area         = []
              | Variable env          = []
              | Thresholds (sel, dom) = (0.5, 0.5)
              | BEGIN CALL TIME STAMP = 328 ms
              +------------------
              | '4' degree(s) of freedom in recommendation area. '4' accept further selections.
              | CHANGED Fahrrad.Auftraggeber; added [user1]
              |         Der angemeldete Kunde ist automatisch der Auftraggeber.
              | 'Fahrrad.Rahmen.Namensgravur' left unchanged: Not in recommendation area.
              | Geschlecht des Kunden ist nicht im Profil gespeichert.
              | 'Fahrrad.Rahmen.Farbe' left unchanged: Not in recommendation area.
              | 'Fahrrad.Rahmen.Korb.Farbe' left unchanged: Not in recommendation area.
              | CHANGED Fahrrad.Fahrergroesse; added [160_170cm]
              |         Das Körpergröße wurde aus dem Nutzerprofil übernommen.
              | FINISH CALL TIME STAMP     = 359 ms
              +------------------
```

```
    FilterModuleCall (called element: 'HistoryFM')
      Call to filter module 'HistoryFM'.
      | Completion mode       = false
      | Included area         = [Fahrrad.Fahrergroesse, Fahrrad.Fahrradtyp, Fahrrad.Geschlecht,
                                 Fahrrad.Auftraggeber]
      | Excluded area         = []
      | Variable env          = [Maximum number of DoFs to change=9999]
      | Thresholds (sel, dom) = (0.5, 0.5)
      | BEGIN CALL TIME STAMP = 359 ms
      +-----------------
      | '4' degree(s) of freedom in recommendation area. '2' accept further selections.
      | Using 3 historic purchases.
      | CHANGED Fahrrad.Fahrradtyp; added [City Bike]
      |         Häufigsten Wert in früheren Produktkäufen (2 Mal).
      | CHANGED Fahrrad.Geschlecht; added [Female]
      |         Häufigsten Wert in früheren Produktkäufen (2 Mal).
      | FINISH CALL TIME STAMP     = 1531 ms
      +-----------------
Doing lane '2'.
  Sequence (2 sequentialized element(s))
    FilterModuleCall (called element: 'HistoryFM')
      Call to filter module 'HistoryFM'.
      | Completion mode       = false
      | Included area         = [Fahrrad.Rahmen.Korb.Farbe, Fahrrad.Rahmen.Namensgravur,
                                 Fahrrad.Rahmen.Farbe]
      | Excluded area         = []
      | Variable env          = [Maximum number of DoFs to change=9999]
      | Thresholds (sel, dom) = (0.5, 0.5)
      | BEGIN CALL TIME STAMP = 1656 ms
      +-----------------
      | '3' degree(s) of freedom in recommendation area. '3' accept further selections.
      | Using 3 historic purchases.
```

```
  | Not setting most common value 'Purple' for degree of freedom Fahrrad.Rahmen.Farbe since
    selection ratio '0.3333333333333333' is below '0.5'.
  | Not setting most common value 'Purple' for degree of freedom Fahrrad.Rahmen.Korb.Farbe since
    selection ratio '0.3333333333333333' is below '0.5'.
  | FINISH CALL TIME STAMP     = 2281 ms
  +------------------
FilterModuleCall (called element: 'ProfildatenFM')
  Call to filter module 'ProfildatenFM'.
  | Completion mode         = false
  | Included area           = [Fahrrad.Rahmen.Korb.Farbe, Fahrrad.Rahmen.Namensgravur,
                               Fahrrad.Rahmen.Farbe]
  | Excluded area           = []
  | Variable env            = []
  | Thresholds (sel, dom) = (0.5, 0.5)
  | BEGIN CALL TIME STAMP = 2281 ms
  +------------------
  | '3' degree(s) of freedom in recommendation area. '3' accept further selections.
  | 'Fahrrad.Auftraggeber' left unchanged: Not in recommendation area.
  | CHANGED Fahrrad.Rahmen.Namensgravur; added [user1]
  |         Der Kundenname wird eingraviert.
  | 'Fahrrad.Geschlecht' left unchanged: Not in recommendation area.
  | CHANGED Fahrrad.Rahmen.Farbe; added [LtGreen]
  |         Das Lieblingsfarbe 'LtGreen' wurde aus dem Nutzerprofil übernommen.
  | CHANGED Fahrrad.Rahmen.Korb.Farbe; added [LtGreen]
  |         Das Lieblingsfarbe wurde aus dem Nutzerprofil übernommen.
  | 'Fahrrad.Fahrergroesse' left unchanged: Not in recommendation area.
  | FINISH CALL TIME STAMP     = 2297 ms
  +------------------
```

```
  Combining the changes of the parallel lanes into a single configuration.
  CHANGED Fahrrad.Auftraggeber; added [user1]
          Der angemeldete Kunde ist automatisch der Auftraggeber.
  CHANGED Fahrrad.Fahrergroesse; added [160_170cm]
          Das Körpergröße wurde aus dem Nutzerprofil übernommen.
  CHANGED Fahrrad.Fahrradtyp; added [City Bike]
          Häufigsten Wert in früheren Produktkäufen (2 Mal).
  CHANGED Fahrrad.Geschlecht; added [Female]
          Häufigsten Wert in früheren Produktkäufen (2 Mal).
  Failed to combine selections for 'Fahrrad.Rahmen.Farbe'. Skipping this change: Failed to execute
          selection-change to degree of freedom 'Fahrrad.Rahmen.Farbe' (new values: [LtGreen]).
  CHANGED Fahrrad.Rahmen.Namensgravur; added [user1]
          Der Kundenname wird eingraviert.
  CHANGED Fahrrad.Rahmen.Korb.Farbe; added [LtGreen]
          Das Lieblingsfarbe wurde aus dem Nutzerprofil übernommen.
ForLoop
  over elements '[Fahrrad.Lichtsystem.Betriebsmodus, Fahrrad.Lichtsystem.Frontlicht.FrontlichtSelektiert,
                Fahrrad.Lichtsystem.Ruecklicht.RuecklichtSelektiert,
                Fahrrad.Lichtsystem.Seitenreflektor.SeitenreflektorSelektiert,
                Fahrrad.Rahmen.Schutzblech.SchutzblechSelektiert,
                Fahrrad.Rahmen.Staender.StaenderSelektiert, Fahrrad.Pedale.Schuhe.SchuheSelektiert,
                Fahrrad.Rahmen.Gepaecktraeger.GepaecktraegerSelektiert,
                Fahrrad.Rahmen.Korb.KorbSelektiert, Fahrrad.Rahmen.Pumpe.PumpeSelektiert,
                Fahrrad.Rahmen.Flasche.FlascheSelektiert, Fahrrad.Rahmen.Schloss.SchlossSelektiert]'
                in variable 'dofId'
```

```
Doing for-loop run 'dofId=Fahrrad.Lichtsystem.Betriebsmodus'.
    Sequence (1 sequentialized element(s))
      FilterModuleCall (called element: 'KollaborativFM')
        Call to filter module 'KollaborativFM'.
        | Completion mode        = false
        | Included area          = Fahrrad.Lichtsystem.Betriebsmodus
        | Excluded area          = []
        | Variable env           = [Maximum number of DoFs to change=9999]
        | Thresholds (sel, dom) = (0.5, 0.5)
        | BEGIN CALL TIME STAMP = 2344 ms
        +------------------
        | '1' degree(s) of freedom in recommendation area. '1' accept further selections.
        | Using 56 historic product purchase(s) of all users.
        | CHANGED Fahrrad.Lichtsystem.Betriebsmodus; added [KeinLichtsystem]
        |         Häufigster Wert in ähnlichen Produktkonfigurationen (0.62).
        | Skipping 1 values due to low confidence or maximum number of changes.
        | FINISH CALL TIME STAMP     = 2453 ms
        +------------------
Doing for-loop run 'dofId=Fahrrad.Lichtsystem.Frontlicht.FrontlichtSelektiert'.
    Sequence (1 sequentialized element(s))
      FilterModuleCall (called element: 'KollaborativFM')
        Call to filter module 'KollaborativFM'.
        | Completion mode        = false
        | Included area          = Fahrrad.Lichtsystem.Frontlicht.FrontlichtSelektiert
        | Excluded area          = []
        | Variable env           = [Maximum number of DoFs to change=9999]
        | Thresholds (sel, dom) = (0.5, 0.5)
        | BEGIN CALL TIME STAMP = 2453 ms
        +------------------
        | '1' degree(s) of freedom in recommendation area. '1' accept further selections.
        | Using 56 historic product purchase(s) of all users.
        | CHANGED Fahrrad.Lichtsystem.Frontlicht.FrontlichtSelektiert; added [true]
        |         Häufigster Wert in ähnlichen Produktkonfigurationen (0.53).
        | FINISH CALL TIME STAMP     = 2562 ms
        +------------------
```

```
Doing for-loop run 'dofId=Fahrrad.Lichtsystem.Ruecklicht.RuecklichtSelektiert'.
    Sequence (1 sequentialized element(s))
      FilterModuleCall (called element: 'KollaborativFM')
        Call to filter module 'KollaborativFM'.
        | Completion mode       = false
        | Included area         = Fahrrad.Lichtsystem.Ruecklicht.RuecklichtSelektiert
        | Excluded area         = []
        | Variable env          = [Maximum number of DoFs to change=9999]
        | Thresholds (sel, dom) = (0.5, 0.5)
        | BEGIN CALL TIME STAMP = 2562 ms
        +------------------
        | '1' degree(s) of freedom in recommendation area. '1' accept further selections.
        | Using 56 historic product purchase(s) of all users.
        | CHANGED Fahrrad.Lichtsystem.Ruecklicht.RuecklichtSelektiert; added [true]
        |         Häufigster Wert in ähnlichen Produktkonfigurationen (0.76).
        | FINISH CALL TIME STAMP     = 2672 ms
        +------------------
Doing for-loop run 'dofId=Fahrrad.Lichtsystem.Seitenreflektor.SeitenreflektorSelektiert'.
    Sequence (1 sequentialized element(s))
      FilterModuleCall (called element: 'KollaborativFM')
        Call to filter module 'KollaborativFM'.
        | Completion mode       = false
        | Included area         = Fahrrad.Lichtsystem.Seitenreflektor.SeitenreflektorSelektiert
        | Excluded area         = []
        | Variable env          = [Maximum number of DoFs to change=9999]
        | Thresholds (sel, dom) = (0.5, 0.5)
        | BEGIN CALL TIME STAMP = 2672 ms
        +------------------
        | '1' degree(s) of freedom in recommendation area. '1' accept further selections.
        | Using 56 historic product purchase(s) of all users.
        | CHANGED Fahrrad.Lichtsystem.Seitenreflektor.SeitenreflektorSelektiert; added [true]
        |         Häufigster Wert in ähnlichen Produktkonfigurationen (0.74).
        | FINISH CALL TIME STAMP     = 2781 ms
        +------------------
```

```
Doing for-loop run 'dofId=Fahrrad.Rahmen.Schutzblech.SchutzblechSelektiert'.
    Sequence (1 sequentialized element(s))
      FilterModuleCall (called element: 'KollaborativFM')
        Call to filter module 'KollaborativFM'.
        | Completion mode       = false
        | Included area         = Fahrrad.Rahmen.Schutzblech.SchutzblechSelektiert
        | Excluded area         = []
        | Variable env          = [Maximum number of DoFs to change=9999]
        | Thresholds (sel, dom) = (0.5, 0.5)
        | BEGIN CALL TIME STAMP = 2781 ms
        +------------------
        | '1' degree(s) of freedom in recommendation area. '1' accept further selections.
        | Using 56 historic product purchase(s) of all users.
        | CHANGED Fahrrad.Rahmen.Schutzblech.SchutzblechSelektiert; added [true]
        |         Häufigster Wert in ähnlichen Produktkonfigurationen (0.61).
        | FINISH CALL TIME STAMP     = 2890 ms
        +------------------
Doing for-loop run 'dofId=Fahrrad.Rahmen.Staender.StaenderSelektiert'.
    Sequence (1 sequentialized element(s))
      FilterModuleCall (called element: 'KollaborativFM')
        Call to filter module 'KollaborativFM'.
        | Completion mode       = false
        | Included area         = Fahrrad.Rahmen.Staender.StaenderSelektiert
        | Excluded area         = []
        | Variable env          = [Maximum number of DoFs to change=9999]
        | Thresholds (sel, dom) = (0.5, 0.5)
        | BEGIN CALL TIME STAMP = 2890 ms
        +------------------
        | '1' degree(s) of freedom in recommendation area. '1' accept further selections.
        | Using 56 historic product purchase(s) of all users.
        | CHANGED Fahrrad.Rahmen.Staender.StaenderSelektiert; added [false]
        |         Häufigster Wert in ähnlichen Produktkonfigurationen (0.65).
        | FINISH CALL TIME STAMP     = 3000 ms
        +------------------
```

```
Doing for-loop run 'dofId=Fahrrad.Pedale.Schuhe.SchuheSelektiert'.
    Sequence (1 sequentialized element(s))
      FilterModuleCall (called element: 'KollaborativFM')
        Call to filter module 'KollaborativFM'.
        | Completion mode       = false
        | Included area         = Fahrrad.Pedale.Schuhe.SchuheSelektiert
        | Excluded area         = []
        | Variable env          = [Maximum number of DoFs to change=9999]
        | Thresholds (sel, dom) = (0.5, 0.5)
        | BEGIN CALL TIME STAMP = 3000 ms
        +------------------
        | '1' degree(s) of freedom in recommendation area. '1' accept further selections.
        | Using 56 historic product purchase(s) of all users.
        | CHANGED Fahrrad.Pedale.Schuhe.SchuheSelektiert; added [true]
        |         Häufigster Wert in ähnlichen Produktkonfigurationen (0.54).
        | FINISH CALL TIME STAMP     = 3125 ms
        +------------------
Doing for-loop run 'dofId=Fahrrad.Rahmen.Gepaecktraeger.GepaecktraegerSelektiert'.
    Sequence (1 sequentialized element(s))
      FilterModuleCall (called element: 'KollaborativFM')
        Call to filter module 'KollaborativFM'.
        | Completion mode       = false
        | Included area         = Fahrrad.Rahmen.Gepaecktraeger.GepaecktraegerSelektiert
        | Excluded area         = []
        | Variable env          = [Maximum number of DoFs to change=9999]
        | Thresholds (sel, dom) = (0.5, 0.5)
        | BEGIN CALL TIME STAMP = 3125 ms
        +------------------
        | '1' degree(s) of freedom in recommendation area. '1' accept further selections.
        | Using 56 historic product purchase(s) of all users.
        | CHANGED Fahrrad.Rahmen.Gepaecktraeger.GepaecktraegerSelektiert; added [false]
        |         Häufigster Wert in ähnlichen Produktkonfigurationen (0.69).
        | FINISH CALL TIME STAMP     = 3234 ms
        +------------------
```

```
Doing for-loop run 'dofId=Fahrrad.Rahmen.Korb.KorbSelektiert'.
    Sequence (1 sequentialized element(s))
      FilterModuleCall (called element: 'KollaborativFM')
        Call to filter module 'KollaborativFM'.
        | Completion mode       = false
        | Included area         = Fahrrad.Rahmen.Korb.KorbSelektiert
        | Excluded area         = []
        | Variable env          = [Maximum number of DoFs to change=9999]
        | Thresholds (sel, dom) = (0.5, 0.5)
        | BEGIN CALL TIME STAMP = 3234 ms
        +------------------
        | '1' degree(s) of freedom in recommendation area. '0' accept further selections.
        | Using 56 historic product purchase(s) of all users.
        | FINISH CALL TIME STAMP     = 3344 ms
        +------------------
Doing for-loop run 'dofId=Fahrrad.Rahmen.Pumpe.PumpeSelektiert'.
    Sequence (1 sequentialized element(s))
      FilterModuleCall (called element: 'KollaborativFM')
        Call to filter module 'KollaborativFM'.
        | Completion mode       = false
        | Included area         = Fahrrad.Rahmen.Pumpe.PumpeSelektiert
        | Excluded area         = []
        | Variable env          = [Maximum number of DoFs to change=9999]
        | Thresholds (sel, dom) = (0.5, 0.5)
        | BEGIN CALL TIME STAMP = 3344 ms
        +------------------
        | '1' degree(s) of freedom in recommendation area. '1' accept further selections.
        | Using 56 historic product purchase(s) of all users.
        | CHANGED Fahrrad.Rahmen.Pumpe.PumpeSelektiert; added [false]
        |        Häufigster Wert in ähnlichen Produktkonfigurationen (0.87).
        | FINISH CALL TIME STAMP     = 3469 ms
        +------------------
```

```
Doing for-loop run 'dofId=Fahrrad.Rahmen.Flasche.FlascheSelektiert'.
    Sequence (1 sequentialized element(s))
      FilterModuleCall (called element: 'KollaborativFM')
        Call to filter module 'KollaborativFM'.
        | Completion mode       = false
        | Included area         = Fahrrad.Rahmen.Flasche.FlascheSelektiert
        | Excluded area         = []
        | Variable env          = [Maximum number of DoFs to change=9999]
        | Thresholds (sel, dom) = (0.5, 0.5)
        | BEGIN CALL TIME STAMP = 3469 ms
        +-------------------
        | '1' degree(s) of freedom in recommendation area. '1' accept further selections.
        | Using 56 historic product purchase(s) of all users.
        | CHANGED Fahrrad.Rahmen.Flasche.FlascheSelektiert; added [true]
        |         Häufigster Wert in ähnlichen Produktkonfigurationen (0.52).
        | FINISH CALL TIME STAMP     = 3578 ms
        +-------------------
Doing for-loop run 'dofId=Fahrrad.Rahmen.Schloss.SchlossSelektiert'.
    Sequence (1 sequentialized element(s))
      FilterModuleCall (called element: 'KollaborativFM')
        Call to filter module 'KollaborativFM'.
        | Completion mode       = false
        | Included area         = Fahrrad.Rahmen.Schloss.SchlossSelektiert
        | Excluded area         = []
        | Variable env          = [Maximum number of DoFs to change=9999]
        | Thresholds (sel, dom) = (0.5, 0.5)
        | BEGIN CALL TIME STAMP = 3578 ms
        +-------------------
        | '1' degree(s) of freedom in recommendation area. '1' accept further selections.
        | Using 56 historic product purchase(s) of all users.
        | CHANGED Fahrrad.Rahmen.Schloss.SchlossSelektiert; added [false]
        |         Häufigster Wert in ähnlichen Produktkonfigurationen (0.57).
        | FINISH CALL TIME STAMP     = 3687 ms
        +-------------------
```

```
While
  Doing loop run '1'.
    Condition 'true' evaluated to 'true'.
    OK, condition evaluated to true. Running alternative/loop.
      Sequence (2 sequentialized element(s))
        FilterModuleCall (called element: 'HistoryFM')
          Call to filter module 'HistoryFM'.
          | Completion mode       = false
          | Included area         = [Fahrrad.Pedale.**.*, Fahrrad.Sattel.*, Fahrrad.Gangschaltung.*,
                                     Fahrrad.Rahmen.*, Fahrrad.Reifen.**.*]
          | Excluded area         = [Fahrrad.Reifen.Mantel.Mantelbauteil, Fahrrad.Pedale.Pedalenbauteil,
                                     Fahrrad.Rahmen.Rahmenbauteil, Fahrrad.Reifen.Felge.Felgenbauteil,
                                     Fahrrad.Sattel.Sattelbauteil, Fahrrad.Gangschaltung.Schaltungsbauteil]
          | Variable env          = [Maximum number of DoFs to change=4]
          | Thresholds (sel, dom) = (0.5, 0.5)
          | BEGIN CALL TIME STAMP = 3687 ms
          +-------------------
          | '19' degree(s) of freedom in recommendation area. '14' accept further selections.
          | Using 3 historic purchases.
          | CHANGED Fahrrad.Gangschaltung.Gaenge; added [04sp]
          |         Häufigsten Wert in früheren Produktkäufen (2 Mal).
          | CHANGED Fahrrad.Rahmen.Farbe; added [Purple]
          |         Häufigsten Wert in früheren Produktkäufen (1 Mal).
          | CHANGED Fahrrad.Rahmen.Groesse; added [20inch]
          |         Häufigsten Wert in früheren Produktkäufen (1 Mal).
          | Not setting most common value '70cm' for degree of freedom Fahrrad.Reifen.Durchmesser since
            selection ratio '0.3333333333333333' is below '0.5'.
          | CHANGED Fahrrad.Reifen.Ventiltyp; added [Schrader]
          |         Häufigsten Wert in früheren Produktkäufen (2 Mal).
          | FINISH CALL TIME STAMP     = 4328 ms
          +-------------------
```

```
      FilterModuleCall (called element: 'KollaborativFM')
        Call to filter module 'KollaborativFM'.
        | Completion mode       = false
        | Included area         = [Fahrrad.Pedale.**.*, Fahrrad.Sattel.*, Fahrrad.Gangschaltung.*,
                                   Fahrrad.Rahmen.*, Fahrrad.Reifen.**.*]
        | Excluded area         = [Fahrrad.Reifen.Mantel.Mantelbauteil, Fahrrad.Pedale.Pedalenbauteil,
                                   Fahrrad.Rahmen.Rahmenbauteil, Fahrrad.Reifen.Felge.Felgenbauteil,
                                   Fahrrad.Sattel.Sattelbauteil, Fahrrad.Gangschaltung.Schaltungsbauteil]
        | Variable env          = [Maximum number of DoFs to change=4]
        | Thresholds (sel, dom) = (0.5, 0.5)
        | BEGIN CALL TIME STAMP = 4328 ms
        +------------------
        | '19' degree(s) of freedom in recommendation area. '9' accept further selections.
        | Using 56 historic product purchase(s) of all users.
        | CHANGED Fahrrad.Reifen.Mantel.Trockengrip; added [DG2]
        |         Häufigster Wert in ähnlichen Produktkonfigurationen (0.64).
        | CHANGED Fahrrad.Reifen.Mantel.Nassgrip; added [WG2]
        |         Häufigster Wert in ähnlichen Produktkonfigurationen (0.61).
        | CHANGED Fahrrad.Reifen.Mantel.Seitenreflektor; added [Side Reflex]
        |         Häufigster Wert in ähnlichen Produktkonfigurationen (0.57).
        | Skipping 25 values due to low confidence or maximum number of changes.
        | FINISH CALL TIME STAMP     = 4453 ms
        +------------------
Doing loop run '2'.
  Condition 'true' evaluated to 'true'.
  OK, condition evaluated to true. Running alternative/loop.
    Sequence (2 sequentialized element(s))
      FilterModuleCall (called element: 'HistoryFM')
        Call to filter module 'HistoryFM'.
        | Completion mode       = false
        | Included area         = [Fahrrad.Pedale.**.*, Fahrrad.Sattel.*, Fahrrad.Gangschaltung.*,
                                   Fahrrad.Rahmen.*, Fahrrad.Reifen.**.*]
```

```
  | Excluded area          = [Fahrrad.Reifen.Mantel.Mantelbauteil, Fahrrad.Pedale.Pedalenbauteil,
                               Fahrrad.Rahmen.Rahmenbauteil, Fahrrad.Reifen.Felge.Felgenbauteil,
                               Fahrrad.Sattel.Sattelbauteil, Fahrrad.Gangschaltung.Schaltungsbauteil]
  | Variable env           = [Maximum number of DoFs to change=4]
  | Thresholds (sel, dom) = (0.5, 0.5)
  | BEGIN CALL TIME STAMP = 4453 ms
  +------------------
  | '19' degree(s) of freedom in recommendation area. '6' accept further selections.
  | Using 3 historic purchases.
  | CHANGED Fahrrad.Reifen.Durchmesser; added [70cm]
  |         Häufigsten Wert in früheren Produktkäufen (1 Mal).
  | CHANGED Fahrrad.Sattel.Bezug; added [Gummi]
  |         Häufigsten Wert in früheren Produktkäufen (2 Mal).
  | CHANGED Fahrrad.Reifen.Mantel.Profiltiefe; added [22mm]
  |         Häufigsten Wert in früheren Produktkäufen (1 Mal).
  | FINISH CALL TIME STAMP     = 5078 ms
  +------------------
FilterModuleCall (called element: 'KollaborativFM')
  Call to filter module 'KollaborativFM'.
  | Completion mode        = false
  | Included area          = [Fahrrad.Pedale.**.*, Fahrrad.Sattel.*, Fahrrad.Gangschaltung.*,
                               Fahrrad.Rahmen.*, Fahrrad.Reifen.**.*]
  | Excluded area          = [Fahrrad.Reifen.Mantel.Mantelbauteil, Fahrrad.Pedale.Pedalenbauteil,
                               Fahrrad.Rahmen.Rahmenbauteil, Fahrrad.Reifen.Felge.Felgenbauteil,
                               Fahrrad.Sattel.Sattelbauteil, Fahrrad.Gangschaltung.Schaltungsbauteil]
  | Variable env           = [Maximum number of DoFs to change=4]
  | Thresholds (sel, dom) = (0.5, 0.5)
  | BEGIN CALL TIME STAMP = 5078 ms
  +------------------
  | '19' degree(s) of freedom in recommendation area. '1' accept further selections.
  | Using 56 historic product purchase(s) of all users.
  | Skipping 1 values due to low confidence or maximum number of changes.
  | FINISH CALL TIME STAMP     = 5187 ms
  +------------------
```

```
Doing loop run '3'.
  Condition 'true' evaluated to 'true'.
  OK, condition evaluated to true. Running alternative/loop.
    Sequence (2 sequentialized element(s))
      FilterModuleCall (called element: 'HistoryFM')
        Call to filter module 'HistoryFM'.
        | Completion mode        = false
        | Included area          = [Fahrrad.Pedale.**.*, Fahrrad.Sattel.*, Fahrrad.Gangschaltung.*,
                                    Fahrrad.Rahmen.*, Fahrrad.Reifen.**.*]
        | Excluded area          = [Fahrrad.Reifen.Mantel.Mantelbauteil, Fahrrad.Pedale.Pedalenbauteil,
                                    Fahrrad.Rahmen.Rahmenbauteil, Fahrrad.Reifen.Felge.Felgenbauteil,
                                    Fahrrad.Sattel.Sattelbauteil, Fahrrad.Gangschaltung.Schaltungsbauteil]
        | Variable env           = [Maximum number of DoFs to change=4]
        | Thresholds (sel, dom) = (0.5, 0.5)
        | BEGIN CALL TIME STAMP = 5187 ms
        +------------------
        | '19' degree(s) of freedom in recommendation area. '1' accept further selections.
        | Using 3 historic purchases.
        | FINISH CALL TIME STAMP     = 5844 ms
        +------------------
      FilterModuleCall (called element: 'KollaborativFM')
        Call to filter module 'KollaborativFM'.
        | Completion mode        = false
        | Included area          = [Fahrrad.Pedale.**.*, Fahrrad.Sattel.*, Fahrrad.Gangschaltung.*,
                                    Fahrrad.Rahmen.*, Fahrrad.Reifen.**.*]
        | Excluded area          = [Fahrrad.Reifen.Mantel.Mantelbauteil, Fahrrad.Pedale.Pedalenbauteil,
                                    Fahrrad.Rahmen.Rahmenbauteil, Fahrrad.Reifen.Felge.Felgenbauteil,
                                    Fahrrad.Sattel.Sattelbauteil, Fahrrad.Gangschaltung.Schaltungsbauteil]
        | Variable env           = [Maximum number of DoFs to change=4]
        | Thresholds (sel, dom) = (0.5, 0.5)
        | BEGIN CALL TIME STAMP = 5844 ms
        +------------------
        | '19' degree(s) of freedom in recommendation area. '1' accept further selections.
        | Using 56 historic product purchase(s) of all users.
```

```
          | Skipping 1 values due to low confidence or maximum number of changes.
          | FINISH CALL TIME STAMP     = 5953 ms
          +------------------
    Terminating execution of while loop since no significant change took place.
  IfElseIfElse (2 alternative(s))
    Checking alternative '1'.
      Condition 'getSelections(Fahrrad.Fahrradtyp) contains Racer Bike OR
                 getSelections(Fahrrad.Fahrradtyp) contains Mountain Bike' evaluated to 'false'.
    Checking alternative '2'.
      Condition 'true' evaluated to 'true'.
      OK, condition evaluated to true. Running alternative/loop.
        Sequence (1 sequentialized element(s))
          FilterModuleCall (called element: 'PreisminimiererFM')
            Call to filter module 'PreisminimiererFM'.
            | Completion mode        = false
            | Included area          = [Fahrrad.Pedale.Pedalenbauteil, Fahrrad.Reifen.Mantel.Mantelbauteil,
                                        Fahrrad.Rahmen.Rahmenbauteil, Fahrrad.Reifen.Felge.Felgenbauteil,
                                        Fahrrad.Sattel.Sattelbauteil, Fahrrad.Gangschaltung.Schaltungsbauteil]
            | Excluded area          = []
            | Variable env           = []
            | Thresholds (sel, dom) = (0.5, 0.5)
            | BEGIN CALL TIME STAMP = 5953 ms
            +------------------
            | '6' degree(s) of freedom in recommendation area. '4' accept further selections.
            | There are '4' Bauteil-degrees of freedom to change.
            | CHANGED Fahrrad.Pedale.Pedalenbauteil; added [PDC105]
            |         Dieses Bauteil ist das günstigste.
            | CHANGED Fahrrad.Rahmen.Rahmenbauteil; added [CEN-CHA]
            |         Dieses Bauteil ist das günstigste.
            | CHANGED Fahrrad.Reifen.Felge.Felgenbauteil; added [CXP33]
            |         Dieses Bauteil ist das günstigste.
            | CHANGED Fahrrad.Reifen.Mantel.Mantelbauteil; added [PAN-TOU]
            |         Dieses Bauteil ist das günstigste.
            | FINISH CALL TIME STAMP     = 6109 ms
            +------------------
```

```
FilterModuleCall (called element: 'KollaborativFM')
  Call to filter module 'KollaborativFM'.
  | Completion mode       = false
  | Included area         = Any degree of freedom
  | Excluded area         = []
  | Variable env          = [Maximum number of DoFs to change=9999]
  | Thresholds (sel, dom) = (0.0, 0.5)
  | BEGIN CALL TIME STAMP = 6109 ms
  +-------------------
  | '53' degree(s) of freedom in recommendation area. '12' accept further selections.
  | Using 56 historic product purchase(s) of all users.
  | CHANGED Fahrrad.Rahmen.Schloss.Material; added [Stahlseil]
  |         Häufigster Wert in ähnlichen Produktkonfigurationen (0.57).
  | CHANGED Fahrrad.Lichtsystem.Ruecklicht.Ruecklichttyp; added [Standard]
  |         Häufigster Wert in ähnlichen Produktkonfigurationen (0.56).
  | CHANGED Fahrrad.Rahmen.Flasche.Material; added [Aluminium]
  |         Häufigster Wert in ähnlichen Produktkonfigurationen (0.55).
  | CHANGED Fahrrad.Lichtsystem.Ruecklicht.Blinkmodus; added [true]
  |         Häufigster Wert in ähnlichen Produktkonfigurationen (0.53).
  | CHANGED Fahrrad.Rahmen.Staender.Art; added [Mittelstaender]
  |         Häufigster Wert in ähnlichen Produktkonfigurationen (0.52).
  | CHANGED Fahrrad.Lichtsystem.Frontlicht.Frontlichttyp; added [LED]
  |         Häufigster Wert in ähnlichen Produktkonfigurationen (0.44).
  | CHANGED Fahrrad.Rahmen.Pumpe.Variante; added [Kurz]
  |         Häufigster Wert in ähnlichen Produktkonfigurationen (0.37).
  | CHANGED Fahrrad.Rahmen.Schloss.Dicke; added [1.40cm]
  |         Häufigster Wert in ähnlichen Produktkonfigurationen (0.31).
  | CHANGED Fahrrad.Rahmen.Korb.Tiefe; added [2]
  |         Häufigster Wert in ähnlichen Produktkonfigurationen (0.14).
  | CHANGED Fahrrad.Rahmen.Korb.Breite; added [5]
  |         Häufigster Wert in ähnlichen Produktkonfigurationen (0.11).
```

```
    | CHANGED Fahrrad.Rahmen.Korb.Hoehe; added [9]
    |         Häufigster Wert in ähnlichen Produktkonfigurationen (0.1).
    | CHANGED Fahrrad.Rahmen.Schloss.Laenge; added [133]
    |         Häufigster Wert in ähnlichen Produktkonfigurationen (0.04).
    | FINISH CALL TIME STAMP     = 6281 ms
    +------------------
| OVERALL FINISH TIME STAMP    = 6281
```

```
--------------- Complete Recommendation Result ---------------
Fahrrad.Auftraggeber -> [user1]
Fahrrad.Fahrergroesse -> [160_170cm]
Fahrrad.Fahrradtyp -> [City Bike]
Fahrrad.Geschlecht -> [Female]
Fahrrad.Gangschaltung.Gaenge -> [04sp]
Fahrrad.Gangschaltung.Schaltungsbauteil -> [SHI-NEX]
Fahrrad.Gangschaltung.Schaltungstyp -> [Int]
Fahrrad.Lichtsystem.Betriebsmodus -> [KeinLichtsystem]
Fahrrad.Lichtsystem.Frontlicht.FrontlichtSelektiert -> [true]
Fahrrad.Lichtsystem.Frontlicht.Frontlichttyp -> [LED]
Fahrrad.Lichtsystem.Ruecklicht.Blinkmodus -> [true]
Fahrrad.Lichtsystem.Ruecklicht.RuecklichtSelektiert -> [true]
Fahrrad.Lichtsystem.Ruecklicht.Ruecklichttyp -> [Standard]
Fahrrad.Lichtsystem.Seitenreflektor.SeitenreflektorSelektiert -> [true]
Fahrrad.Pedale.Pedalenbauteil -> [PDC105]
Fahrrad.Pedale.Pedalentyp -> [Std]
Fahrrad.Pedale.Schuhe.SchuheSelektiert -> [true]
Fahrrad.Rahmen.Farbe -> [Purple]
Fahrrad.Rahmen.Groesse -> [20inch]
Fahrrad.Rahmen.Komfortstufe -> [CF2]
Fahrrad.Rahmen.Namensgravur -> [user1]
Fahrrad.Rahmen.Rahmenbauteil -> [CEN-CHA]
Fahrrad.Rahmen.Flasche.FlascheSelektiert -> [true]
Fahrrad.Rahmen.Flasche.Material -> [Aluminium]
Fahrrad.Rahmen.Gepaecktraeger.GepaecktraegerSelektiert -> [false]
Fahrrad.Rahmen.Korb.Breite -> [5]
Fahrrad.Rahmen.Korb.Farbe -> [LtGreen]
Fahrrad.Rahmen.Korb.Hoehe -> [9]
Fahrrad.Rahmen.Korb.KorbSelektiert -> [false]
Fahrrad.Rahmen.Korb.Tiefe -> [2]
Fahrrad.Rahmen.Pumpe.PumpeSelektiert -> [false]
Fahrrad.Rahmen.Pumpe.Variante -> [Kurz]
```

```
Fahrrad.Rahmen.Schloss.Dicke -> [1.40cm]
Fahrrad.Rahmen.Schloss.Laenge -> [133]
Fahrrad.Rahmen.Schloss.Material -> [Stahlseil]
Fahrrad.Rahmen.Schloss.SchlossSelektiert -> [false]
Fahrrad.Rahmen.Schutzblech.SchutzblechSelektiert -> [true]
Fahrrad.Rahmen.Staender.Art -> [Mittelstaender]
Fahrrad.Rahmen.Staender.StaenderSelektiert -> [false]
Fahrrad.Reifen.Durchmesser -> [70cm]
Fahrrad.Reifen.Ventiltyp -> [Schrader]
Fahrrad.Reifen.Felge.Breite -> [1.25cm]
Fahrrad.Reifen.Felge.Felgenbauteil -> [CXP33]
Fahrrad.Reifen.Felge.Material -> [Alu3]
Fahrrad.Reifen.Mantel.Mantelbauteil -> [PAN-TOU]
Fahrrad.Reifen.Mantel.Nassgrip -> [WG2]
Fahrrad.Reifen.Mantel.Profiltiefe -> [22mm]
Fahrrad.Reifen.Mantel.Seitenreflektor -> [Side Reflex]
Fahrrad.Reifen.Mantel.Trockengrip -> [DG2]
Fahrrad.Sattel.Bezug -> [Gummi]
Fahrrad.Sattel.Polsterung -> [Schaumstoff]
Fahrrad.Sattel.Sattelbauteil -> [XLC SA-C02]
Fahrrad.Sattel.Typ -> [Trekking]
```

Literaturverzeichnis

Aamodt und Plaza (1994): A. Aamodt, E. Plaza. Case-Based Reasoning: Foundational Issues, Methodological Variations, and System Approaches. *AI Communications*, Vol. **7** (1), Seiten 39–59, März 1994.

Aberg und Shahmehri (2001): J. Aberg, N. Shahmehri. An empirical study of human Web assistants: implications for user support in Web information systems. In J. Jacko, A. Sears, *Proceedings of the SIGCHI conference on Human factors in computing systems (CHI 2001, Seattle, Washington, USA)*, Seiten 404–411. ACM Press, New York, NY, USA, 2001.

Aciar et al. (2007a): S. Aciar, D. Zhang, S. Simoff, J. Debenham. Informed Recommender: Basing Recommendations on Consumer Product Reviews. *IEEE Intelligent Systems*, Vol. **22** (3), Seiten 39–47, Mai 2007.

Aciar et al. (2007b): S. Aciar, J. L. de la Rosa i Esteva, J. L. Herrera. Information Sources Selection Methodology for Recommender Systems Based on Intrinsic Characteristics and Trust Measure. In B. Mobasher, S. S. Anand, A. Kobsa, D. Jannach, *Proceedings of the Workshop on Intelligent Techniques for Web Personlization and Recommender Systems in E-Commerce (ITWP 2007, WS 2007)*, Seiten 1–8. AAAI Press, Menlo Park, CA, USA, 2007.

Adomavicius und Kwon (2007): G. Adomavicius, Y. Kwon. New Recommendation Techniques for Multicriteria Rating Systems. *IEEE Intelligent Systems*, Vol. **22** (3), Seiten 48–55, Mai 2007.

Adomavicius und Tuzhilin (2005): G. Adomavicius, A. Tuzhilin. Personalization technologies: a process-oriented perspective. *Communications of the ACM*, Vol. **48** (10), Seiten 83–90, Oktober 2005.

Aggarwal und Mazumdar (2008): P. Aggarwal, T. Mazumdar. Decision delegation: A conceptualization and empirical investigation. *Psychology and Marketing*, Vol. **25** (1), Seiten 71–93, Januar 2008.

Agrawal et al. (2001): M. Agrawal, T. V. Kumaresh, G. A. Mercer. The false promise of mass customization. *McKinsey Quarterly* 3, Seiten 62–71, 2001.

Alisch et al. (2004): K. Alisch, E. Winter, U. Arentzen (Hrsg.). *Gabler Wirtschaftslexikon*. Gabler, Wiesbaden, Deutschland. 16. Ausgabe, 2004.

Anand und Mobasher (2005): S. S. Anand, B. Mobasher. Intelligent Techniques for Web Personalization. In B. Mobasher, S. S. Anand, *Intelligent Techniques for Web Personalization* Vol. **3169**, Seiten 1–36. Springer-Verlag, Berlin/Heidelberg, 2005.

Ardissono et al. (2001): L. Ardissono, A. Felfernig, G. Friedrich, D. Jannach, R. Schäfer, M. Zanker. Intelligent Interfaces for Distributed Web-Based Product and Service Configuration. In N. Zhong, Y. Yao, J. Liu, S. Ohsuga, *Proceedings of the 1st Asia-Pacific Web Intelligence Conference (WI 2001, Maebashi City, Japan)* Vol. **2198**, Seiten 184–188. Springer Verlag, Berlin/Heidelberg, Deutschland, 2001.

Ardissono et al. (2003a): L. Ardissono, G. Friedrich, A. Goy, M. Holland, G. Petrone, C. Russ, R. Schaefer. User-Adaptive Configuration of Products and Services. In *Proceedings of the 18th International Joint Conference on Artificial Intelligence, Workshop on Configuration (IJCAI 2003, Acapulco, Mexico)*, 2003.

Ardissono et al. (2003b): L. Ardissono, A. Felfernig, G. Friedrich, A. Goy, D. Jannach, G. Petrone, R. Schafer, M. Zanker. A Framework for the Development of Personalized, Distributed Web-Based Configuration Systems. *AI Magazine*, Vol. **24** (3), Seiten 93–110, 2003.

Ardissono und Goy (2000): L. Ardissono, A. Goy. Tailoring the Interaction with Users in Web Stores. *User Modeling and User-Adapted Interaction*, Vol. **10** (4), Seiten 251–303, Dezember 2000.

Armstrong et al. (1995): R. Armstrong, D. Freitag, T. Joachims, T. Mitchell. WebWatcher: A learning apprentice for the World Wide Web. In C. Knoblock, A. Levy, *Proceedings of AAAI Spring Symposium Workshop on Information Gathering from Distributed, Heterogeneous Environments 1995*. AAAI Press, Menlo Park, CA, USA, 1995.

Armstrong und Hagel (1996): A. Armstrong, J. Hagel III. The Real Value of On-Line Communities. *Harvard Business Review*, Mai 1996.

Arnold et al. (2005): V. Arnold, H. Dettmering, T. Engel, A. Karcher. *Product Lifecycle Management beherrschen*. Ein Anwenderhandbuch für den Mittelstand. Springer-Verlag, Berlin/Heidelberg, Deutschland, 2005.

Asikainen et al. (2004a): T. Asikainen, T. Soininen, T. Männistö. A Koala-Based Approach for Modelling and Deploying Configurable Software Product Families. In F. van der Linden, *Proceedings of the 5th International Workshop on Software Product-Family Engineering* Vol. **3014**, Seiten 225–249. Springer-Verlag, Berlin/Heidelberg, Deutschland, 2004.

Asikainen et al. (2004b): T. Asikainen, T. Männistö, T. Soininen. Using a Configurator for Modelling and Configuring Software Product Lines Based on Feature Models. In T. Männistö and J. Bosch, *Software Variability Management for Product Derivation – Towards Tool Support (International Workshop of SPLC 2004, Boston, MA, USA)*, Seiten 24–35. Helsinki University of Technology, Espoo, Finland, August 2004.

Attardi et al. (1998): G. Attardi, A. Cisternino, M. Simi. Web-based configuration assistants. *Artificial Intelligence for Engineering, Design, Analysis and Manufacturing*, Vol. **12** (4), Seiten 321–331, September 1998.

Balabanović und Shoham (1997): M. Balabanović, Y. Shoham. Fab: Content-Based, Collaborative Recommendation. *Communications of the ACM*, Vol. **40** (3), Seiten 66–72, März 1997.

Baldoni et al. (2005): M. Baldoni, C. Baroglio, N. Henze. Personalization for the Semantic Web. In N. Eisinger, J. Maluszynski, *Reasoning Web* Vol. **3564**, Seiten 173–212. Springer-Verlag, Berlin/Heidelberg, 2005.

Baldoni et al. (2006): M. Baldoni, C. Baroglio, A. Martelli, V. Patti, L. Torasso. Verifying the compliance of personalized curricula to curricula models in the semantic web. In *Proceedings of the International Workshop on Semantic Web Personalization (SWP 2006, Budva, Montenegro)*, Seiten 53–62, 2006.

Bamberg und Coenenberg (2004): G. Bamberg, A. G. Coenenberg. *Betriebswirtschaftliche Entscheidungslehre.* Vahlen, München, Deutschland. 12. Auflage, 2004.

Barrett et al. (1997): R. Barrett, P. P. Maglio, D. C. Kellem. How to personalize the Web. In S. Pemberton, *Proceedings of the SIGCHI conference on Human factors in computing systems (CHI 1997, Atlanta, GA, USA)*, Seiten 75–82. ACM Press, New York, NY, USA, 1997.

Barros et al. (2008): R. Barros, G. Xexèo, W. A. Pinheiro, J. de Souza. User and Context-Aware Quality Filters Based on Web Metadata Retrieval. In R. A. Gonzàlez, N. Chen, A. Dahanayake, *Personalized Information Retrieval and Access: Concepts, Methods and Practices*, Seiten 167–193. Information Science Reference, Hershey, PA, USA, April 2008.

Basu et al. (1998): C. Basu, H. Hirsh, W. W. Cohen. Recommendation as Classification: Using Social and Content-based Information in Recommendation. In *Proceedings of AAAI 1998 and IAAI 1998*, Seiten 714–720. AAAI Press, Menlo Park, CA, USA, 1998.

Basu et al. (2001): C. Basu, H. Hirsh, W. W. Cohen, C. Nevill-Manning. Technical Paper Recommendation: A Study in Combining Multiple Information Sources. *Journal of Artificial Intelligence Research*, Vol. **14**, Seiten 231–252, 2001.

Bederson et al. (2002): B. B. Bederson, B. Shneiderman, M. Wattenberg. Ordered and quantum treemaps: Making effective use of 2D space to display hierarchies. *ACM Transactions on Graphics*, Vol. **21** (4), Seiten 833–854, Oktober 2002.

Bee und Khalid (2003): O. Y. Bee, H. M. Khalid. Usability of Design by Customer Websites. In M. M. Tseng, F. T. Piller, *The Customer Centric Enterprise*, Seiten 283–300. Springer Verlag, Berlin/Heidelberg, 2003.

Begole et al. (2008): B. Begole, V. Bellotti, E. H. Chi, N. Ducheneaut, M. Newman, K. Partridge. Mobile Recommendations for Leisure Activities. In *Proceedings of ReColl'08: International Workshop on Recommendation and Collaboration (ReColl'08, Canary Islands, Spain)*, 2008.

Belkin und Croft (1992): N. J. Belkin, W. B. Croft. Information filtering and information retrieval: two sides of the same coin?. *Communications of the ACM*, Vol. **35** (12), Seiten 29–38, Dezember 1992.

Berkovsky et al. (2007): S. Berkovsky, T. Kuflik, F. Ricci. Distributed collaborative filtering with domain specialization. In J. A. Konstan, J. Riedl, B. Smyth, *Proceedings of the 2007 ACM conference on Recommender systems*, Seiten 33–40. ACM Press, New York, NY, USA, 2007.

Bharat et al. (1998): K. Bharat, T. Kamba, M. Albers. Personalized, interactive news on the Web. *Multimedia Systems*, Vol. **6** (5), Seiten 349–358, September 1998.

Bhaumik et al. (2007): R. Bhaumik, R. Burke, B. Mobasher. Effectiveness of Crawling Attacks against Web-based Recommender Systems. In B. Mobasher, S. S. Anand, A. Kobsa, D. Jannach, *Proceedings of the Workshop on Intelligent Techniques for Web Personlization and Recommender Systems in E-Commerce (ITWP 2007, WS 2007)*, Seiten 17–26. AAAI Press, Menlo Park, CA, USA, 2007.

Billsus et al. (2000): D. Billsus, M. J. Pazzani, J. Chen. A learning agent for wireless news access. In H. Lieberman, *Proceedings of the 5th international conference on Intelligent user interfaces*, Seiten 33–36. ACM Press, New York, NY, USA, 2000.

Blanco-Fernàndez et al. (2008): Y. Blanco-Fernàndez, J. J. Pazos-Arias, A. Gil-Solla, M. Ramos-Cabrer, M. Lòpez-Nores. Semantic Reasoning: A Path to New Possibilities of Personalization. In S. Bechhofer, M. Hauswirth, J. Hoffmann, M. Koubarakis, *The Semantic Web: Research and Applications (ESWC 2008)* Vol. **5021**, Seiten 720–735. Springer-Verlag, Berlin/Heidelberg, 2008.

Blecker et al. (2003): T. Blecker, N. Abdelkafi, B. Kaluza, G. Friedrich. Key Metrics System for Variety Steering in Mass Customization. In F. T. Piller, R. Reichwald, M. Tseng, *Proceedings of the MCPC 2003: Competitive Advantage Through Customer Interaction: Leading Mass Customization and Personalization (MCP) from the Emerging State to a Mainstream Business Model*, Munich, Germany, 2003.

Blecker et al. (2004a): T. Blecker, N. Abdelkafi, G. Kreutzer, G. Friedrich. Product Configuration Systems: State-of-the-Art, Conceptualization and Extensions. In A. B. Hamadou, F. Gargouri, M. Jmaiel, *Gènie logiciel & Intelligence artificielle (MCSEAI 2004, Sousse, Tunesia)*, Seiten 25–36. Centre de Publication Universitaeire, Tunis, Tunesia, 2004.

Blecker et al. (2004b): T. Blecker, N. Abdelkafi, G. Kreutler, G. Friedrich. An Advisory System for Customers' Objective Needs Elicitation in Mass Customization. In *Proceedings of the 4th Workshop on Information Systems for Mass Customization at the fourth International ICSC Symposium on Engineering of Intelligent Systems (ISMC 2004, EIS 2004, Funchal, Portugal)*, Seiten 1–10, 2004.

Bolton und Saxena-Iyera (2009): R. Bolton, S. Saxena-Iyera. Interactive Services: A Framework, Synthesis and Research Directions. *Journal of Interactive Marketing*, Vol. **23** (1), Seiten 91–104, Februar 2009.

Boone (1998): G. Boone. Concept features in Re:Agent, an intelligent email agent. In K. P. Sycara, M. Wooldridge, *Proceedings of the second international conference on Autonomous agents (AAMAS 1998, Minneapolis, MN, USA)*, Seiten 141–148. ACM Press, New York, NY, USA, 1998.

Borghoff und Pareschi (1998): U. M. Borghoff, R. Pareschi (Hrsg.). *Informatik Technology for Knowledge Management*. Springer Verlag, Berlin/Heidelberg, Deutschland, 1998.

Borghoff und Schlichter (1998): U. M. Borghoff, J. H. Schlichter. *Rechnergestützte Gruppenarbeit*. Eine Einführung in verteilte Anwendungen. Springer Verlag, Berlin/Heidelberg, Deutschland. 2., 1998.

Bourke (1998): R. W. Bourke. Configurators: A Status Report. *APICS: The Performance Advantage*. Mai 1998. URL *http://www.bourkeconsulting.com/Internal.aspx?path=Publications&objId=111.* (Stand: 15.4.2009)

Bourke (2000): R. W. Bourke. Product Configurators: Key Enablers for Mass Customization. *Midrange ERP*, August 2000.

Breese et al. (1998): J. Breese, D. Heckerman, C. Kadie. Empirical Analysis of Preditive Algorithms for Collaborative Filtering. In G. Cooper, S. Moral, *Proceedings of the 14th Conference on Uncertainty in Artificial Intelligence*, Seiten 43–52. Morgan Kaufmann, San Francisco, CA, USA, 1998.

Bridge und Kelly (2006): D. Bridge, J. P. Kelly. Ways of Computing Diverse Collaborative Recommendations. In V. Wade, H. Ashman, B. Smyth, *Adaptive Hypermedia and Adaptive Web-Based Systems* Vol. **4018**, Seiten 41–50. Springer-Verlag, Berlin/Heidelberg, 2006.

Brusilovsky (2001): P. Brusilovsky. Adaptive Hypermedia. *User Modeling and User-Adapted Interaction*, Vol. **11** (1-2), Seiten 87–110, März 2001.

Brusilovsky (2007): P. Brusilovsky. Adaptive Navigation Support. In P. Brusilovsky, A. Kobsa, W. Nejdl, *The Adaptive Web* Vol. **4321**, Seiten 263–290. Springer-Verlag, Berlin/Heidelberg, 2007.

Brusilovsky und Millàn (2007): P. Brusilovsky, E. Millàn. User Models for Adaptive Hypermedia and Adaptive Educational Systems. In P. Brusilovsky, A. Kobsa, W. Nejdl, *The Adaptive Web* Vol. **4321**, Seiten 3–53. Springer-Verlag, Berlin/Heidelberg, 2007.

Bry und Henze (2005): F. Bry, N. Henze. Personalisierung. *Informatik-Spektrum*, Vol. **22** (3), Seiten 230–233, Juni 2005.

Bull et al. (1997): W. B. Bull, H. Sakagami, T. Kamba. Learning personal preferences on online newspaper articles from user behaviors. *Computer Networks and ISDN Systems*, Vol. **29** (8), Seiten 1447–1455, September 1997.

Burke (2002): R. Burke. Hybrid Recommender Systems: Survey and Experiments. *User Modeling and User-Adapted Interaction*, Vol. **12** (4), Seiten 331–370, November 2002.

Burke (2005): R. Burke. Hybrid Systems for Personalized Recommendations. In B. Mobasher, S. S. Anand, *Intelligent Techniques for Web Personalization (ITWP 2003)* Vol. **3169**, Seiten 133–152. Springer-Verlag, Berlin/Heidelberg, 2005.

Burke (2007): R. Burke. Hybrid Web Recommender Systems. In P. Brusilovsky, A. Kobsa, W. Nejdl, *The Adaptive Web* Vol. **4321**, Seiten 377–408. Springer-Verlag, Berlin/Heidelberg, 2007.

Carberry (2001): S. Carberry. Techniques for Plan Recognition. *User Modeling and User-Adapted Interaction*, Vol. **11** (1-2), Seiten 31–48, März 2001.

Carroll und Rosson (1987): J. M. Carroll, M. B. Rosson. The paradox of the active user. In J. M. Carroll, *Interfacing Thought: Cognitive Aspects of Human-Computer Interaction.* MIT Press, Cambridge, MA, USA, 1987.

Carterette et al. (2008): B. Carterette, P. N. Bennett, D. M. Chickering, S. T. Dumais. Here or There: Preference Judgments for Relevance. In C. Macdonald, I. Ounis, V. Plachouras, I, Ruthven, R. W. White, *Advances in Information Retrieval* Vol. **4956**, Seiten 16–27. Springer-Verlag, Berlin/Heidelberg, 2008.

Chakrabarti et al. (1999): S. Chakrabarti, B. E. Dom, S. R. Kumar, P. Raghavan, S. Rajagopalan, A. Tomkins, D. Gibson, J. Kleinberg. Mining the Web's link structure. *IEEE Computer*, Vol. **32** (8), Seiten 60–67, August 1999.

Chaudhury et al. (2001): A. Chaudhury, D. Mallick, H. R. Rao. Web channels in e-commerce. *Communications of the ACM*, Vol. **44** (1), Seiten 99–104, Januar 2001.

Chen und Pu (2005): L. Chen, P. Pu. Trust Building in Recommender Agents. In *Proceedings of the 1st International Workshop on Web Personalisation, Recommender Systems and Intelligent User Interfaces (WPRSIUI 2005, Reading, UK)*, 2005.

Chen und Sycara (1998): L. Chen, K. Sycara. WebMate: a personal agent for browsing and searching. In K. P. Sycara, M. Wooldridge, *Proceedings of the second international conference on Autonomous agents (AAMAS 1998, Minneapolis, MN, USA)*, Seiten 132–139. ACM Press, New York, NY, USA, 1998.

Cheverst et al. (2002): K. Cheverst, K. Mitchell, N. Davies. The role of adaptive hypermedia in a context-aware tourist GUIDE. *Communications of the ACM*, Vol. **45** (5), Seiten 47–51, Mai 2002.

Claypool et al. (2001): M. Claypool, P. Le, M. Wased, D. Brown. Implicit interest indicators. In C. Sidner, J. Moore, *Proceedings of the 6th international conference on Intelligent user interfaces (IUI 2001, Santa Fe, NM, USA)*, Seiten 33–40. ACM Press, New York, NY, USA, 2001.

Cöster et al. (2002): R. Cöster, A. Gustavsson, T. Olsson, Å. Rudström. Enhancing web-based configuration with recommendations and cluster-based help. In *Proceedings of the AH 2002 Workshop on Recommendation and Personalization in eCommerce*, 2002.

Cohen (1996): W. W. Cohen. Learning Trees and Rules with Set-valued Features. In *Proceedings of the Thirteenth National Conference on Artificial Intelligence*, Seiten 709–716. AAAI Press, Menlo Park, CA, USA, 1996.

Cosley et al. (2003): D. Cosley, S. K. Lam, I. Albert, J. A. Konstan, J. Riedl. Is seeing believing? How recommender system interfaces affect users' opinions. In *Proceedings of the SIGCHI conference on Human factors in computing systems (CHI 2003)*, Seiten 585–592. ACM Press, New York, NY, USA, 2003.

Csikszentmihalyi (2008): M. Csikszentmihalyi. *Flow.* Das Geheimnis des Glücks. Klett-Cotta, Stuttgart, Deutschland. 14. Auflage, 2008.

da Costa Pereira und Tettamanzi (2006): C. da Costa Pereira, A. G. B. Tettamanzi An Evolutionary Approach to Ontology-Based User Model Acquisition. In V. Di Gesù, F. Masulli, A. Petrosino, *Proceedings of the 5th International Workshop on Fuzzy Logic and Applications (WILF 2003, Naples, Italy)* Vol. **2955**, Seiten 25–32. Springer-Verlag, Berlin/Heidelberg, Deutschland, 2006.

de la Rosa et al. (2006): J. L. de la Rosa, M. Montaner, J. M. López. Opinion Based Filtering. In A. Felfernig, M. Zanker, *Proceedings of the ECAI 2006 Workshop on Recommender System (Riva del Garda, Italy)*, Seiten 84–87, 2006.

de Mantras et al. (2005): R. L. de Mantras, D. McSherry, D. Bridge, D. Leake, B. Smyth, S. Craw, B. Faltings, M. L. Maher, M. T. Cox, K. Forbus, M. Leane, A. Aamodt, I. Watson. Retrieval, reuse, revision and retention in case-based reasoning. *The Knowledge Engineering Review*, Vol. **20** (3), Seiten 215–240, September 2005.

Demner-Fushman et al. (2004): D. Demner-Fushman, D. He, D. W. Oard. Exploring Interactive Relevance Feedback With a Two-Pass Study Design. Techn. Ber., University of Maryland, College Park, MD, USA Oktober 2004.

Dey et al. (1998): A. K. Dey, G. D. Abowd, A. Wood. CyberDesk: a framework for providing self-integrating context-aware services. In L. G. Terveen, P. Johnson, J. Mark, *Proceedings of the 3th international conference on Intelligent user interfaces*, Seiten 47–54. ACM Press, New York, NY, USA, 1998.

Dey (2001): A. K. Dey. Understanding and Using Context. *Personal and Ubiquitous Computing*, Vol. **5** (1), Seiten 4–7, Februar 2001.

Dickey et al. (2000): M. H. Dickey, G. Piccoli, B. Ives. Electronic Commerce: Markets and Users. In M. Shaw, R. Blanning, T. Strader, A. Whinston, *Handbook on Electronic Commerce*, Seiten 101–121. Springer Verlag, Berlin/Heidelberg, Deutschland, 2000.

Dijkstra (1968): E. W. Dijkstra. Letters to the editor: go to statement considered harmful. *Communications of the ACM*, Vol. **11** (3), Seiten 147–148, März 1968.

Dolog und Nejdl (2007): P. Dolog, W. Nejdl. Semantic Web Technologies for the Adaptive Web. In P. Brusilovsky, A. Kobsa, W. Nejdl, *The Adaptive Web* Vol. **4321**, Seiten 697–719. Springer-Verlag, Berlin/Heidelberg, 2007.

Drenner et al. (2006): S. Drenner, M. Harper, D. Frankowski, J. Riedl, L. Terveen. Insert movie reference here: a system to bridge conversation and item-oriented web sites. In R. Grinter, T. Rodden, P. Aoki, E. Cutrell, R. Jeffries, G. Olson, *Proceedings of the SIGCHI conference on Human Factors in computing systems (CHI 2006, Montréal, QC, Canada)*, Seiten 951–954. ACM Press, New York, NY, USA, 2006.

Du et al. (2003): X. Du, M. M. Tseng, J. Jiao. Product Families for Mass Customization. In M. M. Tseng, F. T. Piller, *The Customer Centric Enterprise*, Seiten 123–161. Springer Verlag, Berlin/Heidelberg, 2003.

Eisentraut et al. (2001): R. Eisentraut, M. Koch, K. Möslein. Building Trust and Reputation in Communities and Virtual Enterprises. In D. Strong, D. Straub, *Proceedings of the Seventh Americas Conference on Information Systems (AMCIS 2001, Boston, MA, USA)*, Seiten 1506–1509. Omnipress, Madison, WI, USA, 2001.

Eizaguirre et al. (2008): F. Eizaguirre, M. Zangitu, J. de Sosa, K. Intxausti. A CSP based Distributed Product Configuration System. In Juha Tiihonen, Alexander Felfernig, Markus Zanker, Tomi Männistö, *The 18th European Conference on Artificial Intelligence – Proceedings of the Workshop on Configuration Systems (ECAI 2008, Patras, Greece)*, Seiten 19–22, Juli 2008.

Eldin und Stojanovic (2008): A. A. Eldin, Z. Stojanovic. Privacy Control Requirements for Context-Aware Mobile Services. In R. A. Gonzàlez, N. Chen, A. Dahanayake, *Personalized Information Retrieval and Access: Concepts, Methods and Practices*, Seiten 151–166. Information Science Reference, Hershey, PA, USA, April 2008.

Ellis (2002): A. Ellis. *Overcoming Resistance.* A Rational Emotive Behavior Therapy Integrated Approach. Springer, New York, NY, USA, 2002.

Engel et al. (1995): J. F. Engel, R. D. Blackwell, P. W. Miniard. *Consumer Behavior*. The Dryden Press Harcourt Brace College Publishers, Forth Wort. 8. Ausgabe, 1995.

Esch et al. (2008): F.-R. Esch, A. Herrmann, H. Sattler. *Marketing*. Eine managementorientierte Einführung. Franz Vahlen Verlag, München, Deutschland. 2. Auflage, 2008.

Fan und Poole (2006): H. Fan, M. S. Poole. What Is Personalization? Perspectives on the Design and Implementation of Personalization in Information Systems. *Journal of Organizational Computing & Electronic Commerce*, Vol. **16** (3/4), Seiten 179–202, 2006.

Felfernig (2002): A. Felfernig, G. Friedrich, D. Jannach, M. Zanker. Configuration Knowledge Representation Using UML/OCL. In G. Goos, J. Hartmanis, J. van Leeuwen, *The Unified Modeling Language. Model Engineering, Concepts, and Tools (UML 2002, Dresden, Deutschland)* Vol. **2460**, Seiten 91–108. Springer Verlag, Berlin/Heidelberg, Deutschland, 2002.

Felfernig et al. (2007): A. Felfernig, G. Friedrich, L. Schmidt-Thieme. Guest Editors' Introduction: Recommender Systems. *IEEE Intelligent Systems*, Vol. **22** (3), Seiten 18–21, Mai 2007.

Felfernig und Gula (2006): A. Felfernig, B. Gula. Consumer Behavior in the Interaction with Knowledge-Based Recommender Applications. In A. Felfernig, M. Zanker, *Proceedings of the ECAI 2006 Workshop on Recommender System (Riva del Garda, Italy)*, Seiten 1–5, 2006.

Fesenmaier (2003): D. R. Fesenmaier, F. Ricci, E. Schaumlechner. DIETORECS: Travel advisory for multiple decision styles. In A. J. Frew, M. Hitz, P. O'Connors, *Information and Communication Technologies in Tourism 2003*, Seiten 232–241. Springer-Verlag, Berlin/Heidelberg, Deutschland, 2003.

Franke und Piller (2003): N. Franke, F. T. Piller. Key research issues in user interaction with user toolkits in a mass customisation system. *International Journal of Technology Management*, Vol. **26** (5/6), Seiten 578–599, 2003.

Frankowski et al. (2007): D. Frankowski, S. K. Lam, S. Sen, F. M. Harper, S. Yilek, M. Cassano, J. Riedl. Recommenders everywhere: the WikiLens community-maintained recommender system. In A. Désilets, R. Biddle, *Proceedings of the 2007 international symposium on Wikis (WikiSym 2007, Montreal, QC, Canada)*, Seiten 47–60. ACM Press, New York, NY, USA, 2007.

Frutos et al. (2004): J. D. Frutos, E. R. Santos, D. Borenstein. Decision Support System for Product Configuration in Mass Customization Environments. *Concurrent Engineering*, Vol. **12** (2), Seiten 131–144, 2004.

Gadanho und Lhuillier (2007): S. C. Gadanho, N. Lhuillier. Addressing uncertainty in implicit preferences. In J. A. Konstan, J. Riedl, B. Smyth, *Proceedings of the 2007 ACM conference on Recommender systems*, Seiten 97–104. ACM Press, New York, NY, USA, 2007.

Gasparetti und Micarelli (2008): F. Gasparetti, A. Micarelli. A Deep Evaluation of Two Cognitive User Models for Personalized Search. In G. Uchyigit, M. Y. Ma, *Personalization Techniques and Recommender Systems*, Seiten 33–59. World Scientific, Singapore, 2008.

Gauch et al. (2003): S. Gauch, J. Chaffee, A. Pretschner. Ontology-based personalized search and browsing. *Web Intelligence and Agent System*, Vol. **1** (3-4), Seiten 219–234, Dezember 2003.

Gauch et al. (2007): S. Gauch, M. Speretta, A. Chandramouli, A. Micarelli. User Profiles for Personalized Information Access. In P. Brusilovsky, A. Kobsa, W. Nejdl, *The Adaptive Web* Vol. **4321**, Seiten 54–89. Springer-Verlag, Berlin/Heidelberg, 2007.

Gilmore und Pine (2007): J. H. Gilmore, J. Pine II. *Authenticity*. What Consumers Really Want. Harvard Business School Press, Boston, MA, USA, 2007.

Ginsburg und Weisband (2006): M. Ginsburg, S. Weisband. Volunteerism and Virtual Community Business Success: The Case of the Internet Chess Club. *Journal of Organizational Computing & Electronic Commerce*, Vol. **16** (3/4), Seiten 325–343, 2006.

Göhner (2005): M. Göhner. Software für die Produktspezifikation durch den Endkunden (Diplomarbeit), Technische Universität, München, Deutschland, Januar 2005.

Göker und Myrhaug (2002): A. Göker, H. I. Myrhaug. User Context and Personalisation. In *Workshop Proceedings for the 6th European Conference on Case Based Reasoning (ECCBR 2002, Aberdeen, United Kingdom)*, 2002.

Goldberg et al. (1992): D. Goldberg, D. Nichols, B. M. Oki, D. Terry. Using collaborative filtering to weave an information tapestry. *Communications of the ACM*, Vol. **35** (12), Seiten 61–70, Dezember 1992.

Gondra (2008): I. Gondra. Personalized Content-Based Image Retrieval. In R. A. Gonzàlez, N. Chen, A. Dahanayake, *Personalized Information Retrieval and Access: Concepts, Methods and Practices*, Seiten 194–219. Information Science Reference, Hershey, PA, USA, April 2008.

Gonzàlez et al. (2006): G. Gonzàlez, J. L. de la Rosa, J. Dugdale, B. Pavard, M. E. Jed, N. Pallamin, C. Angulo, M. Klann. Towards Ambient Recommender Systems: Results of New Cross-disciplinary Trends. In A. Felfernig, M. Zanker, *Proceedings of the ECAI 2006 Workshop on Recommender System (Riva del Garda, Italy)*, Seiten 128–132, 2006.

Gonzàlez et al. (2007): G. Gonzàlez, J. L. de la Rosa, M. Montaner, S. Delfin. Embedding Emotional Context in Recommender Systems. In *Proceedings of the 23rd International Conference on Data Engineering Workshops (ICDE 2007)*, Seiten 845–852. IEEE Computer Society, Los Alamitos, CA, USA, 2007.

Gonzàlez (2008): R. A. Gonzàlez. Exploring Information Management Problems in the Domain of Critical Incidents. In R. A. Gonzàlez, N. Chen, A. Dahanayake, *Personalized Information Retrieval and Access: Concepts, Methods and Practices*, Seiten 55–76. Information Science Reference, Hershey, PA, USA, April 2008.

Good et al. (1999): N. Good, J. B. Schafer, J. A. Konstan, A. Borchers, B. M. Sarwar, J. L. Herlocker, J. Riedl. Combining Collaborative Filtering with Personal Agents for Better Recommendations. In *Proceedings of AAAI 1999 and IAAI 1999*, Seiten 439–446. AAAI Press, Menlo Park, CA, USA, 1999.

Goy et al. (2007): A. Goy, L. Ardissono, G. Petrone. Personalization in E-Commerce Applications. In P. Brusilovsky, A. Kobsa, W. Nejdl, *The Adaptive Web* Vol. **4321**, Seiten 485–520. Springer-Verlag, Berlin/Heidelberg, 2007.

Haase et al. (2006): P. Haase, M. Ehrig, A. Hotho, B. Schnizler. Personalized Information Access in a Bibliographic Peer-to-Peer System. In S. Staab, H. Stuckenschmidt, *Semantic Web and Peer-to-Peer*, Seiten 143–157. Springer-Verlag, Berlin/Heidelberg, 2004.

Hagel und Armstrong (1997): J. Hagel III, A. G. Armstrong. *Net Hain.* Expanding Markets Through Virtual Communities. Harvard Business School Press, Bosten, MA, USA, 1997.

Hanani et al. (2001): U. Hanani, B. Shapira, P. Shoval. Information Filtering: Overview of Issues, Research and Systems. *User Modeling and User-Adapted Interaction*, Vol. **11** (3), Seiten 203–259, August 2001.

Hansen et al. (2003): T. Hansen, C. Scheer, P. Loos. Product Configurators in Electronic Commerce – Extension of the Configurator Concept Towards Customer Recommendation. In F. T. Piller, R. Reichwald, M. Tseng, *Proceedings of the MCPC 2003: Competitive Advantage Through Customer Interaction: Leading Mass Customization and Personalization (MCP) from the Emerging State to a Mainstream Business Model*, Munich, Germany, 2003.

Hansen et al. (2006): T. Hansen, C. Scheer, P. Loos. Scenario-Driven Configuration Systems – Examining the Influence of Product Types and Mind States on Customer Satisfaction in Product Configuration Processes. In T. Blecker, G. Friedrich, L. Hvam, K. Edwards, *Customer Interaction and Customer Integration*. Gito-Verlag, Berlin, Deutschland, 2008.

Harhoff et al. (2003): D. Harhoff, J. Henkel, E. von Hippel. Profiting from voluntary information spillovers: How users benefit by freely revealing their innovations. *Research Policy*, Vol. **32** (10), Seiten 1753–1769, Dezember 2003.

Heath und Motta (2006): T. Heath, E. Motta. Personalizing Relevance on the Semantic Web through Trusted Recommendations from a Social Network. In *Proceedings of the International Workshop on Semantic Web Personalization (SWP 2006, Budva, Montenegro)*, Seiten 63–68, 2006.

Heiskala et al. (2003): M. Heiskala, A. Anderson, V. Huhtinen, J. Tiihonen, A. Martio. A Tool for Comparing Configurable Products. In *Proceedings of the 18th International Joint Conference on Artificial Intelligence, Workshop on Configuration (IJCAI 2003, Acapulco, Mexico)*, 2003.

Heitmann und Herrmann (2006): M. Heitmann, A. Herrmann. Produktkonfiguration als Präferenzkonstruktion. *Die Unternehmung*, Vol. **60** (3), Seiten 223–238, Mai 2006.

Helander und Jiao (2002): M. G. Helander, J. Jiao. Research on E-product development (ePD) for mass customization. *Technovation*, Vol. **22** (11), Seiten 717–724, November 2002.

Herlocker et al. (2000): J. L. Herlocker, J. A. Konstan, J. Riedl. Explaining Collaborative Filtering Recommendations. In W. Kellogg, S. Whittaker, *Proceedings of the 2000 ACM conference on Computer supported cooperative work (CSCW 2000)*, Seiten 241–250. Springer-Verlag, Berlin/Heidelberg, 2000.

Herlocker et al. (2004): J. L. Herlocker, J. A. Konstan, L. G. Terveen, J. T. Riedl. Evaluating collaborative filtering recommender systems. *ACM Transactions on Information Systems*, Vol. **22** (1), Seiten 5–53, Januar 2004.

Hodas (1993): S. Hodas. Technology Refusal and the Organizational Culture of Schools. *Education Policy Analysis*, Vol. **1** (10), September 1993.

Holthöfer und Szilàgyi (2001): N. Holthöfer, S. Szilàgyi. *Marktstudie: Softwaresysteme zur Produktkonfiguration.* ALB-HNI-Verlagsschriftenreihe, Paderborn, Deutschland, 2001.

Hotz (2008): L. Hotz. Modeling, Representing, and Configuring Restricted Part-Whole Relations. In Juha Tiihonen, Alexander Felfernig, Markus Zanker, Tomi Männistö, *The 18th European Conference on Artificial Intelligence – Proceedings of the Workshop on Configuration Systems (ECAI 2008, Patras, Greece)*, Seiten 7–12, Juli 2008.

Hui und Chau (2002): K. L. Hui, P. Y. K. Chau. Classifying Digital Products. *Communications of the ACM*, Vol. **45** (6), Seiten 73–79, Juni 2002.

Hurley und Silvestre (2007): N. J. Hurley, G. C. M. Silvestre. Research Lines in Secure and Robust Recommender Systems. In B. Mobasher, S. S. Anand, A. Kobsa, D Jannach, *Proceedings of the Workshop on Intelligent Techniques for Web Personlization and Recommender Systems in E-Commerce (ITWP 2007, WS 2007)*, Seiten 118–121. AAAI Press, Menlo Park, CA, USA, 2007.

Hvam (1999): L. Hvam. A procedure for building product models. *Robotics and Computer-Integrated Manufacturing*, Vol. **15** (1), Seiten 77–87, Februar 1999.

Hvam und Malis (2003): L. Hvam, M. Malis. Knowledge Based Product Configuration: A documentation tool for configuration projects. In M. M. Tseng, F. T. Piller, *The Customer Centric Enterprise*, Seiten 315–328. Springer Verlag, Berlin/Heidelberg, 2003.

Ihl et al. (2006): C. Ihl, M. Müller, F. Piller, R. Reichwald. Kundenzufriedenheit bei Mass Customization: Eine empirische Untersuchung zur Bedeutung des Co-Design aus Kundensicht. *Die Unternehmung*, Vol. **60** (3), Seiten 165–184, Mai 2006.

Inakoshi et al. (2001): H. Inakoshi, S. Okamoto, Y. Ohta, N. Yugami. Effective Decision Support for Product Configuration by Using CBR. In R. Weber, C. Gresse von Wangenheim, *Proceedings of the Workshop Program at the Fourth International Conference on Case-Based Reasoning 2001 (CCBR 2001, Workshop 3, Vancouver, BC, Canada)*, 2001.

Ishikawa et al. (2007): M. Ishikawa, P. Geczy, N. Izumi, T. Morita, T. Yamaguchi. Information Diffusion Approach to Cold-Start Problem. In *Proceedings of the 2007 IEEE/WIC/ACM International Conferences on Web Intelligence and Intelligent Agent Technology – Workshops*, Seiten 129–132. IEEE Computer Society, Los Alamitos, CA, USA, 2007.

Iyengar und Lepper (2000): S. S. Iyengar, M. R. Lepper. When choice is demotivating: Can one desire too much of a good thing?. *Journal of Personality and Social Psychology*, Vol. **79** (6), Seiten 995–1006, Dezember 2000.

Janitza et al. (2003): D. Janitza, M. Lacher, M. Maurer, U. Pulm, H. Rudolf. A Product Model for Mass-Customisation Products. In *Knowledge-Based Intelligent Information and Engineering Systems (KES 2003)* Vol. **2774**, Seiten 1023–1029. Springer Verlag, Berlin/Heidelberg, 2003.

Jennings und Higuchi (1992): A. Jennings, H. Higuchi. A personal news service based on a user model neural network. *Transactions on Information and Systems*, Vol. **E75-D** (2), Seiten 198–210, 1992.

Jiang et al. (2005): Z. Jiang, W. Wang, I. Benbasat. Multimedia-based interactive advising technology for online consumer decision support. *Communications of the ACM*, Vol. **48** (9), Seiten 92–98, September 2005.

Johnson und Johnson (1993): H. Johnson, P. Johnson. Explanation facilities and interactive systems. In W. D. Gray, W. E. Hefley, D. Murray, *Proceedings of the 1st international conference on Intelligent user interfaces (IUI 1993, Orlando, FL, USA)*, Seiten 159–166. ACM Press, New York, NY, USA, 1993.

Jørgensen (2003): K. A. Jørgensen. Information Models Representing Product Families. In *Proceedings of the Product Structuring Workshop (2003, Tech. Univ. of Denmark)*, 2003.

Jørgensen (2008): K. A. Jørgensen. Development of Product Configurators – Levels of Customization. In *Proceedings of the Joint Conference of IMCM 2008 & PETO 2008 (Copenhagen, Denmark)*, 2008.

Kalakota und Whinston (1996): R. Kalakota, A. B. Whinston. *Frontiers of Electronic Commerce.* Addison-Wesley, Boston, MA, USA, 1996.

Kamba et al. (1995): T. Kamba, K. Bharat, M. C. Albers. The Krakatoa Chronicle: An Interactive, Personalized Newspaper on the Web. In *Proceedings of the 4th International World Wide Web Conference (WWW 1995, Boston, MA, USA)*, 1995.

Kaplan (2006): A. M. Kaplan. *Factors influencing the adoption of mass customization: determinats, moderating variables and cross-national generalizability.* Doktorarbeit, Cuvillier Verlag, Göttingen, Deutschland, 2006.

Kaplan et al. (2007): A. M. Kaplan, D. Schoder, M. Haenlein. Factors Influencing the Adoption of Mass Customization: The Impact of Base Category Consumption Frequency and Need Satisfaction. *Journal of Product Innovation Management*, Vol. **24** (2), Seiten 101–116, März 2007.

Kapoor et al. (2007): N. Kapoor, J. Chen, J. T. Butler, G. C. Fouty, J. A. Stemper, J. Riedl, J. A. Konstan. Techlens: a researcher' desktop. In J. A. Konstan, J. Riedl, B. Smyth, *Proceedings of the 2007 ACM conference on Recommender systems*, Seiten 183–184. ACM Press, New York, NY, USA, 2007.

Karacapilidis und Hatzieleftheriou (2003): N. Karacapilidis, L. Hatzieleftheriou. Exploiting Similarity Measures in Multi-criteria Based Recommendations. In K. Bauknecht, A. M Tjoa, G. Quirchmayr, *Proceedings of the 4th International Conference on E-Commerce and Web Technologies* Vol. **2738**, Seiten 424–434. Springer-Verlag, Berlin/Heidelberg, 2003.

Karacapilidis und Leckner (2004): N. Karacapilidis, T. Leckner. A Recommendation Based Framework for Online Product Configuration. In *Proceedings of the 6th International Conference on Enterprise Information Systems (ICEIS 2004)* Vol. **4**, Seiten 303–308, 2004.

Kasanoff (2001): B. Kasanoff. *making it personal.* how to profit from personlization without invading privacy. Perseus Publishing, Cambridge, MA, USA, Oktober 2001.

Kassim und Abdullah (2008): N. M. Kassim, N. A. Abdullah. Customer Loyalty in e-Commerce Settings: An Empirical Study. *Electronic Markets*, Vol. **18** (3), Seiten 275–290, August 2008.

Katila und Ahuja (2002): R. Katila, G. Ahuja. Something Old, Something New: A Longitudinal Study of Search Behavior and New Product Introduction. *The Academy of Management Journal*, Vol. **45** (6), Seiten 1183–1194, Dezember 2002. URL *http://www.jstor.org/stable/3069433.*

Katona et al. (1960): G. Katona, E. Boettcher, H. Kardel, G. Krökel. *Das Verhalten der Verbraucher und Unternehmer.* Mohr Siebeck Verlag, Tübingen, Deutschland, 1960.

Kautz et al. (1997): H. Kautz, B. Selman, M. Shah. Referral Web: combining social networks and collaborative filtering. *Communications of the ACM*, Vol. **40** (3), Seiten 63–65, März 1997.

Kearney et al. (2007): P. Kearney, M. Shapcott, S. S. Anand, D. Patterson. Evaluating the Use of Semantics in Collaborative Recommender Systems: A User Study. In B. Mobasher, S. S. Anand, A. Kobsa, D. Jannach, *Proceedings of the Workshop on Intelligent Techniques for Web Personlization and Recommender Systems in E-Commerce (ITWP 2007, WS 2007)*, Seiten 46–53. AAAI Press, Menlo Park, CA, USA, 2007.

Keenoy und Levene (2005): K. Keenoy, M. Levene. Personalisation of Web Search. In B. Mobasher, S. S. Anand, *Intelligent Techniques for Web Personalization* Vol. **3169**, Seiten 201–228. Springer-Verlag, Berlin/Heidelberg, 2005.

Kim (2008): W. Kim. Starting Directions for Personalized E-Learning. In H. Leung, F. Li, R. Lau, Q. Li, *Advances in Web Based Learning (ICWL 2007)* Vol. **4823**, Seiten 13–19. Springer-Verlag, Berlin/Heidelberg, 2008.

Kleinaltenkamp und Dahlke (2006): M. Kleinaltenkamp, B. Dahlke. Der Wert des Kunden als Informant – auf dem Weg zu einem 'knowledge based customer value'. In B. Günter, S. Helm, *Kundenwert*, Seiten 217–240. Gabler, Wiesbaden, Deutschland. 3. Auflage, 2006.

Kobsa (2002): A. Kobsa. Personalized hypermedia and international privacy. *Communications of the ACM*, Vol. **45** (5), Seiten 64–67, Mai 2002.

Koch (2002): M. Koch. Globale benutzerprofile und kundenindividuelle Produkte. In B. Britzelmaier, S. Geberl, S. Weinmann, *Der Mensch im Netz – Ubiquitous Computing*, Seiten 137–146. Vieweg+Teubner Verlag, Wiesbaden, 2002.

Konstan et al. (1997): J. A. Konstan, B. N. Miller, D. Maltz, J. L. Herlocker, L. R. Gordon, J. Riedl. GroupLens: applying collaborative filtering to Usenet news. *Communications of the ACM*, Vol. **40** (3), Seiten 77–87, März 1997.

Kotler und Armstrong (2006): P. Kotler, G. Armstrong. *Principles of Marketing*. Prentice Hall, Upper Saddle River, NJ, USA. 11. Ausgabe, 2006.

Koychev und Schwab (2000): I. Koychev, I. Schwab. Adaptation to Drifting User's Interests. In *Proceedings of MLNet/ECML2000 Workshop: Machine Learning in New Information Age (Barcelona, Catalonia, Spain)*, Seiten 39–45, 2000.

Krebs et al. (2003): T. Krebs, T. Wagner, W. Runte. Recognizing User Intentions in Incremental Configuration Processes. In *Proceedings of the 18th International Joint Conference on Artificial Intelligence, Workshop on Configuration (IJCAI 2003, Acapulco, Mexico)*, 2003.

Krugman (1965): H. E. Krugman. The Impact of Televsion Advertising: Learning without Involvement. *Public Opinion Quarterly*, Vol. **29** (3), Seiten 349–356, 1965.

Kurki et al. (1995): T. Kurki, S. Jokela, R. Sulonen, M. Turpeinen. Agents in Delivering Personalized Content Based on Semantic Metadata. In S. Murugesan, S. Macarthur, D. E. O'Leary, *Proceedings of AAAI Spring Symposium Workshop on Intelligent Agents in Cyberspace 1995*, Seiten 84–93. AAAI Press, Menlo Park, CA, USA, 1995.

Kurniawan et al. (2003): S. H. Kurniawan, M. M. Tseng, R. H. Y. So. Modeling Consumer Behavior in the Customization Process. In M. M. Tseng, F. T. Piller, *The Customer Centric Enterprise*, Seiten 267–282. Springer Verlag, Berlin/Heidelberg, 2003.

Kurniawan (2004): S. H. Kurniawan. *Consumer Decision-Making in Product Selection and Product Configuration Processes.* Doktorarbeit, Hong Kong University of Science and Technology, Hong Kong, China, 2004.

Kuss und Tomczak (2004): A. Kuss, T. Tomczak. *Käuferverhalten.* eine marketingorientierte Einführung. Lucius & Lucius, Stuttgart, Deutschland. 3. Auflage, 2004.

Lam und Riedl (2004): S. K. Lam, J. Riedl. Shilling recommender systems for fun and profit. In *Proceedings of the 13th international conference on World Wide Web (WWW 2004, New York, NY, USA)*, Seiten 393–402. ACM Press, New York, NY, USA, 2004.

Leckner et al. (2003a): T. Leckner, M. Koch, R. Stegmann, M. Lacher. Personalization Meets Mass Customization. In *Proceedings of the 5th International Conference on Enterprise Information Systems (ICEIS 2003, Volume IV, Angers, France)*, Seiten 259–264, 2003.

Leckner (2003b): T. Leckner. Support for online configurator tools by customer communities. In F. T. Piller, R. Reichwald, M. Tseng, *Proceedings of the MCPC 2003: Competitive Advantage Through Customer Interaction: Leading Mass Customization and Personalization (MCP) from the Emerging State to a Mainstream Business Model*, Munich, Germany, 2003.

Leckner (2006): T. Leckner. *Kundenkooperation beim Web-basierten Konfigurieren von Produkten.* Doktorarbeit, EUL-Verlag, Lohmar-Köln, Deutschland, 2006.

Leckner und Lacher (2003): T. Leckner, M. Lacher. Simplifying Configuration Through Customer Oriented Product Models. In *Proceedings of the 14th International Conference on Engineering Design (ICED 2003, Stockholm, Sweden)*, 2003.

Lee et al. (2000): C.-H. S. Lee, A. Barua, A. B. Whinston. The complementarity of mass customization and electronic. *Economics of Innovation and New Technology*, Vol. **9** (2), Seiten 81–110, 2000.

Leimeister et al. (2006): J. M. Leimeister, P. Sidiras, H. Krcmar. Exploring Success Factors of Virtual Communities: The Perspectives of Members and Operators. *Journal of Organizational Computing & Electronic Commerce*, Vol. **16** (3/4), Seiten 279–300, 2006

Leino und Räihä (2007): J. Leino, K.-J. Räihä. Case amazon: ratings and reviews as part of recommendations. In J. A. Konstan, J. Riedl, B. Smyth, *Proceedings of the 2007 ACM conference on Recommender systems*, Seiten 137–140. ACM Press, New York, NY, USA, 2007.

Leung et al. (2007): C.W.-k. Leung, S.C.-f. Chan, F.-l. Chung. Applying Cross-Level Association Rule Mining to Cold-Start Recommendations. In *Proceedings of the 2007 IEEE/WIC/ACM International Conferences on Web Intelligence and Intelligent Agent Technology – Workshops*, Seiten 133–136. IEEE Computer Society, Los Alamitos, CA, USA, 2007.

Li et al. (2007): R. Li, S. Bao, Y. Yu, B. Fei, Z. Su. Towards effective browsing of large scale social annotations. In C. Williamson, M. E. Zurko, P. Patel-Schneider, P. Shenoy, *Proceedings of the 16th international conference on World Wide Web (WWW 2007, Banff, AB, Canada)*, Seiten 943–952. ACM Press, New York, NY, USA, 2007.

Lieberman (1995): H. Lieberman. Letizia: An agent that assists web browsing. In *Proceedings of the International Joint Conference on Articial Intelligence (IJCAI 1995, Montreal, Quebec, Canada)*, Seiten 924–929, 1995.

Lieberman et al. (2001): H. Lieberman, C. Fry, L. Weitzman. Exploring the Web with reconnaissance agents. *Communications of the ACM*, Vol. **44** (8), Seiten 69–75, August 2001.

Lindemann und Baumberger (2006a): U. Lindemann, G. C. Baumberger. Individualisierte Produkte. In U. Lindemann, R. Reichwald, M. F. Zäh, *Individualisierte Produkte*, Seiten 7–16. Springer-Verlag, Berlin/Heidelberg, Deutschland, 2006.

Lindemann und Baumberger (2006b): U. Lindemann, G. C. Baumberger. Adaptionsprozesse für individualisierte Produkte. In U. Lindemann, R. Reichwald, M. F. Zäh, *Individualisierte Produkte*, Seiten 130–150. Springer-Verlag, Berlin/Heidelberg, Deutschland, 2006.

Lindemann und Maurer (2006): U. Lindemann, M. Maurer. Entwicklung und Strukturplanung individualisierter Produkte. In U. Lindemann, R. Reichwald, M. F. Zäh, *Individualisierte Produkte*, Seiten 41–62. Springer-Verlag, Berlin/Heidelberg, Deutschland, 2006.

Liu et al. (2003): J. Liu, C. K. Wong, K. K. Hui. An adaptive user interface based on personalized learning. *IEEE Intelligent Systems*, Vol. **18** (2), Seiten 52–57, März 2003.

Loizou und Dasmahapatra (2006): A. Loizou, S. Dasmahapatra. Recommender Systems for the Semantic Web. In A. Felfernig, M. Zanker, *Proceedings of the ECAI 2006 Workshop on Recommender System (Riva del Garda, Italy)*, Seiten 76–80, 2006.

Lorenzi und Ricci (2005): F. Lorenzi, F. Ricci. Case-Based Recommender Systems: A Unifying View. In B. Mobasher, S. S. Anand, *Intelligent Techniques for Web Personalization* Vol. **3169**, Seiten 89–113. Springer-Verlag, Berlin/Heidelberg, 2005.

Männistö et al. (2001): T. Männistö, T. Soininen, R. Sulonen. Modelling Configurable Products and Software Product Families. In *17th International Joint Conference on Artificial Intelligence – Workshop on Configuration (IJCAI 2001, Seattle, WA, USA)*, 2001. URL *http://www.soberit.hut.fi/pdmg/IJCAI2001ConfWS/proceedings.htm.*

Malone et al. (1992): T. W. Malone, K. R. Grant, F. A. Turbak, S. A. Brobst, M. D. Cohen. Intelligent information-sharing systems. *Communications of the ACM*, Vol. **30** (5), Seiten 390–402, Mai 1987.

Maneeroj et al. (2001): S. Maneeroj, H. Kanai, K. Hakozaki. Combining Dynamic Agents and Collaborative Filtering without Sparsity Rating Problem for Better Recommendation Quality. In *Proceedings of the Second DELOS Network of Excellence Workshop on Personalisation and Recommender Systems in Digital Libraries 2001 (DELOS 2001/W03)*. ERCIM, 2001.

Manouselis (2008): N. Manouselis. A Discussion on Multi-Criteria Recommendation. In M. Zanker, A. Felfernig, R. Burke, *The 18th European Conference on Artificial Intelligence – Proceedings of the Workshop on Recommender Systems (ECAI 2008, Patras, Greece)*, Seiten 59–60, Juli 2008.

Manouselis und Costopoulou (2008): N. Manouselis, C. Costopoulou. Overview of Design Options for Neighborhood-Based Collaborative Filtering Systems. In R. A. Gonzàlez, N. Chen, A. Dahanayake, *Personalized Information Retrieval and Access: Concepts, Methods and Practices*, Seiten 30–54. Information Science Reference, Hershey, PA, USA, April 2008.

Markellou et al. (2008): P. Markellou, M. Rigou, S. Sirmakessis. Mining for Web Personalization. In R. A. Gonzàlez, N. Chen, A. Dahanayake, *Personalized Information Retrieval and Access: Concepts, Methods and Practices*, Seiten 77–97. Information Science Reference, Hershey, PA, USA, April 2008.

Massa und Avesani (2006): P. Massa, P. Avesani. Trust-aware Bootstrapping of Recommender Systems. In A. Felfernig, M. Zanker, *Proceedings of the ECAI 2006 Workshop on Recommender System (Riva del Garda, Italy)*, Seiten 29–33, 2006.

McCarthy (2004): I. P. McCarthy. editorial: the what, why and how of mass customization. *Production Planning & Control*, Vol. **15** (4), Seiten 347–351, Juni 2004.

McCarthy et al. (2005): K. McCarthy, J. Reilly, L. McGinty, B. Smyth. Experiments in dynamic critiquing. In *Proceedings of the 10th International Conference on Intelligent User Interfaces (IUI 2005, San Diego, CA, USA)*, Seiten 175–182. ACM Press, New York, NY, USA, 2005.

McDermott (1982): J. McDermott. R1: A rule-based configurer of computer systems. *Artificial Intelligence*, Vol. **19** (1), Seiten 39–88, September 1982.

McDonald und Stevenson (1998): S. McDonald, R. J. Stevenson. Navigation in hyperspace: An evaluation of the effects of navigational tools and subject matter expertise on browsing and information retrieval in hypertext. *Interacting with Computers*, Vol. **10** (2), Seiten 129–142, Mai 1998.

McNee et al. (2006): S. M. McNee, J. Riedl, J. A. Konstan. Making Recommendations Better: An Analytic Model for Human-Recommender Interaction. In G. Olson, R. Jeffries, *Extended abstracts on Human factors in computing systems (CHI 2006, Montréal, QC, Canada)*, Seiten 1103–1008. ACM Press, New York, NY, USA, 2006.

McSherry (2003): D. Mcsherry. *Similarity and Compromise*. Springer-Verlag, Berlin/Heidelberg, 2003.

Meffert et al. (2000): H. Meffert, C. Burmann, M. Kirchgeorg. *Marketing*. Grundlagen marktorientierter Unternehmensführung. Konzepte – Instrumente – Praxisbeispiele. Gabler, Wiesbaden, Deutschland. 9. Auflage, 2000.

Mehta et al. (2007a): B. Mehta, T. Hofmann, P. Fankhauser. Lies and propaganda: detecting spam users in collaborative filtering. In A. Puerta, T. Lau, *Proceedings of the 12th international conference on Intelligent user interfaces*, Seiten 14–21. ACM Press, New York, NY, USA, 2007.

Mehta et al. (2007b): B. Mehta, T. Hofmann, W. Nejdl. Robust collaborative filtering. In J. A. Konstan, J. Riedl, B. Smyth, *Proceedings of the 2007 ACM conference on Recommender systems*, Seiten 49–56. ACM Press, New York, NY, USA, 2007.

Mehta und Nejdl (2008): B. Mehta, W. Nejdl. Attack resistant collaborative filtering. In S. H. Myaeng, D. W. Oard, F. Sebastiani, T.-S. Chua, M.-K. Leong, *Proceedings of the 31st annual international ACM SIGIR conference on Research and development in information retrieval*, Seiten 75–82. ACM Press, New York, NY, USA, 2008.

Meier et al. (2003): H. Meier, W. E. Maßberg, J. J. Schramm. Kundenindividuelle Services auf Basis modularisierter Dienstleistungen. In G. Reinhart, M. F. Zäh, *Marktchance Individualisierung*, Seiten 65–73. Springer-Verlag, Berlin/Heidelberg, Deutschland, 2003.

Melamed et al. (2007): D. Melamed, B. Shapira, Y. Elovici. MarCol: A Market-Based Recommender System. *IEEE Intelligent Systems*, Vol. **22** (3), Seiten 74–78, Mai 2007.

Mendonca et al. (2007): M. Mendonca, D. Cowan, T. Oliveira. A Process-Centric Approach for Coordinating Product Configuration Decisions. In *Proceedings of the 40th Annual Hawaii International Conference on System Sciences (HICSS 2007, Big Island, Hawaii, USA)*, Seite 283a. IEEE Computer Society, Los Alamitos, CA, USA, 2007.

Meuter et al. (2000): M. L. Meuter, A. L. Ostrom, R. I. Roundtree, M. J. Bitner. Self-Service Technologies: Understanding Customer Satisfaction with Technology-Based Service Encounters. *Journal of Marketing*, Vol. **64** (3), Seiten 50–64, 2000.

Micarelli et al. (2007): A. Micarelli, F. Gasparetti, F. Sciarrone, S. Gauch. Personalized Search on the World Wide Web. In P. Brusilovsky, A. Kobsa, W. Nejdl, *The Adaptive Web* Vol. **4321**, Seiten 195–230. Springer-Verlag, Berlin/Heidelberg, 2007.

Michail und Christos (2007): S. Michail, K. Christos. Adaptive Browsing Shortcuts: Personalising the User Interface of a Specialised Voice Web Browser for Blind People. In *Proceedings of the 23rd International Conference on Data Engineering Workshops (ICDE 2007)*, Seiten 818–825. IEEE Computer Society, Los Alamitos, CA, USA, 2007.

Miller et al. (2003): B. N. Miller, I. Albert, S. K. Lam, J. A. Konstan, J. Riedl. MovieLens unplugged: experiences with an occasionally connected recommender system. In W. L. Johnson, E. Andre, J. Domingue, *Proceedings of the 8th international conference on Intelligent user interfaces (IUI 2003, Miami, FL, USA)*, Seiten 263–266. ACM Press, New York, NY, USA, 2003.

Mladenic (1996): D. Mladenic. Personal WebWatcher: Implementation and Design. Technical Report No. IJS-DP-7472. Techn. Ber., J. Stefan Institute, Ljubljana, Slovenia 1996.

Mobasher (2007a): B. Mobasher. Data Mining for Web Personalization. In P. Brusilovsky, A. Kobsa, W. Nejdl, *The Adaptive Web* Vol. **4321**, Seiten 90–135. Springer-Verlag, Berlin/Heidelberg, 2007.

Mobasher et al. (2007b): B. Mobasher, R. Burke, R. Bhaumik, C. Williams. Toward Trustworthy Recommender Systems: An Analysis of Attack Models and Algorithm Robustness. *ACM Transactions on Internet Technology*, Vol. **7** (4), Seiten 23:1–23:38, Oktober 2007.

Møller et al. (2001): J. Møller, H. R. Andersen, H. Hulgaard. Product Configuration over the Internet. In *Proceedings of the 6th INFORMS Conference on Information Systems and Technology (CIST 2001, Miami Beach, FL, USA)*, 2001.

Montaner et al. (2003): M. Montaner, B. López, J. L. de la Rosa. A Taxonomy of Recommender Agents on the Internet. *Artificial Intelligence Review*, Vol. **19** (4), Seiten 285–330, Juni 2003.

Montebello et al. (1998): M. Montebello, W. A. Gray, S. Hurley. An Evolvable Personal Advisor to Optimize Internet Search Technologies. In Quirchmayr, Gerald; Schweighofer, Erich; Bench-Capon, Trevor J.M., *Proceedings of the 9th International Conference on Database and Expert Systems Applications (DEXA 1998, Wien, Österreich)* Vol. **1460**, Seiten 531–540. Springer Verlag, Berlin/Heidelberg, 1998.

Montgomery und Smith (2009): A. L. Montgomery, M. D. Smith. Prospects for Personalization on the Internet. *Journal of Interactive Marketing*, Vol. **23** (2), Seiten 130–137, Mai 2009.

Mooney und Roy (2000): R. J. Mooney, L. Roy. Content-based book recommending using learning for text categorization. In P. J. Nürnberg, D. L. Hicks, R. Furuta, *Proceedings of the fifth ACM conference on Digital libraries*, Seiten 195–204. ACM Press, New York, NY, USA, 2000.

Moukas und Maes (1998): A. Moukas, P. Maes. Amalthaea: An Evolving Multi-Agent Information Filtering and Discovery System for the WWW. *Autonomous Agents and Multi-Agent Systems*, Vol. **1** (1), Seiten 59–88, 1998.

Murphy und Enis (1986): P. E. Murphy, B. M. Enis. Classifying Products Strategically. *Journal of Marketing*, Vol. **50** (3), Seiten 24–42, 1983. URL *http://www.jstor.org/stable/1251583*.

Nagamachi (1995): M. Nagamachi. Kansei Engineering: A new ergonomic consumer-oriented technology for product development. *International Journal of Industrial Ergonomics*, Vol. **15** (1), Seiten 3–11, 1995.

Nagamachi (2002): M. Nagamachi. Kansei engineering as a powerful consumer-oriented technology for product development. Technical Note. *Applied Ergonomics*, Vol. **33** (3), Seiten 289–294, Mai 2002.

Nguyen et al. (2007): A.-T. Nguyen, N. Denos, C. Berrut. Improving new user recommendations with rule-based induction on cold user data. In J. A. Konstan, J. Riedl, B. Smyth, *Proceedings of the 2007 ACM conference on Recommender systems*, Seiten 121–128. ACM Press, New York, NY, USA, 2007.

Nguyen und Ricci (2008): Q. N. Nguyen, F. Ricci. Long-term and session-specific user preferences in a mobile recommender system. In J. Bradshaw, H. Lieberman, S. Staab, *Proceedings of the 13th international conference on Intelligent user interfaces (IUI 2008)*, Seiten 381–384. ACM Press, New York, NY, USA, 2008.

Nichols (1998): D. M. Nichols. Implicit Rating and Filtering. In *Proceedings of 5th DELOS Workshop on Filtering and Collaborative Filtering (DEOLS 1997)*, Seiten 31–36. ERCIM, 1998.

O'Connor et al. (2001): M. O'Connor, D. Cosley, J. A. Konstan, J. Riedl. PolyLens: A Recommender System for Groups of Users. In W. Prinz, M. Jarke, Y. Rogers, K. Schmidt, V. Wulf, *Proceedings of the Seventh European Conference on Computer Supported Cooperative Work (ECSCW 2001)*, Seiten 199–218. Springer-Verlag, Netherlands, 2002.

O'Connor und O'Keefe (2000): G. C. O'Connor, R. O'Keefe. The Internet as a New Marketplace: Impliciations for Consumer Behavior and Marketing Management. In M. Shaw, R. Blanning, T. Strader, A. Whinston, *Handbook on Electronic Commerce*, Seiten 123–146. Springer Verlag, Berlin/Heidelberg, Deutschland, 2000.

Oakes (1999): C. Oakes. Firefly' Dim Light Snuffed Out. Online, Dezember 1999. URL *http://www.wired.com/culture/lifestyle/news/1999/08/21243*. Zugriff 20.1.2009

O'Donovan und Smyth (2006): J. O'Donovan, B. Smyth. Is Trust Robust? An Analysis of Trust-Based Recommendation. In C. L. Paris, C. L. Sidner, *Proceedings of the 11th international conference on Intelligent user interfaces*, Seiten 101–108. ACM Press, New York, NY, USA, 2006.

OECD (2003): OECD. Privacy online, Seite 40, OECD, Paris, Frankreich, 2003.

Papagelis et al. (2005): M. Papagelis, I. Rousidis, D. Plexousakis, E. Theoharopoulos. Incremental Collaborative Filtering for Highly-Scalable Recommendation Algorithms. In M.-S. Hacid, N. V. Murray, Z. W. Raś, S. Tsumoto, *Proceedings of the 15th International Symposium (ISMIS 2005, Saratoga Springs, NY, USA)* Vol. **3488**, Seiten 553–561. Springer Verlag, Berlin/Heidelberg, Deutschland, 2005.

Pazzani et al. (1996): Michael J. Pazzani, Jack Muramatsu and Daniel Billsus. Syskill & Webert: Identifying Interesting Web Sites. In *Proceedings of the Thirteenth National Conference on Artificial Intelligence*, Seiten 54–61. AAAI Press, Menlo Park, CA, USA, 1996.

Pazzani (1999): M. J. Pazzani. A Framework for Collaborative, Content-Based and Demographic Filtering. *Artificial Intelligence Review*, Vol. **13** (5-6), Seiten 393–408, Dezember 1999.

Pazzani und Billsus (2007): M. J. Pazzani, D. Billsus. Content-Based Recommendation Systems. In P. Brusilovsky, A. Kobsa, W. Nejdl, *The Adaptive Web* Vol. **4321**, Seiten 325–341. Springer-Verlag, Berlin/Heidelberg, 2007.

Pednault (2000): E. P. D. Pednault. Representation is Everything. *Communications of the ACM*, Vol. **43** (8), Seiten 80–83, August 2000.

Pels (2006): H. J. Pels. Classification hierarchies for product data modelling. *Production Planning & Control*, Vol. **17** (4), Seiten 367–377, Juni 2006.

Pendharkar (2006): P. C. Pendharkar. Inductive Regression Tree and Genetic Programming Techniques for Learning User Web Search Preferences. *Journal of Organizational Computing & Electronic Commerce*, Vol. **16** (3/4), Seiten 223–245, 2006.

Peppers und Rogers (1996): D. Peppers, M. Rogers. *The One to One Future.* Currency, 1996.

Perugini et al. (2004): S. Perugini, M. A. Gonçalves, E. A. Fox. Recommender Systems Research: A Connection-Centric Survey. *Journal of Intelligent Information Systems*, Vol. **23** (2), Seiten 107–143, September 2004.

Piller (1998): F. T. Piller. *Kundenindividuelle Massenproduktion.* Die Wettbewerbsstrategie der Zukunft. Hanser Verlag, München, Deutschland, 1998.

Piller (2006): F. T. Piller. *Mass Customization.* ein wettbewerbsstrategisches Konzept im Informationszeitalter. Deutscher Universitäts-Verlag, Wiesbaden, Deutschland. 4. Auflage, 2006.

Piller und Stotko (2003): F. T. Piller, C. M. Stotko (Hrsg.). *Mass Customization und Kundenintegration.* Neue Wege zum innovativen Produkt. Symposium Verlag, Düsseldorf, Deutschland, 2003.

Pine (1993): B. J. Pine II. *Mass Customization.* The New Frontier in Business Competition. Harvard Business School Press, Boston, MA, USA, 1993.

Pipino et al. (2002): L. L. Pipino, Y. W. Lee, R. Y. Wang. Data quality assessment. *Communications of the ACM*, Vol. **45** (4), Seiten 211–218, April 2002.

Pitkow et al. (2002): J. Pitkow, H. Schütze, T. Cass, R. Cooley, D. Turnbull, A. Edmonds, E. Adar, T. Breuel. Personalized Search. *Communications of the ACM*, Vol. **45** (9), Seiten 50–55, September 2002.

Ponn und Lindemann (2008): J. Ponn, U. Lindemann. *Konzeptentwicklung und Gestaltung technischer Produkte.* Optimierte Produkte – systematisch von Anforderungen zu Konzepten. Springer Verlag, Berlin/Heidelberg, Deutschland, 2008.

Porcar et al. (2003): R. Porcar, M. Such, E. Alcàntara, A. C. Garcia, A. Page. Applications of Kansei Engineering to Personalization. In M. M. Tseng, F. T. Piller, *The Customer Centric Enterprise*, Seiten 301–314. Springer Verlag, Berlin/Heidelberg, 2003.

Pu et al. (2003): P. Pu, B. Faltings, M. Torrens. User-Involved Preference Elicitation. In *Proceedings of the 18th International Joint Conference on Artificial Intelligence, Workshop on Configuration (IJCAI 2003, Acapulco, Mexico)*, 2003.

Pu und Chen (2006): P. Pu, L. Chen. Trust building with explanation interfaces. In C. L. Paris, C. L. Sidner, *Proceedings of the 11th international conference on Intelligent user interfaces*, Seiten 93–100. ACM Press, New York, NY, USA, 2006.

Qu et al. (2000): Y. Qu, X. Yang, R. Huang. Survey of Recommendation Systems and Algorithms. Online, University of Texas, Austin, TX, USA, Mai 2000. URL *http://www.lans.ece.utexas.edu/course/ee380l/2000sp/reg/2.doc*. Zugriff: 20.1.2009

Radde et al. (2007): S. Radde, M. Beck, B. Freitag. Generating Recommendation Dialogues from Product Models. In B. Mobasher, S. S. Anand, A. Kobsa, D. Jannach, *Proceedings of the Workshop on Intelligent Techniques for Web Personlization and Recommender Systems in E-Commerce (ITWP 2007, WS 2007)*, Seiten 126–129. AAAI Press, Menlo Park, CA, USA, 2007.

Ramakrishnan (2005): N. Ramakrishnan. The Traits of the Personable. In B. Mobasher, S. S. Anand, *Intelligent Techniques for Web Personalization* Vol. **3169**, Seiten 53–68. Springer-Verlag, Berlin/Heidelberg, 2005.

Ramezani et al. (2008): M. Ramezani, L. Bergman, R. Thompson, R. Burke, B. Mobasher. Selecting and Applying Recommendation Technology. In *Proceedings of ReColl'08: International Workshop on Recommendation and Collaboration (ReColl'08, Canary Islands, Spain)*, 2008.

Rechenberg und Pomberger (1999): P. Rechenberg, G. Pomberger (Hrsg.). *Informatik-Handbuch*. Hanser, München, Wien. 2. Auflage, 1999.

Reichardt (2000): C. Reichardt. *One-to-One-Marketing im Internet*. Erfolgreiches E-Business für Finanzdienstleister. Gabler, Wiesbaden, Deutschland, 2000.

Reichwald et al. (2006a): R. Reichwald, K. Moser, F. T. Piller, C. M. Stotko. Wirtschaftlichkeitsbetrachung individualisierter Produkte. In U. Lindemann, R. Reichwald, M. F. Zäh, *Individualisierte Produkte*, Seiten 165–178. Springer-Verlag, Berlin/Heidelberg, Deutschland, 2006.

Reichwald et al. (2006b): R. Reichwald, K. Moser, J. Schlichter, T. Leckner, R. Stegmann. Marketing- und Vertriebswerkzeuge für individualisierte Produkte. In U. Lindemann, R. Reichwald, M. F. Zäh, *Individualisierte Produkte*, Seiten 17–39. Springer-Verlag, Berlin/Heidelberg, Deutschland, 2006.

Reichwald et al. (2006c): R. Reichwald, K. Moser, J. Schlichter, T. Leckner, R. Stegmann. Der Interaktions- und Kaufprozess für individualisierte Produkte. In U. Lindemann, R. Reichwald, M. F. Zäh, *Individualisierte Produkte*, Seiten 117–127. Springer-Verlag, Berlin/Heidelberg, Deutschland, 2006.

Reichwald und Piller (2009): R. Reichwald, F. Piller. *Interaktive Wertschöpfung*. Open Innovation, Individualisierung und neue Formen der Arbeitsteilung. Gabler, Wiesbaden, Deutschland. 2. Auflage, 2009.

Renneberg und Borghoff (2003a): V. Renneberg, U. M. Borghoff. Recommendations in Product Personalization: An Extended Example of Pipelined Filter Combination. In F. T. Piller, R. Reichwald, M. Tseng, *Proceedings of the MCPC 2003: Competitive Advantage Through Customer Interaction: Leading Mass Customization and Personalization (MCP) from the Emerging State to a Mainstream Business Model*, Munich, Germany, 2003.

Renneberg und Borghoff (2003b): V. Renneberg, U. M. Borghoff. Pipelined Filter Combination in Product Configuration. In C. Stephanidis, *Proceedings of the 10th International Conference on Human-Computer Interaction – HCI 2003 – Volume IV – Universal Access in HCI: Inclusive Design in the Information Society*, Seiten 602–606. Lawrence Erlbaum Associates, Mahwah, NJ, USA, 2003.

Renneberg und Borghoff (2004): V. Renneberg, U. M. Borghoff. Generating Product Recommendations using Filter Combination. *International Journal of Innovation and Technology Management*, Vol. **1** (2), Seiten 127–149, Juni 2004.

Resnick et al. (1994): P. Resnick, N. Iacovou, M. Suchak, P. Bergstrom, J. Riedl. GroupLens: an open architecture for collaborative filtering of netnews. In J. B. Smith, F. D. Smith, T. W. Malone, *Proceedings of the 1994 ACM conference on Computer supported cooperative work*, Seiten 175–186. ACM Press, New York, NY, USA, 1994.

Resnick und Varian (1997): P. Resnick, H. R. Varian. Recommender Systems. *Communications of the ACM*, Vol. **40** (3), Seiten 56–58, März 1997.

Ricci und Nguyen (2007): F. Ricci, Q. N. Nguyen. Acquiring and Revising Preferences in a Critique-Based Mobile Recommender System. *IEEE Intelligent Systems*, Vol. **22** (3), Seiten 22–29, Mai 2007.

Richter und Koch (2007): A. Richter, M. Koch. Social Software – Status quo und Zukunft. Technischer Bericht Nr. 2007-01. Techn. Ber., Fakultät Informatik, Universität der Bundeswehr, München, Deutschland Februar 2007.

Riedl (2001): J. Riedl. Personalization and Privacy. *IEEE Internet Computing*, Vol. **5** (6), Seiten 29–31, November 2001.

Risch und Schubert (2005): D. Risch, P. Schubert. Customer Profiles, Personalization and Privacy. In *Proceedings of the Collaborative Electronic Commerce Technology and Research (CollECTeR 2005 Europe)*, 2005.

Risch und Schubert (2008): D. Risch, P. Schubert. Empirische Ergebnisse zur Nutzung von Kundenprofilen im E-Commerce. In M. Bichler, T. Hess, H. Krcmar, U. Lechner, F. Matthes, A. Picot, B. Speitkamp, P. Wolf, *Proceedings der Multikonferenz Wirtschaftsinformatik 2008*. GITO-Verlag, Berlin, Deutschland, 2008.

Rogoll und Piller (2003): T. Rogoll, F. R. Piller. *Marktstudie 2003: Konfigurationssysteme für Mass Customization und Variantenproduktion*. Strategie, Erfolgsfaktoren und Technologie von Systemen zur Kundenintegration. ThinkConsult, München, Deutschland. 2., März 2003.

Rogoll und Piller (2004): T. Rogoll, F. Piller. Product Configuration from the Customer's Perspective: A Comparison of Configuration Systens in the Apparel Industry. In *Proceedings of the International Conference on Economic, Technical and Organisational aspects of Product Configuration Systems (PETO 2004, Lyngby, Denmark)*, 2004.

Rucker und Polanco (1997): J. Rucker, M. J. Polanco. Siteseer: personalized navigation for the Web. *Communications of the ACM*, Vol. **40** (3), Seiten 73–76, März 1997.

Ruvio (2008): Ayalla Ruvio. Unique Like Everybody Else? The Dual Role of Consumers' Need for Uniqueness. *Psychology and Marketing*, Vol. **25** (5), Seiten 444–464, Mai 2008.

Sabin und Weigel (1998): D. Sabin, R. Weigel. Product configuration frameworks – A survey. *IEEE Intelligent Systems & Their Applications*, Vol. **13** (4), Seiten 42–49, Juli 1998.

Salampasis et al. (2005): M. Salampasis, C. Kouroupetroglou, A. Manitsaris. Semantically enhanced browsing for blind people in the WWW. In S. Reich, M. Tzagarakis, *Proceedings of the 16th ACM conference on Hypertext and hypermedia (HYPERTEXT 2005, Salzburg, Österreich)*, Seiten 32–34. ACM Press, New York, NY, USA, 2005.

Salter und Antonopoulos (2006): J. Salter, N. Antonopoulos. CinemaScreen recommender agent: combining collaborative and content-based filtering. *IEEE Intelligent Systems*, Vol. **21** (1), Seiten 35–41, Januar 2006.

Salton (1989): G. Salton. *Automatic text processing: The transformation, analysis, and retrieval of information by computer*. Addison-Wesley, Boston, MA, USA, 1989.

Sarwar et al. (1998): B. M. Sarwar, J. A. Konstan, A. Borchers, J. Herlocker, B. Miller, J. Riedl. Using filtering agents to improve prediction quality in the GroupLens research collaborative filtering system. In *Proceedings of the 1998 ACM conference on Computer supported cooperative work (CSCW 1998, Seattle, WA, USA)*, Seiten 345–354. ACM Press, New York, NY, USA, 1998.

Sarwar et al. (2000): B. M. Sarwar, G. Karypis, J. A. Konstan, J. Riedl. Analysis of Recommendation Algorithms for E-Commerce. In A. Jhingran, J. M. Mason, D. Tygar, *Proceedings of the 2nd ACM conference on Electronic commerce*, Seiten 158–167. ACM Press, New York, NY, USA, 2000.

Sarwar et al. (2001): B. M. Sarwar, G. Karypis, J. A. Konstan, J. Riedl. Item-Based Collaborative Filtering Recommendation Algorithms. In V. Y. Shen, N. Saito, M. R. Lyu, M. E. Zurko, *Proceedings of the 10th international conference on World Wide Web*, Seiten 285–295. ACM Press, New York, NY, USA, 2001.

Schafer et al. (1999): J. B. Schafer, J. Konstan, J. Riedl. Recommender systems in e-commerce. In S. Feldman, M. Wellman, *Proceedings of the 1st ACM conference on Electronic commerce*, Seiten 158–166. ACM Press, New York, NY, USA, 1999.

Schafer et al. (2001): J. B. Schafer, J. A. Konstan, J. Riedl. E-Commerce Recommendation Applications. *Data Mining and Knowledge Discovery*, Vol. **5** (1–2), Seiten 115–153, Januar 2001.

Schafer et al. (2007): J. B. Schafer, D. Frankowski, Jon Herlocker, S. Sen. Collaborative Filtering Recommender Systems. In P. Brusilovsky, A. Kobsa, W. Nejdl, *The Adaptive Web* Vol. **4321**, Seiten 291–234. Springer-Verlag, Berlin/Heidelberg, 2007.

Scheer et al. (2003a): C. Scheer, T. Hansen, P. Loos. Erweiterung von Produktkonfiguratoren im Electronic Commerce um eine Beratungskomponente. ISYM-Arbeitspapier, Nr. 11, Mainz : ISYM, Johannes-Gutenberg-Universität, Mainz, August 2003.

Scheer et al. (2003b): C. Scheer, T. Hansen, P. Loos. Business models to offer customized output in electronic commerce. *Integrated Computer-Aided Engineering*, Vol. **10** (2), Seiten 163–175, 2003.

Schein et al. (2002): A. I. Schein, A. Popescul, L. H. Ungar, D. M. Pennock. Methods and Metrics for Cold-Start Recommendations. In K. Järvelin, M. Beaulieu, R. Baeza-Yates, S. Hyon Myaeng, *Proceedings of the 25th annual international ACM SIGIR conference on Research and development in information retrieval*, Seiten 253–260. ACM Press, New York, NY, USA, 2002.

Schlichter et al. (1998): J. Schlichter, M. Koch, C. Xu. Awareness - The Common Link Between Groupware and Community Support Systems. In T. Ishida, *Community Computing and Support Systems*, Seiten 77–93. Springer Verlag, Berlin/Heidelberg, 1998.

Schoberth et al. (2006): T. Schoberth, A. Heinzl, J. Preece. Exploring Communication Activities in Online Communities: A Longitudinal Analysis in the Financial Services Industry. *Journal of Organizational Computing & Electronic Commerce*, Vol. **16** (3/4), Seiten 247–265, 2006.

Schubert et al. (2006a): P. Schubert, U. Leimstoll, D. Risch. Personalization Beyond Recommender Systems. In R. Suomi, R. Cabral, J. F. Hampe, A. Heikkilä, J. Järveläinen, E. Koskivaara, *Proceedings of the 6th IFIP Conference on e-Commerce, e-Business and e-Government* Vol. **226**, Seiten 126–139. Springer-Verlag, Boston, MA, USA, 2006.

Schubert (2006b): P. Schubert. Personalized Commercial Web Sites. In *Proceedings of the Collaborative Electronic Commerce Technology and Research (CollECTeR 2006 Europe)*, 2006.

Schubert und Koch (2002): P. Schubert, M. Koch. The Power of Personalization: Customer Collaboration and Virtual Communities. In *Proceedings of the Eighth Americas Conference on Information Systems (AMCIS 2002)*. AIS, 2002.

Schubert und Leimstoll (2002a): P. Schubert, U. Leimstoll. Personalization of E-Commerce Applications: an Empirical Study of Potentials and Readiness of SMEs in Switherland. In P. Schubert, U. Leimstoll, *Proceedings of the Ninth Research Symposium on Emerging Electronic Markets 2002*, Seiten 157–173. University of Applied Sciences Basel (FHBB), Institute for Business Economics, Basel, Switzerland, 2002.

Schubert und Leimstoll (2002b): P. Schubert, U. Leimstoll. Handbuch zur Personalisierung von E-Commerce-Applikationen. Arbeitsbericht E-Business Nr. 7. Techn. Ber., Fachhochschule beider Basel (FHBB), Institut für angewandte Betriebsökonomie (IAB), Basel, Schweiz 2002.

Shani et al. (2007): G. Shani, A. Meisles, Y. Gleyzer, L. Rokach, D. Ben-Shimon. A Sterectypes-Based Hybrid Recommender System for Media Items. In B. Mobasher, S. S. Anand, A. Kobsa, D. Jannach, *Proceedings of the Workshop on Intelligent Techniques for Web Personlization and Recommender Systems in E-Commerce (ITWP 2007, WS 2007)*, Seiten 76–83. AAAI Press, Menlo Park, CA, USA, 2007.

Shapira et al. (1999): B. Shapira, P. Shoval, U. Hanani. Experimentation with an Information Filtering System that Combines Cognitive and Sociological Filtering Integrated with User Stereotypes. *Decision Support Systems*, Vol. **27** (1-2), Seiten 5–24, Juni 1999.

Shapira et al. (2008): B. Shapira, P. Shoval, J. Meyer, N. Tractisky, D. Mimran. ePaper - the Personalized Mobile Newspaper. In *Proceedings of the 13th international conference on Intelligent user interfaces (IUI 2008, Workshop on Recommender Systems)*, 2008.

Shardanand und Maes (1995): U. Shardanand, P. Maes. Social information filtering: algorithms for automating 'word of mouth'. In I. R. Katz, R. Mack, L. Marks, M. B. Rosson, J. Nielsen, *Proceedings of the SIGCHI conference on Human factors in computing systems (CHI 1995, Denver, CO, USA)*, Seiten 210–217. ACM Press, New York, NY, USA, 1995.

Shavlik et al. (1998): J. Shavlik, S. Calcari, T. Eliassi-Rad, J. Solock. An instructable, adaptive interface for discovering and monitoring information on the World-Wide Web. In L. G. Terveen, P. Johnson, J. Mark, *Proceedings of the 3th international conference on Intelligent user interfaces*, Seiten 157–160. ACM Press, New York, NY, USA, 1998.

Shimazu (2003): H. Shimazu. ExpertClerk: A Conversational Case-Based Reasoning Tool for Developing Salesclerk Agents in E-Commerce Webshops. *Artificial Intelligence Review*, Vol. **18** (3-4), Seiten 223–244, Dezember 2002.

Sinha und Swearingen (2002): R. Sinha, K. Swearingen. The role of transparency in recommender systems. In L. Terveen, D. Wixon, *Extended abstracts on Human factors in computing systems (CHI 2002, Minneapolis, MN, USA)*, Seiten 830–831. ACM Press, New York, NY, USA, 2002.

Smart (2002): K. L. Smart. Assessing quality documents. *ACM Journal of Computer Documentation*, Vol. **26** (3), Seiten 130–140, August 2002.

Smyth (2007): B. Smyth. Case-Based Recommendation. In P. Brusilovsky, A. Kobsa, W. Nejdl, *The Adaptive Web* Vol. **4321**, Seiten 342–376. Springer-Verlag, Berlin/Heidelberg, 2007.

Smyth (2008): B. Smyth. Personlization-Privacy Tradeoffs in Adaptive Information Access. In G. Uchyigit, M. Y. Ma, *Personalization Techniques and Recommender Systems*, Seiten 1–30. World Scientific, Singapore, 2008.

Smyth und Cotter (2000): B. Smyth, P. Cotter. A personalized television listings service. *Communications of the ACM*, Vol. **43** (8), Seiten 107–111, August 2000.

Soininen et al. (2001): T. Soininen, I. Niemelä, J. Tiihonen, R. Sulonen. Representing Configuration Knowledge With Weight Constraint Rules. In A. Provetti, T. C. Son, *Papers from the AAAI Spring Symposium 2001 (Stanford, USA)*. AAAI Press, Menlo Park, CA, USA, 2001.

Soo et al. (2007): S. M. K. Soo, S. C. F. Chan, V. T. Y. Ng. 3D Product Configuration for e-Commerce: Customer-Oriented Advisory Helper of Co-assembler. In W. Shen, J. Luo, Z. Lin, J.-P. A. Barthés, Q. Hao, *Proceedings of the 10th International Conference on Computer Supported Cooperative Work in Design III (CSCWD 2006, Nanjing, China)* Vol. **4402**, Seiten 227–236. Springer Verlag, Berlin/Heidelberg, Deutschland, 2007.

Sorensen und McElligott (1995): H. Sorensen, M. McElligott. PSUN: A Profiling System for Usenet News. In *Proceedings of CIKM 1995 Workshop on Intelligent Information Agents*, Dezember 1995.

Spector (2000): R. Spector. *amazon.com.* Get Big Fast. Deutsche Verlags-Anstalt DVA, Stuttgart, München, Deutschland, 2000.

Stefani und Strapparava (1998): A. Stefani, C. Strapparava. Personalizing Access to Web Sites: The SiteIF Project. In *Proceedings of the 2nd Workshop on Adaptive Hypertext and Hypermedia (HYPERTEXT 1998, Pittsburgh, USA)*, Juni 1998.

Stegmann et al. (2003): R. Stegmann, M. Koch, M. Lacher, T. Leckner, V. Renneberg. Generating Personalized Recommendations in a Model-Based Product Configurator System. In *Proceedings of the 18th International Joint Conference on Artificial Intelligence, Workshop on Configuration (IJCAI 2003, Acapulco, Mexico)*, 2003.

Stegmann (2006): R. Stegmann. *LINGUINI - Acquiring Individual Interest Profiles by Means of Adaptive Natural Language Dialog.* Doktorarbeit, Online, Fakultät für Informatik, TU-München, München, Deutschland, 2006.

Stegmann und Wörndl (2005): R. Stegmann, W. Wörndl. Using GermaNet to Generate Individual Customer Profiles. In B. Fisseni, H.-C. Schmitz, B. Schröder, P. Wagner, *Sprachtechnologie, mobile Kommunikation und linguistische Ressourcen (Beiträge zur GLDV-Tagung 2005)* Vol. **8**, Seiten 381–393. Peter-Lang-Verlag, Frankfurt am Main, Deutschland, 2005.

Stormer (2007): H. Stormer. Improving E-Commerce Recommender Systems by the Identification of Seasonal Products. In B. Mobasher, S. S. Anand, A. Kobsa, D. Jannach, *Proceedings of the Workshop on Intelligent Techniques for Web Personlization and Recommender Systems in E-Commerce (ITWP 2007, WS 2007)*, Seiten 92–99. AAAI Press, Menlo Park, CA, USA, 2007.

Strader und Shaw (2000): T. J. Strader, M. J. Shaw. Electronic Markets: Impact and Implications. In M. Shaw, R. Blanning, T. Strader, A. Whinston, *Handbook on Electronic Commerce*, Seiten 77–98. Springer Verlag, Berlin/Heidelberg, Deutschland, 2000.

Stuart und Podolny (1996): T. E. Stuart, J. M. Podolny. Local search and the evolution of technological capabilities. *Strategic Management Journal*, Vol. **17** (S1), Seiten 21–38, 1996.

Svensson und Jensen (2003): C. Svensson, T. Jensen. The Customer at the Final Frontier of Mass Customization. In M. M. Tseng, F. T. Piller, *The Customer Centric Enterprise*, Seiten 329–345. Springer Verlag, Berlin/Heidelberg, 2003.

Swearingen und Sinha (2002): K. Swearingen, R. Sinha. Interaction Design for Recommender Systems. In *Proceedings of the 4th conference on Designing interactive systems: processes, practices, methods, and techniques (DIS 2002, London, UK).* ACM Press, New York, NY, USA, 2002.

Tarasewich und Nair (2001): P. Tarasewich, S. K. Nair. Designer-moderated product design. *IEEE Transactions on Engineering Management*, Vol. **48** (2), Seiten 175–188, Mai 2001.

Teevan et al. (2005): J. Teevan, S. T. Dumais, E. Horvitz. Personalizing search via automated analysis of interests and activities. In *Proceedings of the 28th annual international ACM SIGIR conference on Research and development in information retrieval (SIGIR 2005, Salvador, Brazil)*, Seiten 449–456. ACM Press, New York, NY, USA, 2005.

Terveen et al. (1997): L. Terveen, W. Hill, B. Amento, D. McDonald, J. Creter. PHOAKS: a system for sharing recommendations. *Communications of the ACM*, Vol. **40** (3), Seiten 59–62, März 1997.

Terveen und Hill (2001): L. Terveen, W. Hill. Beyond Recommender Systems: Helping People Help Each Other. In J. M Carroll, *Human-Computer Interaction in the New Millennium.* Addison-Wesley, Boston, MA, USA, 2001.

Thoben (2003): K.-D. Thoben. Customer Driven Manufactouring Versus Mass Customization. In M. M. Tseng, F. T. Piller, *The Customer Centric Enterprise*, Seiten 71–84. Springer Verlag, Berlin/Heidelberg, 2003.

Thompson et al. (2001): C. A. Thompson, M. H. Göker, P. Langley. A Personalized System for Conversational Recommendations. *Journal of Artificial Intelligence Research*, Vol. **21**, Seiten 393–428, 2004.

Tian et al. (2001): K. T. Tian, W. O. Bearden, G. L. Hunter. Consumers' Need for Uniqueness: Scale Development and Validation. *The Journal of Consumer Research*, Vol. **28** (1), Seiten 50–66, Juni 2001.

Tiihonen et al. (1996): J. Tiihonen, T. Soininen, T. Männistö, R. Sulonen. State of the practice in product configuration – A survey of 10 cases in the Finnish industry. In M. Mäntylä, S. Finger, T. Tomiyama, *Knowledge Intensive CAD – Volume 1*, Seiten 95–114. Springer Verlag, 1996.

Tiihonen und Felfernig (2008): J. Tiihonen, A. Felfernig. Towards Recommending Configurable Offerings. In Juha Tiihonen, Alexander Felfernig, Markus Zanker, Tomi Männistö, *The 18th European Conference on Artificial Intelligence – Proceedings of the Workshop on Configuration Systems (ECAI 2008, Patras, Greece)*, Seiten 29–34, Juli 2008.

Tiihonen und Soininen (1997): J. Tiihonen, T. Soininen. Product Configurators – Information System Support for Configurable Products. In *Increasing Sales Produ Productivity through the Use of Information Technology during the Sales Visit – A Survey of the European Market.* Hewson Consulting Group, 1997.

Tintarev und Masthoff (2007): N. Tintarev, J. Masthoff. A Survey of Explanations in Recommender Systems. In *Proceedings of the 23rd International Conference on Data Engineering Workshops (ICDE 2007)*, Seiten 801–810. IEEE Computer Society, Los Alamitos, CA, USA, 2007.

Tintarev und Masthoff (2008): N. Tintarev, J. Masthoff. Over- and Underestimation in Different Product Domains. In M. Zanker, A. Felfernig, R. Burke, *The 18th European Conference on Artificial Intelligence – Proceedings of the Workshop on Recommender Systems (ECAI 2008, Patras, Greece)*, Seiten 14–18, Juli 2008.

Tseng und Piller (2003): M. M. Tseng, F. T. Piller (Hrsg.). *The Customer Centric Enterprise.* Advances in Mass Customization and Personalization. Springer Verlag, Berlin/Heidelberg, 2003.

Tvarožek und Bielikovà (2008): M. Tvarožek, M. Bielikovà. Personalized View-Based Search and Visualization as a Means for Deep/Semantic Web Data Access. In *Proceedings of the 17th International World Wide Web Conference (WWW 2008, Beijing, China)*, Seiten 1023–1024, April 2008.

Uchyigit und Ma (2008): G. Uchyigit, M. Y. Ma (Hrsg.). *Personalization Techniques and Recommender Systems.* World Scientific, Singapore, 2008.

Ungar und Foster (1998): L. H. Ungar, D. P. Foster. Clustering Methods for Collaborative Filtering. In *AAAI Workshop on Recommendation Systems 1998 (Madison, WI, USA)*, 1998.

van Meteren und van Someren (2000): R. van Meteren, M. van Someren. Using Content-Based Filtering for Recommendation. In *Proceedings of MLNet/ECML2000 Workshop: Machine Learning in New Information Age (Barcelona, Catalonia, Spain)*, Seiten 47–56, 2000.

von Hippel (1986): E. von Hippel. Lead users: a source of novel product concepts. *Management Science*, Vol. **32** (7), Seiten 791–805, Juli 1986.

von Hippel (1994): E. von Hippel. 'Sticky Information' and the Locus of Problem Solving: Implications for Innovation. *Management Science*, Vol. **40** (4), Seiten 429–439, April 1994.

von Hippel (1998): E. von Hippel. Economics of Product Development by Users: The Impact of 'Sticky' Local Information. *Management Science*, Vol. **44** (5), Seiten 629–644, Mai 1998.

Wærn (2004): A. Wærn. User Involvement in Automatic Filtering: An Experimental Study. *User Modeling and User-Adapted Interaction*, Vol. **14** (2–3), Seiten 201–237, Juni 2004.

Weng et al. (2006): J. Weng, C. Miao, A. Goh. Improving Collaborative Filtering with Trust-Based Metrics. In H. M. Haddad, *Proceedings of the 2006 ACM symposium on Applied computing*, Seiten 1860–1864. ACM Press, New York, NY, USA, 2006.

Wörndl et al. (2007): W. Wörndl, C. Schüller, R. Wojtech. A Hybrid Recommender System for Context-aware Recommendations of Mobile Applications. In *Proceedings of the 23rd International Conference on Data Engineering Workshops (ICDE 2007)*, Seiten 871–878. IEEE Computer Society, Los Alamitos, CA, USA, 2007.

Wörndl und Groh (2007): W. Wörndl, G. Groh. Utilizing Physical and Social Context to Improve Recommender Systems. In *Proceedings of the 2007 IEEE/WIC/ACM International Conferences on Web Intelligence and Intelligent Agent Technology – Workshops*, Seiten 123–128. IEEE Computer Society, Los Alamitos, CA, USA, 2007.

Yang et al. (2009): D. Yang, R. Miaoa, H. Wua, Y. Zhou. Product configuration knowledge modeling using ontology web language. *Expert Systems with Applications*, Vol. **36** (3-1), Seiten 4399–4411, April 2009.

Yen und Ng (2000): B. P.-C. Yen, K. Y. M. Ng. Web-Based Virtual Reality Catalog in Electronic Commerce. In *Proceedings of the 33rd Hawaii International Conference on System Sciences (HICSS 2000, Volume 6, Maui, Hawaii, USA)*. IEEE Computer Society, Los Alamitos, CA, USA, 2000.

Zanker et al. (2006a): M. Zanker, M. Aschinger, M. Silaghi. Knowledge-Based Composition of Recommendations. In A. Felfernig, M. Zanker, *Proceedings of the ECAI 2006 Workshop on Recommender System (Riva del Garda, Italy)*, Seiten 53, 2006.

Zanker et al. (2006b): M. Zanker, M. Bricman, S. Gordea, D. Jannach, M. Jessenitschnig. Persuasive product recommendation. In A. Felfernig, M. Zanker, *Proceedings of the ECAI 2006 Workshop on Recommender System (Riva del Garda, Italy)*, Seiten 6–10, 2006.

Zanker et al. (2008): M. Zanker. M. Aschinger. M. Jessenitschnig. Constraint-based personalized bundling of products and services. In M. Zanker, A. Felfernig, R. Burke, *The 18th European Conference on Artificial Intelligence – Proceedings of the Workshop on Recommender Systems (ECAI 2008, Patras, Greece)*, Seiten 23–28, Juli 2008.

Zipkin (2001): P. Zipkin. The Limits of Mass Customization. *MIT Sloan Management Review*, Vol. **42** (3), Seiten 81–87, 2001.

Zwicky (1966): F. Zwicky. *Entdecken, Erfinden, Forschen im morphologischen Weltbild*. Droemer Knaur, München, Deutschland, 1966.

SCHRIFTEN ZU KOOPERATIONS- UND MEDIENSYSTEMEN

Herausgegeben von Prof. Dr. Volker Wulf, Siegen, Prof. Dr. Jörg Haake, Hagen, Prof. Dr. Thomas Herrmann, Bochum, Prof. Dr. Helmut Krcmar, München, Prof. Dr. Johann Schlichter, München Prof. Dr. Gerhard Schwabe, Zürich, und Prof. Dr.-Ing. Jürgen Ziegler, Duisburg

Band 24
Jan Marco Leimeister, Helmut Krcmar, Martin Halle und Kathrin Möslein (Hrsg.)
Hybride Wertschöpfung in der Gesundheitsförderung – Ergebnisse des Verbundprojekts „Systematisches Design zur Integration von Produkt und Dienstleistung in der Gesundheitswirtschaft“ (SPRINT)
Lohmar – Köln 2010 • 272 S. • € 58,- (D) • ISBN 978-3-89936-914-4

Band 25
Zoulfa El Jerroudi
Eine interaktive Vorgehensweise für den Vergleich und die Integration von Ontologien
Lohmar – Köln 2010 • 200 S. • € 49,- (D) • ISBN 978-3-89936-916-8

Band 26
Carsten Ritterskamp
Informationstechnische Unterstützung der Handhabung von Unterbrechungen in der Multiprojekt-Wissensarbeit
Lohmar – Köln 2010 • 296 S. • € 59,- (D) • ISBN 978-3-89936-941-0

Band 27
Christian Dörner
Tailoring Software Infrastructures – Integration of End-User Development and Service-Oriented Architectures
Lohmar – Köln 2010 • 188 S. • € 48,- (D) • ISBN 978-3-89936-947-2

Band 28
Volker Renneberg
Adaptives, baukastenbasiertes Recommendersystem
Lohmar – Köln 2010 • 360 S. • € 64,- (D) • ISBN 978-3-89936-961-8

JOSEF EUL VERLAG